高等学校电子信息类规划教材

自动控制原理

主编　樊兆峰

参编　张荣真

西安电子科技大学出版社

内 容 简 介

本书系统地介绍了经典控制的基本原理和典型方法。全书共7章，内容包括绪论、控制系统建模、线性系统的时域分析法、线性系统的根轨迹法、线性系统的频率法、控制系统的校正、非线性控制系统分析。考虑到科学计算软件 MATLAB 在控制理论中的重要作用，本书在相关章节末介绍了一些重要的函数用于辅助分析。

本书在编写中力求做到内容经典、深入浅出，注重对控制系统基本概念、基本原理及方法的说明，尽量避免抽象的理论分析。

本书适合作为应用型本科院校电气工程及其自动化、电子信息工程、机械和化工自动化等专业的教材（能满足少学时数自动控制原理教学的要求），也可供自动化领域的工程技术人员参考。

图书在版编目(CIP)数据

自动控制原理 / 樊兆峰主编. —西安：西安电子科技大学出版社，2020.6
ISBN 978 - 7 - 5606 - 5573 - 4

Ⅰ. ①自 Ⅱ. ①樊… Ⅲ. ①自动控制理论—高等学校—教材 Ⅳ. ①TP13

中国版本图书馆 CIP 数据核字(2020)第 041939 号

策划编辑	陆　滨
责任编辑	王　静

出版发行　西安电子科技大学出版社(西安市太白南路2号)
电　　话　(029)88242885　88201467　　　邮　　编　710071
网　　址　www.xduph.com　　　　　　　　电子邮箱　xdupfxb001@163.com
经　　销　新华书店
印刷单位　陕西天意印务有限责任公司
版　　次　2020 年 6 月第 1 版　　　2020 年 6 月第 1 次印刷
开　　本　787 毫米×1092 毫米　　1/16　　印张　19
字　　数　450 千字
印　　数　1~3000 册
定　　价　49.00 元

ISBN 978 - 7 - 5606 - 5573 - 4/TP

XDUP　5875001 - 1

＊＊＊＊＊如有印装问题可调换＊＊＊＊＊

— 前　言 —

自动化技术源远流长，特别是在科学技术高度发展的今天，自动控制系统在社会生产、生活中的作用越来越重要，它已经广泛应用于化工、冶金、机械制造、航空、军事、电力系统、交通、市政等领域，极大地提高了社会劳动生产率，改善了人们的生活。这也为自动控制这门学科带来了新的生机与活力。自动控制原理作为自动化技术的基础知识历来备受重视，并成为自动化类专业的核心课程。

在注重创新型人才培养的高等教育中，传统的教学模式正在不断地被改变，授课的学时数逐步降低，使学生在掌握一定的理论基础上有更多的工程锻炼机会，具有分析、解决实际问题的能力。但是，经典控制本身具有系统性，简单的删减会造成表述不清、理解困难等问题，因此，要综合考虑教学情况来编写教材。

本书是编者在徐州工程学院历年授课及选用教材的基础上，考虑目前应用型本科学校的人才培养方案和教学需求而编写的，特别适合作为少学时数的自动控制原理教材。全书侧重于讲解基本概念、原理，简化理论推导过程，尽量做到深入浅出，表述完整、严密；编者精心挑选了大量例题、习题，这对读者理解经典控制的基本概念和掌握分析、设计方法有很大帮助；为减少手工计算及绘图的工作量，书中介绍了MATLAB软件的相关函数，可用于辅助分析。本书作为自动控制原理课程教材，建议授课学时数为48学时，选用的学校可根据自身的专业特点进行取舍，确定教学重点。

全书共7章，第1~5章由樊兆峰编写，第6、7章由樊兆峰、张荣真共同编写。全书由樊兆峰统稿。在前期的教材讨论中，听取了徐州工程学院三位老师——代月明、肖理庆、纪雯的建议，在此表示感谢！在编写过程中，编者参考了许多优秀的文献，也向这些参考文献的各位作者表示诚挚的谢意！

由于编者的水平有限，书中会存在一些不足，恳请读者提出宝贵意见，以便我们进一步修订和完善。

樊兆峰　张荣真

2020 年 2 月于徐州工程学院

一 目 录 一

第 1 章 绪 论

随着科学技术的飞速发展,自动控制在人类文明和技术的进步中扮演着越来越重要的角色。它已经广泛应用于化工、冶金、机械制造、航空、军事、电力系统、交通、市政等领域,使人们从繁重的体力劳动和大量重复性的手工操作中解放出来,极大地提高了社会劳动生产率。

所谓自动控制,是指在没有人直接参与的情况下,通过外加的设备或装置(称为控制器),使机器、设备或生产过程(称为被控对象)的某个工作状态或参数(称为被控变量)自动地按照预定的控制目标运行。

自动控制原理研究的是自动控制系统中的普遍性问题,首先研究其组成和基本结构,然后建立控制系统的数学模型,在数学模型的基础上便可以计算各个信号之间的定量关系,进而分析出自动控制系统可否实现预定的控制目标,并研究怎样提高自动控制系统的控制效果。自动控制原理和技术的不断发展,为人们提供了达到优良控制目标的方法和手段。

1.1 自动控制发展简介

自动控制的思想可以追溯到遥远的古代社会。早在两千多年前就出现了自动控制装置,如我国西汉时代(公元前 200 多年)发明的指南车,它是按照扰动原理构成的开环自动调节系统。东汉时期的张衡在公元 132 年发明了候风地动仪,这也是世界上的第一架地动仪。北宋时期(公元 1068—公元 1089 年),苏颂和韩公廉制成了一座水运仪象台,它是一个根据被调节量偏差进行调节的闭环非线性自动调节系统。古代罗马人依据反馈原理构建的水位控制装置至今仍在抽水马桶的水位控制中使用。

17 世纪以后特别是工业革命期间,各种自动控制装置层出不穷,在降低工人劳动强度的同时大幅提升了产品的质量。众所周知,蒸汽机是促成工业革命技术加速发展的主要因素,其中俄国人普尔佐诺夫(Polzunov)在 1765 年发明的控制蒸汽锅炉水位的浮子式阀门调节器和 1788 年英国人瓦特(Watt)发明的控制蒸汽机速度的离心式调速器,在自动控制装置中最具代表性,也对后世的自动控制技术产生了深远的影响。

在控制装置实际的使用过程中,人们发现在有些条件下被控变量并不能稳定于期望的数值,而是产生了振荡,如蒸汽机的速度会忽高忽低,这些现象引发了对控制系统稳定性的研究。1868 年,英国物理学家麦克斯韦(Maxwell)通过线性微分方程的建立和分析,解释了瓦特的速度控制系统中出现的不稳定问题,指出了振荡现象的出现与由系统导出的一个代数方程根的分布有密切关系,开辟了用数学工具研究控制问题的新途径。在此基础上,英国数学家劳斯(Routh)和德国数学家胡尔维茨(Hurwitz)分别在 1877 年和 1899 年独立地建立了直接根据代数方程的系数判别系统稳定性的准则,至今仍在沿用。1892 年俄国数学家李雅普诺夫(Lyapunov)用严格的数学分析方法论述了稳定性问题。值得指出的是,时至今日，李雅普诺夫稳定性理论仍然是分析系统稳定性的重要方法。

进入 20 世纪以来，随着电子管、晶体管、集成电路技术的飞速发展，工业生产中大量采用了电子式自动调节器，这促进了对自动调节系统分析及设计的研究。1927 年美国贝尔电话实验室的电气工程师布莱克（Black）发明的电子反馈放大器，充分说明了反馈在控制系统中的作用。1932 年，美国物理学家奈奎斯特（Nyquist）根据控制系统的频域特性，提出了一种较为简单的稳定性判据，即根据开环系统的稳态正弦输入响应来判别闭环系统的稳定性。在此基础上，伯德（Bode）于 1945 年提出了用对数频率特性曲线分析反馈控制系统的方法。相较基于微分方程的分析、设计方法，这些方法更便于反馈控制系统的设计，也更直观、实用，从而奠定了频率响应法的基础。

尽管控制技术古来有之，然而作为一门独立的科学理论，一般认为是以美国数学家维纳（Wiener）1948 年出版的名著《控制论——关于在动物和机器中控制和通信的科学》为标志的。自维纳创立控制论以来，控制论的发展大体经历了经典控制理论（也称古典控制理论）、现代控制理论、智能控制理论三个阶段。

1. 经典控制理论

1948 年前后，美国科学家伊万斯（Evans）创立了根轨迹分析方法，为分析系统性能随系统参数变化的规律性提供了有力工具，被广泛应用于反馈控制系统的分析、设计中。建立在奈奎斯特的频率响应法和伊万斯的根轨迹法基础上的理论，称为经典控制理论。经典控制理论主要研究单输入单输出（SISO）的线性定常系统，以传递函数作为描述系统的数学模型，解决反馈控制系统中控制器的分析与设计问题。典型的经典控制方法包括 PID 控制、Smith 控制、解耦控制、Dalin 控制和串级控制等。

从 20 世纪 40 年代到 50 年代末，经典控制理论的发展与应用使整个世界的科学水平出现了巨大的飞跃，几乎在工业、农业、交通运输及国防建设的各个领域都广泛采用了自动化控制技术。特别是第二次世界大战期间，反馈控制方法被广泛用于设计研制飞机自动驾驶仪、火炮定位系统、雷达天线控制系统以及其他军用系统。

2. 现代控制理论

20 世纪 50 年代中期，科学技术及生产力的发展，特别是空间技术的发展，迫切要求解决更复杂的多变量系统、非线性系统的最优控制问题（例如火箭和宇航器的导航、跟踪和着陆过程中的高精度、低消耗控制，到达目标的控制时间最小等）。实践的需求推动了控制理论的进步，同时，计算机技术的发展也从计算手段上为控制理论的发展提供了条件，适合于描述航天器的运动规律，又便于计算机求解的状态空间模型成为主要的模型形式。在此基础上，主要利用计算机作为系统建模分析、设计乃至控制的手段，适用于多变量、非线性、时变系统的现代控制应运而生，并从理论上解决了系统的能控性、能观测性、稳定性以及许多复杂系统的控制问题。

1956 年，美国数学家贝尔曼（Bellman）提出了离散多阶段决策的最优性原理，创立了动态规划。之后，贝尔曼等人又提出了状态分析法，并于 1964 年利用离散多阶段决策的动态规划法解决了连续动态系统的最优控制问题。

美国数学家卡尔曼（Kalman）等人于 1959 年提出了著名的卡尔曼滤波器，1960 年他又在控制系统的研究中成功地应用了状态空间法，提出了控制系统的能控性和能观测性问题。

1956 年，苏联科学家庞特里亚金(Pontryagin)提出极大值原理，极大值原理和动态规划为解决最优控制问题提供了理论工具。

1960 年年初，一套以状态方程作为描述系统的数学模型，以最优控制和卡尔曼滤波为核心的控制系统分析、设计的新原理和方法基本确定，从而形成了现代控制理论。

进入 20 世纪 60 年代，英国控制理论学者罗森布洛克(Rosenbrock)、欧文斯(Owens)和麦克法轮(MacFarlane)研究了使用于计算机辅助控制系统设计的现代频域法理论。

20 世纪 70 年代瑞典控制理论学者奥斯特隆姆(Astrom)和法国控制理论学者朗道(Landau)在自适应控制理论和应用方面作出了贡献。与此同时，关于系统辨识、最优控制、离散时间系统和自适应控制的发展大大丰富了现代控制理论的内容。

3. 智能控制理论

智能控制是自动控制和人工智能的结合。20 世纪 60 年代初期，史密斯(Smith)提出采用性能模式识别器来学习最优控制方法的新思想，试图利用模式识别技术来解决复杂系统的控制问题。1965 年，美国著名控制论专家扎德(Zadeh)创立了模糊集合论，为解决复杂系统的控制问题提供了强有力的数学工具。1966 年门德尔(Mendel)首先主张将人工智能用于空间飞行器的学习控制系统的设计，并提出了"人工智能控制"的概念。1971 年著名学者(美籍华人)傅京逊从发展学习控制的角度首次正式提出智能控制这个新兴的学科领域。这些标志着智能控制的思想已经萌芽。

从 20 世纪 70 年代初开始，傅京逊等人从控制论角度进一步总结了人工智能技术与自适应、自组织、自学习控制的关系，正式提出了智能控制就是人工智能技术与控制理论的交叉，并创立了人—机交互式分级递阶智能控制的系统结构。1974 年，英国工程师曼德尼(Mamdani)将模糊集合和模糊语言用于锅炉和蒸汽机的控制，创立了基于模糊语言描述控制规则的模糊控制器，取得良好的控制效果。模糊控制的形成和发展，对智能控制理论的形成起了十分重要的推动作用。

1986 年莱特尔默(Lattlmer)等人开发的混合专家系统控制器是一个实验型的基于知识的实时控制专家系统，用来处理军事和现代化工业中出现的控制问题。1987 年 4 月，美国 Foxboro 公司公布了新一代的人工智能系列自动控制系统，标志着智能控制系统已由研制、开发阶段转向应用阶段。20 世纪 80 年代中后期，神经网络的研究获得了重要进展，神经网络理论和应用研究为智能控制的研究起到了重要的促进作用。

进入 20 世纪 90 年代以来，智能控制的研究发展势头异常迅猛，每年都有各种以智能控制为专题的大型国际学术会议在世界各地召开，各种智能控制杂志或专刊不断涌现，来自各国政府和企业的专项科研经费不断增加。

近年来，随着人工智能和机器人技术的快速发展，对智能控制的研究出现一股新的热潮，各种智能决策系统、专家控制系统、学习控制系统、模糊控制、神经网络控制、主动视觉控制、智能规划和故障诊断系统等已被应用于各类工业过程控制系统、智能机器人系统和智能化生产系统。

1.2 自动控制系统的主要任务与基本要求

对自动控制系统的要求应由自动控制所需完成的主要任务决定，不同的控制任务可能会有很多不同的控制要求,从各种具体的控制要求中可以抽象出对控制系统的一般要求,从而有利于控制系统的设计与校正。

1.2.1　自动控制的主要任务

被控对象是要进行控制的受控客体。它可以是一种设备,也可以是某种过程。被控变量则是一种被测量和被控制的量值或状态。

系统是由一些相互联系、相互制约的环节或部件组成的,并且是具有一定功能的整体。每个系统都有输入量和输出量,作用于被控对象的设备或装置称为控制器,含有控制器和被控对象的系统称为控制系统。

例如,在教室内安装一台空调可构成一个控制系统,其中被控对象为教室,被控变量为教室内温度,控制器为空调,输入为我们期望的教室内温度,输出为教室内实际温度。

自动控制的主要任务就是在没有人直接参与的情况下,应用控制器自动地、有目的地操纵被控对象,使得被控变量能够按期望的规律变化进而达到预期的目的。例如,在电力系统中,发电机在电网负荷变化时,自动控制电压等电气参数,使其保持在规定的范围内;在现代制造业中,数控机床通过控制工件与刀具的运动状态完成复杂形状的加工任务;在军事领域,雷达和计算机组成的导弹发射和制导系统,通过控制导弹的飞行状态自动地将导弹引导到敌方目标;在化工生产中,化学反应炉的温度能够自动根据生产工艺的要求控制在设定的范围内。近年来,随着自身理论与技术的不断发展,自动控制已经融入各行各业中,其任务也更加复杂多样。自动控制已经成为现代社会不可缺少的组成部分。

1.2.2　自动控制系统的基本要求

尽管自动控制系统有不同的类型,对每个具体的控制系统也会有不同的特殊要求,但自动控制理论是研究自动控制共同规律的科学,以自动控制系统类似的部分为研究内容。如果一个控制系统已知,我们感兴趣的往往是系统在典型输入信号的作用下,被控变量的变化过程(输出),并希望它与期望的变化过程(参考输入、给定值)完全一致,从而实现控制任务。然而这只是一种理想情况,实际系统总是存在各种惯性,如机械惯性、电磁惯性等,使得系统中各物理量的变化难以瞬时完成,输出要跟踪复现输入信号总有一个时间过程,称为动态过程(或称暂态过程、过渡过程、动态响应)。当动态过程结束后,系统输出复现输入信号的过程称为稳态过程(或称稳态响应)。

对自动控制系统的基本要求体现在动态过程和稳态过程中,一般可以归纳为三点:系统必须是稳定的(稳定性);控制系统要有良好的动态性能(快速性、平稳性);系统能达到预期的稳态精度(准确性)。

1. 稳定性

稳定是任何控制系统能够正常工作的前提。一般而言,如果被控变量的实际值与期望值的偏差能随时间增长逐渐减小并趋于恒定,则系统就是稳定的。反之,如果此偏差随时间的增长而增大以致发散,则系统是不稳定的。如图 1-1 中,曲线①所对应的控制系统是稳定的,曲线②所对应控制系统是不稳定的。控制系统的稳定性是自动控制理论需要研究的基本问题,在设计和调试控制系统时,导致不稳定的原因往往是多方面的,但对于线性系统来说,系统的稳定性是由其自身的结构、参数决定的,与外界因素无关。

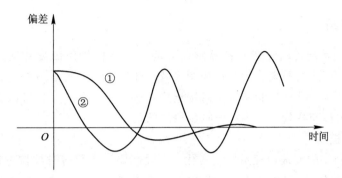

图 1-1　稳定性示意图

2. 快速性和平稳性

快速性和平稳性可以衡量控制系统的动态性能。快速性是指要求控制系统尽可能快地完成控制任务,可以用过渡过程所需时间来衡量,时间越短,快速性越好,时间越长,则说明系统的响应越迟钝,难以跟踪快速变化的参考输入。平稳性是指动态过程振荡的振幅和频率,即被控变量围绕给定值摆动的幅度和次数。好的平稳性要求摆动的幅度要小,次数要少。如图 1-2 所示,曲线①所对应的控制系统的快速性优于曲线②所对应的控制系统,但平稳性次之。

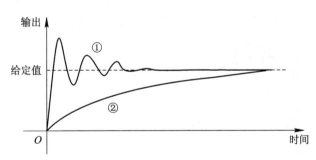

图 1-2　动态性能示意图

3. 准确性

准确性可用稳态误差衡量,它是在动态过程结束后,期望的稳态输出值与实际的稳态输出值之差。误差越小,系统的控制精度越高,准确性越好。稳态误差也是衡量控制性能优劣的一项重要指标,往往决定着控制任务的实现,因此在设计时应尽可能地减小稳态误差。

在研究和设计控制系统时,上述性能常常相互矛盾。例如:要求稳态精度很高时,往往导致动态性能的恶化,甚至不稳定;为保证控制系统的稳定性,可能会牺牲快速性。所以在设计控制系统时,一般需要在各性能之间进行折中考虑。

1.3　自动控制的基本原理与方式

自动控制系统的功能和组成是多种多样的,且都有各自的特点和不同的适用场合,就其工作原理来说,可分为开环控制、闭环控制和复合控制三种控制方式。

1.3.1 开环控制

开环控制方式是指控制装置与被控对象之间只有顺向作用而没有反向联系的控制过程，按照这种方式组成的系统称为开环控制系统。开环控制的特点就在于系统的输出不会对控制作用产生影响。开环控制系统可以按给定值控制方式组成，也可以按扰动控制方式组成。扰动是指对被控变量产生不利影响(干扰)的信号。

1. 按给定值控制

为了产生控制作用使被控变量发生变化，一般需要一个装置对被控对象施加作用，这个装置称为执行装置。一般情况下，参考输入量不能直接输入给执行装置，需要经过测量装置进行转换后才能被执行装置识别。按给定值控制的开环系统方框图如图 1-3 所示，其中，每个方框的输入是输入至该元件的作用量，方框的输出就是该元件在输入信号作用后的响应。作用信号是单方向的，形成开环，这是所有开环系统的基本特征。

图 1-3　按给定值控制的开环系统方框图

例如，图 1-4 所示的电炉温度控制系统就属于按给定值控制的开环系统。

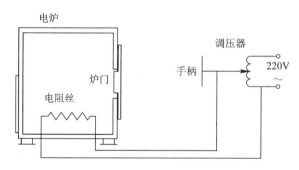

图 1-4　电炉温度控制系统原理图

控制系统的任务：保持电炉温度恒定在给定值。

被控对象：电炉。

被控变量：电炉温度 T。

工作原理：当给定电炉温度的参考值即参考输入量后，根据实验数据或经验，调节手柄带动滑动触头使之置于某一固定位置。电源接通后，作为测量装置的调压器对手柄的位置进行测量并转换为对应的交流电压输出给执行装置电阻丝，电阻丝上会产生电流并转换为热能对电炉进行加热，当电炉从电阻丝吸收的热能等于它发出的热能时，电炉温度可保持恒定。

由于炉门开启的次数、环境温度的变化、电源的波动等扰动都会使被控变量偏离给定值，出现误差，有时误差甚至会很大，但系统不能根据误差来调整滑动触头的位置，改变电阻丝的电流来消除该误差。因此，这种控制方式仅适用于对控制精度要求不高、不存在扰动或扰动作用较小的场合。

2. 按扰动控制

如果扰动是可测量的，为减小扰动的不利影响，可按扰动对系统进行开环控制。如图 1-5 所示，测量装置先对扰动进行测量，然后利用得到的扰动值，通过执行装置修正控制作用，补偿扰动对被控变量的不利影响。此处扰动作为控制系统的输入量，从输入端到输出端来看，也仅有顺向作用而没有反向联系，因此系统仍然是开环控制。尽管这种方式能对扰动产生补偿作用，但仅限于对可测的扰动进行补偿控制，对不可测的扰动以及系统内部参数的变化对被控变量造成的影响自身是无法控制的。因此，其控制原理限制了控制精度。

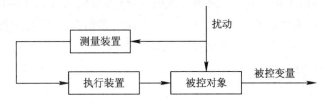

图 1-5 按扰动控制开环系统原理图

例如，图 1-6 所示的水位高度控制系统就属于按扰动控制的开环系统。

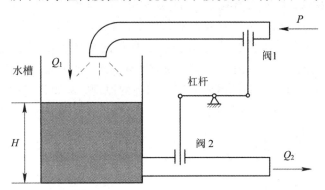

图 1-6 水位高度控制系统原理图

控制系统的任务：保持水槽水位高度 H 恒定。

被控对象：水槽。

被控变量：水位高度 H。

工作原理：当开大或减小阀 2 的开度以改变用水流量 Q_2 时，水槽的水位高度 H 都会发生变化，故在此阀 2 可以视为控制系统的扰动。当用水量 Q_2 变大时，需开大阀 2，此扰动经杠杆测量后通过联动操控阀 1，使之开度亦变大，进而增大进水流量 Q_1，当 Q_1 和 Q_2 相等时，水槽水位高度 H 将保持不变。

事实上，其他扰动也会影响水位高度，比如进水的压力 P，但控制系统对这一扰动是没有补偿能力的。

按扰动控制的水位高度控制系统原理如图 1-7 所示。

总体来说，开环控制的特点在于：输入控制输出，输出对输入没有影响；结构简单、成本较低，控制精度较低，一般用于受干扰影响不大且控制精度要求不高的场合，如电风扇、自动洗衣机、交通指挥灯的控制。

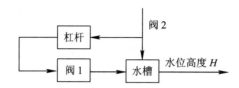

图 1-7 按扰动控制的水位高度控制系统原理图

1.3.2 闭环控制

控制系统在实际的工作过程中，周围环境的变化（如系统内部元件参数的变化、电网电压波动、负载变化等）都会对其产生扰动作用，并且很多情况下是无法预知和测量的，因此，按扰动控制的开环系统也难以完全补偿扰动的影响。为有效克服扰动的影响、提高控制精度，可以采用闭环控制。

1. 反馈控制原理

在控制系统中，把输出量（被控变量的实际值）回送到输入端，并与参考输入进行比较的过程，称为反馈。在比较时，如果是参考输入与回送的输出量相减，则称为负反馈；如果是相加，则称为正反馈。反馈控制就是采用负反馈并利用偏差信号进行控制的过程。

在反馈控制系统中，控制装置对被控对象施加的控制作用取自被控变量的反馈信息，得到偏差信号，并不断修正被控变量与参考输入（期望的变化过程）之间的偏差，从而实现对被控对象进行控制的任务，这就是反馈控制的原理，其实质就是利用偏差去控制偏差。

人在日常生活中的许多活动都体现了反馈控制的原理。例如我们在开门时，控制手移动到门把位置的过程，如图 1-8 所示。

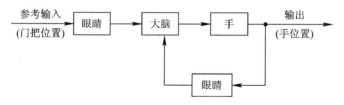

图 1-8 手握门把的反馈控制系统原理图

控制系统的任务：移动手到门把的位置。

被控对象：手。

被控变量：手位置。

工作原理：门把的位置是手运动的参考输入，首先我们要用眼睛不断目测门把与手的位置，并将位置信息送给大脑（反馈），然后由大脑判断手与门把的距离（产生偏差信号），并根据偏差的大小发出控制手移动的命令（控制作用），手的移动逐渐使门把与手的距离（偏差）减少，直到偏差减小到零，手便可移动到门把的位置。

再如图 1-9 所示的直流电动机速度负反馈控制系统。

控制系统的任务：维持直流电动机转速基本不变，以达到较高的控制精度。

被控对象：直流电动机。

被控变量：直流电动机的转速 n。

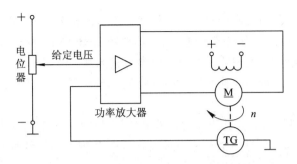

图 1-9 直流电动机负反馈控制系统

工作原理：参考输入为电位器给定电压，与测速发电机 TG 的输出电压相减后输给功率放大器（控制器），经功率放大后，作用在直流电动机 M 的电枢上，从而控制电机的转速 n。这里的测速发电机 TG 将输出转速 n 转变为电压送回输入端进行比较，完成反馈。当扰动作用（如负载变化或电网电压波动等）时，将导致电机的转速 n 变化；此时，TG 会将该变化反映到控制器的输入端，并使控制器的输出产生相应的变化，从而维持电动机的转速基本不变；电位器的位置一定时，转速 n 就为一定值。控制系统原理如图 1-10 所示。

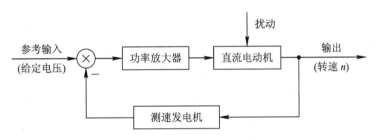

图 1-10 直流电动机负反馈控制系统原理图

图中，"⊗"表示比较器（或称比较环节），负号"−"表示负反馈。参考输入与反馈相比较，其差值为偏差信号，作为控制器的输入，显然此处的输出对控制量有直接影响（即负反馈）。从图 1-8、图 1-10 可以看出，在负反馈控制系统中，不仅有控制装置到被控对象的顺向（前向通路）作用，更有被控对象到控制装置的反向（反馈通路）联系，所以控制信号必须沿前向通路和反馈通路循环往复地闭路传送，形成闭合回路即闭环，故反馈控制又称闭环控制。

2. 闭环控制系统的基本组成与主要信号

典型的控制系统的基本组成如图 1-11 所示。控制系统的各元件按职能划分为以下几种。

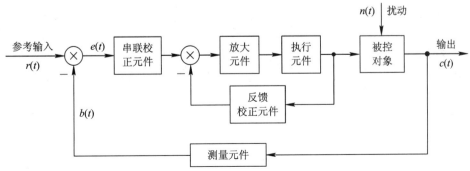

图 1-11 典型闭环控制系统的基本组成

（1）测量元件：检测被控制的物理量并转换为所需的信号。如果这个物理量不是电量，则一般需要传感器将其转换为相应的电信号，例如图 1-9 中的测速发电机。

（2）给定元件：给出与期望输出相对应的参考输入量，例如图 1-9 中电位器。

（3）比较元件：把测量元件检测的被控变量实际值与给定元件给出的参考输入进行比较，得出两者的偏差。

（4）放大元件：即放大器，其职能是对偏差信号进行放大，以驱动执行元件对被控对象产生控制作用。由于偏差信号一般较小，难以直接驱动较大功率的执行元件，因此许多控制系统都需要放大元件，常用的有电压放大、功率放大。例如图 1-9 中的功率放大器。

（5）执行元件：用来直接控制被控对象，使被控变量产生变化。

（6）校正元件：亦称补偿元件，是结构和参数便于调整的元件，以串联或反馈的方式连接在系统中，以改善系统的性能。

如图 1-11 所示的闭环控制系统中，各元件通过带箭头的线进行连接，也通过它传递各种信号，这些信号一般是随时间变化的变量，主要有以下信号：

（1）输入信号：控制系统的参考输入量，常用 $r(t)$ 表示，被控变量应该按照输入信号的规律变化。

（2）输出信号：控制系统的被控变量随时间变化的信号，常用 $c(t)$ 表示。

（3）主反馈信号：表征与输出信号的某种函数关系（如正比），且是量纲与输入信号相同的信号，常用 $b(t)$ 表示。

（4）偏差信号：输入信号与主反馈信号的差，常用 $e(t)$ 表示。

（5）误差信号：输出信号与期望输出信号的差。误差反映了控制系统的精度，常用 $e'(t)$ 表示。广义而言，误差包含偏差的概念，偏差信号也被认为是从输入端定义的误差信号。

（6）扰动信号：使被控变量产生不应有的变化的信号，常用 $n(t)$ 表示。扰动信号往往会导致被控变量出现误差（不利影响）。

3. 闭环与开环控制系统的比较

开环控制系统的优点是结构简单，易于设计与实现，成本低廉，工作稳定，当扰动信号能预先知道或可测量时，控制效果较好；缺点是不能自动修正被控变量的偏差，系统的元件参数变化以及外来的未知扰动对控制精度影响较大。

相对于开环控制系统而言，闭环控制系统的优点是具有自动修正被控变量出现偏差的能力，也可以修正元件参数变化及外界扰动引起的误差，控制精度较高；缺点是被控变量可能会出现振荡，甚至发散以至于系统不能正常工作。因为实际的系统往往都存在惯性，这会给控制作用带来一定的时间延迟。如果控制作用和被控对象的惯性之间匹配不当，则会造成被控变量得不到及时的调整与控制，这也使得闭环控制系统的分析和设计都较为复杂。

值得指出的是，当系统的扰动能够测量或扰动影响较小、控制精度要求不高时，采用开环控制是比较合适的。只有当存在无法预知的扰动信号，系统的元件参数有无法预计的变化，控制精度要求较高时，开环系统难以完成控制任务，这时闭环控制才具有优越性。

1.3.3　复合控制

从反馈控制的原理可以看出，只有在输入信号和扰动信号作用在被控对象并产生影响后才能做出控制。如果控制系统具有较大的惯性，则反馈控制不能及时影响输出的变化。为克服这一问题，可在闭环控制的基础上引入前馈控制，如此便构成了复合控制。前馈控制能在被控对象还没有产生影响前就做出控制，即在偏差产生之前就先纠正偏差，它是对系统输出的影响进行预先补偿的一种措施，其信号流向为顺向，不构成回路，因此前馈控制是开环控制，对补偿装置的参数稳定性要求较高，否则会因补偿装置参数的变化而削弱其补偿效果。复合控制也可以看作是开环控制与闭环控制相结合的一种有效高精度控制方式，可以使控制系统具有更好的控制性能。

前馈通路一般由对输入信号的补偿装置或对扰动信号的补偿装置组成，分别称为按输入前馈补偿的复合控制和按扰动前馈补偿的复合控制，分别如图 1 - 12(a)、(b)所示。其中，广义被控对象包含了执行元件、被控对象和测量元件。

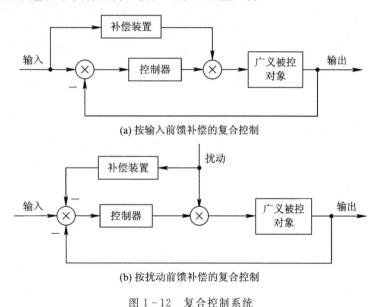

(a) 按输入前馈补偿的复合控制

(b) 按扰动前馈补偿的复合控制

图 1 - 12　复合控制系统

1.4　自动控制系统的分类

自动控制系统有很多的分类方法。按控制方式可分为开环控制系统、闭环控制系统、复合控制系统；按输入信号变化规律可分为恒值控制系统、随动控制系统、程序控制系统；按其数学模型可分为线性系统和非线性系统、定常系统和时变系统、集中参数系统和分布参数系统、确定性系统和不确定性系统等；按元件类型可分为机械系统、电气系统、机电系统、液压系统、气动系统、生物系统等；按系统内部的信号特征可分为连续系统和离散系统；按系统的功能可分为温度控制系统、压力控制系统、位置控制系统等。

通常情况下，为了全面反映自动控制系统的特点，一般将各种分类方法组合应用。本书主要研究连续线性定常控制系统和非线性控制系统。

1.4.1　连续线性定常控制系统

这类系统的数学模型可以用线性定常微分方程描述，其通式为

$$a_0 \frac{\mathrm{d}^n}{\mathrm{d}t^n} c(t) + a_1 \frac{\mathrm{d}^{n-1}}{\mathrm{d}t^{n-1}} c(t) + \cdots + a_{n-1} \frac{\mathrm{d}}{\mathrm{d}t} c(t) + a_n c(t)$$

$$= b_0 \frac{\mathrm{d}^m}{\mathrm{d}t^m} r(t) + b_1 \frac{\mathrm{d}^{m-1}}{\mathrm{d}t^{m-1}} r(t) + \cdots + b_{m-1} \frac{\mathrm{d}}{\mathrm{d}t} r(t) + b_m r(t)$$

式中，$c(t)$ 是被控变量；$r(t)$ 是参考输入；系数 a_0，a_1，$\cdots$，a_n，b_0，b_1，$\cdots$，b_m 都是常数，故称为定常系统。控制系统的目标是使被控变量按照参考输入的规律变化，在分析控制系统的运动规律和设计控制方法时，需要特别注意参考输入。所以在此根据参考输入的变化规律不同将连续线性定常系统再分为恒值控制系统、随动控制系统、程序控制系统。

1. 恒值控制系统

恒值控制系统的参考输入是一个常值，要求被控变量也等于常值，故又称为调节系统。恒值控制系统在运行中，由于各种扰动因素的影响被控变量总会偏离参考输入而出现偏差，这就要求控制系统产生控制作用以克服扰动的影响，使被控变量恢复到给定的常数值。因此，恒值控制系统的分析和设计的重点在于系统的抗干扰性能，需要研究各种扰动对输出的影响及抗扰的措施。需要强调指出的是，恒值控制系统的参考输入并不是绝对不变的，它可以随环境、生产条件的变化而重新给定，但是一经给定后，控制系统就应该使被控变量与给定的参考输入保持一致。例如房间内的空调就是一个恒值温度控制系统，但是这个参考的温度输入值是可以重新给定的，且一经给定，空调会将房间内的温度控制在该温度值附近。再如图 1-9 所示的直流电动机负反馈控制系统也是一个恒值控制系统，其参考输入为给定电压，是常值。此外，在工业控制中，如果被控变量是温度、压力、流量、液位等生产过程参量，则这种控制系统称为过程控制系统，它们大多都属于恒值控制系统。

2. 随动控制系统

随动控制系统的参考输入是预先未知的随时间任意变化的函数，要求被控变量以尽可能小的误差跟随参考输入的变化，故又称为跟踪系统。在随动系统中，如果被控变量是机械位置或其导数，则称该系统为伺服系统。对随动控制系统而言，扰动的影响是次要的，控制系统分析、设计的重点在于被控变量跟随的快速性和准确性。

随动控制系统的应用也非常广泛，如函数记录仪、电压跟随器、高射炮的自动瞄准系统、雷达的自动跟踪系统等。

3. 程序控制系统

当参考输入是预先已知的随时间变化的函数时，要求被控变量迅速、准确地加以复现，控制作用将使得被控变量按预定的规律（程序）变化，这种系统称为程序控制系统。程序控制系统和随动控制系统的参考输入都是时间的函数，不同之处在于前者是预先已知的时间函数，而后者是未知的任意时间函数。

在机械加工行业使用的数字程序控制机床就是典型的程序控制系统，此外，还有全自动洗衣机、电脑绣花机等也属于程序控制系统。

1.4.2　非线性控制系统

在控制系统中，只要有一个元件的输入-输出特性是非线性的，则此系统就称为非线性控制系统。一般用非线性微分方程来描述其特性，非线性方程的特点是系数与变量有关，或者方程中含有变量及其导数的高次幂或乘积项，例如由下面方程描述的非线性系统：

$$\ddot{y}(t) + y(t)\dot{y}(t) + y^2(t) = r(t)$$

严格说来,实际的控制系统都含有程度不同的非线性元件,如放大器和电磁元件的饱和特性,运动部件的死区、间隙、摩擦特性等。又例如,各种继电器系统被大量采用,用线性理论不能分析这类控制系统。线性系统模型的建立只是在真实的系统中,某些非线性被人们用线性关系代替了,另外一些非线性则被忽略掉了。

线性控制系统的理论较为完善,已有许多成熟的分析和设计方法。但是非线性控制系统由于在数学处理上较为困难,迄今为止,仍没有统一的方法。对非线性程度不太严重的元件,一般采用在一定范围内线性化的处理方法,可以将其近似为线性系统。

早期的经典非线性控制方法主要包括相平面法和描述函数法,以死区、饱和、间隙、摩擦和继电特性等基本非线性因素为研究对象,仅适合于一些简单的、特殊的非线性系统,难以处理复杂的非线性系统控制问题。相平面法和描述函数法是本书主要讲述的内容。在经过近几十年的发展后,非线性系统控制理论当然也取得了长足的进步,涌现出了许多新的非线性系统控制方法,包括反馈线性化、反推设计法和滑模变结构控制等。

1.5 自动控制系统实例

为进一步加深对自动控制系统的认识,下面分析几个自动控制系统的实例。

1.5.1 温度控制系统

图 1-13 所示为一种煤气炉温度控制系统。

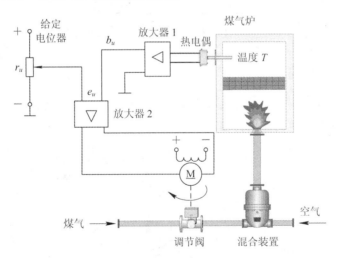

图 1-13 煤气炉温度控制系统原理图

控制系统的任务:保持煤气炉温度恒定在给定值。

被控对象:煤气炉。

被控变量:炉温 T。

测量元件:热电偶用来检测输出信号即煤气炉的实际温度 T,经放大器 1 转变为主反馈电压信号 b_u。

给定元件:给定电位器,其输出电压 r_u 相当于参考输入信号即要求的炉温。

比较元件:通过由放大器 1 和给定电位器的连接电路完成给定电压 r_u 与主反馈电压 b_u

的减法运算，得到偏差信号 $e_u = r_u - b_u$。

执行元件：电动机、调节阀。

扰动：环境温度、煤气压力等。

工作原理：当实际炉温 T 等于给定炉温时，偏差信号 $e_u = r_u - b_u = 0$，放大器 2 的输出也为 0，电动机与调节阀静止不动，流入混合器的煤气流量一定，控制系统不再进行调节。

当扰动信号变化使实际炉温 T 小于给定炉温时，偏差信号 $e_u = r_u - b_u > 0$，放大器 2 的输出也大于 0，放大后的电压加到电机的电枢两端，电动机将朝着开大调节阀的方向转动，增大流入混合器的煤气流量，使得炉温开始升高，直到重新又等于给定值 $r_u = b_u$ 为止。

同理，当扰动信号变化使实际炉温 T 大于给定炉温时，控制系统将进行反向调节，直到炉温又下降到给定值偏差 $e_u = 0$ 为止。

控制系统的输入信号由电位器给定，工作时一般为常值，通过热电偶测量被控变量，并反馈到输入端，形成闭合回路，根据偏差信号的大小和方向进行调节，故属于恒值闭环控制系统。其控制原理如图 1－14 所示。

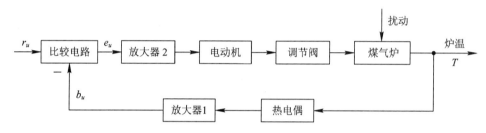

图 1－14　煤气炉温度控制系统原理图

1.5.2　速度控制系统

飞球式调速器最早出现在欧洲风力磨坊里，用于控制磨面机的速度。1788 年瓦特根据这些原理将之用于蒸汽机的速度控制，如图 1－15 所示。

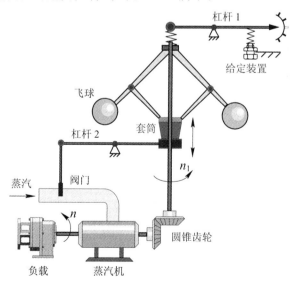

图 1－15　蒸汽机转速自动控制系统

控制系统的任务：保持蒸汽机的转速 n 在期望值附近。

被控对象：蒸汽机。

被控变量：蒸汽机的转速 n。

测量元件：输出信号即蒸汽机的转速 n 经圆锥齿轮转变为 n_1，飞球装置用来检测 n_1，并将其转变为位移。

给定元件：给定装置由调整螺栓、弹簧、杠杆 1 组成，给定的参考输入信号为套筒的位移。

比较元件：给定的参考输入信号作用在套筒上，通过飞球装置的负反馈信号也作用在套筒上，使得套筒上下移动，当两者相等时，套筒相对静止，故套筒为比较元件。

执行元件：阀门。

扰动：负载、蒸汽压力等。

工作原理：蒸汽机工作时带动负载转动，同时通过圆锥齿轮带动飞球作水平旋转运动。飞球通过铰链带动套筒上下滑动，套筒通过下面的连接块拨动杠杆 2，进而调节供汽阀门的开度，改变进入蒸汽机的蒸汽流量，以达到控制蒸汽机转速 n 的目的。在蒸汽机正常运行时，飞球旋转所产生的离心力对套筒形成拉力，当其与弹簧的弹力大小相等、方向相反时，套筒相对静止，并保持一个固定的高度，使阀门处于一个固定的开度(平衡位置)。

如果负载增大而使得转速 n 下降，则飞球因离心力减小而使套筒向下滑动，进而通过杠杆 2 使阀门的开度变大，蒸汽流量加大，转速 n 回升。同理，如果负载减小而使得转速 n 升高，则飞球因离心力变大而使套筒上滑，通过杠杆 2 减小供汽阀的开度，使蒸汽机转速 n 回落。这样就可以使蒸汽机的转速 n 保持在期望值附近。

控制系统的输入信号由给定装置给定，工作时一般为常值，通过圆锥齿轮和飞球装置测量被控变量，并反馈到输入端，形成闭合回路，根据偏差信号进行调节，故属于恒值闭环控制系统。其控制原理如图 1-16 所示。

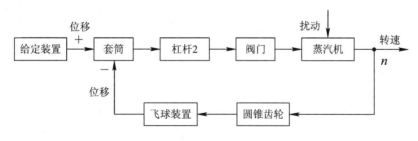

图 1-16　蒸汽机转速自动控制系统原理图

1.5.3　位置控制系统

船舶驾驶舵角位置跟踪系统如图 1-17 所示。

控制系统的任务：使船舶舵角位置 θ_o 跟踪操纵杆角位移 θ_i 的变化。

被控对象：船舵。

被控变量：船舵角位置 θ_o。

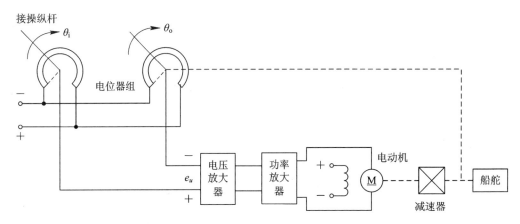

图 1-17 船舶舵角位置跟踪系统

测量元件：电位器组。

给定元件：由操纵杆给定参考输入信号角位移 θ_i。

比较元件：电位器组及其连接的桥式电路。

执行元件：电动机、减速器。

工作原理：在正常情况下，$\theta_o = \theta_i$，两环形电位器组成的桥式电路处于平衡状态，输出的电压 $e_u = 0$，电动机不转动，被控变量将保持在 θ_o 位置。如果操纵杆角度 θ_i 变小，此时船舵的角位移 θ_o 仍处于原来的位置，电位器组及桥式电路的输出偏差信号 $e_u < 0$，电动机将向着减小 θ_o 位置的方向旋转，并带动减速器、舵机旋转，直至 $\theta_o = \theta_i$ 为止。反之亦然，从而实现舵机的角位置 θ_o 跟踪操纵杆角位移 θ_i 的变化。

控制系统的输入信号由操纵杆给定，预先未知，可能会取任意值，通过电位器组同时完成测量和比较的任务，将输出变量反馈到输入端，形成闭合回路。系统根据偏差信号进行调节，故属于随动闭环控制系统。其控制原理如图 1-18 所示。

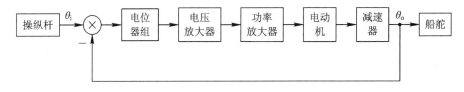

图 1-18 船舶舵角位置控制系统原理图

习 题

1.1 举出工业生产中开环和闭环控制的例子，说明其工作原理，并讨论开环控制和闭环控制的特点。

1.2 图 1-19 所示是液位自动控制系统原理示意图。希望自动控制系统在任何情况下能维持液位的高度 h 不变，试说明控制系统的工作原理并画出控制系统的方框图。

1.3 图 1-20 是仓库大门自动控制系统原理示意图，试说明自动控制大门开关的工作原理并画出控制系统的方框图。

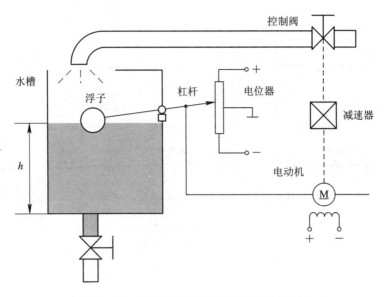

图 1-19　习题 1.2 用图（液位自动控制系统）

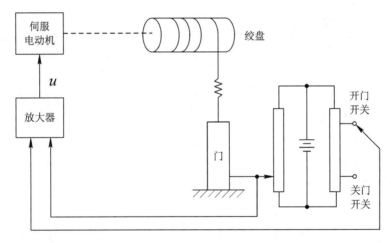

图 1-20　习题 1.3 用图（大门自动开关控制系统）

1.4　图 1-21 是电炉温度控制系统原理示意图。

（1）分析控制系统保持电炉温度恒定的工作原理；

（2）指出系统的被控对象、被控变量以及各部件的作用；

（3）画出控制系统方框图；

（4）指出控制系统的类型。

1.5　计算机磁盘驱动器、录音机、CD 播放机等都需要在电动机磨损或元件参数发生变化时保持其转台的恒定转速。图 1-22 所示为转台速度控制系统的原理。

（1）说明控制系统的任务并分析控制系统的工作原理；

（2）指出控制系统的类型以及被控对象、被控变量、测量元件、执行元件；

（3）画出控制系统方框图。

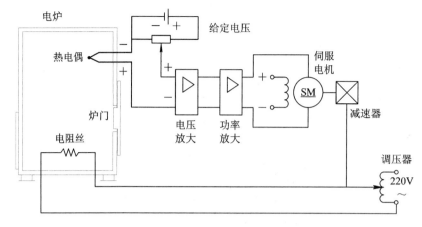

图 1-21 习题 1.4 用图(电炉温度控制系统原理图)

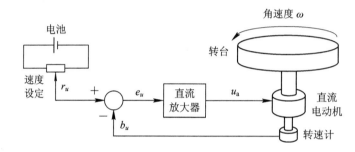

图 1-22 习题 1.5 用图(转台速度控制系统原理)

1.6 图 1-23(a)、(b)所示均为自动调压系统。设空载时,图(a)和(b)中发电机 G 的端电压均为 110 V。试问带上负载后,图(a)和(b)中哪个系统能保持 110 V 电压不变?哪个系统的电压会稍低于 110 V?为什么?

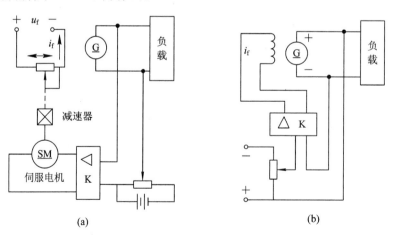

图 1-23 习题 1.6 用图(自动调压系统)

第 2 章　控制系统建模

　　要对一个实际的物理对象进行控制，首先必须对该被控对象加以描述。在前面章节我们对控制系统的工作原理以及如何施加控制作用使被控变量按预期的规律变化作了定性分析。这对我们理解被控对象的基本特性，了解控制作用的机理很有用处。但对控制系统中各信号之间的定量关系并没有详述，这主要是因为要定量研究控制系统使其完成预定的任务，必须获得描述被控对象输入和输出之间量化关系的数学表达式，这就是控制系统的数学模型，有时简称为模型。如果控制系统中各变量随时间变化缓慢，以至于它们对时间的变化率可以忽略不计（变量的各阶次导数为零），此时描述变量之间关系的代数方程称为静态数学模型。如果各变量随时间的变化率不可以忽略（变量的各阶次导数不为零），则描述变量各阶次导数之间关系的微分方程称为动态数学模型。

　　获得数学模型的过程称为建立模型，简称建模。由于数学方程（代数方程及微分方程）本身就是对实际的物理系统进行高度抽象后的量化关系，因此不同种类的系统，如机械系统、电气系统、液压系统、气动系统、热力系统等可能具有完全相同的数学模型。所以我们只要研究一种数学模型，就可以了解具有这种模型的各类系统的特征。建模一旦完成，对控制系统的量化分析主要针对数学模型，而不再涉及实际系统的具体性质、特点。

　　为了从不同方面反映系统的特征，即便是同一个物理系统也可以用不同的数学模型表示。经典控制的数学模型主要采用输入-输出的描述方法（外部描述），现代控制则常用表示系统内部状态的变量描述（内部描述）。对于连续线性系统，微分方程是时域数学模型，它既是时域分析法的基础，也是数学模型的基本形式。当用拉普拉斯变换或傅里叶变换对微分方程求解时，可以得到复域的数学模型传递函数或频域数学模型频率特性，它们是根轨迹和频率分析法的基础。另外，动态结构图与信号流图也是数学模型的一种形式。这些模型一般可以互相转换。控制工程中的大多数系统经过简化或线性化处理，一般都可以用线性微分方程描述。在数学中，线性微分方程的求解已有标准的方法，易于分析，因此研究线性系统具有很大的实际意义。对于包含有本质非线性元件的非线性系统，其数学模型为非线性微分方程；如果系统包含有分布参数，其数学模型将是偏微分方程。

2.1　微分方程建模的一般方法

　　建模的方法可分为机理分析法与实验辨识法两种。机理分析法是对自动控制系统各部分的运动机理进行分析，根据自动控制系统所遵循的物理、化学及各种科学规律经过推导求出数学模型。实验辨识法是在自动控制系统的输入端加测试信号，然后测试出系统的输出信号，再根据输入-输出特性用适当的数学模型去逼近，这种方法也称为系统辨识。建模时无论采取哪一种方法往往都需要经过多次反复的修改才能得到较为精确的数学模型，因此建立数学模型既是一门科学，又是一种技巧。限于篇幅，本章只讲述机理分析法。

为简单起见，本节主要研究线性、定常、集总参数的控制系统。在对控制系统建模前，先举例说明常用线性元件微分方程的建立。

2.1.1　线性元件的微分方程

建立元件微分方程的一般步骤是：

（1）确定元件的输入和输出变量；

（2）根据元件遵循的物理（或化学等）定律，列写相应的微分方程；

（3）消去中间变量；

（4）标准化，将与输入有关的各项放在等号的右边，与输出有关的各项放在等号的左边，方程两边变量的导数按降幂次序排列。

例 2 - 1　建立如图 2 - 1 所示的 RLC 无源电路的微分方程。其中 $u_r(t)$ 为输入，$u_c(t)$ 为输出。

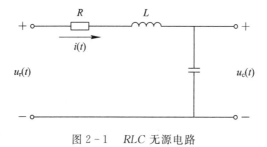

图 2 - 1　RLC 无源电路

解：设 RLC 电路的回路电流为 $i(t)$，由基尔霍夫定律可写出回路方程为

$$Ri(t) + L\frac{\mathrm{d}i(t)}{\mathrm{d}t} + u_c(t) = u_r(t) \tag{2-1}$$

$$i(t) = C\frac{\mathrm{d}u_c(t)}{\mathrm{d}t} \tag{2-2}$$

将式（2-1）代入式（2-2），整理可得微分方程为

$$LC\frac{\mathrm{d}^2 u_c(t)}{\mathrm{d}t^2} + RC\frac{\mathrm{d}u_c(t)}{\mathrm{d}t} + u_c(t) = u_r(t) \tag{2-3}$$

例 2 - 2　图 2 - 2 所示为弹簧-质量-阻尼器机械位移系统。建立质量 m 以外力 $F(t)$ 为输入（重力不计），位移 $y(t)$ 为输出的微分方程。

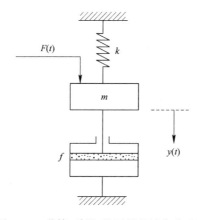

图 2 - 2　弹簧-质量-阻尼器机械位移系统

解： 根据牛顿第二定律有

$$m\frac{\mathrm{d}^2 y(t)}{\mathrm{d}t^2} = F(t) + F_1(t) + F_2(t) \tag{2-4}$$

式中，$F_1(t)$ 为阻尼器的阻力；$F_2(t)$ 为弹簧的弹力。

由阻尼器、弹簧的特性可得

$$F_1(t) = -f\frac{\mathrm{d}y(t)}{\mathrm{d}t} \tag{2-5}$$

$$F_2(t) = -ky(t) \tag{2-6}$$

式中，f 为阻尼系数；k 为弹性系数。

将式(2-5)、式(2-6)代入式(2-4)，整理可得微分方程为

$$m\frac{\mathrm{d}^2 y(t)}{\mathrm{d}t^2} + f\frac{\mathrm{d}y(t)}{\mathrm{d}t} + ky(t) = F(t) \tag{2-7}$$

比较式(2-3)、式(2-7)可以看出，RLC 无源电路和弹簧-质量-阻尼器机械位移系统的微分方程结构相同，称这种具有相同微分方程结构的元件或系统为相似系统。相似系统揭示了不同物理现象间的相似关系，便于我们使用一个简单系统模型去研究与其相似的复杂系统。

例 2-3　试列出图 2-3 所示电枢控制的他励直流电动机的微分方程，电枢电压 $u_a(t)$ 为输入，电动机转速 $\omega_m(t)$ 为输出。其中 R_a，L_a 分别为电枢电路的电阻和电感；励磁磁通为常值。

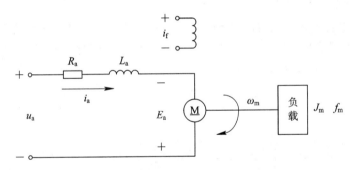

图 2-3　电枢控制的他励直流电动机原理图

解： 设电枢回路电流为 i_a，电压平衡方程为

$$L_a\frac{\mathrm{d}i_a(t)}{\mathrm{d}t} + R_a i_a(t) + E_a = u_a(t) \tag{2-8}$$

式中，E_a 是电枢反电势，其大小与励磁磁通及转速成正比，方向与电枢电压 $u_a(t)$ 相反，即

$$E_a = C_e \omega_m(t) \tag{2-9}$$

式中，C_e 是反电势系数。

电磁转矩方程为

$$M_m(t) = C_m i_a(t) \tag{2-10}$$

式中，C_m 是电动机转矩系数，$M_m(t)$ 是电动机转矩。

电动机轴上的转矩平衡方程为

$$J_m\frac{\mathrm{d}\omega_m(t)}{\mathrm{d}t} + f_m\omega_m(t) = M_m(t) - M_c(t) \tag{2-11}$$

式中，f_m 是电动机和负载折算到电动机轴上的黏性摩擦系数，J_m 是电动机和负载折算到电动机轴上的转动惯量，$M_c(t)$ 是折合到电动机轴上的总负载转矩。

由式(2-8) ~ 式(2-11)消去中间变量 $i_a(t)$，E_a 及 $M_m(t)$，可得微分方程

$$L_a J_m \frac{\mathrm{d}^2 \omega_m(t)}{\mathrm{d}t^2} + (L_a f_m + R_a J_m) \frac{\mathrm{d}\omega_m(t)}{\mathrm{d}t} + (R_a f_m + C_e C_m)\omega_m(t)$$

$$= C_m u_a(t) - L_a \frac{\mathrm{d}M_c(t)}{\mathrm{d}t} - R_a M_c(t) \tag{2-12}$$

在实际工程中，由于电枢电感 L_a 很小，可以忽略不计，故式(2-12)可以简化为

$$T_m \frac{\mathrm{d}\omega_m(t)}{\mathrm{d}t} + \omega_m(t) = K_1 u_a(t) - K_2 M_c(t) \tag{2-13}$$

式中，$T_m = \dfrac{R_a J_m}{R_a f_m + C_e C_m}$ 是电动机机电时间常数，$K_1 = \dfrac{C_m}{R_a f_m + C_e C_m}$，$K_2 = \dfrac{R_a}{R_a f_m + C_e C_m}$ 是电动机传递系数。

如果电枢电阻 R_a 和电动机的转动惯量 J_m 也可以忽略不计，式(2-13)又可以进一步简化为

$$C_e \omega_m(t) = u_a(t) \tag{2-14}$$

此时，电动机的输出转速 $\omega_m(t)$ 与输入电枢电压 $u_a(t)$ 成正比，电动机可作为测速发电机使用。

2.1.2　控制系统的微分方程

控制系统是由若干元件组成的，所以可以分两步来建模，第一步先将系统分解为各个元件(环节)，并写出它们的输入-输出数学表达式；第二步再对各式联立，消去中间变量就可获得描述整个系统输入-输出关系的微分方程。

例 2-4　建立图 2-4 所示速度控制系统的微分方程。参考输入为 u_i，输出是转速 ω。

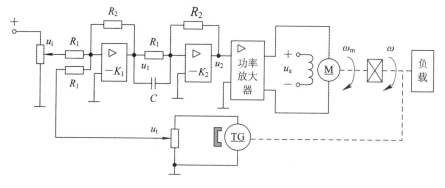

图 2-4　速度控制系统原理图

解： 控制系统由给定电位器、运算放大器 1(比较作用)、运算放大器 2(RC 校正网络)、功率放大器、直流电动机、测速发电机、减速器等元件构成。分别列写各元件的微分方程：

运算放大器 1：参考输入电压 u_i 和反馈电压 u_t 在此比较，产生偏差电压并进行放大，故有

$$u_1 = K_1(u_i - u_t) = K_1 u_e \tag{2-15}$$

式中，$K_1 = R_2/R_1$ 是运算放大器 1 的比例系数。

运算放大器 2：考虑 RC 校正网络，u_2 和 u_1 之间的微分方程为

$$u_2 = K_2\left(\tau\frac{\mathrm{d}u_1}{\mathrm{d}t} + u_1\right) \qquad (2-16)$$

式中，$K_2 = R_2/R_1$ 是运算放大器 2 的比例系数，$\tau = R_1 C$ 是微分时间常数。

功率放大器：本系统采用晶闸管整流装置，它包括控制电路和主电路，如果忽略晶闸管控制电路的时间滞后，其输入-输出方程为

$$u_a = K_3 u_2 \qquad (2-17)$$

式中，K_3 为比例系数。

直流电动机：根据例 2-3 所求的直流电动机微分方程(2-13)，直接可得

$$T_m\frac{\mathrm{d}\omega_m}{\mathrm{d}t} + \omega_m = K_m u_a - K_c M_c \qquad (2-18)$$

式中，T_m，K_m，K_c，M_c 是考虑减速机和负载后，折算到电动机轴上的等效值。

减速机：设减速机的减速比为 i，则有

$$\omega = \frac{1}{i}\omega_m \qquad (2-19)$$

测速发电机：因为输出电压与转速成正比，故有

$$u_t = K_t\omega \qquad (2-20)$$

式中，K_t 为测速发电机的比例系数。

根据式(2-15)～式(2-20)消去中间变量 u_1，u_2，u_a，u_t，ω_m，整理可得控制系统的微分方程为

$$T'_m\frac{\mathrm{d}\omega}{\mathrm{d}t} + \omega = K'_g\frac{\mathrm{d}u_i}{\mathrm{d}t} + K_g u_i - K'_c M_c \qquad (2-21)$$

式中，

$$T'_m = \frac{i\,T_m + K_1\,K_2\,K_3\,K_m\,K_t\tau}{i + K_1\,K_2\,K_3\,K_m\,K_t};\quad K'_g = \frac{K_1\,K_2\,K_3\,K_m\tau}{i + K_1\,K_2\,K_3\,K_m\,K_t};$$

$$K_g = \frac{K_1\,K_2\,K_3\,K_m}{i + K_1\,K_2\,K_3\,K_m\,K_t};\quad K'_c = \frac{K_c}{i + K_1\,K_2\,K_3\,K_m\,K_t}$$

式(2-21)即为速度控制系统的微分方程，可用于研究给定电压为 u_i，或有负载扰动转矩 M_c 时，控制系统的动态性能。

2.1.3　线性系统的基本特征

能用线性微分方程描述的元件或系统，称为线性元件或线性系统。线性系统的重要特征就是满足叠加定理，即具有可叠加性和齐次性。例如系统的线性微分方程为

$$\frac{\mathrm{d}^2 c(t)}{\mathrm{d}t^2} + \frac{\mathrm{d}c(t)}{\mathrm{d}t} + c(t) = r(t) \qquad (2-22)$$

叠加性：设参考输入信号 $r(t) = r_1(t)$，系统输出的解为 $c(t) = c_1(t)$，当 $r(t) = r_2(t)$ 时，输出的解为 $c(t) = c_2(t)$，容易验证式(2-22)满足叠加性，即当 $r(t) = r_1(t) + r_2(t)$ 时，输出 $c(t) = c_1(t) + c_2(t)$。这说明两个输入信号同时作用在控制系统所得到的输出，等于各个信号单独作用时得到的输出之和。

齐次性：如果参考输入信号 $r(t) = k\,r_1(t)$，k 为常数，容易验证式(2-22)的输出必为 $c(t) = k\,c_1(t)$。这说明参考输入增大若干倍时，系统输出将增大同样的倍数。

叠加定理给线性系统的分析和设计带来了方便。如果有几个输入信号(如给定输入和

扰动输入)同时作用于系统，可以将这些信号单独作用(其他输入可以认为是零)，分别求出相应的输出，再将这些输出叠加即得这些信号共同作用的输出解。此外，输入信号可以只取单位值1，实际输出只要乘以相应的倍数即可，从而简化了分析过程。

2.1.4 非线性系统的线性化

许多非线性系统在一定条件下可以近似为线性系统，从而免去非线性系统数学处理上的困难。这种有条件地把非线性系统近似处理成线性系统的过程称为非线性系统的线性化，常用的线性化方法为小偏差法。

考虑如下非线性函数：

$$y = f(x) \tag{2-23}$$

如图 2-5 所示，假设控制系统的工作点为 $A(x_0, y_0)$ 点，如果距离工作点 A 的增量 Δx 充分小，以至于可用直线 AC 代替曲线 AB，此时输入 Δx 与输出 Δy 将成为线性关系，这种线性关系与原非线性关系 $f(x)$ 的误差取决于 Δx，Δx 越小，误差越小。

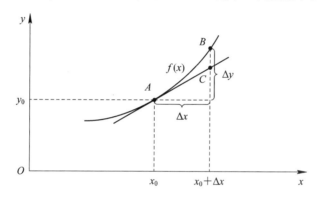

图 2-5 非线性函数线性化示意图

为得到直线 AC，可将 $f(x)$ 在 x_0 附近展开成泰勒级数：

$$y = f(x_0 + \Delta x) = f(x_0) + f'(x_0)\Delta x + \frac{1}{2}f''(x_0)\Delta x^2 + \cdots \tag{2-24}$$

因为 Δx 很小，故可以忽略 Δx^2 及以上的高次项，则有

$$y = f(x_0) + f'(x_0)\Delta x \tag{2-25}$$

令 $\Delta y = y - f(x_0)$，即可得

$$\Delta y = f'(x_0)\Delta x \tag{2-26}$$

式(2-26)即为式(2-23)的线性化方程。

在工程应用中，如果非线性微分方程中的变量只在某工作点的附近作微小变化，且非线性函数在工作点附近连续可导，一般可采用线性化的方法。需要指出的是，因 $f'(x_0)$ 会随 x_0 的不同而变化，因此线性化后的微分方程，会随工作点的不同而改变。

例 2-5 设铁芯线圈电路如图 2-6(a)所示，铁芯线圈的磁通 Φ 与线圈的电流 i 的关系如图 2-6(b)所示，建立以 u_r 为输入，i 为输出的微分方程模型。

解：铁芯线圈的感应电动势为

$$u_\Phi = K_1 \frac{\mathrm{d}\Phi(i)}{\mathrm{d}t} \tag{2-27}$$

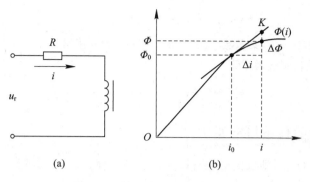

图 2-6　铁芯线圈电路及其特性

根据基尔霍夫定律,电路的电压回路方程为

$$u_r = K_1 \frac{\mathrm{d}\Phi(i)}{\mathrm{d}t} + Ri = K_1 \frac{\mathrm{d}\Phi(i)}{\mathrm{d}i} \frac{\mathrm{d}i}{\mathrm{d}t} + Ri \qquad (2-28)$$

由图 2-6(b)知,式中 $\mathrm{d}\Phi(i)/\mathrm{d}i$ 是电流 i 的非线性函数,故式(2-28)是非线性微分方程。将 $\Phi(i)$ 在 i_0 处展开为泰勒级数可得

$$\Phi(i) = \Phi(i_0) + \left(\frac{\mathrm{d}\Phi(i)}{\mathrm{d}i}\right)_{i=i_0} \Delta i + \frac{1}{2!}\left(\frac{\mathrm{d}^2\Phi(i)}{\mathrm{d}i^2}\right)_{i=i_0} (\Delta i)^2 + \cdots \qquad (2-29)$$

略去高阶导数项有

$$\Delta\Phi(i) = \Phi(i) - \Phi(i_0) = \left(\frac{\mathrm{d}\Phi(i)}{\mathrm{d}i}\right)_{i=i_0} \Delta i \qquad (2-30)$$

令 $K = \left(\dfrac{\mathrm{d}\Phi(i)}{\mathrm{d}i}\right)_{i=i_0}$,略去增量符号 Δ 可得

$$\Phi(i) = Ki \qquad (2-31)$$

将式(2-31)代入式(2-28)可得

$$K_1 K \frac{\mathrm{d}i}{\mathrm{d}t} + Ri = u_r \qquad (2-32)$$

式(2-32)即为铁芯线圈在工作点 i_0 的增量线性化微分方程。

2.2　拉氏变换与传递函数

　　拉普拉斯变换简称拉氏变换,通过对时间函数积分,变换为复变函数,可以将困难的求解线性定常微分方程问题简化为较为容易的代数方程求解问题。在拉氏变换的基础上产生了描述线性定常系统输入-输出关系的传递函数模型,它是经典控制的基本数学模型。本节只回顾拉氏变换的定义及相关性质、定理。

2.2.1　拉氏变换的定义

　　对函数 $f(t)$,t 为实变量,如果线性积分

$$\int_0^\infty f(t)\mathrm{e}^{-st}\mathrm{d}t \qquad (s=\sigma+\mathrm{j}\omega \text{ 为复变量})$$

存在,则称其为函数 $f(t)$ 的拉氏变换。变换后的函数将是复变量 s 的函数,一般记为 $F(s)$,或 $\mathscr{L}[f(t)]$,即

$$F(s) = \mathscr{L}[f(t)] = \int_0^\infty f(t) e^{-st} dt \qquad (2-33)$$

通常称 $F(s)$ 为 $f(t)$ 的象函数，而 $f(t)$ 为 $F(s)$ 的原函数。

相应地，定义拉氏逆变换为

$$f(t) = \mathscr{L}^{-1}[F(s)] = \frac{1}{2\pi j} \int_{\sigma-j\infty}^{\sigma+j\infty} F(s) e^{st} ds \qquad (2-34)$$

2.2.2 拉氏变换的性质与定理

设 $F(s) = \mathscr{L}[f(t)]$，则拉氏变换有以下性质与定理。

1. 线性性质

拉氏变换是线性的，满足叠加性与齐次性，如果 $f_1(t)$ 和 $f_2(t)$ 的拉氏变换分别为 $F_1(s)$ 和 $F_2(s)$，a, b 为常数，则有

$$\mathscr{L}[af_1(t) + bf_2(t)] = aF_1(s) + bF_2(s) \qquad (2-35)$$

2. 微分定理

$$\mathscr{L}\left[\frac{d}{dt}f(t)\right] = sF(s) - f(0)$$

$$\mathscr{L}\left[\frac{d^2}{dt^2}f(t)\right] = s^2 F(s) - sf(0) - f'(0)$$

$$\vdots \qquad (2-36)$$

$$\mathscr{L}\left[\frac{d^n}{dt^n}f(t)\right] = s^n F(s) - \sum_{k=1}^{n} s^{n-k} f^{(k-1)}(0)$$

式中，$f(0), f'(0), \cdots, f^{(n-1)}(0)$ 为函数 $f(t)$ 及其各阶导数在 $t = 0$ 时的值。当 $f(0) = f'(0) = \cdots = f^{(n-1)}(0) = 0$ 时，则有

$$\mathscr{L}\left[\frac{d^n}{dt^n}f(t)\right] = s^n F(s) \qquad (2-37)$$

3. 积分定理

$$\mathscr{L}\left[\int f(t) dt\right] = \frac{F(s)}{s} + \frac{1}{s} f^{(-1)}(0)$$

$$\mathscr{L}\left[\iint f(t) dt^2\right] = \frac{F(s)}{s^2} + \frac{1}{s^2} f^{(-1)}(0) + \frac{1}{s} f^{(-2)}(0)$$

$$\vdots \qquad (2-38)$$

$$\mathscr{L}\left[\int \cdots \int f(t) dt^n\right] = \frac{F(s)}{s^n} + \frac{1}{s^n} f^{(-1)}(0) + \cdots + \frac{1}{s} f^{(-n)}(0)$$

式中，$f^{(-1)}(0), f^{(-2)}(0), \cdots, f^{(-n)}(0)$ 为函数 $f(t)$ 及其各重积分在 $t = 0$ 时的值。当 $f^{(-1)}(0) = f^{(-2)}(0) = \cdots = f^{(-n)}(0) = 0$ 时，则有

$$\mathscr{L}\left[\int \cdots \int f(t) dt^n\right] = \frac{F(s)}{s^n} \qquad (2-39)$$

4. 终值定理

如果 $\mathscr{L}[f(t)] = F(s)$，且 $sF(s)$ 的所有极点全在 s 平面的左半部，即 $sF(s)$ 在 s 的右半平面及虚轴上解析，则有

$$f(\infty) = \lim_{t \to \infty} f(t) = \lim_{s \to 0} sF(s) \qquad (2-40)$$

应用终值定理时一定要注意条件。

5. 初值定理

如果 $\mathscr{L}[f(t)] = F(s)$，并且 $\lim_{s \to \infty} sF(s)$ 存在，则有初值定理：

$$f(0) = \lim_{t \to 0} f(t) = \lim_{s \to \infty} sF(s) \tag{2-41}$$

6. 位移定理

$$\mathscr{L}[f(t-a)] = e^{-as}F(s) \tag{2-42}$$

$$\mathscr{L}[e^{-at}f(t)] = F(s+a) \tag{2-43}$$

式中，$a \geqslant 0$，式(2-42)说明实函数 $f(t)$ 向右平移一个延迟时间 a，相当于复数域中 $F(s)$ 乘以 e^{-as} 的因子；式(2-43)说明实函数 $f(t)$ 乘以 e^{-at}，相当于复数域中向左平移 a 个单位 $F(s)$，即 $F(s+a)$。故该定理也称延迟定理。

拉氏变换还有其他一些性质，如表 2-1 所示。

表 2-1　拉氏变换的其他性质

序号	运算	原函数	象函数
1	相似性	$f(at)$	$\dfrac{1}{a}F\left(\dfrac{s}{a}\right), a>0$
2	定积分	$\int_0^t f(t)\mathrm{d}t$	$\dfrac{1}{s}F(s)$
3	函数乘以 t	$tf(t)$	$-\dfrac{\mathrm{d}}{\mathrm{d}s}F(s)$
4	函数除以 t	$\dfrac{1}{t}f(t)$	$\int_0^\infty F(s)\mathrm{d}s$
5	卷积	$f(t)*g(t) = \int_0^t f(\tau)g(t-\tau)\mathrm{d}\tau$	$F(s)G(s)$

根据拉氏变换及其逆变换的定义来求是很复杂的，事实上，绝大多数的典型函数都已求出其拉氏变换，做成了表格，我们在使用时直接查询表格即可，如表 2-2 所示。

表 2-2　常用函数的拉氏变换对照表

序号	象函数	原函数
1	1	$\delta(t)$
2	$\dfrac{1}{s}$	$1(t)$
3	$\dfrac{1}{s^2}$	t
4	$\dfrac{1}{s^n}$	$\dfrac{t^{n-1}}{(n-1)!}$　$(n=1,2,3,\cdots)$
5	$\dfrac{1}{s+a}$	e^{-at}
6	$\dfrac{n!}{(s+a)^{n+1}}$	$t^n e^{-at}$　$(n=1,2,3\cdots)$
7	$\dfrac{\omega}{s^2+\omega^2}$	$\sin\omega t$

序号	象函数	原函数
8	$\dfrac{s}{s^2+\omega^2}$	$\cos\omega t$
9	$\dfrac{\omega}{s^2-\omega^2}$	$\sinh\omega t$
10	$\dfrac{s}{s^2-\omega^2}$	$\cosh\omega t$
11	$\dfrac{1}{s(s+a)}$	$\dfrac{1}{a}(1-\mathrm{e}^{-at})$
12	$\dfrac{1}{(s+a)(s+b)}$	$\dfrac{1}{b-a}(\mathrm{e}^{-at}-\mathrm{e}^{-bt})$
13	$\dfrac{s+a_0}{(s+a)(s+b)}$	$\dfrac{1}{b-a}((a_0-a)\mathrm{e}^{-at}-(a_0-b)\mathrm{e}^{-bt})$
14	$\dfrac{\omega_n^2}{s^2+2\zeta\omega_n s+\omega_n^2}$	$\dfrac{\omega_n}{\sqrt{1-\zeta^2}}\mathrm{e}^{-\zeta\omega_n t}\sin(\omega_n\sqrt{1-\zeta^2}\,t)\quad(0<\zeta<1)$
15	$\dfrac{s}{s^2+2\zeta\omega_n s+\omega_n^2}$	$-\dfrac{1}{\sqrt{1-\zeta^2}}\mathrm{e}^{-\zeta\omega_n t}\sin(\omega_n\sqrt{1-\zeta^2}\,t-\phi)$ $\left(0<\zeta<1,\,0<\phi=\arctan\dfrac{\sqrt{1-\zeta^2}}{\zeta}<\dfrac{\pi}{2}\right)$
16	$\dfrac{\omega_n^2}{s(s^2+2\zeta\omega_n s+\omega_n^2)}$	$1-\dfrac{1}{\sqrt{1-\zeta^2}}\mathrm{e}^{-\zeta\omega_n t}\sin(\omega_n\sqrt{1-\zeta^2}\,t+\phi)$ $\left(0<\zeta<1,\,0<\phi=\arctan\dfrac{\sqrt{1-\zeta^2}}{\zeta}<\dfrac{\pi}{2}\right)$
17	$\dfrac{1}{s(s+a)(s+b)}$	$\dfrac{1}{ab}\left[1+\dfrac{1}{a-b}(b\mathrm{e}^{-at}-a\mathrm{e}^{-bt})\right]$
18	$\dfrac{1}{s^2(s+a)}$	$\dfrac{1}{a^2}(at-1+\mathrm{e}^{-at})$
19	$\dfrac{1}{s(s+a)^2}$	$\dfrac{1}{a^2}(1-\mathrm{e}^{-at}-at\mathrm{e}^{-at})$
20	$\dfrac{\omega^2}{s(s^2+\omega^2)}$	$1-\cos\omega t$
21	$\dfrac{1}{(s+a)(s+b)(s+c)}$	$\dfrac{\mathrm{e}^{-at}}{(b-a)(c-a)}+\dfrac{\mathrm{e}^{-bt}}{(a-b)(c-b)}+\dfrac{\mathrm{e}^{-ct}}{(a-c)(b-c)}$
22	$\dfrac{s}{(s+a)(s+b)(s+c)}$	$-\dfrac{a\mathrm{e}^{-at}}{(b-a)(c-a)}-\dfrac{b\mathrm{e}^{-bt}}{(a-b)(c-b)}-\dfrac{c\mathrm{e}^{-ct}}{(a-c)(b-c)}$
23	$\dfrac{s^2}{(s+a)(s+b)(s+c)}$	$\dfrac{a^2\mathrm{e}^{-at}}{(b-a)(c-a)}+\dfrac{b^2\mathrm{e}^{-bt}}{(a-b)(c-b)}+\dfrac{c^2\mathrm{e}^{-ct}}{(a-c)(b-c)}$
24	$\dfrac{1}{(s^2+\omega^2)^2}$	$\dfrac{1}{2\omega^3}(\sin\omega t-\omega t\cos\omega t)$
25	$\dfrac{s}{(s^2+\omega^2)^2}$	$\dfrac{t}{2\omega}\sin\omega t$

续表二

序号	象函数	原函数
26	$\dfrac{s^2 - \omega^2}{(s^2 + \omega^2)^2}$	$t\cos\omega t$
27	$\dfrac{1}{s^2(s^2 + \omega^2)}$	$\dfrac{1}{\omega^3}(\omega t - \sin\omega t)$
28	$\dfrac{s}{(s^2 + \omega_1^2)(s^2 + \omega_2^2)}$	$\dfrac{1}{\omega_2^2 - \omega_1^2}(\cos\omega_1 t - \cos\omega_2 t)$
29	$\dfrac{1}{s(s^2 + \omega^2)^2}$	$\dfrac{1}{\omega^4}(1 - \cos\omega t) - \dfrac{1}{2\omega^3}t\sin\omega t$

2.2.3　用拉氏变换求解微分方程

用拉氏变换求解微分方程是工程中常用的方法，具体求解的步骤如下：

（1）对微分方程中的各项做拉氏变换（要注意各变量的初值），将微分方程转化为以复数 s 为变量的代数方程。

（2）根据上一步得到的代数方程解出系统输出的拉氏变换表达式。

（3）对系统输出的拉氏变换表达式进行拉氏逆变换，即可得到微分方程的解。

假设系统输出的拉氏变换为 $C(s)$，其表达式一般为

$$C(s) = \frac{B(s)}{A(s)} = \frac{b_0 s^m + b_1 s^{m-1} + \cdots + b_{m-1}s + b_m}{s^n + a_1 s^{n-1} + \cdots + a_{n-1}s + a_n} \tag{2-44}$$

式中 a_1，a_2，$\cdots$，a_n 和 b_0，b_1，b_2，$\cdots$，b_m 均为常实数，m，n 为正整数，且有 $m \leqslant n$。

显然，直接对式(2-44)作拉氏逆变换是很困难的，一般可以先对 $C(s)$ 的分母多项式作因式分解，可得

$$A(s) = (s - s_1)(s - s_2)\cdots(s - s_n)$$

式中 s_1，s_2，$\cdots$，s_n 为方程 $A(s) = 0$ 的根，即 $C(s)$ 的极点。下面我们分两种情况讨论。

（1）$A(s) = 0$ 无重根。

此时可将 $C(s)$ 展开为部分分式之和的形式：

$$C(s) = \frac{B(s)}{A(s)} = \frac{d_1}{s - s_1} + \frac{d_2}{s - s_2} + \cdots + \frac{d_i}{s - s_i} + \cdots + \frac{d_n}{s - s_n} = \sum_{i=1}^{n} \frac{d_i}{s - s_i} \tag{2-45}$$

式中，d_i 是待定常数，称为 $C(s)$ 在极点 s_i 处的留数。由式(2-45)知 d_i 可按下式确定：

$$d_i = \lim_{s \to s_i}(s - s_i)C(s) \tag{2-46}$$

再由式(2-45)的拉氏逆变换可得系统输出的解为

$$\mathscr{L}^{-1}[C(s)] = c(t) = \mathscr{L}^{-1}\left[\sum_{i=1}^{n} \frac{d_i}{s - s_i}\right] = \sum_{i=1}^{n} d_i \mathrm{e}^{s_i t} \tag{2-47}$$

（2）$A(s) = 0$ 有重根。

假设 s_1 为 m 重根，s_{m+1}，s_{m+2}，$\cdots$，s_n 为单根，则可将 $C(s)$ 展开为

$$C(s) = \frac{B(s)}{A(s)}$$

$$= \frac{d_m}{(s - s_1)^m} + \frac{d_{m-1}}{(s - s_1)^{m-1}} + \cdots + \frac{d_1}{s - s_1} + \frac{d_{m+1}}{s - s_{m+1}} + \cdots + \frac{d_n}{s - s_n} \tag{2-48}$$

式中，d_{m+1}，$\cdots$，d_n 为单根部分分式的待定常数，可以根据式(2-46)确定，m 个重根部分分式的待定常数 d_1，$\cdots$，d_m 可根据下式确定：

$$d_m = \lim_{s \to s_1}(s-s_1)^m C(s)$$

$$d_{m-1} = \lim_{s \to s_1}\frac{\mathrm{d}}{\mathrm{d}s}\left[(s-s_1)^m C(s)\right]$$

$$\vdots \qquad\qquad\qquad (2-49)$$

$$d_1 = \frac{1}{(m-1)!}\lim_{s \to s_1}\frac{\mathrm{d}^{(m-1)}}{\mathrm{d}s^{(m-1)}}\left[(s-s_1)^m C(s)\right]$$

由式(2-48)的拉氏逆变换可得系统输出的解为

$$
\begin{aligned}
c(t) &= \mathscr{L}^{-1}\left[C(s)\right]\\
&= \mathscr{L}^{-1}\left[\frac{d_m}{(s-s_1)^m} + \frac{d_{m-1}}{(s-s_1)^{m-1}} + \cdots + \frac{d_1}{s-s_1} + \frac{d_{m+1}}{s-s_{m+1}} + \cdots + \frac{d_n}{s-s_n}\right]\\
&= \left[\frac{d_m}{(m-1)!}t^{m-1} + \frac{d_{m-1}}{(m-2)!}t^{m-2} + \cdots + d_2 t + d_1\right]\mathrm{e}^{s_1 t} + \sum_{i=m+1}^{n} d_i \mathrm{e}^{s_i t} \qquad (2-50)
\end{aligned}
$$

例 2-6 设定常微分方程为

$$\frac{\mathrm{d}^2 y(t)}{\mathrm{d}t^2} + 3\frac{\mathrm{d}y(t)}{\mathrm{d}t} + 2Y(t) = 5u(t)$$

式中，输入为单位阶跃函数，即 $u(t) = 1(t)$，初始条件为 $y(0) = -1$，$y'(0) = 2$，求微分方程的解。

解：先对微分方程的各项进行拉氏变换可得

$$s^2 Y(s) - sy(0) - y'(0) + 3\left[sY(s) - y(0)\right] + 2Y(s) = \frac{5}{s}$$

代入初始条件求得 $Y(s)$ 为

$$Y(s) = \frac{-s^2 - s + 5}{s(s^2 + 3s + 2)}$$

令 $s(s^2 + 3s + 2) = 0$，得方程的根为 $s_1 = 0$，$s_2 = -1$，$s_3 = -2$，没有重根，故 $Y(s)$ 用部分分式可展开为

$$Y(s) = \frac{d_1}{s} + \frac{d_2}{s+1} + \frac{d_3}{s+2}$$

其中

$$d_1 = sY(s)\big|_{s=0} = \frac{5}{2}, \quad d_2 = (s+1)Y(s)\big|_{s=-1} = -5, \quad d_3 = (s+2)Y(s)\big|_{s=-2} = \frac{3}{2}$$

对 $Y(s)$ 取拉氏逆变换可得微分方程的解为

$$y(t) = \frac{5}{2} - 5\mathrm{e}^{-t} + \frac{3}{2}\mathrm{e}^{-2t}$$

例 2-7 设定常微分方程为

$$\frac{\mathrm{d}^2 y(t)}{\mathrm{d}t^2} - 2\frac{\mathrm{d}y(t)}{\mathrm{d}t} + y(t) = u(t)$$

式中，输入为单位阶跃函数，即 $u(t) = 1(t)$，初始条件为 $y(0) = 0$，$y'(0) = 0$，求微分方程的解。

解：对微分方程的各项进行拉氏变换可得

$$s^2 Y(s) - sy(0) - y'(0) - 2[sY(s) - y(0)] + Y(s) = \frac{1}{s}$$

代入初始条件求得 $Y(s)$ 为

$$Y(s) = \frac{1}{s(s-1)^2}$$

令 $s(s-1)^2 = 0$，得方程的根为 $s_1 = 1$，$s_2 = 1$，$s_3 = 0$，方程有二重根，故 $Y(s)$ 用部分分式可展开为

$$Y(s) = \frac{d_1}{(s-1)^2} + \frac{d_2}{s-1} + \frac{d_3}{s}$$

其中

$$d_1 = (s-1)^2 Y(s)\big|_{s=1} = 1, \quad d_2 = \frac{\mathrm{d}}{\mathrm{d}s}[(s-1)^2 Y(s)]\big|_{s=1} = -1, \quad d_3 = sY(s)\big|_{s=0} = 1$$

对 $Y(s)$ 取拉氏逆变换可得微分方程的解为

$$y(t) = t\mathrm{e}^t - \mathrm{e}^{-t} + 1$$

通过以上两个例子可以看出，用拉氏变换求解微分方程的思路清晰、方法简单，从解的表达式可以清楚看到微分方程解的构成。

2.2.4　传递函数的定义与性质

拉氏变换不仅可以求解微分方程，更重要的是通过它可以导出传递函数的概念。

1. 传递函数的定义

控制系统的传递函数 $G(s)$ 是线性定常系统在零初始条件下，输出 $c(t)$ 的拉氏变换 $C(s)$ 与输入 $r(t)$ 的拉氏变换 $R(s)$ 之比。

传递函数反映了输出信号与输入信号之间的关系，也是数学模型的一种形式，只不过是在复数域中描述的，即传递函数为复变函数。传递函数可以有量纲和单位，即输出变量的单位与输入变量的单位之比。

对一般线性定常系统，可用微分方程描述为

$$\begin{aligned}
&a_0 c^{(n)}(t) + a_1 c^{(n-1)}(t) + \cdots + a_{n-1} c^{(1)}(t) + a_n c(t) \\
&= b_0 r^{(m)}(t) + b_1 r^{(m-1)}(t) + \cdots + b_{m-1} r^{(1)}(t) + b_m r(t)
\end{aligned} \tag{2-51}$$

式中，$a_i(i = 0, 1, \cdots, n)$ 和 $b_j(j = 0, 1, \cdots, m)$ 是由控制系统结构决定的实常数，对实际物理可实现的系统一般有 $m \leqslant n$，$c^{(i)}(t)$ 表示 $c(t)$ 对 t 求 i 阶导数，$r^{(j)}(t)$ 表示 $r(t)$ 对 t 求 j 阶导数。

在零初始条件下，即

$$c^{(n-1)}(0) = \cdots = c^{(1)}(0) = c(0) = 0$$
$$r^{(m-1)}(0) = \cdots = r^{(1)}(0) = r(0) = 0$$

对式(2-51)取拉氏变换可得

$$(a_0 s^n + a_1 s^{n-1} + \cdots + a_{n-1} s + a_n) C(s) = (b_0 s^m + b_1 s^{m-1} + \cdots + b_{m-1} s + b_m) R(s)$$

故一般线性定常系统的传递函数为

$$G(s) = \frac{C(s)}{R(s)} = \frac{b_0 s^m + b_1 s^{m-1} + \cdots + b_{m-1} s + b_m}{a_0 s^n + a_1 s^{n-1} + \cdots + a_{n-1} s + a_n} \tag{2-52}$$

例 2-8　求出图 2-1 所示的 RLC 电路的传递函数 $G(s) = U_c(s)/U_r(s)$。

解： 例 $2-1$ 已经求出该电路的微分方程为

$$LC \frac{\mathrm{d}^2 u_\mathrm{c}(t)}{\mathrm{d}t^2} + RC \frac{\mathrm{d}u_\mathrm{c}(t)}{\mathrm{d}t} + u_\mathrm{c}(t) = u_\mathrm{r}(t)$$

在零初始条件下对上式取拉氏变换可得

$$(LCs^2 + RCs + 1)U_\mathrm{c}(s) = U_\mathrm{r}(s)$$

根据定义，传递函数为

$$G(s) = \frac{U_\mathrm{c}(s)}{U_\mathrm{r}(s)} = \frac{1}{LCs^2 + RCs + 1}$$

2. 传递函数的性质

传递函数具有以下主要性质：

（1）传递函数只适用于线性定常系统，是线性定常系统的复数域数学模型，它与时间域的数学模型线性定常微分方程一一对应，各个系数对应相等。

（2）传递函数表示系统传递、变换输入信号的能力，反映系统本身的性能，由传递函数自身的结构和参数决定，与输入信号的形式无关。

（3）传递函数通常是复变量 s 的有理分式，所有系数均为实数，其分子多项式的次数 m 小于等于分母多项式的次数 n，即 $m \leqslant n$。这主要是因为实际可物理实现的系统或元件通常具有惯性及能源有限的缘故。

（4）传递函数是系统的外部描述，不能反映系统内部物理结构的信息，故不同的物理系统是可以具有相同形式传递函数的；另一方面，对同一系统，如果取不同的物理量作输入或输出时，其传递函数也不相同。

如例 $2-1$ 的 RLC 无源电路系统与例 $2-2$ 的弹簧-质量-阻尼器机械位移系统就具有相同形式的传递函数。例 $2-8$ 中，若选择 $u_\mathrm{r}(t)$ 为输入，$i(t)$ 为输出，则求出的传递函数将变为

$$G(s) = \frac{I(s)}{U_\mathrm{r}(s)} = \frac{Cs}{LCs^2 + RCs + 1}$$

显然该传递函数与例 $2-8$ 的结果不同。

（5）传递函数的拉氏逆变换是输入为单位脉冲函数 $\delta(t)$ 时的响应 $c(t)$，即脉冲响应。因为此时有 $R(s) = 1$，而 $c(t) = \mathscr{L}^{-1}[C(s)] = \mathscr{L}^{-1}[G(s)R(s)] = \mathscr{L}^{-1}[G(s)]$。

3. 传递函数的零、极点表示形式

如果对传递函数的分子和分母进行因式分解，则其还可以表示为

$$G(s) = \frac{K_\mathrm{r}(s - z_1)(s - z_2)\cdots(s - z_m)}{(s - p_1)(s - p_2)\cdots(s - p_n)} = \frac{B(s)}{A(s)} \tag{2-53}$$

其中，传递函数的分母多项式等于零（$A(s) = 0$）即是系统的特征方程式，它的最高次数 n 就是系统的阶数。特征方程 $A(s) = 0$ 的根 $p_1, p_2, \cdots, p_n$ 称为传递函数的极点；分子多项式等于零（$B(s) = 0$）得到的根 $z_1, z_2, \cdots, z_m$ 称为传递函数的零点。因为分子、分母多项式的系数都是实数，故传递函数若具有复数的零、极点，它们必然是共轭出现的。式（$2-53$）称为传递函数的零、极点表示形式，K_r 称为根增益或根放大系数。

传递函数的零、极点对控制系统性能有极大的影响，故常用零、极点分布图来表示，即在复（s）平面用符号"O"标示零点的位置，用符号"×"标示极点的位置。对于任一给定的传递函数必有零、极点分布图与之对应，故传递函数的零、极点分布图也可表征系统的动态

特性。如传递函数

$$G(s) = \frac{s+2}{(s+3)(s^2+2s+2)}$$

图 2-7 所示为其零、极点分布图。

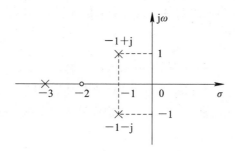

图 2-7　零极点分布图

2.2.5　典型环节的传递函数

前已述及，控制系统由若干元件组成。虽然元件的具体结构和工作原理各异，但从动态特性看，它们却可能具有相同形式的数学模型。为进一步对控制系统进行分析，可以根据动态特性或传递函数的异同对系统分类，归纳出几种基本类型，称为典型环节。元件不论是机械式、电气式或液压式，只要数学模型形式相同就是同一种环节，其动态特性也基本相似，故掌握典型环节有利于分析和设计控制系统。

1. 比例环节

比例环节又称放大环节或无惯性环节，是指输出量与输入量成比例的环节。其时域数学模型为

$$c(t) = Kr(t) \quad (t \geqslant 0) \tag{2-54}$$

传递函数为

$$G(s) = \frac{C(s)}{R(s)} = K \tag{2-55}$$

式中，K 称为比例系数、放大系数或增益系数。

大多数控制系统中都有比例环节，如电阻电路、没有间隙的齿轮传动系、刚性杠杆、分压器、理想放大器及测速发电机的电压和转速关系都可视为比例环节。

2. 惯性环节

惯性环节又称非周期环节，其输出量与输入量之间的关系用微分方程可表示为

$$T\frac{dc(t)}{dt} + c(t) = r(t) \tag{2-56}$$

由于惯性环节是用一阶微分方程描述的，故也称为一阶系统，其传递函数为

$$G(s) = \frac{C(s)}{R(s)} = \frac{1}{Ts+1} \tag{2-57}$$

式中，T 称为惯性环节的时间常数，可以用来衡量惯性的大小。惯性环节有一个极点 $p = -1/T$。惯性环节一般至少含有一个储能元件。一阶 RC 低通滤波电路就是最典型的惯性环节，在一定条件下，许多高阶系统也可近似为惯性环节。

3. 积分环节

积分环节的输出量与输入量的积分成正比。其时域数学模型为

$$c(t) = \frac{1}{T}\int r(t)\mathrm{d}t \tag{2-58}$$

式中，T 为积分时间常数，当输入信号变为零后，积分环节的输出信号将保持输入信号变为零时刻的值不变。其传递函数为

$$G(s) = \frac{C(s)}{R(s)} = \frac{1}{Ts} \tag{2-59}$$

显然，积分环节有一个 $p = 0$ 的极点。实际系统中的积分环节都是在近似条件下得到的，如忽略饱和特性及惯性因素，运算放大器构成的积分器就是一个积分环节。

4. 微分环节

微分环节包括理想微分环节和实际微分环节两种。

1）理想微分环节

理想微分环节的输出量与输入量的变化率成正比，用微分方程可表示为

$$c(t) = \tau \frac{\mathrm{d}r(t)}{\mathrm{d}t} \tag{2-60}$$

式中，τ 为微分时间常数，微分是积分的逆运算，微分环节的传递函数为

$$G(s) = \frac{C(s)}{R(s)} = \tau s \tag{2-61}$$

微分环节有一个 $z = 0$ 的零点。

2）实用微分环节

在实际的物理系统中，这种纯微分关系的理想环节往往因惯性的存在而难于实现。例如，纯电容电路如果以电容电压 $u(t)$ 为输入，电流 $i(t)$ 为输出，即可视为一个理想微分环节，然而要取出该电流信号，必然要在测量电路中串入电阻 R，此时电路微分方程为

$$u(t) = \frac{1}{C}\int i(t)\mathrm{d}t + Ri(t) \tag{2-62}$$

显然，上式表明此时的纯电容电路已不再是严格的理想微分环节。为此，工程中常采用实用微分环节来代替理想微分环节。实用微分环节的微分方程为

$$\tau \frac{\mathrm{d}c(t)}{\mathrm{d}t} + c(t) = K\tau \frac{\mathrm{d}r(t)}{\mathrm{d}t} \tag{2-63}$$

传递函数为

$$G(s) = \frac{C(s)}{R(s)} = \frac{K\tau s}{\tau s + 1} \tag{2-64}$$

实用微分环节有一个 $p = -1/\tau$ 的极点和一个 $z = 0$ 的零点。

上述纯电容电路中，如果用串入电阻 R 的压降 $u_R(t) = Ri(t)$ 来反映电流信号，则对式（2-62）取拉氏变换后可得传递函数为

$$G(s) = \frac{U_R(s)}{U(s)} = \frac{\tau s}{\tau s + 1} \tag{2-65}$$

式中，$\tau = RC$ 为微分时间常数。由式（2-65）知，只有当 $\tau \ll 1$ 时，该电路才近似为一个微分环节。比较式（2-65）、式（2-64）知该电路是实用微分环节。

由于微分环节的输出量与输入信号的微分有关，所以它可以预示输入信号的变化

趋势。

5. 振荡环节

振荡环节的输出量和输入量的关系可用二阶微分方程描述为

$$T^2 \frac{\mathrm{d}^2 c(t)}{\mathrm{d}t^2} + 2\zeta T \frac{\mathrm{d}c(t)}{\mathrm{d}t} + c(t) = r(t) \tag{2-66}$$

传递函数为

$$G(s) = \frac{U_\mathrm{R}(s)}{U(s)} = \frac{1}{T^2 s^2 + 2\zeta Ts + 1} \tag{2-67}$$

式中，T 为时间常数；ζ 为阻尼系数（也称阻尼比）。

如果令 $\omega_\mathrm{n} = 1/T$，ω_n 为无阻尼自然振荡频率，式（2-67）可变为

$$G(s) = \frac{U_\mathrm{R}(s)}{U(s)} = \frac{\omega_\mathrm{n}^2}{s^2 + 2\zeta\omega_\mathrm{n}s + \omega_\mathrm{n}^2} \tag{2-68}$$

当 $0 < \zeta < 1$ 时，振荡环节有一对共轭的复数极点 $p_{1,2} = -\zeta\omega_\mathrm{n} \pm \mathrm{j}\omega_\mathrm{n}\sqrt{1-\zeta^2}$。

因为振荡环节是用二阶微分方程描述的，所以常又被称为二阶系统。振荡环节一般要求 $0 \leqslant \zeta < 1$，因为当 $\zeta > 1$ 时，其阶跃响应单调上升不再振荡。

振荡环节一般包含两个储能元件，当受到输入信号作用时，能量会在两个储能元件之间交换并形成振荡。振荡环节的例子较多，如例 2-1 所示的 RLC 电路系统，例 2-2 所示的弹簧-质量-阻尼器系统，在阻尼比 $0 \leqslant \zeta < 1$ 条件下，都可以视为一个振荡环节。

6. 延迟环节

延迟环节又称滞后环节，其特点是输出信号与输入信号形状完全相同，只是输出要经过一段时间才能复现输入信号，时域模型可表示为

$$c(t) = r(t - \tau) \tag{2-69}$$

式中，τ 为延迟时间常数。由式（2-69）知，延迟环节在任意时刻的输出值等于 τ 时刻以前的输入值，这就是说，输出信号比输入信号延迟了 τ 个时间单位，故称为延迟环节。

根据拉氏变换的位移定理可得延迟环节的传递函数为

$$G(s) = \frac{C(s)}{R(s)} = \mathrm{e}^{-\tau s} \tag{2-70}$$

显然它是 s 的超越函数。为便于分析，可采用前述的线性化方法作近似处理，例如可将其近似为一个惯性环节，即

$$G(s) = \frac{C(s)}{R(s)} = \mathrm{e}^{-\tau s} = \frac{1}{1 + \tau s + \frac{\tau^2}{2!}s^2 + \cdots} \approx \frac{1}{1 + \tau s} \tag{2-71}$$

在自动控制工程中的一些液压、气动或机械传动系统及各种工业炉中都会有延迟环节。例如皮带输送机，当皮带入口的物料重量发生改变时，出口物料重量不是马上随之改变，而是要等一段时间（皮带的传送时间），出口的物料重量才会等值改变（复现输入量）。

以上是控制系统最基本的六个典型环节，有时为了便于分析，也将一阶微分环节、二阶微分环节看作典型环节。

7. 一阶微分环节

一阶微分环节的微分方程是

$$c(t) = \tau \frac{\mathrm{d}r(t)}{\mathrm{d}t} + r(t) \tag{2-72}$$

式中,τ 是该环节的时间常数。

一阶微分环节的传递函数是

$$G(s) = \frac{C(s)}{R(s)} = \tau s + 1 \qquad (2-73)$$

显然一阶微分环节有一个零点 $z = -1/\tau$。

8. 二阶微分环节

二阶微分环节的微分方程是

$$c(t) = \tau^2 \frac{d^2 r(t)}{dt^2} + 2\zeta\tau \frac{dr(t)}{dt} + r(t) \qquad (2-74)$$

式中,τ 是该环节的时间常数,ζ 也是常数,但不具有振荡环节阻尼比那样的物理意义。

二阶微分环节的传递函数是

$$G(s) = \frac{C(s)}{R(s)} = \tau^2 s^2 + 2\zeta\tau s + 1 \qquad (2-75)$$

显然二阶微分环节有两个零点 $z_{1,2} = -\zeta/\tau \pm j\sqrt{1-\zeta^2}/\tau$。需要说明的是,一般只有这两个零点为复数($0 \leqslant \zeta < 1$)时,才称之为二阶微分环节,若为实数,则可将其视为两个一阶微分环节的串联构成。

在此要强调的是,典型环节是按数学模型区分的,不同于元件、装置或系统。一个元件的数学模型可能由若干典型环节组成,若干元件也可能只构成一个典型环节。

传递函数可以用典型环节来表示,即系统的传递函数可以写成典型环节乘积的形式,例如一个系统的传递函数为

$$G(s) = \frac{5(2s+1)}{s(s+1)(s^2+s+1)}$$

它是由一个比例环节 $K=5$、一个一阶微分环节 $2s+1$、一个积分环节 $1/s$、一个惯性环节 $1/(s+1)$、一个振荡环节 $1/(s^2+s+1)$ 相乘构成的。

2.3 控制系统的动态结构图

微分方程和传递函数都能描述控制系统输入和输出之间的关系,但是不能直观地显示系统的组成结构、各环节之间的关系、各种信号的传递过程等。为此可以引入动态结构图(也称结构图、方框图),它是用来描述系统中各环节之间信号传递关系的数学图形,表示各环节之间的因果关系以及对各变量所进行的运算,是描述复杂控制系统结构的简便方法。另外,根据动态结构图的等效变换规则还可以化简一个复杂的控制系统,求出控制系统的输出量与输入量之间的传递函数。

2.3.1 动态结构图的组成及绘制

控制系统的动态结构图由信号线、函数方框、比较点和引出点组成。

1)信号线

信号线是一种带箭头的直线或折线,箭头表示信号的流向,在线的旁边标记信号的拉氏变换即象函数,如图 2-8(a)所示。

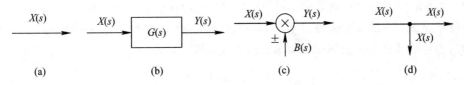

图 2-8　动态结构图的基本组成

2）函数方框

在方框中写入对应环节的传递函数，表示在零初始条件下输出信号与输入信号间的关系，输入信号经过函数方框中传递函数的传递变成了输出信号。如图 2-8(b)所示，此时有 $Y(s) = G(s)X(s)$。

3）比较点

比较点也称综合点，表示有两个或多个输入信号进行加减运算，输出信号等于各输入信号的代数和。指向比较点的信号线表示输入信号；从比较点指向外面的信号线表示输出信号。输入信号的线上所标出的"＋""－"号表示信号之间运算时是相加还是相减，加号可以省略，但减号绝对不能省略。如图 2-8(c)所示，此时有 $Y(s) = X(s) \pm B(s)$。

4）引出点

引出点也称分支点，表示信号的引出位置或测量位置，从同一点引出的信号，其大小和性质与原信号完全相同，如图 2-8(d)所示。

控制系统一般是由各个典型环节组成的，这些环节又是相互联系的，所以可根据各个环节的动态微分方程式及其拉氏变换式绘制动态结构图。绘制系统动态结构图的步骤如下：

（1）将控制系统划分为各种典型环节的组合形式，求得各环节的传递函数。

（2）画出各个环节的函数方框，标出信号引出点、比较点及信号流向箭头。

（3）按系统中信号的流向连接各函数方框，就得到了系统的动态结构图。

必须强调的是，动态结构图中的信号只能沿箭头方向流动，是单向的，不存在负载效应。划分环节时要注意单向性原则，即每个环节只有输入到输出的作用，没有输出到输入的反作用；前后两个环节之间，前者的输出决定后者的输入，后者的输入对前者的输出亦无反作用；对不可忽略的反作用，可用反馈连接的方式实现。

下面举例说明动态结构图的绘制方法。

例 2-9　图 2-9 所示为 RC 滤波网络，其中电压 $U_1(s)$ 为系统的输入，电压 $U_2(s)$ 为系统的输出，试绘制该系统的动态结构图。

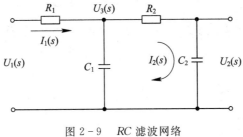

图 2-9　RC 滤波网络

解：电阻是比例环节，电容是微分环节，因此将该电路划分为两个比例环节和两个微分环节。由于电路网络中负载效应不可忽略,因此利用反馈连接来实现。

为便于绘制,可以首先从输出量开始,以系统的输出量作为第一个方程左边的变量,方程的右边是描述这个变量的中间变量或输入量,即

$$U_2(s) = \frac{1}{sC_2}I_2(s) \qquad (2-76)$$

每个方程左边通常只有一个变量,从第二个方程开始,每个方程左边的变量是前面方程中右边出现过的中间变量,即

$$I_2(s) = \frac{U_3(s) - U_2(s)}{R_2} \qquad (2-77)$$

$$U_3(s) = \frac{1}{sC_1}[I_1(s) - I_2(s)] \qquad (2-78)$$

$$I_1(s) = \frac{1}{R_1}[U_1(s) - U_3(s)] \qquad (2-79)$$

根据式(2-76)~式(2-79),分别求出四个典型环节的传递函数:

$$G_{C_2}(s) = \frac{U_2(s)}{I_2(s)} = \frac{1}{sC_2} \qquad (2-80)$$

$$G_{R_2}(s) = \frac{I_2(s)}{U_3(s) - U_2(s)} = \frac{1}{R_2} \qquad (2-81)$$

$$G_{C_1}(s) = \frac{U_3(s)}{I_1(s) - I_2(s)} = \frac{1}{sC_1} \qquad (2-82)$$

$$G_{R_1}(s) = \frac{I_1(s)}{U_1(s) - U_3(s)} = \frac{1}{R_1} \qquad (2-83)$$

式(2-80)~式(2-83)右边是传递函数的形式,对应 4 个函数方框;方程中间项分母的变量相减对应着比较点。画出式(2-80)~式(2-83)所对应的动态结构图时,一般按从输入到输出对应从左到右的顺序,如图 2-10 所示,式(2-80)~式(2-83)分别对应图 2-10(d)~(a)。

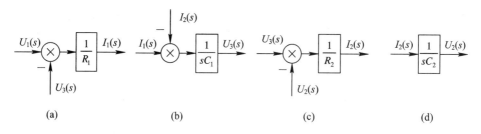

图 2-10 方程对应的结构图

按信号流向连接函数方框及比较点、引出点,则可得完整的动态结构图,如图 2-11 所示。

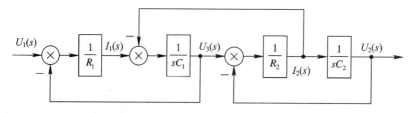

图 2-11 RC 滤波网络的动态结构图

2.3.2　动态结构图的等效变换及化简

在分析和设计控制系统时,常需要求出整个系统的传递函数或求系统中某两个变量间的传递函数,需要遵循等效变换原则对复杂的结构图进行变换化简。等效变换原则是指化简前后两个变量之间的数学关系即传递函数不变,而这两个变量之间内部的结构和中间变量可以按等效原则进行变化。

下面给出几条常用的结构图等效变换规则。

1. 环节的串联

环节的串联是常见的一种结构形式,其特点是前一个环节的输出信号为后一个环节的输入信号,如图 2-12 所示。

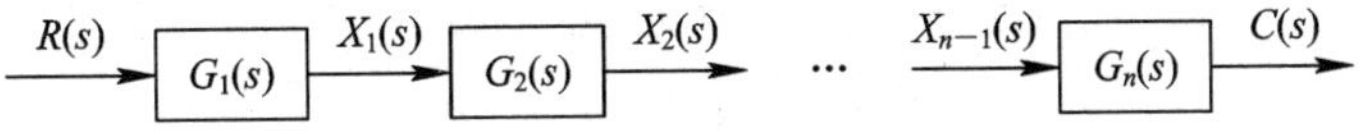

图 2-12　环节串联结构图

根据图 2-12 可得

$$G(s) = \frac{C(s)}{R(s)} = \frac{C(s)}{X_{n-1}(s)} \frac{X_{n-1}(s)}{X_{n-2}(s)} \cdots \frac{X_1(s)}{R(s)}$$

$$= G_n(s) G_{n-1}(s) \cdots G_1(s) = \prod_{i=1}^{n} G_i(s) \qquad (2-84)$$

式(2-84)说明若干环节的串联可用一个等效环节代替,其传递函数为各环节传递函数之积。

2. 环节的并联

如图 2-13 所示,并联环节的特点在于各环节的输入信号相同,系统的输出信号等于各环节输出信号的代数和,即

$$G(s) = \frac{C(s)}{R(s)} = \frac{X_1(s) + X_2(s) + \cdots + X_n(s)}{R(s)}$$

$$= G_1(s) + G_2(s) + \cdots + G_n(s) = \sum_{i=1}^{n} G_i(s) \qquad (2-85)$$

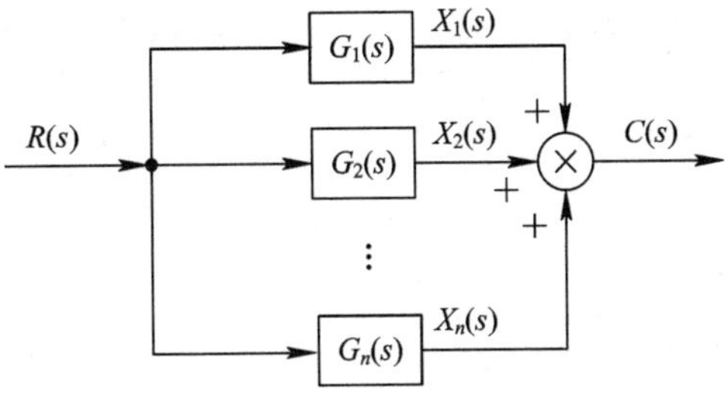

图 2-13　环节并联结构图

3. 反馈连接

反馈连接如图 2-14 所示,输出 $C(s)$ 经过一个反馈环节 $H(s)$ 后与输入信号相加减,得到偏差信号 $E(s)$,再作为传递函数为 $G(s)$ 的环节的输入。反馈连接可以看成由两条传递信号的通路组成:一条的起点是输入信号 $R(s)$ 从外部加到系统的点,终点是输出量 $Y(s)$ 的

引出点，称为前向通路或主通路，$G(s)$ 称为前向通路环节的传递函数；另一条正好相反，它是通过反馈信号 $B(s)$ 将输出反馈到输入端，与输入信号相加减，形成闭环控制，称为反馈通路，$H(s)$ 称为反馈通路环节的传递函数。

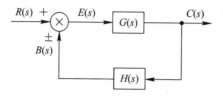

图 2-14　反馈连接的结构图

对于负反馈，由图 2-14 可得

$$C(s) = G(s)E(s) \qquad (2-86)$$

$$E(s) = R(s) - B(s) \qquad (2-87)$$

$$B(s) = C(s)H(s) \qquad (2-88)$$

根据式(2-86)～式(2-88)可求得闭环系统的传递函数为

$$G_{\mathrm{B}}(s) = \frac{C(s)}{R(s)} = \frac{G(s)}{1 + G(s)H(s)} \qquad (2-89)$$

对于正反馈，同理可得闭环传递函数为

$$G_{\mathrm{B}}(s) = \frac{C(s)}{R(s)} = \frac{G(s)}{1 - G(s)H(s)} \qquad (2-90)$$

4. 比较点和引出点的移动

环节串联、并联和反馈的等效变换是三个基本的化简规则。但在一些结构比较复杂的系统结构图中，除了主反馈外还有相互交叉的局部反馈，经常需要先改变比较点或引出点的位置，然后才能按串联、并联和反馈的规则化简。比较点和引出点的移动也要遵循变换前后输入信号和输出信号关系不变的原则。

1）比较点前移、后移

将一个比较点从一个函数方框的输出端移向输入端的过程称为比较点前移，反之称为比较点后移。图 2-15(a)为比较点前移，图 2-15(b)为比较点后移。

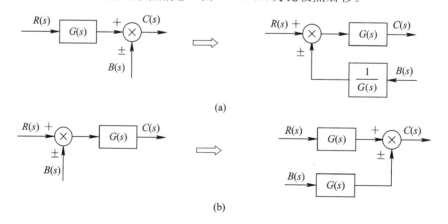

图 2-15　比较点前移与后移

根据图 2-15(a)知，比较点前移变换前有

$$C(s) = R(s)G(s) \pm B(s)$$

比较点前移变换后有

$$C(s) = \left[R(s) \pm \frac{B(s)}{G(s)} \right] G(s) = R(s)G(s) \pm B(s)$$

变换前后的输入、输出关系不变,是等效变换。

根据图 2-15(b)知,比较点后移变换前有

$$C(s) = [R(s) \pm B(s)]G(s)$$

比较点后移变换后有

$$C(s) = R(s)G(s) \pm B(s)G(s) = [R(s) \pm B(s)]G(s)$$

变换前后的输入、输出关系不变,是等效变换。

2）引出点前移、后移

引出点由函数方框的输出端移到输入端,称为引出点前移,反之称为引出点后移。图 2-16(a)为引出点前移,图 2-16(b)为引出点后移。

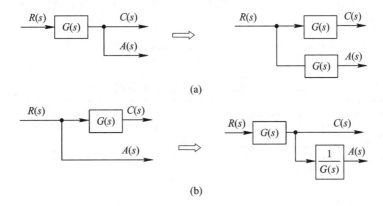

(a)

(b)

图 2-16　引出点前移与后移

根据图 2-15(a)知,引出点前移变换前有

$$C(s) = R(s)G(s), A(s) = C(s)$$

引出点前移变换后有

$$C(s) = R(s)G(s), A(s) = R(s)G(s) = C(s)$$

变换前后的输入、输出关系不变,是等效变换。

根据图 2-15(b)知,引出点后移变换前有

$$C(s) = R(s)G(s), A(s) = R(s)$$

引出点后移变换后有

$$C(s) = R(s)G(s), A(s) = R(s)G(s) \frac{1}{G(s)} = R(s)$$

变换前后的输入、输出关系不变,是等效变换。

3）相邻比较点之间移动

对于相邻的多个比较点来说,由于其运算为加、减法,满足交换率,故这些比较点可任意交换位置。如对于图 2-17 中的两个相邻比较点,交换位置前有

$$C(s) = R(s) \pm A(s) \pm D(s)$$

交换位置后有

$$C(s) = R(s) \pm D(s) \pm A(s)$$

交换位置后的输入、输出关系不变，是等效变换。

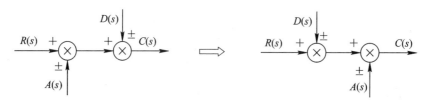

图 2-17　两相邻比较点交换位置

4）相邻引出点之间移动

同一条信号线上的信号是完全相同的，因此同一条信号线上的所有引出点可任意改变位置，而不会影响输入、输出关系。

动态结构图常用的等效变换规则如表 2-3 所示，为表达清晰，象函数都省略了"（s）"。表 2-3 中最后两条是比较点与引出点间的移动，变换后比较点增加为两个，所以如果能用其他规则尽量不要采用它。"－"可越过函数方框移动，但不可越过比较点和引出点。

表 2-3　动态结构图等效变换规则表

等效变换	原结构图	变换后的结构图
串联	$R \rightarrow \boxed{G_1} \rightarrow \boxed{G_2} \rightarrow C$	$R \rightarrow \boxed{G_1 G_2} \rightarrow C$
并联	R，分支经 $\boxed{G_1}$ 与 $\boxed{G_2}$ 相加得 C	$R \rightarrow \boxed{G_1 + G_2} \rightarrow C$
反馈	$R \rightarrow \otimes \rightarrow \boxed{G} \rightarrow C$，反馈 $\boxed{H}$	$R \rightarrow \boxed{\dfrac{G}{1 \mp GH}} \rightarrow C$
比较点前移	$R \rightarrow \boxed{G} \rightarrow \otimes \rightarrow C$，$B$	$R \rightarrow \otimes \rightarrow \boxed{G} \rightarrow C$，$B \rightarrow \boxed{1/G} \rightarrow \otimes$
比较点后移	$R \rightarrow \otimes \rightarrow \boxed{G} \rightarrow C$，$B$	$R \rightarrow \boxed{G} \rightarrow \otimes \rightarrow C$，$B \rightarrow \boxed{G} \rightarrow \otimes$
引出点前移	$R \rightarrow \boxed{G} \rightarrow C$，引出 C	$R \rightarrow \boxed{G} \rightarrow C$，引出经 $\boxed{G} \rightarrow C$

续表

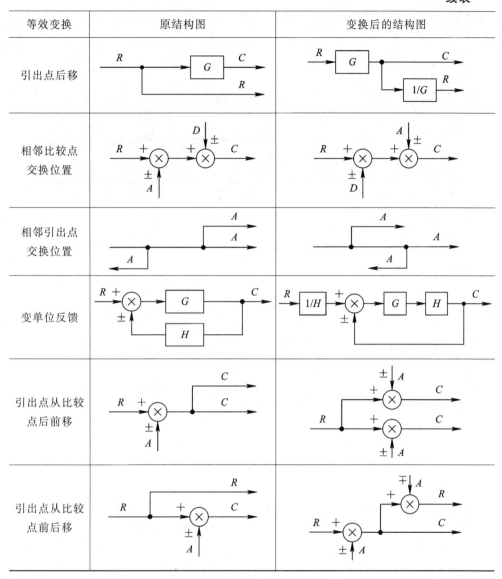

等效变换	原结构图	变换后的结构图
引出点后移		
相邻比较点交换位置		
相邻引出点交换位置		
变单位反馈		
引出点从比较点后前移		
引出点从比较点前后移		

系统动态结构图的化简以及求系统传递函数的一般步骤为：

（1）确定输入信号和输出信号。如果有多个输入信号作用在系统上，则应分别对输入信号进行结构图化简，求出各个传递函数。对于有多个输出信号的系统，亦如此。

（2）利用移动规则消除交叉连接。如果在结构图中有交叉连接，则可以运用相关移动规则，将系统等效变换为无交叉的回路系统。

（3）对于多回路结构，可由里向外进行等效变换，直至化简为只有一个函数方框的等效结构图，即可得到所求的传递函数。

例 2 - 10　化简图 2 - 18 所示的系统动态结构图，并求出其传递函数。

解：图 2 - 18 所示的系统是一个多回路系统，且有交叉连接。故先对图 2 - 18 中的引出点进行等效变换，将图 2 - 18 变换为图 2 - 19(a)；再将 $G_3(s)$、$G_4(s)$ 和 $H_3(s)$ 组成的反馈回路进行简化，如图 2-19(b)所示；对图 2-19(b)中的内反馈回路进行简化，如图 2-19(c) 所示；最后将图 2-19(c)所示的回路化简为图 2-19(d)所示的方框图。即可求得系统的传递函数为

$$G(s) = \frac{C(s)}{R(s)}$$

$$= \frac{G_1(s)G_2(s)G_3(s)G_4(s)}{1 + G_2(s)G_3(s)H_2(s) + G_3(s)G_4(s)H_3(s) + G_1(s)G_2(s)G_3(s)G_4(s)H_1(s)}$$

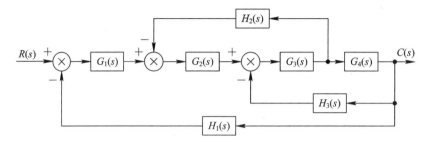

图 2-18   例 2-10 的系统结构图

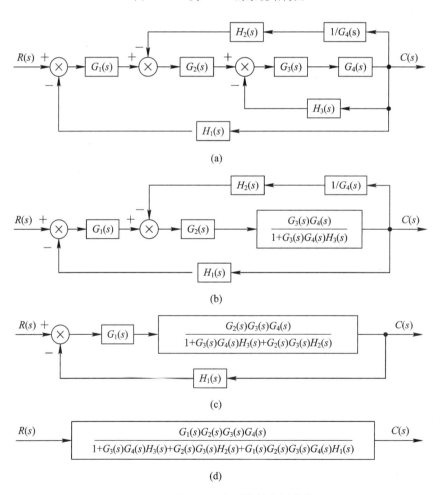

图 2-19   例 2-10 的系统结构图化简

例 2-11　图 2-20 为两输入两输出的控制系统结构图，求传递函数 $C_1(s)/R_1(s)$，$C_1(s)/R_2(s)$，$C_2(s)/R_1(s)$，$C_2(s)/R_2(s)$。

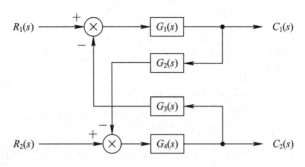

图 2-20　例 2-11 的系统结构图

解：求 $R_1(s)$ 作用下的输出时，将 $R_2(s)$ 置为零，反之亦然。这样系统的结构图就可以转换为如图 2-21 的 (a)～(d) 所示，根据结构图的等效变换可分别得传递函数为

$$\frac{C_1(s)}{R_1(s)} = \frac{G_1}{1 - G_1 G_2 G_3 G_4}, \quad \frac{C_1(s)}{R_2(s)} = \frac{-G_1 G_3 G_4}{1 - G_1 G_2 G_3 G_4}$$

$$\frac{C_2(s)}{R_1(s)} = \frac{-G_1 G_2 G_4}{1 - G_1 G_2 G_3 G_4}, \quad \frac{C_2(s)}{R_2(s)} = \frac{G_4}{1 - G_1 G_2 G_3 G_4}$$

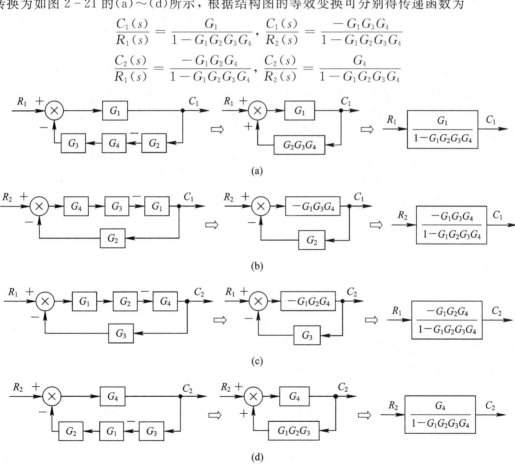

图 2-21　例 2-11 的系统结构图化简

2.3.3　闭环系统的传递函数

在动态结构图及其等效变换的基础上，我们可以求出各种闭环控制系统的传递函数。

　　自动控制系统在工作过程中会受到给定的输入信号 $r(t)$ 和扰动信号 $n(t)$ 的作用。闭环控制系统的典型结构可用图 2-22 表示为

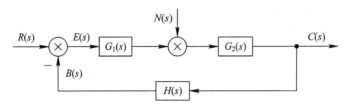

图 2-22　闭环控制系统的典型结构图

研究系统输出量 $c(t)$ 的变化规律只考虑给定参考输入 $r(t)$ 的作用是不完全的，还需要考虑扰动 $n(t)$ 的作用。为更全面地分析控制系统，下面引入一些闭环系统的传递函数。

1. 闭环系统的开环传递函数

　　闭环系统的开环传递函数是后面根轨迹法和频率法分析控制系统的主要数学模型。如图 2-22 所示，将反馈环节 $H(s)$ 的输出端断开，则前向通路传递函数与反馈通路传递函数的乘积 $G_1(s)G_2(s)H(s)$ 称为系统的开环传递函数，即

$$G_K(s) = \frac{B(s)}{E(s)} = G_1(s)G_2(s)H(s) \tag{2-91}$$

2. 输入作用下系统的闭环传递函数

　　同例 2-11 的分析过程，令 $n(t) = 0$，图 2-22 转化为图 2-23(a)，再由结构图的简化可得输出 $c(t)$ 对输入 $r(t)$ 的传递函数为

$$G_B(s) = \frac{C(s)}{R(s)} = \frac{G_1(s)G_2(s)}{1 + G_1(s)G_2(s)H(s)} \tag{2-92}$$

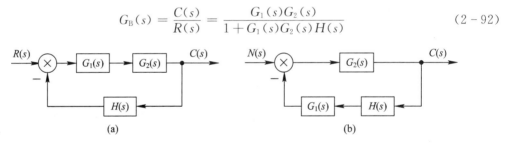

图 2-23　$r(t)$，$n(t)$ 作用下的系统结构图

　　式 (2-92) 中的 $G_B(s)$ 被称为输入 $r(t)$ 作用下系统的闭环传递函数。显然，这时的输出 $c(t)$ 取决于闭环传递函数 $G_B(s)$ 和输入 $R(s)$ 的形式。

3. 扰动作用下系统的闭环传递函数

　　为了分析扰动对输出的影响，需要求出输出信号 $c(t)$ 与扰动信号 $n(t)$ 之间的关系。类似地，令 $r(t) = 0$，图 2-22 转化为图 2-23(b)，再由结构图的简化可得输出 $c(t)$ 对扰动 $n(t)$ 的传递函数为

$$G_N(s) = \frac{C(s)}{N(s)} = \frac{G_2(s)}{1 + G_1(s)G_2(s)H(s)} \tag{2-93}$$

　　式 (2-93) 中的 $G_N(s)$ 被称为扰动 $n(t)$ 作用下系统的闭环传递函数。

4. 系统的总输出

　　当给定输入和扰动同时作用于系统时，根据线性系统的叠加定理，线性系统的总输出 $C(s)$ 应等于它们单独作用的输出总和。故有

$$C(s) = G_B(s)R(s) + G_N(s)N(s)$$

$$= \frac{G_1(s)G_2(s)}{1 + G_1(s)G_2(s)H(s)}R(s) + \frac{G_2(s)}{1 + G_1(s)G_2(s)H(s)}N(s) \tag{2-94}$$

5. 输入作用下系统的偏差闭环传递函数

偏差信号 $e(t)$ 的大小直接反映了系统的控制精度，所以有必要研究偏差信号 $e(t)$ 与参考输入 $r(t)$ 和扰动 $n(t)$ 的关系。

令 $n(t) = 0$，$r(t)$ 为输入，$e_r(t)$ 为输出，则图 2-22 转化为图 2-24(a)，再由结构图的简化可得偏差 $e_r(t)$ 对输入 $r(t)$ 的传递函数为

$$G_E(s) = \frac{E_R(s)}{R(s)} = \frac{1}{1 + G_1(s)G_2(s)H(s)} \tag{2-95}$$

称 $G_E(s)$ 为输入 $r(t)$ 作用下系统的偏差闭环传递函数。

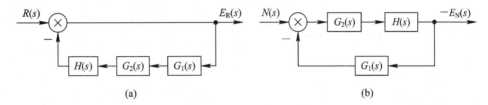

图 2-24 $r(t)$，$n(t)$ 作用下偏差输出的系统结构图

6. 扰动作用下系统的偏差闭环传递函数

令 $r(t) = 0$，$n(t)$ 为输入，$e_n(t)$ 为输出，则图 2-22 转化为图 2-24(b)，再由结构图的简化可得偏差 $e_n(t)$ 对扰动 $n(t)$ 的传递函数为

$$G_{EN}(s) = \frac{E_N(s)}{N(s)} = \frac{-G_2(s)H(s)}{1 + G_1(s)G_2(s)H(s)} \tag{2-96}$$

称 $G_{EN}(s)$ 为扰动 $n(t)$ 作用下系统的偏差闭环传递函数。

7. 系统的总偏差

当给定参考输入和扰动同时作用于系统时，根据线性系统的叠加定理，系统的总偏差 $E(s)$ 应等于它们单独作用的输出总和。故有

$$E(s) = G_E(s)R(s) + G_{EN}(s)N(s)$$

$$= \frac{1}{1 + G_1(s)G_2(s)H(s)}R(s) - \frac{G_2(s)H(s)}{1 + G_1(s)G_2(s)H(s)}N(s) \tag{2-97}$$

比较式(2-92)、式(2-93)、式(2-95)、式(2-96)知，这些闭环传递函数的分母相同，即具有相同的闭环特征多项式 $1 + G_1(s)G_2(s)H(s)$，方程 $1 + G_1(s)G_2(s)H(s) = 0$ 称为闭环系统的特征方程，故也具有相同的特征方程，这是闭环系统的本质特征。

2.4 信号流图及梅逊公式

虽然动态结构图是描述控制系统的一种很有用的图示法，但是对于较为复杂的控制系统，结构图的化简过程就会很繁杂，也容易出错。由梅逊(S. J. Mason)首先提出的信号流图，不但具有动态结构图表示系统的特点，而且还能直接利用梅逊公式求出系统的传递函数，故在控制系统中被广泛应用。

2.4.1 信号流图的基本要素

信号流图也是描述系统各个元件之间信号传递关系的数学图形。起源于梅逊利用图示法来描述一个或一组线性代数方程式,例如设线性方程组为

$$\begin{cases} ax_0 - x_1 + bx_2 = 0 \\ cx_0 + dx_1 - x_2 = 0 \end{cases} \qquad (2-98)$$

式中,x_1,x_2 都是因变量,x_0 为自变量。为绘制信号流图,先将式(2-98)改写为

$$\begin{cases} x_1 = ax_0 + bx_2 \\ x_2 = cx_0 + dx_1 \end{cases} \qquad (2-99)$$

式中,因变量 x_1,x_2 在一个方程中只出现一次。如此式(2-99)就可用图 2-25(a)所示的信号流图表示。

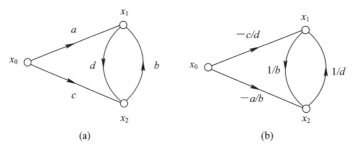

图 2-25　线性方程组的信号流图

由于线性方程组的因果关系表达式并不是唯一的,故所对应的信号流图也不是唯一的。例如,式(2-98)也可以写为

$$\begin{cases} x_1 = -\dfrac{c}{d}x_0 + \dfrac{1}{d}x_2 \\ x_2 = -\dfrac{a}{b}x_0 + \dfrac{1}{b}x_1 \end{cases} \qquad (2-100)$$

相应的信号流图则如图 2-25(b)所示。

由图 2-25 可知,信号流图是由节点和支路组成的一种信号传递网络。其基本要素有:

(1)节点:代表系统中的变量或信号,用小圆圈表示。

(2)支路:连接两个节点的定向线段,用带箭头的线表示。

(3)支路增益:也称支路传输,表示系统中两个变量的因果关系,它定量地表明了变量从支路一端沿箭头方向传送到另一端的函数关系,用标在支路旁的函数表示支路增益。

信号只能单方向流通,信号的流向由支路上的箭头表示。用信号流图来描述控制系统时,每个节点的变量都是 s 的函数,支路上的增益用传递函数代替。

2.4.2 信号流图的术语、性质及绘制

1. 信号流图的术语

为了进一步阐述控制系统的信号流图,需要对信号流图中的另一些术语做必要的解释。

(1)输入节点:也叫源节点,这种节点只有输出支路,对应自变量或外输入。图 2-25 中的 x_0 是输入节点。

(2) 输出节点：也叫汇节点或阱点，这种节点只有输入支路，一般对应输出变量。

(3) 混合节点：既有输入支路又有输出支路的节点，就称混合节点。图 2-25 中的 x_1，x_2 就是混合节点。

(4) 通路：也称路径，是沿支路的箭头方向相继经过多个节点的支路，一个信号流图可以有很多通路。

(5) 开通路：从某节点开始，终止于另一节点且只经过通路中每个节点一次的通路。

(6) 闭通路：也称回路，是指从某节点开始，终止于同一节点，且只经过通路中每个节点一次的通路。

(7) 不接触回路：没有任何公共节点的一些回路。

(8) 支路增益、通路增益与回路增益：支路增益是指两节点间的增益；通路增益与回路增益分别是指通路与回路中各支路增益的乘积。

(9) 前向通路：信号从输入节点到输出节点传递时，每个节点只通过一次的通路，叫作前向通路。在前向通路中，各支路增益的乘积就称为前向通路增益。

下面以图 2-26 所示的信号流图为例说明以上术语。

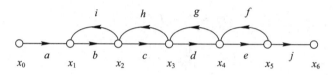

图 2-26 说明术语的信号流图

图中 x_0 为输入节点，x_6 为输出节点，x_1、x_2、x_3、x_4、x_5 为混合节点。$abcdej$ 为前向通路，$abcde$ 和 $fghi$ 是通路，ai 不是通路，因为两条支路的方向不一致，无法相继经过各节点，abi 也不是通路，因为两次经过节点 x_1，bi 是闭通路(回路)，而 $bchi$ 不是闭通路，因为两次经过节点 x_2。图中共有四个回路，即 bi、ch、dg 和 ef，有三组两两不相接触的回路即 $bi-ef$，$bi-dg$ 和 $ch-ef$，没有三个及以上不相接触的回路。

2. 信号流图的性质

信号流图具有以下基本性质：

(1) 节点表示系统的变量。节点一般自左向右顺序设置，每个节点表示的变量是所有流向该节点的信号之代数和，而从同一节点流向各支路的信号均可用该节点的变量表示。

(2) 支路表示的是一个信号对另一个信号的函数关系，相当于乘法器，信号流经支路时，被乘以支路增益而变换为另一信号。

(3) 信号只能沿支路上的箭头单向传递，即只有前因后果的因果关系。

(4) 对于一个给定的系统，信号流图不是唯一的。由于描述同一个系统的方程可以写成不同的形式，且设置的变量可能不同，所以可以画出许多不同的信号流图。

(5) 信号流图只适用于线性系统。这与结构图是不同的，结构图可用于非线性系统。

另外需要指出的是，信号流图的性质(1)说明节点能起到结构图中比较点和引出点的作用，但节点一般不标注"—"号，若有负号可标注在支路增益上。具有输入和输出节点的混合节点，通过增加一个具有单位增益的支路可以把它作为输出节点来处理。

3. 绘制信号流图

信号流图的绘制有两种方法，一种是根据微分方程绘制，另一种是根据系统结构图按照对应关系得到。

1) 根据系统微分方程绘制信号流图

信号流图用于表示线性代数方程，含有微分或积分的线性方程应先通过拉氏变换转为复数 s 的代数方程后才能画出其信号流图。绘制时，首先要对系统的每个变量指定一个节点，并按照系统中变量的因果关系，从左向右顺序排列；然后根据标明增益的支路及代数方程组将各节点变量正确连接，便可得到系统信号流图。

例 2-12　试绘制图 2-9 所示的 RC 滤波网络的信号流图，已知电路的初始状态为零。

解：例 2-9 已经建立系统的微分方程并通过拉氏变换得到 s 的代数方程，现按照因果关系，将各变量重新排列可得方程组

$$\begin{cases} U_2(s) = \dfrac{1}{sC_2}I_2(s) \\[2mm] I_2(s) = \dfrac{U_3(s)-U_2(s)}{R_2} \\[2mm] U_3(s) = \dfrac{1}{sC_1}[I_1(s)-I_2(s)] \\[2mm] I_1(s) = \dfrac{1}{R_1}[U_1(s)-U_3(s)] \end{cases}$$

对变量 $U_1(s)$、$U_1(s)-U_3(s)$、$I_1(s)$、$I_1(s)-I_2(s)$、$U_3(s)$、$U_3(s)-U_2(s)$、$I_2(s)$、$U_2(s)$ 分别设置八个节点并自左至右排列，按照上面方程组中各变量的因果关系，用相应增益的支路将各节点连接起来，即可得 RC 滤波网络的信号流图，如图 2-27 所示。

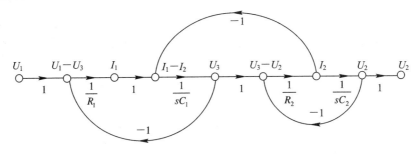

图 2-27　例 2-12 的信号流图

图中增加了一个单位增益的支路用于将混合节点 $U_2(s)$ 作为输出节点。值得指出的是，如果系统的初始状态不为零，则可将初始状态的拉氏变换视为变量用节点表示，仍可画出其信号流图，这在结构图中是无法实现的。

2) 根据结构图绘制信号流图

比较同一个系统的结构图 2-11 和信号流图 2-27 可知，在结构图中，由于传递的信号标记在信号线上，方框则是对变量进行变换或运算的算子，故从系统结构图绘制信号流图时，只需在结构图的信号线上用小圆圈标志出传递的信号，便可得到节点；用标有传递函数的有向线段代替结构图中的方框，便可得到支路；这时结构图也就变换为相应的信号流图。根据结构图绘制信号流图时，应尽量精简节点的数目。例如支路增益为 1 的相邻两

个节点可合并为一个节点,但源节点或汇节点却不能合并掉。

例 2 - 13 试绘制图 2 - 28 所示的结构图对应的信号流图。

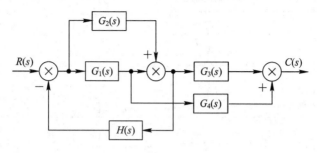

图 2 - 28 例 2 - 13 的结构图

解:在结构图的信号线上分别用小圆圈标注变量对应的节点,如图 2 - 29(a)所示。

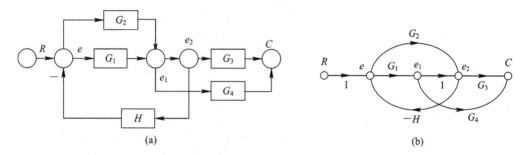

图 2 - 29 例 2 - 13 的信号流图

将各节点按原来顺序自左向右排列,连接各节点的支路与结构图中的方框相对应,即将结构图中的方框用具有相应增益的支路代替,并连接有关的节点,便得到系统的信号流图,如图 2 - 29(b)所示。

2.4.3 信号流图的等效变换

与结构图类似,利用信号流图的等效变换也可以使其简化,常用的信号流图等效变换法则如表 2 - 4 所示。

表 2 - 4 信号流图等效变换规则表

等效变换	原信号流图	变换后信号流图
串联支路合并	$x_1 \xrightarrow{a} x_2 \xrightarrow{b} x_3$	$x_1 \xrightarrow{ab} x_3$
并联支路合并	$x_1 \underset{b}{\overset{a}{\rightrightarrows}} x_2$	$x_1 \xrightarrow{a+b} x_2$
混合节点 消除 1	$x_1 \xrightarrow{a} x_3$, $x_2 \xrightarrow{b} x_3$, $x_3 \xrightarrow{c} x_4$	$x_1 \xrightarrow{ac} x_4$, $x_2 \xrightarrow{bc} x_4$

等效变换	原信号流图	变换后信号流图
混合节点 消除 2	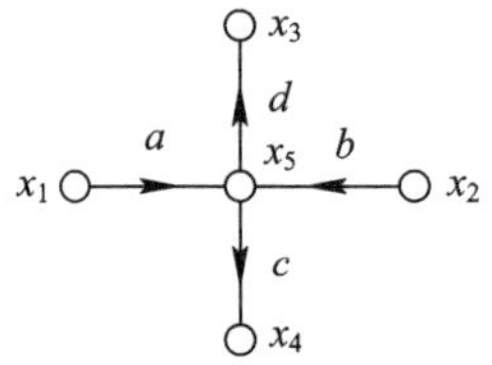	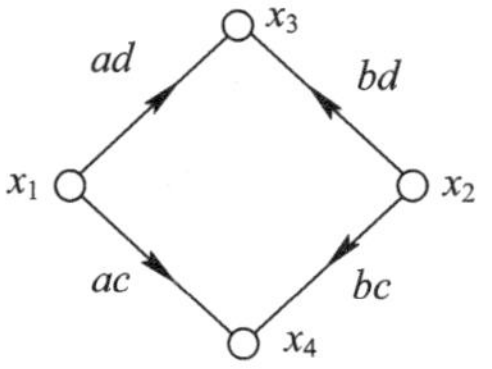
回路的消除	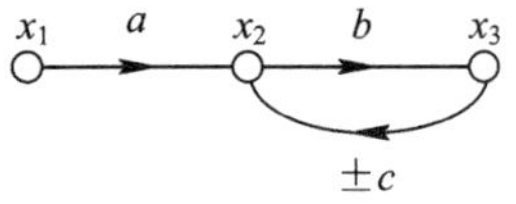	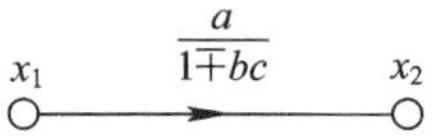
自回路的消除	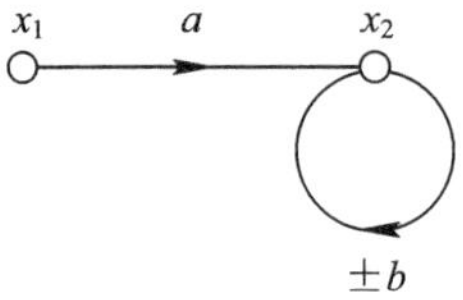	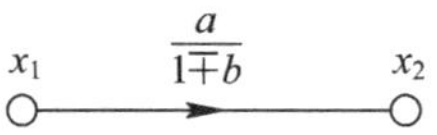

2.4.4　梅逊公式

在控制工程中，常应用梅逊公式直接根据控制系统的信号流图计算从输入节点到输出节点的传递函数，而不需要等效简化处理。输入节点到输出节点的传递函数，等于这两个节点之间的总增益。计算总增益的梅逊公式为

$$G(s) = \frac{\sum\limits_{k=1}^{n} P_k \Delta_k}{\Delta} \tag{2-101}$$

式（2-101）中，Δ 称为特征式，$\Delta = 1 - \sum L_i + \sum L_i L_j - \sum L_i L_j L_k + \cdots$，$\sum L_i$ 为系统中各个回路的增益之和，$\sum L_i L_j$ 为系统中每两个互不接触的回路增益乘积之和，$\sum L_i L_j L_k$ 为系统中所有三个互不接触回路增益的乘积之和；P_k 为从输入端到输出端的第 k 条前向通路的传递函数；Δ_k 为与第 k 条前向通路不接触回路的 Δ 值。

上面所谓的不接触回路是指没有共同节点的回路，反之称为接触回路。与第 k 条前向通路没有共同节点的回路称为与第 k 条前向通路不接触的回路，式中 Δ_k 也称为 P_k 的特征余子式。

根据梅逊公式计算系统的传递函数时，首要问题是正确区别所有的回路并区分它们是否相互接触，其次是正确识别所规定的输入与输出节点之间的所有前向通路及与其不接触的回路。下面通过例子说明梅逊公式的应用。

例 2-14　图 2-30 所示是某系统的信号流图，利用梅逊公式求其传递函数。

解：由图可知此系统共有两条前向通路，即 $n = 2$，其增益分别为 $P_1 = abcd$ 和 $P_2 = fd$。共有三个回路，即 $L_1 = be$，$L_2 = -abcdg$，$L_3 = -fdg$，因此 $\sum L_i = L_1 + L_2 + L_3$。3 个回路中只有 L_1 与 L_3 互不接触，L_2 与 L_1 及 L_3 都接触，故 $\sum L_i L_j = L_1 L_3$，系统中没有

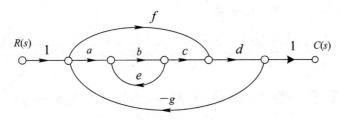

图 2-30　例 2-14 的信号流图

3 个及以上互不接触回路。由此得系统的特征式为

$$\Delta = 1 - \sum L_i + \sum L_i L_j = 1 - (L_1 + L_2 + L_3) + L_1 L_3$$
$$= 1 - be + abcdg + fdg - befdg$$

由图可知，与 P_1 前向通路相接触的回路为 L_1、L_2、L_3，因此在 Δ 中除去 L_1、L_2、L_3 可得 P_1 的特征余子式 $\Delta_1 = 1$。再由图可知，与 P_2 前向通路相接触的回路为 L_2、L_3，因此在 Δ 中除去 L_2、L_3 得 P_2 的特征余子式 $\Delta_2 = 1 - be$。则根据梅逊公式可得系统的传递函数为

$$G(s) = \frac{\sum\limits_{k=1}^{2} P_k \Delta_k}{\Delta} = \frac{P_1 \Delta_1 + P_2 \Delta_2}{\Delta} = \frac{abcd + fd - fdbe}{1 - be + fdg + abcdg - befdg}$$

例 2-15　利用梅逊公式求出图 2-31 所示系统信号流图的传递函数 X_4/X_1，X_2/X_1。

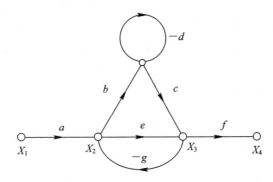

图 2-31　例 2-15 的信号流图

解：由图可知系统有三个单独回路，即 $L_1 = -d$，$L_2 = -eg$，$L_3 = -bcg$，因此 $\sum L_i = L_1 + L_2 + L_3 = -d - eg - bcg$。有两个互不接触回路 L_1 和 L_2，即 $\sum L_i L_j = L_1 L_2 = deg$，系统中没有 3 个及以上互不接触回路。由此得系统的特征式为

$$\Delta = 1 - \sum L_i + \sum L_i L_j = 1 - (L_1 + L_2 + L_3) + L_1 L_2$$
$$= 1 + d + eg + bcg + deg$$

从源节点 X_1 到汇节点 X_4 的前向通路有两条，分别是 $P_1 = aef$ 和 $P_2 = abcf$。第一条前向通路 P_1 与回路 L_1 不接触，所以 $\Delta_1 = 1 + d$；第二条前向通路 P_2 与所有回路都接触，故 $\Delta_2 = 1$。根据公式可得传递函数为

$$\frac{X_4}{X_1} = \frac{1}{\Delta} \sum_{k=1}^{2} P_k \Delta_k = \frac{P_1 \Delta_1 + P_2 \Delta_2}{\Delta} = \frac{aef + aefd + abcf}{1 + d + eg + bcg + deg}$$

从源节点 X_1 到汇节点 X_2 的前向通路只有一条，即 $P_1 = a$，而且 P_1 与回路 L_1 不接触，

故 $\Delta_1 = 1 + d$。根据公式可得传递函数为

$$\frac{X_2}{X_1} = \frac{1}{\Delta}\sum_{k=1}^{2}P_k\Delta_k = \frac{P_1\Delta_1}{\Delta} = \frac{a+ad}{1+d+eg+bcg+deg}$$

2.5　控制系统建模的 MATLAB 方法

使用 MATLAB 建立控制系统的数学模型是很方便的。在 MATLAB 中有四种模型可用于控制系统的建模，即：传递函数模型，零、极点模型，Simulink 动态结构图和状态空间模型，本节只介绍前面三种。

2.5.1　传递函数模型

假设系统的传递函数模型为

$$G(s) = \frac{b_0 s^m + b_1 s^{m-1} + \cdots + b_m}{a_0 s^n + a_1 s^{n-1} + \cdots + a_n}$$

在 MATLAB 中可直接用分子、分母的系数表示为

num＝[b_0，b_1，…，b_m]；

den＝[a_0，a_1，…，a_n]；

传递函数模型的建立则利用函数 tf()：

sys＝tf(num，den)　　%建立连续系统的传递函数模型，其中 num，den 分别为系统的分子

%多项式和分母多项式的系数向量

例 2 - 16　将传递函数模型 $G(s) = \dfrac{s+7}{2s^4 + 5s^3 + 8s^2 + 4s + 3}$ 输入到 MATLAB 工作空间中。

解：编写程序如下：

num＝[1，7]；　　　　　　%定义一维分子数组 num，s 多项式按降幂排列

den＝[2，5，8，4，3]；　　%定义一维分母数组 den

F1＝tf(num，den)　　　　%建立传递函数模型

运行结果为

$$\frac{s+7}{2s\text{^}4 + 5s\text{^}3 + 8s\text{^}2 + 4s + 3}$$

2.5.2　零、极点模型

假设系统的零、极点模型为

$$G(s) = k\,\frac{(s-z_1)(s-z_2)\cdots(s-z_m)}{(s-p_1)(s-p_2)\cdots(s-p_n)}$$

在 MATLAB 中可用[z，p，k]矢量组表示为

z＝[z_1，z_2，…，z_m]；

p＝[p_1，p_2，…，p_n]；

k＝[k];

则零、极点增益模型可利用函数 zpk()建立:

sys＝zpk(z, p, k)

其中,参数 z, p, k 分别指系统的零、极点和增益。

例 2 - 17　已知系统的零、极点模型为 $G(s) = \dfrac{8(s+5)(s+6)}{(s+1)(s+2)(s+3)(s+4)}$,试将其输入到 MATLAB 工作空间中。

解: 编写程序如下:

z＝[-5, -6];　　　　　　　　%定义一维零点数组 z

p＝[-1, -2, -3, -4];　　　　%定义一维极点数组 p

k＝[8];　　　　　　　　　　%定义增益 k

F2＝zpk(z, p, k)　　　　　　%建立零、极点模型

运行结果为

$$\frac{8(s+5)(s+6)}{(s+1)(s+2)(s+3)(s+4)}$$

2.5.3　结构图模型

Simulink 里提供了许多控制系统的图形化模块,用来模拟系统中的各个环节,可以利用 Simulink 的工具箱用图形化方法来建立结构图模型。将构成控制系统的所有环节模块拖到新建的模型文件(.mdl)窗口里,双击该模块可以根据需要修改参数,然后用线将各个模块连接就构成了系统的动态结构图模型,图 2 - 32 就是利用这种方法建立的模型。

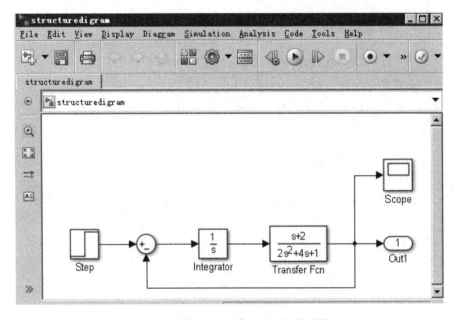

图 2 - 32　用 Simulink 建立动态结构图模型

数学模型之间,可利用 MATLAB 控制系统工具箱(Control System Toolbox)中所提供

的转换函数方便地实现转换。例如，上面建立传递函数模型 F1，可以通过传递函数转零、极点的函数 tf2zp(num，den)转为零、极点模型；零、极点模型 F2，也可以通过零、极点转传递函数的函数 zp2tf(z，p，k)转为传递函数模型。

习　　题

2.1　试建立图 2-33 中两个无源网络的微分方程。

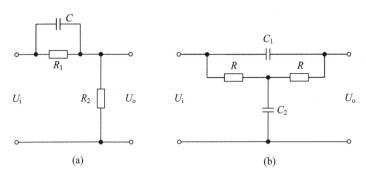

图 2-33　习题 2.1 用图(无源网络电路图)

2.2　设初始条件为零，用拉氏变换求解下列微分方程。

(1) $2x'(t) + x(t) = t$；

(2) $x''(t) + x'(t) + x(t) = \delta(t)$；

(3) $x''(t) + 2x'(t) + x(t) = 1(t)$。

2.3　在液压系统管道中，通过阀门的流量 Q 满足流量方程

$$Q = K\sqrt{P}$$

式中，K 为比例系数；P 为阀门前后的压差。若流量 Q 与压差 P 在平衡点$(Q_0，P_0)$附近作微小变化，试导出线性化流量方程。

2.4　求出图 2-34 中各有源网络的传递函数 $G(s) = U_c(s)/U_r(s)$。

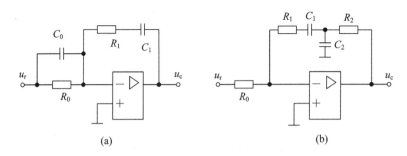

图 2-34　习题 2.4 用图(有源网络电路图)

2.5　图 2-35 所示为机械运动系统，试建立系统的微分方程，并求出系统的传递函数 $X_c(s)/X_r(s)$。

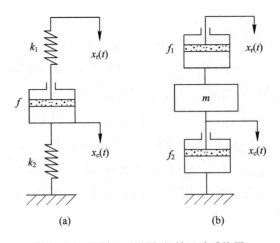

图 2-35 习题 2.5 用图(机械运动系统图)

2.6 证明图 2-36(a)和(b)表示的系统是相似系统。

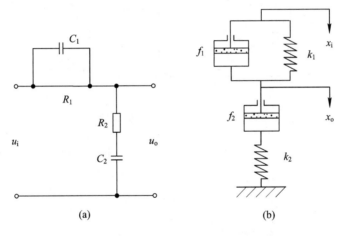

图 2-36 习题 2.6 用图(机械系统与电网络图)

2.7 图 2-37 所示为一用作放大器的直流发电机，原动机以恒定转速运行。试确定传递函数 $U_c(s)/U_r(s)$，不计发电机的电枢电感和电阻。

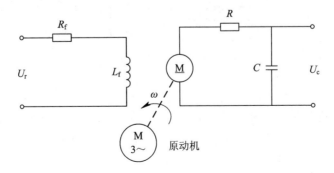

图 2-37 习题 2.7 用图(用作放大器的直流发电机)

2.8 一台生产过程设备是由液容为 C_1 和 C_2 的两个液箱所组成，如图 2-38 所示。图中

Q_0 为稳态液体流量(m^3/s)，q_1 为液箱 1 输入流量对稳态值的微小变化(m^3/s)，q_2 为液箱 1 到液箱 2 流量对稳态值的微小变化(m^3/s)，q_3 为液箱 2 输出流量对稳态值的微小变化(m^3/s)，H_1 为液箱 1 的稳态液面高度(m)，h_1 为液箱 1 液面高度对其稳态值的微小变化(m)，H_2 为液箱 2 的稳态液面高度(m)，h_2 为液箱 2 液面高度对其稳态值的微小变化(m)，R_1 为液箱 1 输出管的液阻($m/(m^3/s)$)，R_2 为液箱 2 输出管的液阻($m/(m^3/s)$)。

（1）试确定以 q_1 为输入量、q_3 为输出量时该液面系统的传递函数；

（2）试确定以 q_1 为输入，以 h_2 为输出时该液面系统的传递函数。

（提示：流量(Q) = 液高(H)/液阻(R)，液箱的液容等于液箱的横截面积，液阻(R) = 液面差变化(h)/流量变化(q)）

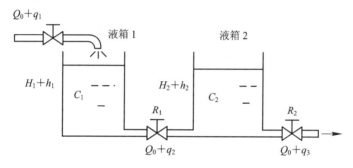

图 2-38　习题 2.8 用图（液面系统）

2.9　图 2-39 所示为一个电加热器的示意图。该加热器的输入量为加热电压 u_r，输出量为加热器内的温度 T_c，q_i 为加到加热器的热量，q_0 为加热器向外散发的热量，T_i 为加热器周围的温度。设加热器的热阻和热容已知，试求加热器的传递函数 $G(s) = T_c(s)/U_r(s)$。

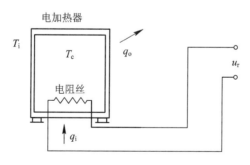

图 2-39　习题 2.9 用图（电加热器示意图）

2.10　某位置随动系统原理方框图如图 2-40 所示，其中 SM 为伺服电机，TG 为测速发电机。已知电位器最大工作角度为 $\theta_{max} = 330°$，功率放大级放大系数为 K_3，要求：

（1）分别求出电位器传递系数 K_0，第一级和第二级放大器的比例系数 K_1、K_2；

（2）画出系统结构图；

（3）简化结构图，求系统传递函数 $\theta_o(s)/\theta_i(s)$。

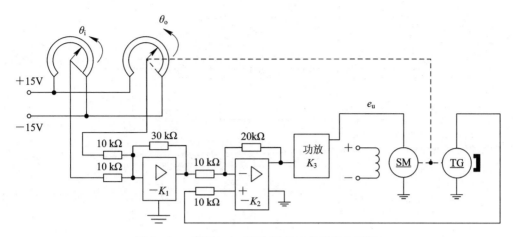

图 2-40　习题 2.10 用图（随动系统原理方框图）

2.11　已知控制系统的动态结构图如图 2-41 所示，通过结构图的等效变换求传递函数 $C(s)/R(s)$。

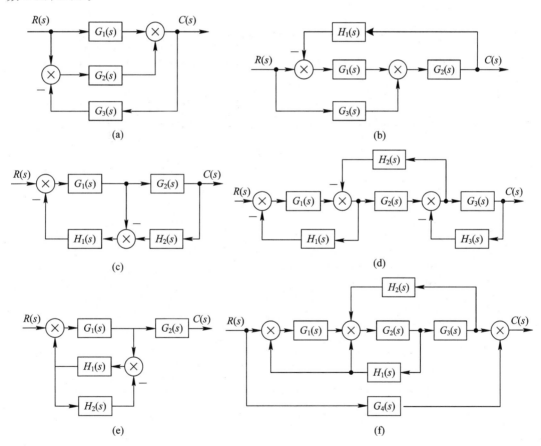

图 2-41　习题 2.11 用图（控制系统的动态结构图）

2.12　试绘制图 2-42 所示的系统结构图对应的信号流图，并用梅逊公式求出传递函数 $C(s)/R(s)$ 和 $E(s)/R(s)$。

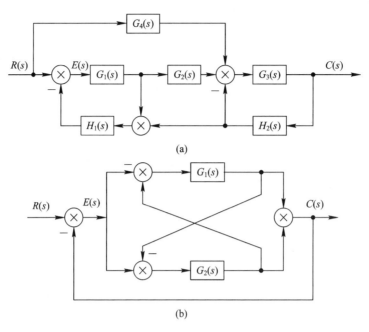

(a)

(b)

图 2-42 习题 2.12 用图(控制系统的动态结构图)

2.13 试用梅逊公式求出图 2-43 所示控制系统各信号流图的传递函数 $C(s)/R(s)$。

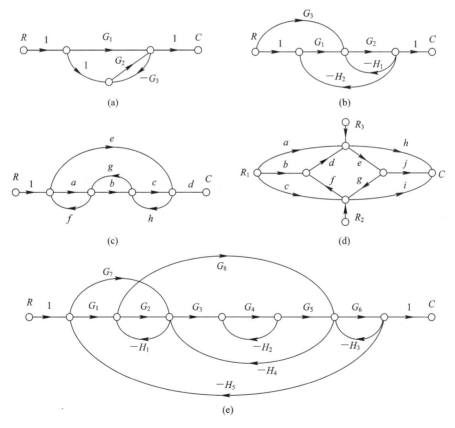

图 2-43 习题 2.13 用图(控制系统的信号流图)

第 3 章　线性系统的时域分析法

　　分析控制系统首先是建立系统的数学模型，模型一旦建立就可以用相应的方法对控制系统的性能作全面分析。线性系统的时域分析法是指在时间域中研究系统的运动规律，对控制系统输入一个给定信号，通过研究系统时间响应来分析系统的稳定性、动态性能和稳态精度。从数学上看，时域分析法表现为求微分方程的时间解，具有直观、准确的优点，可以提供系统时间响应的全部信息。

　　在对控制系统进行分析时，要得到输出响应（微分方程的解），必须已知输入的具体形式。为了比较不同系统的控制性能，便于衡量它们的优劣，需对初始条件做统一规定，如初始条件为零等。若对输入也统一规定为相同的信号，则由微分方程的解可知，系统的时间响应将只与系统的结构和参数有关，就可以根据系统的时间响应评价系统的性能。

　　虽然时域分析法可以得出系统的时间响应，但是却难以判断系统结构和参数对动态性能的影响，不便于设计控制系统。特别是当系统的阶次较高时，分析的工作量较大，往往需要借助计算机才能确定其性能指标，工程上常将高阶系统简化近似为一阶或二阶系统进行分析。尽管如此，时域分析法仍然是最基本的分析方法，该方法引出的概念、方法和结论是以后学习根轨迹法、频域法等其他方法的基础。

3.1　典型输入信号与时域性能指标

　　控制系统的输入信号一般具有随机性，无法预先知道，常不能用解析形式来表达，例如防空雷达跟踪系统的被跟踪目标，其位置和速度就是不确定的随机信号，难以用函数描述。只有在一些特殊情况下，控制系统的输入信号才是确知的，例如温度、水位等控制系统，输入信号为定值。因此，为便于分析和设计控制系统，我们选定一些基本的输入信号形式，称之为典型输入信号，用以评价和比较控制系统的性能，并可以由此去推知更复杂输入下的系统响应。

3.1.1　典型输入信号及其拉氏变换

　　控制系统中常用的典型输入信号有阶跃（位置）信号、斜坡（速度）信号、抛物线（加速度）信号、脉冲信号和正弦信号，这些信号都是简单的时间函数，便于数学分析和实验研究。

　　1. 阶跃信号

　　阶跃（位置）信号定义为

$$r_s(t) = \begin{cases} A, & t \geqslant 0 \\ 0, & t < 0 \end{cases} \tag{3-1}$$

式中，A 为常数，是阶跃信号幅值（强度）。阶跃输入信号表示一个瞬间突变的信号，如图

3-1(a)所示。若 $A=1$，则称为单位阶跃输入信号，常用 $1(t)$ 表示。阶跃信号的拉氏变换为

$$\mathscr{L}[r_{\mathrm{s}}(t)] = \frac{A}{s} \tag{3-2}$$

阶跃信号在 $t=0$ 处相当于一个不变的信号突然加到系统上。对于恒值系统，相当于给定值突然变化或者扰动量突然变化；对于随动系统，相当于加入一个突变的给定位置信号，如电动机负荷的突然改变、阀门的突然开关、电源的突然开关等均可视为阶跃信号输入。

单位阶跃信号经常作为统一的典型输入信号，对各种控制系统的特性进行比较和研究。

2. 斜坡信号

斜坡（速度）信号的定义为

$$r_{\mathrm{v}}(t) = \begin{cases} At, & t \geqslant 0 \\ 0, & t < 0 \end{cases} \tag{3-3}$$

式中，A 为常数，是斜坡信号的斜率。斜坡输入信号的特点是：信号的大小由零值开始随时间增加而线性增加，其导数即为阶跃信号，如图 3-1(b)所示。当 $A=1$ 时，该信号称为单位斜坡信号，有时也记为 $t \cdot 1(t)$。斜坡信号的拉氏变换为

$$\mathscr{L}[r_{\mathrm{v}}(t)] = \frac{A}{s^2} \tag{3-4}$$

斜坡信号相当于随动系统中加入一个按恒速变化的位置信号，如跟踪通信卫星的天线控制系统、数控机床加工斜面时的进给系统、大型船闸的匀速升降系统等。输入信号随时间逐渐变化的控制系统的输入均可视为斜坡函数。

单位斜坡函数是考察系统对等速率信号跟踪能力时的实验信号。

3. 抛物线信号

抛物线（加速度）信号的定义是

$$r_{\mathrm{a}}(t) = \begin{cases} \frac{1}{2}At^2, & t \geqslant 0 \\ 0, & t < 0 \end{cases} \tag{3-5}$$

式中，A 为常数，是抛物线信号的加速度。抛物线输入信号的特点是：信号的大小随时间增加以等加速度增加，其一阶导数为斜坡信号，二阶导数为阶跃信号，如图 3-1(c)所示。当 $A=1$ 时，该信号称为单位抛物线信号。

抛物线信号的拉氏变换为

$$\mathscr{L}[r_{\mathrm{a}}(t)] = \frac{A}{s^3} \tag{3-6}$$

单位抛物线信号是用于考察系统机动跟踪能力时的试验信号。如宇宙飞船控制系统等的典型输入即可选抛物线信号。

4. 脉冲信号

理想单位脉冲信号的定义为

$$\delta(t) = \begin{cases} \infty, & t = 0 \\ 0, & t \neq 0 \end{cases} \tag{3-7}$$

$$\int_{-\infty}^{+\infty} \delta(t)\mathrm{d}t = 1$$

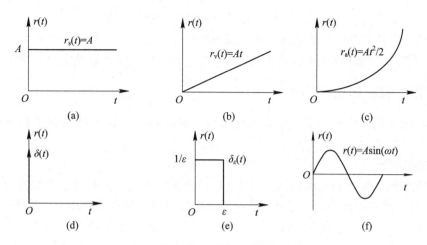

图 3-1　典型输入信号

如图 3-1(d)所示，理想单位脉冲信号在时间轴上的积分面积，或称为脉冲强度为 1，幅值为无穷大，如式(3-7)所示。由 $\delta(t)$ 所描述的理想脉冲信号在工程实际中是不存在的。在工程上一般用实际脉冲信号来近似表示理想脉冲信号，如图 3-1(e)所示。实际脉冲信号可视为一个持续时间极短的信号，其数学表达式为

$$r(t) = \delta_\varepsilon(t) = \begin{cases} \dfrac{A}{\varepsilon}, & 0 \leqslant t \leqslant \varepsilon \\ 0, & t < 0, t > \varepsilon \end{cases} \tag{3-8}$$

式中，A 为常数，当 $A = 1$ 时，该信号称为单位脉冲信号，是一个宽度为 ε，高度为 $1/\varepsilon$ 的矩形脉冲，当 $\varepsilon \to 0$ 时，就得到理想的单位脉冲函数 $\delta(t)$。其拉氏变换为

$$\mathscr{L}[\delta(t)] = 1 \tag{3-9}$$

在控制理论中，理想单位脉冲信号是一个重要的数学工具。一些持续时间极短的脉冲信号，可视为理想脉冲信号。如风力发电机系统受到阵风的作用，脉动电压信号、冲击力、大气湍流等都可视为脉冲信号，也常用单位脉冲信号考察系统在脉冲扰动后的恢复过程。

5. 正弦信号

正弦信号定义为

$$r(t) = \begin{cases} A\sin\omega t, & t \geqslant 0 \\ 0, & t < 0 \end{cases} \tag{3-10}$$

式中，A 为正弦信号的幅值，ω 为正弦信号的角频率。正弦信号如图 3-1(f)所示。

控制工程中常利用正弦信号作为输入信号，当输入频率发生变化时，就可以求得系统在不同频率输入作用下的输出响应，这种响应称为频率特性，详见第 5 章。

幅值 $A = 1$ 的正弦信号，其拉氏变换为

$$\mathscr{L}[\sin(\omega t)] = \frac{\omega}{s^2 + \omega^2} \tag{3-11}$$

在实际控制系统中，当输入信号具有周期变化特性时，可采用正弦函数作为典型输入信号。如机车设备上受到的振动力、伺服振动台的输入信号、电源及机械振动噪声等。

在分析系统性能时，选哪一种典型输入信号，需要考虑以下几个方面：

(1) 输入信号的形式应尽可能接近系统在工作过程中的常见外加信号；

（2）所选输入信号在形式上应尽可能简单，以便于分析处理；

（3）应考虑选取那些能使系统工作在最不利情况下的输入信号作为典型输入信号。

对各种控制系统的性能进行比较研究时，经常采用单位阶跃信号作为典型输入信号。

3.1.2　稳态响应和动态响应

在典型输入信号的作用下，控制系统的输出时间响应由稳态响应和动态响应两部分组成。

1. 稳态响应

当控制系统的输入和扰动都恒定不变，被控变量也恒定不变时的状态称为稳态（静态、平衡态）。稳态响应也称为稳态过程，是指系统在典型输入信号的作用下，当时间 t 趋近于无穷大时（$t \to \infty$），系统的输出响应状态。稳态过程反映了系统输出量最终复现输入量的程度即控制精度，包含了输出响应的稳态性能。从理论而言，一般系统只有当时间趋于无穷大时，才可能进入稳态过程，但这种条件在工程应用中是无法接受的，故在工程上只讨论典型输入信号加入一段有限时间后的稳态过程，在这段时间里，反映了系统主要的动态性能指标。而在这段时间之后，即认为进入了稳态过程。

2. 动态响应

动态响应也称为暂（瞬）态响应或过渡过程，是指系统在典型输入信号的作用下，系统的输出量从初始状态到最终状态的响应过程。由于实际的控制系统大多存在惯性、阻尼及其他一些因素，系统的输出量不可能完全复现输入量的变化，动态过程曲线可能出现衰减振荡、等幅振荡和发散等形式。当然，一个可以实际运行的控制系统，其动态过程必须是衰减的，或者说系统必须是稳定的。动态过程包含了输出响应的各种运动特性，这些特性称为系统的动态性能。

3.1.3　时域性能指标

控制系统的时域性能指标包含动态性能指标和稳态性能指标两部分。第一章已经述及稳定是控制系统能够正常运行的前提，因此只有当动态过程收敛（衰减）时，研究系统的动态和稳态性能才有意义。在工程上常使用单位阶跃信号作为输入信号，来测试系统在时域的动态和稳态性能。一般来说，阶跃信号对系统而言是最严峻的工作状态。如果系统在阶跃信号作用下的性能指标能满足要求，那么在其他形式的输入信号作用下，其性能指标一般也可满足要求。

1. 稳态性能指标

稳态性能指标主要是稳态误差，它是控制系统中重要的静态指标。当时间 t 趋于无穷大时，若系统的实际值不等于期望值，则系统存在稳态误差，其定义是

$$e_{ss} = \lim_{t \to \infty} e(t) = \lim_{t \to \infty} [\mathscr{L}^{-1} E(s)] \qquad (3-12)$$

其中，$e(t)$ 为偏差信号。稳态误差描述了进入稳态后，输出的实际值与期望值（参考输入）的差值，是控制系统精度的一种度量。当稳态误差足够小以至于可忽略不计时，可认为系统的稳态误差为零，并称为无差系统；而稳态误差不为零的系统称为有差系统。

2. 动态性能指标

稳定的控制系统在单位阶跃信号作用下，动态过程随时间 t 变化的指标，称为动态性

能指标。为了便于分析和比较，假定系统在单位阶跃输入信号作用前处于稳态，且输出量及其各阶导数均等于零。对于大多数控制系统来说，这种假设是符合实际情况的。

稳定的控制系统的单位阶跃响应曲线有衰减振荡和单调上升两种类型。

具有衰减振荡类型的单位阶跃响应曲线 $c(t)$ 如图 3-2 所示。图中，$c(\infty)$ 表示单位阶跃响应的稳态值，即

$$c(\infty) = \lim_{t \to \infty} c(t) \tag{3-13}$$

$c_{\max}$ 表示单位阶跃响应的最大值。

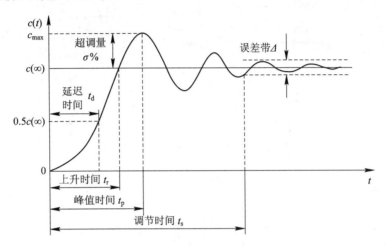

图 3-2　振荡型单位阶跃响应的性能指标示意图

动态性能指标定义如下：

（1）上升时间 t_r：单位阶跃响应第一次达到稳态值的时间，用 t_r 表示。上升时间反映了系统的响应速度。上升时间越短，响应速度越快。

（2）延迟时间 t_d：单位阶跃响应第一次达到稳态值的 50% 所需的时间，用 t_d 表示。

（3）峰值时间 t_p：单位阶跃响应超过其稳态值并到达第一个峰值所需的时间，用 t_p 表示。

（4）最大超调量 $\sigma\%$：简称超调量，是单位阶跃响应的最大值 $c_{\max}$（即最大偏离量 $c(t_p)$）与稳态值 $c(\infty)$ 的差与稳态值的百分比，用 $\sigma\%$ 表示，即

$$\sigma\% = \frac{c_{\max} - c(\infty)}{c(\infty)} \times 100\% \tag{3-14}$$

若对于 $t \geqslant 0$，恒有 $c_{\max} \leqslant c(\infty)$，则单位阶跃响应无超调。最大超调量简称为超调量。

（5）调节时间 t_s：当 $c(t)$ 和 $c(\infty)$ 之间误差达到规定的允许值（一般取 $c(\infty)$ 的 $\pm 5\%$ 或 $\pm 2\%$ 为允许误差范围，称之为误差带，用 Δ 表示），且以后不再超过此值所需的最小时间，用 t_s 表示。调节时间又称为过渡过程时间或暂态过程时间。工程上一般认为，当 $t \leqslant t_s$ 时，响应为动态过程。当 $t > t_s$ 后，响应进入了稳态过程。

（6）振荡次数 N：在 $0 \leqslant t \leqslant t_s$ 时间内，单位阶跃响应 $c(t)$ 穿越其稳态值 $c(\infty)$ 次数的一半，定义为振荡次数，用 N 表示。

利用上述几个瞬态性能指标，基本上可以体现系统动态过程的特征。通常用上升时间 t_r 或峰值时间 t_p 评价系统的响应速度，是快速性指标；用超调量 $\sigma\%$、振荡次数 N 评价系统的阻尼或相对稳定程度，反映了瞬态过程振荡的激烈程度，是平稳性指标；而 t_s 是同时反映

响应速度和阻尼特性的综合性指标。在实际工程应用中，最为常用的动态性能指标为超调量 $\sigma\%$ 和调节时间 t_s。

具有单调上升类型的单位阶跃响应曲线 $c(t)$ 如图 3-3 所示。这种响应显然没有超调量，一般只用调节时间 t_s 表示过程的快速性，调节时间的定义同上。有时也用上升时间 t_r 这一指标，需要说明的是，在这种情况下，上升时间的定义应修改为由稳态值的 10% 上升到 90% 所需的时间。

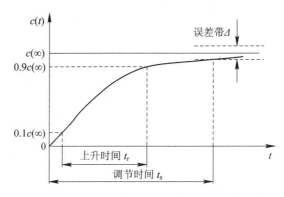

图 3-3　单调上升型单位阶跃响应的性能指标示意图

3.2　一阶系统分析

由一阶微分方程描述的控制系统称为一阶系统，它是工程中最基本、最简单的系统。典型的一阶系统数学模型为一阶微分方程，即

$$T\frac{\mathrm{d}c(t)}{\mathrm{d}t} + c(t) = r(t) \tag{3-15}$$

式中 T 为时间常数，表征系统惯性的大小（量纲为时间秒）。图 3-4 所示为一阶系统结构图。

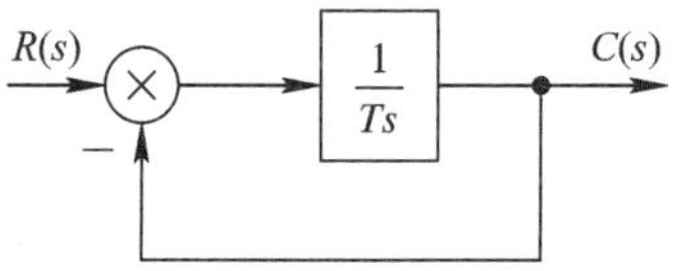

由图 3-4 可得系统的闭环传递函数为

$$G_B(s) = \frac{C(s)}{R(s)} = \frac{1}{Ts+1} \tag{3-16}$$

图 3-4　一阶系统结构图

下面分析一阶系统在各种典型信号作用下的动态过程，为便于分析，均假设系统初始状态为零。

3.2.1　一阶系统的单位阶跃响应

单位阶跃输入信号 $r(t) = 1(t)$ 的拉氏变换为

$$R(s) = \frac{1}{s} \tag{3-17}$$

将式（3-17）代入式（3-16）中，可得输出的拉氏变换为

$$C(s) = G_B(s)R(s) = \frac{1}{Ts+1}\frac{1}{s}$$

对上式进行整理后可得

$$C(s) = \frac{1}{s} - \frac{T}{Ts+1} = \frac{1}{s} - \frac{1}{s+1/T} \qquad (3-18)$$

对式(3-18)进行拉氏逆变换,可得一阶系统的单位阶跃响应为

$$c(t) = 1 - e^{-\frac{t}{T}} \qquad (3-19)$$

$$\frac{dc(t)}{d(t)} = \frac{1}{T}e^{-\frac{t}{T}}\bigg|_{t=0} = \frac{1}{T} \qquad (3-20)$$

由式(3-19)可见,一阶系统的单位阶跃响应是一条初始值为零、以指数规律上升到终值 $c(\infty)=1$ 的曲线。单位阶跃响应如图 3-5 所示,表明一阶系统的阶跃响应是非周期响应,时间常数 T 是表征响应特性的唯一参数。由式(3-19)可得 T 与输出值 $c(t)$ 的对应关系为

$$t = T, \qquad c(T) = 0.632$$
$$t = 2T, \qquad c(2T) = 0.865$$
$$t = 3T, \qquad c(3T) = 0.950$$
$$t = 4T, \qquad c(4T) = 0.982$$

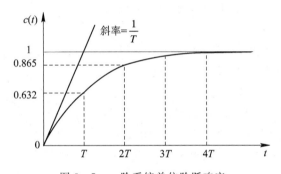

图 3-5 一阶系统单位阶跃响应

由于一阶系统响应单调上升,无超调,所以峰值时间 t_p 和超调量 $\sigma\%$ 不存在。其主要性能指标是:

$t_r = 2.2T$,即响应从终值 10% 上升到终值 90% 所需的时间;$t_s = 3T$(对应 5% 误差范围);$t_s = 4T$(对应 2% 误差范围)。一阶系统的时间常数 T 越小,调节时间越小,响应过程的快速性也越好。

误差信号 $e(t)$ 为

$$e(t) = r(t) - c(t) = e^{-\frac{t}{T}} \qquad (3-21)$$

由式(3-21)及式(3-12)可得系统的稳态误差 $e_{ss}=0$,因此系统不存在稳态误差。

一阶系统的单位阶跃响应有如下特点:

(1) 单位阶跃响应曲线是单调上升的指数曲线,无振荡,为非周期响应。

(2) 时间常数 T 反映了系统的惯性,时间常数越大,表示系统的惯性越大,响应速度越慢,系统跟踪单位阶跃信号越慢,单位阶跃响应曲线上升越平缓。由于一阶系统具有这个特点,工程上常称一阶系统为惯性环节或非周期环节。

(3) 单位阶跃响应曲线的斜率在 $t = 0$ 处为 $1/T$,后随时间逐渐减小。

(4) 稳态误差为零。

3.2.2　一阶系统的单位斜坡响应

单位斜坡输入信号 $r(t) = t$ 的拉氏变换为

$$R(s) = \frac{1}{s^2} \qquad (3-22)$$

将式(3-22)代入式(3-16)中，可得输出的拉氏变换为

$$C(s) = G_B(s)R(s) = \frac{1}{Ts+1}\frac{1}{s^2} = \frac{1}{s^2} - \frac{T}{s} + \frac{T^2}{Ts+1} \qquad (3-23)$$

对式(3-23)进行拉氏逆变换，可得一阶系统的单位斜坡响应为

$$c(t) = t - T + Te^{-\frac{t}{T}} \qquad (3-24)$$

误差信号 $e(t)$ 为

$$e(t) = r(t) - c(t) = T(1 - e^{-\frac{t}{T}}) \qquad (3-25)$$

由式(3-25)及式(3-12)可得系统的稳态误差 $e_{ss} = T$，因此系统存在稳态误差。单位斜坡响应如图 3-6 所示，显然随着时间的增大，系统的输出曲线与输入信号的差值趋近于 T。

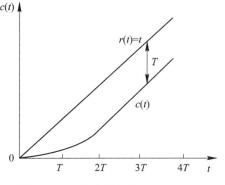

图 3-6　一阶系统单位斜坡响应

一阶系统的单位斜坡响应有如下特点：

(1) 单位斜坡响应曲线单调上升，初值 $c(0) = 0$，终值 $c(\infty) = \infty$。

(2) 一阶系统在跟踪单位斜坡信号时，总是存在位置误差，并且位置误差的大小随时间而增大，最后趋于常值 T。同时，位置误差的大小与系统的时间常数 T 也有关，如果一阶系统的时间常数 T 越小，则系统跟踪斜坡输入信号的能力越强，响应的稳态误差也越小。

(3) 单位斜坡响应曲线的斜率为

$$\frac{\mathrm{d}c(t)}{\mathrm{d}(t)} = 1 - e^{-\frac{t}{T}} \big|_{t=0} = 0, \; \lim_{t \to \infty} \frac{\mathrm{d}c(t)}{\mathrm{d}(t)} = \lim_{t \to \infty}(1 - e^{-\frac{t}{T}}) = 1$$

显然在 $t = 0$ 时，响应曲线的斜率为零，并且随时间的增加斜率变大，最大斜率为 1。

3.2.3　一阶系统的单位加速度响应

单位加速度输入信号 $r(t) = t^2/2$ 的拉氏变换为

$$R(s) = \frac{1}{s^3} \qquad (3-26)$$

将式(3-26)代入式(3-16)中，可得输出的拉氏变换为

$$C(s) = G_B(s)R(s) = \frac{1}{Ts+1}\frac{1}{s^3} = \frac{1}{s^3} - \frac{T}{s^2} + \frac{T}{s} - \frac{T^2}{s+1/T} \qquad (3-27)$$

对式(3-27)进行拉氏逆变换，可得一阶系统的单位加速度响应为

$$c(t) = \frac{1}{2}t^2 - Tt + T^2(1 - e^{-\frac{t}{T}}) \qquad (3-28)$$

误差信号 $e(t)$ 为

$$e(t) = r(t) - c(t) = Tt - T^2(1 - e^{-\frac{t}{T}}) \tag{3-29}$$

由式(3-29)及式(3-12)可得系统的稳态误差 $e_{ss} = \infty$，这表明系统稳态误差随时间推移不断增大，所以，一阶系统不能跟踪加速度信号。

3.2.4　一阶系统的单位脉冲响应

设一阶系统的输入信号为单位脉冲信号 $r(t) = \delta(t)$，其拉氏变换为 $R(s) = 1$，代入式(3-16)中，可得输出的拉氏变换为

$$C(s) = G_B(s)R(s) = \frac{1}{Ts+1} \tag{3-30}$$

对式(3-30)进行拉氏逆变换，可得一阶系统的单位脉冲响应为

$$c(t) = \frac{1}{T}e^{-\frac{t}{T}} \tag{3-31}$$

单位脉冲响应曲线如图 3-7 所示。

由图 3-7 及式(3-31)表明一阶系统的单位脉冲响应有如下特点：

(1) 单位脉冲响应曲线按指数规律单调下降，初值最大 $c(0) = 1/T$，终值最小 $c(\infty) = 0$。

(2) 时间常数 T 越大，响应曲线下降越慢，表明系统受到脉冲输入信号作用后，恢复到初始状态的时间越长。

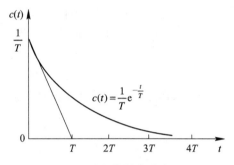

图 3-7　一阶系统单位脉冲响应

(3) 对式(3-31)求导，并令 $t = 0$，可得响应曲线的初始斜率为 $-1/T^2$，T 越小，响应的初始下降速度越快。

因为单位脉冲信号的拉氏变换为 $R(s) = 1$，所以在零初始条件下，系统的单位脉冲响应等同于系统的闭环传递函数，这就是说可以通过测试系统的单位脉冲响应来得到系统的闭环传递函数。工程上理想单位脉冲信号不可能得到，而是以具有一定脉宽和有限幅度的脉冲来代替，为了得到近似精度较高的脉冲响应，要求实际脉冲信号的宽度小于 $0.1T$。

根据以上分析，将典型输入信号作用下的一阶系统响应过程列入表 3-1。

表 3-1　一阶系统对典型输入信号的响应

典型输入信号	一阶系统输出响应
$\delta(t)$	$\frac{1}{T}e^{-\frac{t}{T}}$
$1(t)$	$1 - e^{-\frac{t}{T}}$
t	$t - T + Te^{-\frac{t}{T}}$
$\frac{1}{2}t^2$	$\frac{1}{2}t^2 - Tt + T^2(1 - e^{-\frac{t}{T}})$

从表 3-1 可以看出，输入信号 $\delta(t)$ 和 $1(t)$ 分别是输入信号 $1(t)$ 和 t 的导数，而在 $\delta(t)$ 及 $1(t)$ 作用下系统的输出 $c(t)$，也分别是 $1(t)$ 及 t 作用下系统输出响应 $c(t)$ 的导数。由此

可得线性定常系统具有的一个重要特性，即系统对输入信号导数的响应，可以通过系统对输入信号响应的导数来确定，而系统对输入信号积分的响应，等于系统对输入信号响应的积分，积分常数由零输入时的初始条件确定。值得指出的是，线性时变系统和非线性系统则不具有这个特性。

例 3 - 1　已知系统结构图如图 3 - 8 所示，求该系统单位阶跃响应的调节时间 t_s；如果要求 $t_s \leqslant 0.1$ s，试问系统的反馈系数应取何值？

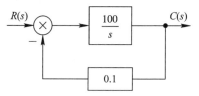

解：由结构图可得系统闭环传递函数为

$$G_B(s) = \frac{C(s)}{R(s)} = \frac{100/s}{1 + \frac{100}{s} \times 0.1} = \frac{10}{0.1s + 1}$$

图 3 - 8　例 3 - 1 的系统结构图

上式相当于典型一阶系统串接一个 $K = 10$ 的放大器，故也称为闭环系统的放大系数（或开环增益），它与调节时间无关，t_s 的大小完全由一阶系统的时间常数决定。比较上式与式(3 - 16)知 $T = 0.1$ s，取误差范围 $\pm 5\%$，即 $\Delta = 5$，则有

$$t_s = 3T = 0.3 \text{ s}$$

下面求满足 $t_s \leqslant 0.1$ s 的反馈系数值：

设反馈系数为 K_b，此时闭环传递函数为

$$G_B(s) = \frac{100/s}{1 + \frac{100}{s} \times K_b} = \frac{1/K_b}{\frac{0.01}{K_b}s + 1}$$

由闭环传递函数可得一阶系统的时间常数 $T = 0.01/K_b$，当误差带 $\Delta = 5$ 时有

$$t_s = 3T = \frac{0.03}{K_b} \leqslant 0.1 \text{ s}$$

由上式可解出反馈系数的取值范围是

$$K_b \geqslant 0.3$$

例 3 - 2　已知单位反馈系统如图 3 - 9 所示，$r(t) = 1 + t$，$c(t) = t$，计算系统的开环传递函数，并求性能指标 t_s，$\sigma\%$。

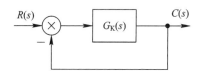

解：由图可得系统闭环传递函数为

$$G_B(s) = \frac{C(s)}{R(s)} = \frac{G_K(s)}{1 + G_K(s)}$$

图 3 - 9　例 3 - 2 的系统结构图

对已知的输入信号及输出响应进行拉氏变换可得

$$R(s) = \frac{1}{s} + \frac{1}{s^2}, \quad C(s) = \frac{1}{s^2}$$

则闭环传递函数为

$$G_B(s) = \frac{C(s)}{R(s)} = \frac{1/s^2}{1/s + 1/s^2} = \frac{1}{s + 1} = \frac{G_K(s)}{1 + G_K(s)}$$

$$(s + 1)G_K(s) = 1 + G_K(s), \quad G_K(s) = \frac{1}{s}, \quad G_B(s) = \frac{1}{s + 1}$$

由闭环传递函数知，系统是时间常数为 $T = 1$ s 的一阶系统，故 $\sigma\% = 0$，$t_s = 3T = 3s(\Delta = 5)$。

3.3　二阶系统分析

凡是控制系统的运动方程可用二阶微分方程描述的，均称为二阶系统。与一阶系统类似，二阶系统也是控制系统最重要的基本形式，在工程应用中比较常见，另外许多高阶系统在一定的条件下也可以近似地简化为二阶系统。因此，详细讨论和分析二阶系统的特性具有极为重要的实际意义。

典型二阶系统的微分方程为

$$T^2 \frac{\mathrm{d}^2 c(t)}{\mathrm{d}t^2} + 2\zeta T \frac{\mathrm{d}c(t)}{\mathrm{d}t} + c(t) = r(t), \, t \geqslant 0 \tag{3-32}$$

式中，$c(t)$ 为系统的输出量，$r(t)$ 为系统的输入量，T 称为二阶系统的时间常数，ζ 称为二阶系统的阻尼系数(阻尼比)。设系统的初始条件为零，则由式(3-32)可得系统的传递函数为

$$\frac{C(s)}{R(s)} = \frac{1}{T^2 s^2 + 2\zeta T s + 1} \tag{3-33}$$

令 $T = 1/\omega_n$，则式(3-33)可以写为

$$\frac{C(s)}{R(s)} = \frac{\omega_n^2}{s^2 + 2\zeta \omega_n s + \omega_n^2} \tag{3-34}$$

式中，ω_n 称为二阶系统的无阻尼自然振荡频率或自然频率(一般是系统固有的)。式(3-32)称为典型二阶系统时间域的数学模型，式(3-33)或式(3-34)称为典型二阶系统复数域的数学模型。

由式(3-34)可得典型二阶系统的特征方程为

$$s^2 + 2\zeta \omega_n s + \omega_n^2 = (s - p_1)(s - p_2) = 0 \tag{3-35}$$

它是关于复变量 s 的二次代数方程，其特征根(系统极点)为

$$p_1 = -\zeta \omega_n + \omega_n \sqrt{\zeta^2 - 1}, \, p_2 = -\zeta \omega_n - \omega_n \sqrt{\zeta^2 - 1} \tag{3-36}$$

典型二阶系统的结构图如图 3-10 所示。

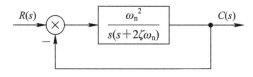

图 3-10　典型二阶系统的结构图

3.3.1　二阶系统的单位阶跃响应

二阶系统的动态性能由系统参数 ζ 和 ω_n 决定，称之为二阶系统的特征参数。由式(3-36)可知，由于阻尼系数 ζ 的不同，系统特征根的表现形式和在 s 平面上所处位置是不同的。

(1) 当 $\zeta > 1$ 时，特征方程具有两个不相等的负实根 $-\zeta \omega_n \pm \omega_n \sqrt{\zeta^2 - 1}$，它们是位于 s 平面负实轴上的两个不等的实极点，称为过阻尼。

(2) 当 $\zeta = 1$ 时，特征方程具有两个相等的负实根 $-\omega_n$，它们是位于 s 平面负实轴的相等实极点，称为临界阻尼。

（3）当 $0 < \zeta < 1$ 时，两个特征根为一对共轭复根 $-\zeta\omega_n \pm j\omega_n\sqrt{1-\zeta^2}$，它们是位于 s 面左半平面的共轭复数极点，称为欠阻尼。

（4）当 $\zeta = 0$ 时，特征方程的两个根为共轭纯虚根 $\pm j\omega_n$，它们是位于 s 平面虚轴上一对共轭极点，称为无阻尼。

（5）当 $-1 < \zeta < 0$ 时，特征方程的两个根为具有正实部的一对共轭复根 $-\zeta\omega_n \pm j\omega_n\sqrt{1-\zeta^2}$，它们是位于 s 平面右半平面的共轭复数极点。

（6）当 $\zeta < -1$ 时，特征方程具有两个不相等的正实根 $-\zeta\omega_n \pm \omega_n\sqrt{\zeta^2-1}$，它们是位于 s 平面正实轴上两个不等的实极点。

下面分别根据阻尼系数 ζ 的不同取值讨论其单位阶跃响应。

1. 过阻尼（$\zeta > 1$）二阶系统的单位阶跃响应

当 $\zeta > 1$ 时，由式（3-36）可知，p_1 和 p_2 均为实数，且有 $p_2 < p_1$。因此，在这种情况下二阶系统的两个特征根是两个互异的负实根，如图 3-11(a) 所示。

由式（3-34）可得单位阶跃响应的拉氏变换为

$$C(s) = \frac{\omega_n^2}{(s-p_1)(s-p_2)}\frac{1}{s}$$

$$= \frac{\omega_n^2}{s(s+\zeta\omega_n-\omega_n\sqrt{\zeta^2-1})(s+\zeta\omega_n+\omega_n\sqrt{\zeta^2-1})} \qquad (3-37)$$

将式（3-37）展开为部分分式和的形式

$$C(s) = \frac{1}{s} + \frac{1}{2\sqrt{\zeta^2-1}(\zeta+\sqrt{\zeta^2-1})}\frac{1}{(s+\zeta\omega_n+\omega_n\sqrt{\zeta^2-1})}$$

$$- \frac{1}{2\sqrt{\zeta^2-1}(\zeta-\sqrt{\zeta^2-1})}\frac{1}{(s+\zeta\omega_n-\omega_n\sqrt{\zeta^2-1})} \qquad (3-38)$$

令

$$T_1 = \frac{1}{\omega_n(\zeta-\sqrt{\zeta^2-1})}, \quad T_2 = \frac{1}{\omega_n(\zeta+\sqrt{\zeta^2-1})}$$

显然，当 $\zeta > 1$ 时，$T_2 < T_1$，对式（3-38）进行拉氏逆变换，则可得时域响应为

$$c(t) = 1 - \frac{T_1}{T_1-T_2}e^{-\frac{t}{T_1}} + \frac{T_2}{T_1-T_2}e^{-\frac{t}{T_2}} \qquad (3-39)$$

如果采用特征根来表示，则还可以写为

$$c(t) = 1 - \frac{\omega_n}{2\sqrt{\zeta^2-1}}\left(\frac{e^{p_1t}}{p_1} - \frac{e^{p_2t}}{p_2}\right) \qquad (3-40)$$

显然，因为 p_1 和 p_2 均为实数，由式（3-40）可知，此时二阶系统的单位阶跃响应包含两个衰减的指数项 e^{p_1t}/p_1 和 e^{p_2t}/p_2，其代数和不会超过稳态值 1，因而过阻尼的响应曲线是非振荡单调上升的曲线，与一阶系统的阶跃响应不同的是：曲线初始的斜率较小，后逐渐变大，达到某一值后又逐渐减小，如图 3-11(b) 所示。当 ζ 远大于 1 时，易知 $p_1 \gg p_2$，故 p_2 对应的指数项衰减的速度远快于 p_1，所以二阶系统的动态响应主要由 p_1 决定，这时过阻尼二阶系统可以由具有极点 p_1 的一阶系统来近似表示。

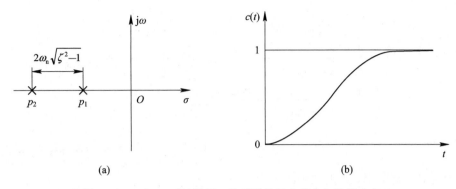

图 3-11　$\zeta > 1$ 时过阻尼二阶系统的极点分布与阶跃响应

2. 临界阻尼($\zeta = 1$)二阶系统的单位阶跃响应

当 $\zeta = 1$ 时，由式(3-36)可知，p_1 和 p_2 均为实数，且有 $p_2 = p_1 = -\omega_n$，二阶系统的两个特征根是两个负的实重根，在 s 平面上为负实轴上的一个点，如图 3-12(a)所示。由式(3-34)可得单位阶跃响应的拉氏变换为

$$C(s) = \frac{\omega_n^2}{(s+\omega_n)^2} \frac{1}{s} = \frac{1}{s} - \frac{\omega_n}{(s+\omega_n)^2} - \frac{1}{s+\omega_n} \qquad (3-41)$$

对式(3-41)进行拉氏逆变换可得

$$c(t) = 1 - (1 + \omega_n t)e^{-\omega_n t} \qquad (3-42)$$

式(3-42)说明，具有临界阻尼的二阶系统，其单位阶跃响应是一个无超调的单调上升过程，曲线的斜率为

$$\frac{dc(t)}{dt} = \omega_n^2 t e^{-\omega_n t} \qquad (3-43)$$

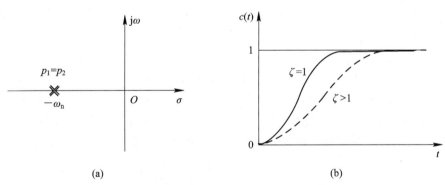

图 3-12　$\zeta = 1$ 时临界阻尼二阶系统的极点分布与阶跃响应

式(3-43)表明，在 $t = 0$ 时曲线的变化率为零，随着时间的推移，响应过程的变化率为正，响应过程单调上升；当时间趋于无穷时，变化率趋于零，响应过程趋于常值 1，响应曲线如图 3-12(b)所示。在临界阻尼下，二阶系统的单位阶跃响应称为临界阻尼响应。

3. 欠阻尼($0 < \zeta < 1$)二阶系统的单位阶跃响应

在欠阻尼情况下，二阶系统的特征根 p_1 和 p_2 为一对共轭复根，如图 3-13(a)所示。由式(3-34)可得单位阶跃响应的拉氏变换为

$$C(s) = \frac{\omega_n^2}{(s^2 + 2\zeta\omega_n s + \omega_n^2)} \frac{1}{s} = \frac{1}{s} - \frac{s + 2\zeta\omega_n}{(s^2 + 2\zeta\omega_n s + \omega_n^2)}$$

$$= \frac{1}{s} - \frac{s + 2\zeta\omega_n}{(s + \zeta\omega_n - j\omega_n\sqrt{1-\zeta^2})(s + \zeta\omega_n + j\omega_n\sqrt{1-\zeta^2})}$$

$$= \frac{1}{s} - \frac{s + 2\zeta\omega_n}{(s + \zeta\omega_n)^2 + (\omega_n\sqrt{1-\zeta^2})^2}$$

令

$$\omega_d = \omega_n\sqrt{1-\zeta^2} \tag{3-44}$$

并称 ω_d 为阻尼振荡频率,则上式可改写为

$$C(s) = \frac{1}{s} - \frac{s + 2\zeta\omega_n}{(s + \zeta\omega_n)^2 + \omega_d^2}$$

$$= \frac{1}{s} - \frac{s + \zeta\omega_n}{(s + \zeta\omega_n)^2 + \omega_d^2} - \frac{\zeta\omega_n}{(s + \zeta\omega_n)^2 + \omega_d^2} \tag{3-45}$$

对式(3-45)进行拉氏逆变换,可得时间响应为

$$c(t) = 1 - e^{-\zeta\omega_n t}\left[\cos\omega_d t + \frac{\zeta}{\sqrt{1-\zeta^2}}\sin\omega_d t\right]$$

$$= 1 - \frac{e^{-\zeta\omega_n t}}{\sqrt{1-\zeta^2}}\left[\sqrt{1-\zeta^2}\cos\omega_d t + \zeta\sin\omega_d t\right] \tag{3-46}$$

为便于计算,定义一个阻尼角 β,如图 3-13(a)所示。其中 $\cos\beta = \zeta$,$\sin\beta = \sqrt{1-\zeta^2}$,则式 (3-46)可改写为

$$c(t) = 1 - \frac{e^{-\zeta\omega_n t}}{\sqrt{1-\zeta^2}}\sin\left(\omega_d t + \arctan\frac{\sqrt{1-\zeta^2}}{\zeta}\right) = 1 - \frac{e^{-\zeta\omega_n t}}{\sqrt{1-\zeta^2}}\sin(\omega_d t + \beta) \tag{3-47}$$

由式(3-47)可以看出,在欠阻尼 $0 < \zeta < 1$ 情况下,二阶系统的单位阶跃响应曲线是振荡且随时间推移而衰减的;其振荡频率为阻尼振荡频率 $\omega_d = \omega_n\sqrt{1-\zeta^2}$,$\omega_d$ 的值总是小于系统的无阻尼自然振荡频率 ω_n;其幅值随 ζ 和 ω_n 而发生变化,共轭复数极点 p_1 和 p_2 实部的绝对值 $\zeta\omega_n$ 决定了欠阻尼响应的衰减速度,$\zeta\omega_n$ 越大,即共轭复数极点离虚轴越远,欠阻尼响应衰减得越快。比较式(3-47)、式(3-44)和式(3-36)可以看出,二阶系统单位阶跃响应的振荡频率等于系统特征根虚部的大小,而响应的幅值与系统特征根的负实部大小有关。典型的二阶系统欠阻尼响应曲线如图 3-13(b)所示。由图 3-13(b)可以看出,当 ζ 减

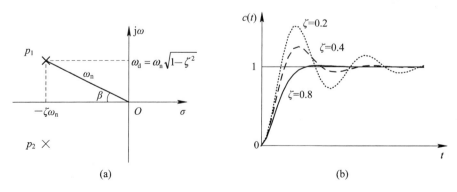

图 3-13 $0 < \zeta < 1$ 时欠阻尼二阶系统的极点分布与阶跃响应

小时，因为系统特征根接近虚轴，远离了实轴，即系统特征根的负实部和虚部都增加了，这表明系统阶跃响应振荡的幅值和频率都增大了，阶跃响应振荡得更激烈，平稳性变差。因此，系统特征根的负实部决定了系统阶跃响应衰减的快慢，而其虚部决定了阶跃响应的振荡程度。二阶系统所具有的衰减正弦振荡形式的响应称为欠阻尼响应。

4. 无阻尼 ($\zeta = 0$) 二阶系统的单位阶跃响应

当 $\zeta = 0$ 时，由式(3-36)知，系统有一对共轭纯虚根 $p_1 = j\omega_n$，$p_2 = -j\omega_n$，根在 s 平面的位置如图 3-14(a)所示。由式(3-34)知，系统此时单位阶跃响应的拉氏变换为

$$C(s) = \frac{\omega_n^2}{s^2 + \omega_n^2} \frac{1}{s} = \frac{1}{s} - \frac{s}{s^2 + \omega_n^2} \tag{3-48}$$

对式(3-48)进行拉氏逆变换，得单位阶跃响应为

$$c(t) = 1 - \cos\omega_n t \tag{3-49}$$

其单位阶跃响应曲线如图 3-14(b)所示。显然，此时输出响应曲线以频率 ω_n 做等幅振荡，这便是称 ω_n 为无阻尼自然振荡频率这一名称的由来，有时也简称为自然频率。

另外，在分析欠阻尼的阶跃响应时，并没有要求 $\zeta \neq 0$，因此在式(3-47)中，可令 $\zeta = 0$，再由式(3-44)同样可求得二阶系统无阻尼时的单位阶跃响应为

$$c(t) = 1 - \sin(\omega_d t + 90°) = 1 - \cos\omega_n t \tag{3-50}$$

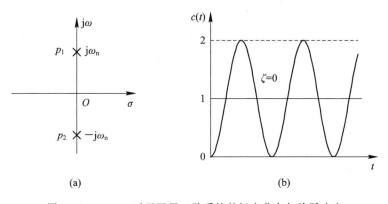

(a)　　　　　　　　　　　(b)

图 3-14　$\zeta = 0$ 时无阻尼二阶系统的极点分布与阶跃响应

5. $-1 < \zeta < 0$ 时二阶系统的单位阶跃响应

当 $-1 < \zeta < 0$ 时，由式(3-36)知，系统有一对具有正实部的共轭复根 $-\zeta\omega_n \pm j\omega_n\sqrt{1-\zeta^2}$，根在 s 平面的位置如图 3-15(a)所示。这时二阶系统的单位阶跃响应为

$$c(t) = 1 - \frac{e^{-\zeta\omega_n t}}{\sqrt{1-\zeta^2}}\sin(\omega_d t + \beta) \tag{3-51}$$

其中，$\omega_d = \omega_n\sqrt{1-\zeta^2}$，$\beta = \arctan\frac{\sqrt{1-\zeta^2}}{\zeta}$，从形式上看，式(3-51)和式(3-47)相同，区别在于阻尼比 ζ 为负，因此指数因子 $e^{-\zeta\omega_n t}$ 具有正的幂指数，从而使单位阶跃响应为发散正弦振荡的形式，如图 3-15(b)所示。

6. $\zeta < -1$ 时二阶系统的单位阶跃响应

当 $\zeta < -1$ 时，由式(3-36)知，特征方程具有两个不相等的正实根 $-\zeta\omega_n \pm \omega_n\sqrt{\zeta^2-1}$，它们位于 s 平面正实轴上两个不等的实极点，如图 3-16(a)所示。这时二阶系统的单位阶跃

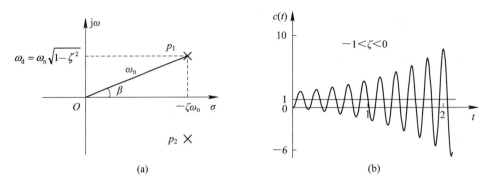

图 3-15　$-1<\zeta<0$ 时二阶系统的极点分布与阶跃响应

响应和式(3-39)相同，但指数因子为正的幂指数，从而使单位阶跃响应为单调发散的形式，如图 3-16(b)所示。

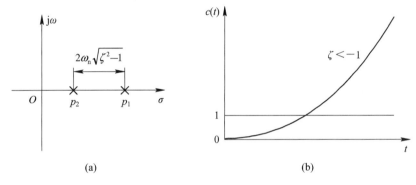

图 3-16　$\zeta<-1$ 时二阶系统的极点分布与阶跃响应

为便于读者对比，图 3-17 示出了在 ω_n 一定时，ζ 变化时二阶系统的闭环极点在 s 平面的位置分布及其对应的单位阶跃响应。

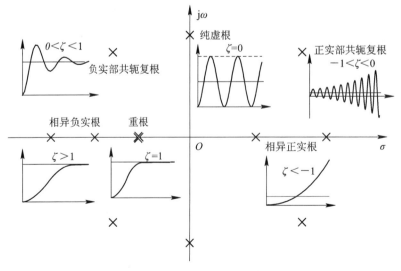

图 3-17　二阶系统的极点分布与阶跃响应

3.3.2　二阶系统单位阶跃响应的性能指标

根据前面分析的二阶系统响应易知，当 $\zeta < 0$ 时，系统的阶跃响应是不稳定的，当 $\zeta = 0$ 时出现了等幅度振荡，一般在理论上认为这是临界稳定，而工程上认为是不稳定的。对于不稳定的系统，考虑其性能指标显然是没有意义的，故在此只考虑 $\zeta > 0$ 的情况。另外，由前面的分析可知，过阻尼与临界阻尼具有形状相似的输出响应，因此下面主要分欠阻尼与过阻尼（临界阻尼）两种情况来讨论。

1. 欠阻尼二阶系统的性能指标

1）稳态指标

根据式(3-46)，输入单位阶跃信号和单位阶跃响应之间的误差为

$$e(t) = 1 - c(t) = \frac{e^{-\zeta \omega_n t}}{\sqrt{1 - \zeta^2}}\left[\sqrt{1 - \zeta^2}\cos\omega_d t + \zeta\sin\omega_d t\right] \tag{3-52}$$

式(3-52)表明，误差也是呈衰减正弦振荡形式。当稳态时，即当 $t \to \infty$ 时，有 $e(t) \to 0$，这表示二阶系统的欠阻尼响应能够完全跟踪输入单位阶跃信号，没有稳态误差，即 $e_{ss} = 0$。

2）动态性能指标

下面根据前面给出的动态性能指标的定义，由欠阻尼二阶系统的单位阶跃响应推导出计算动态性能指标的解析表达式。

(1) 上升时间 t_r。根据定义，当 $t = t_r$ 时，$c(t_r) = 1$。由欠阻尼二阶系统的单位阶跃响应式(3-47)，可得

$$c(t_r) = 1 - \frac{e^{-\zeta \omega_n t_r}}{\sqrt{1 - \zeta^2}}\sin(\omega_d t_r + \beta) = 1, \quad \beta = \arctan\frac{\sqrt{1 - \zeta^2}}{\zeta}$$

即 $\dfrac{e^{-\zeta \omega_n t_r}}{\sqrt{1 - \zeta^2}}\sin(\omega_d t_r + \beta) = 0$，由于 $\dfrac{e^{-\zeta \omega_n t_r}}{\sqrt{1 - \zeta^2}} \neq 0$，故知必有 $\sin(\omega_d t_r + \beta) = 0$，即 $\omega_d t_r + \beta = \pi$，由此可解得上升时间为

$$t_r = \frac{\pi - \beta}{\omega_n\sqrt{1 - \zeta^2}} = \frac{\pi - \beta}{\omega_d} \tag{3-53}$$

由式(3-53)可知，增大自然频率 ω_n 或减小阻尼系数 ζ，均能减小上升时间 t_r，从而加快系统的初始响应速度。

(2) 延迟时间 t_d。根据定义，当 $t = t_d$ 时，$c(t_d) = 0.5$，由欠阻尼二阶系统的单位阶跃响应式(3-47)，可得

$$c(t_d) = 1 - \frac{e^{-\zeta \omega_n t_d}}{\sqrt{1 - \zeta^2}}\sin(\omega_d t_d + \beta) = 0.5, \quad \beta = \arctan\frac{\sqrt{1 - \zeta^2}}{\zeta}$$

对上式进行整理，并将式(3-44)代入，可得 t_d 的隐函数表达式为

$$\omega_n t_d = \frac{1}{\zeta}\ln\frac{2\sin(\sqrt{1 - \zeta^2}\,\omega_n t_d + \arccos\zeta)}{\sqrt{1 - \zeta^2}}$$

利用曲线拟合法，在较大的 ζ 值范围内，近似可求得

$$t_d = \frac{1 + 0.6\zeta + 0.2\zeta^2}{\omega_n} \tag{3-54}$$

当 $0 < \zeta < 1$ 时，又可以近似表示为

$$t_{\mathrm{d}} = \frac{1+0.7\zeta}{\omega_{\mathrm{n}}} \qquad (3-55)$$

式(3-54)、式(3-55)表明,增大自然频率 ω_{n} 或减小阻尼系数 ζ 都可以减小延迟时间。

(3) 峰值时间 t_{p}。将式(3-46)的两边对时间求导,并令其导数等于零,可得

$$\frac{\mathrm{d}c(t)}{\mathrm{d}t}\bigg|_{t=t_{\mathrm{p}}} = \frac{\zeta\omega_{\mathrm{n}}\mathrm{e}^{-\zeta\omega_{\mathrm{n}}t_{\mathrm{p}}}}{\omega_{\mathrm{n}}\sqrt{1-\zeta^2}}\sin(\omega_{\mathrm{n}}\sqrt{1-\zeta^2}\,t_{\mathrm{p}}+\beta) - \omega_{\mathrm{n}}\mathrm{e}^{-\zeta\omega_{\mathrm{n}}t_{\mathrm{p}}}\cos(\omega_{\mathrm{n}}\sqrt{1-\zeta^2}\,t_{\mathrm{p}}+\beta) = 0$$

上式整理可得 $\tan(\omega_{\mathrm{n}}\sqrt{1-\zeta^2}\,t_{\mathrm{p}}+\beta) = \dfrac{\sqrt{1-\zeta^2}}{\zeta}$,又因为 $\beta = \arctan\dfrac{\sqrt{1-\zeta^2}}{\zeta}$,故知必有

$$\omega_{\mathrm{n}}\sqrt{1-\zeta^2}\,t_{\mathrm{p}} = 0,\pi,2\pi,\cdots$$

根据峰值时间的定义,可得 t_{p} 为第一个峰值所需的时间,因而可得到 t_{p} 的解为

$$t_{\mathrm{p}} = \frac{\pi}{\omega_{\mathrm{n}}\sqrt{1-\zeta^2}} = \frac{\pi}{\omega_{\mathrm{d}}} \qquad (3-56)$$

式(3-56)表明,峰值时间等于阻尼振荡周期的一半,峰值时间与闭环极点的虚部数值 ω_{d} 成反比,当阻尼系数一定时,闭环极点离负实轴的距离越远,系统的峰值时间越短。

(4) 最大超调量(简称超调量)$\sigma\%$。因为最大超调量发生在峰值时间上,此时 $t=t_{\mathrm{p}}$,所以将式(3-56)直接代入式(3-47),即可得到输出量的最大值为

$$c(t_{\mathrm{p}}) = 1 - \frac{\mathrm{e}^{-\zeta\pi/\sqrt{1-\zeta^2}}}{\sqrt{1-\zeta^2}}\sin(\pi+\beta)$$

因为 $\sin(\pi+\beta) = -\sin\beta = -\sqrt{1-\zeta^2}$,所以有 $c(t_{\mathrm{p}}) = 1 + \mathrm{e}^{-\zeta\pi/\sqrt{1-\zeta^2}}$,故可得最大超调量 $\sigma\%$ 为

$$\sigma\% = \frac{c(t_{\mathrm{p}})-c(\infty)}{c(\infty)}\times 100\% = \mathrm{e}^{-\zeta\pi/\sqrt{1-\zeta^2}}\times 100\% \qquad (3-57)$$

由式(3-57)可知,超调量 $\sigma\%$ 仅是阻尼系数 ζ 的函数,而与自然频率 ω_{n} 无关。超调量与阻尼系数的关系曲线,如图 3-18 所示。由图可见,阻尼系数越大,超调量越小。

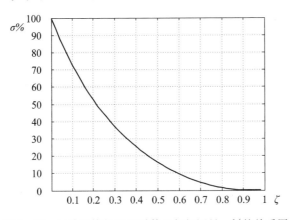

图 3-18 二阶系统的阻尼系数 ζ 与超调量 $\sigma\%$ 的关系图

(5) 调节时间 t_{s}。根据式(3-47)及调节时间的定义,单位阶跃响应进入误差带 $\pm\Delta\%$ 的最小时间就是调节时间,故 t_{s} 应由下式求得

$$\left|\frac{\mathrm{e}^{-\zeta\omega_{\mathrm{n}}t}}{\sqrt{1-\zeta^2}}\sin(\omega_{\mathrm{d}}t+\beta)\right| \leqslant \Delta\%,\ t \geqslant t_{\mathrm{s}} \qquad (3-58)$$

要想由式(3-58)直接求解 t_{s} 比较困难,考虑到 $|\sin(\omega_{\mathrm{d}}t+\beta)| \leqslant 1$,为避免计算的复

杂性，我们可以用衰减正弦振荡的包络线近似地代替正弦振荡曲线，如图 3-19 中所示的

包络线为 $1 \pm \dfrac{e^{-\zeta\omega_n t}}{\sqrt{1-\zeta^2}}$ ，设 $t=t_s'$ 时，$\dfrac{e^{-\zeta\omega_n t_s'}}{\sqrt{1-\zeta^2}} = \Delta\%$ ，用 t_s' 近似 t_s ，两边取对数并整理得

$$t_s \approx \frac{1}{\zeta\omega_n}\left|\ln(0.02\sqrt{1-\zeta^2})\right| \quad (\Delta = 2)$$

$$t_s \approx \frac{1}{\zeta\omega_n}\left|\ln(0.05\sqrt{1-\zeta^2})\right| \quad (\Delta = 5)$$

$$(3-59)$$

由于在 $0 < \zeta < 0.8$ 时，$\sqrt{1-\zeta^2} \approx 1$ ，故式(3-59)还可以再次近似简化为

$$t_s \approx \frac{4}{\zeta\omega_n} \quad (\Delta = 2)$$

$$t_s \approx \frac{3}{\zeta\omega_n} \quad (\Delta = 5)$$

$$(3-60)$$

　　式(3-59)、式(3-60)表明，典型二阶系统的调节时间与闭环极点的实部数值即 $\zeta\omega_n$ 成反比。闭环极点离虚轴的距离越远，系统的调节时间越短。由于阻尼系数的值是根据对系统超调量的要求来确定的，所以调节时间主要由自然频率 ω_n 决定。

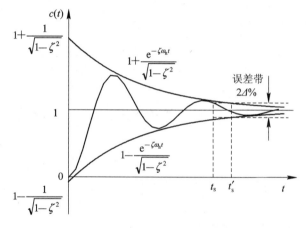

图 3-19　欠阻尼响应曲线及其包络线

　　(6) 振荡次数 N。根据振荡次数 N 的定义，在 $0 \leqslant t \leqslant t_s$ 时间内，单位阶跃响应 $c(t)$ 穿越其稳态值 $c(\infty)$ 次数的一半，可知振荡次数 N 的计算公式为

$$N = \frac{t_s}{t_f}, \ t_f = \frac{2\pi}{\omega_d} = \frac{2\pi}{\omega_n\sqrt{1-\zeta^2}} \tag{3-61}$$

式中，t_f 为阻尼振荡的周期时间。

　　通过以上分析可以看出，对二阶系统的单位阶跃响应而言，有些动态性能指标之间是互相矛盾的。例如超调量和上升时间，两者难以同时获得比较小的数值。如果要提高系统的响应速度，减小上升时间，则需要使 ω_n 很大，ζ 较小，而这样最大超调量必然比较大。在工程应用中选择动态性能指标时，需要采取合理的折中方案，使各项性能指标都能达到相对最佳，以获得较为满意的综合动态性能。

　　在实际生产中，一般都希望系统的输出响应既有充分的快速性，又有足够的阻尼。因此，为了获得满意的二阶系统动态响应特性，阻尼系数可以选择在 $0.4 \sim 0.8$ 之间。较小的 ζ 值($\zeta < 0.4$)会造成系统动态响应的严重超调，而较大的 ζ 值($\zeta > 0.8$)将使系统的响应速度

变得缓慢。工程上常取阻尼系数 $\zeta = 0.707$ 作为系统设计的依据，此时系统的超调量 $\sigma\% < 5\%$，调节时间 t_s 也最短，即平稳性和快速性均相对最佳，故称 $\zeta = 0.707$ 为最佳阻尼系数。

2. 过阻尼(临界阻尼)二阶系统的性能指标

由于过阻尼(临界阻尼)系统响应缓慢，通常不希望采用过阻尼系统。但在低增益、大惯性的温度控制系统中，经常需要采用过阻尼系统；另外，有些不允许时间响应出现超调的系统也可采用过阻尼系统；还有一些高阶系统的时间响应往往可用过阻尼二阶系统的时间响应来近似。故以下分析过阻尼(临界阻尼)二阶系统的动态性能。

1) 稳态指标

根据式(3-39)，过阻尼单位阶跃响应与输入单位阶跃信号的误差为

$$e(t) = 1 - c(t) = \frac{T_1}{T_1 - T_2}e^{-\frac{t}{T_1}} - \frac{T_2}{T_1 - T_2}e^{-\frac{t}{T_2}} \quad (3-62)$$

注意到当 $\zeta > 1$ 时，$0 < T_2 < T_1$，故当稳态时，即当 $t \to \infty$ 时，有

$$e_{ss}(t) = \lim_{t \to \infty}e(t) = \lim_{t \to \infty}\frac{T_1}{T_1 - T_2}e^{-\frac{t}{T_1}} - \frac{T_2}{T_1 - T_2}e^{-\frac{t}{T_2}} = 0 \quad (3-63)$$

这表示二阶系统的过阻尼响应能够完全跟踪输入单位阶跃信号，没有稳态误差。

根据临界阻尼的单位阶跃响应式(3-42)可得其误差为

$$e(t) = (1 + \omega_n t)e^{-\omega_n t} \quad (3-64)$$

其稳态误差为

$$e_{ss} = \lim_{t \to \infty}e(t) = \lim_{t \to \infty}(1 + \omega_n t)e^{-\omega_n t} = 0 \quad (3-65)$$

这表示二阶系统的临界阻尼响应也能够完全跟踪输入单位阶跃信号，没有稳态误差。

2) 动态性能指标

当阻尼系数 $\zeta \geq 1$，且初始条件为零时，二阶系统的单位阶跃响应如式(3-39)和式(3-42)所示，显然，由图知其单位阶跃响应曲线呈现单调上升形式，过阻尼(包括临界阻尼)二阶系统的单位阶跃响应没有振荡，显然系统也就没有超调量。故性能指标中只有上升时间延迟时间和调节时间才有意义。

(1) 上升时间 t_r。过阻尼(包括临界阻尼)二阶系统的上升时间应定义为由系统稳态值的 10% 上升到 90% 所需的时间。其经验公式为

$$t_r = \frac{1 + 1.5\zeta + \zeta^2}{\omega_n} \quad (3-66)$$

(2) 延迟时间 t_d。对过阻尼或临界阻尼有 $\zeta \geq 1$，因此延迟时间可按式(3-54)计算，即

$$t_d = \frac{1 + 0.6\zeta + 0.2\zeta^2}{\omega_n}$$

(3) 调节时间 t_s。对于临界阻尼二阶系统，阻尼系数 $\zeta = 1$。由式(3-42)知，当 $t = t_s$ 时，临界阻尼二阶系统的输出值为

$$c(t_s) = 1 - (1 + \omega_n t_s)e^{-\omega_n t_s} = 1 + \Delta\% \quad (3-67)$$

或

$$c(t_s) = 1 - (1 + \omega_n t_s)e^{-\omega_n t_s} = 1 - \Delta\%$$

式(3-67)是一个超越方程，无法写出 t_s 的准确计算公式。目前，工程上主要是利用数值解法(如牛顿迭代法)求出不同值下的无因次调节时间，然后制成曲线以供查用；或者利用曲线拟合法给出近似计算公式。

利用数值解法可得临界阻尼二阶系统的调节时间 t_s 为

$$t_s \approx \begin{cases} \dfrac{5.84}{\omega_n}, \Delta = 2 \\ \dfrac{4.75}{\omega_n}, \Delta = 5 \end{cases} \qquad (3-68)$$

对于过阻尼二阶系统，阻尼系数 $\zeta > 1$，其单位阶跃响应如式(3-39)所示。同样可以根据先确定的阻尼系数 ζ 值，利用数值解法求得系统的调节时间。如当 $\zeta = 1.25$ 时，由式 (3-39) 可得

$$T_1 = \frac{2}{\omega_n}, \; T_2 = \frac{1}{2\omega_n}$$

根据上式及式(3-39)知，当 $t = t_s$ 时，过阻尼二阶系统的输出值为

$$c(t_s) = 1 - \frac{4}{3} e^{-\frac{1}{2}\omega_n t_s} + \frac{1}{3} e^{-2\omega_n t_s} = 1 + \Delta\% \qquad (3-69)$$

或

$$c(t_s) = 1 - \frac{4}{3} e^{-\frac{1}{2}\omega_n t_s} + \frac{1}{3} e^{-2\omega_n t_s} = 1 - \Delta\%$$

利用数值解法可得 $\zeta = 1.25$ 时过阻尼二阶系统的调节时间 t_s 为

$$t_s \approx \begin{cases} \dfrac{8.4}{\omega_n}, \Delta = 2 \\ \dfrac{6.6}{\omega_n}, \Delta = 5 \end{cases} \qquad (3-70)$$

当 ζ 在区间[1，3]取不同值时，重复以上求解过程，则可得到相应的 $\omega_n t_s$ 值，并可绘制过阻尼二阶系统的无因次调节时间曲线，如图 3-20 所示。

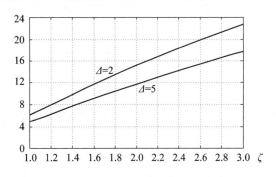

图 3-20　过阻尼二阶系统的调节时间

前面分析过阻尼的阶跃响应时已经指出，当 ζ 远大于 1 时，二阶系统的动态响应主要由 p_1 决定，这时过阻尼二阶系统可以由具有极点 p_1 的一阶系统来近似表示，则系统调节时间也可按一阶系统的公式求取，即

$$t_s \approx \begin{cases} 4T_1, \Delta = 2 \\ 3T_1, \Delta = 5 \end{cases}$$

需要说明的是，大部分的工程实际控制系统都是欠阻尼的。但是对于一些不允许出现超调（例如液位控制系统，有超调将导致液体溢出）或具有大惯性（例加热系统）的控制系统，其阻尼系数 $\zeta \geqslant 1$，是过阻尼控制系统。

通过以上分析，对二阶系统的阶跃响应可得出如下结论：

① 阻尼系数 ζ 是二阶系统的一个重要参数，用它可以间接判断一个二阶系统的动态品质。对过阻尼二阶系统，动态响应特性为单调变化曲线，没有超调振荡，但调节时间较长，系统反应迟缓。当 $\zeta \leqslant 0$ 时，输出响应将出现等幅振荡或发散，系统不能稳定工作。

② 对于欠阻尼 $0 < \zeta < 1$ 二阶系统，若 ζ 过小，则超调量大，振荡次数多，调节时间长，动态控制品质差。注意到超调量只与 ζ 有关，所以一般根据超调量要求来选择 ζ。

③ 当阻尼系数 ζ 一定时，ω_n 越大，调节时间 t_s 越小。

④ 为了限制系统的超调量，并使调节时间较小，系统的阻尼系数一般应选择在 $0.4 \sim 0.8$ 之间，这时二阶系统单位阶跃响应的超调量将在 $25.4\% \sim 1.5\%$ 之间。

例 3 - 3　设二阶系统的单位阶跃响应曲线如图 3 - 21 所示，确定系统的闭环传递函数。

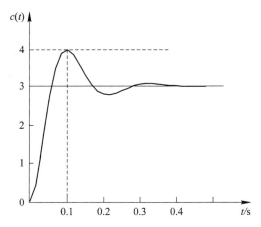

图 3 - 21　例 3 - 3 某二阶系统单位阶跃响应曲线图

解： 从响应曲线可以看出，在单位阶跃函数作用下，系统响应的稳态值为 3，故此系统的增益显然不是 1，而应该是 3，因此系统的闭环传递函数形式应为

$$G_B(s) = \frac{3\omega_n^2}{s^2 + 2\zeta\omega_n s + \omega_n^2}$$

根据图 3 - 20 中的时域性能指标值，以及二阶系统的单位阶跃响应最大超调量及峰值时间计算公式可得

$$\begin{cases} \sigma\% = \dfrac{c(t_p) - c(\infty)}{c(\infty)} \times 100\% = \dfrac{4-3}{3} \times 100\% \approx 33\% = e^{-\frac{\zeta\pi}{\sqrt{1-\zeta^2}}} \times 100\% \\ t_p = 0.1\mathrm{s} = \dfrac{\pi}{\omega_n\sqrt{1-\zeta^2}} \end{cases}$$

对上式求解可得：$\zeta = 0.33$，$\omega_n = 33.2 \ \mathrm{rad/s}$，代入上面的闭环表达式有

$$G_B(s) = \frac{3306.72}{s^2 + 22s + 1102.24}$$

例 3 - 4　单位负反馈系统，其开环传递函数为 $G_K(s) = \dfrac{5K}{s(s+34.5)}$，计算 K 分别等于 1500、200、13.5 时，系统的 t_p、t_s、$\sigma\%$ 的值，并进行比较。

解： 因为是单位负反馈系统，所以系统的闭环传递函数为

$$G_B(s) = \frac{G_K(s)}{1 + G_K(s)} = \frac{5K}{s^2 + 34.5s + 5K}$$

当 $K = 1500$ 时，$G_B(s) = \dfrac{7500}{s^2 + 34.5s + 7500}$，二阶系统的特征参数为

$$\omega_n = \sqrt{7500} = 86.6 \text{ rad/s}, \quad \zeta = \frac{34.5}{2\omega_n} = 0.2$$

根据二阶系统的性能指标计算公式可得

$$t_p = \frac{\pi}{\omega_n \sqrt{1 - \zeta^2}} = 0.037 \text{ s}, \quad t_s = \frac{3}{\zeta \omega_n} = 0.17 \text{ s} \ (\Delta = 5)$$

$$\sigma\% = e^{-\zeta\pi / \sqrt{1 - \zeta^2}} \times 100\% = 52.7\%$$

当 $K = 200$ 时，$\omega_n = \sqrt{1000} = 31.6 \text{ rad/s}$，$\zeta = \dfrac{34.5}{2\omega_n} = 0.545$。

同理可得，$t_p = 0.12$ s，$t_s = 0.17$ s $(\Delta = 5)$，$\sigma\% = 13\%$。

当 $K = 13.5$ 时，$\omega_n = 8.22 \text{ rad/s}$，$\zeta = 2.1$，因为 $\zeta > 1$，系统为过阻尼，故 $\sigma\% = 0$，由图 3-19 可近似求得，$t_s \approx 1.44$ s $(\Delta = 5)$。

可见，K 由 200 增大到 1500 时，使 ζ 减小而 ω_n 增大，因而使 $\sigma\%$ 增大，t_p 减小，而调节时间 t_s 则没有变化。

当 K 减小到 13.5 时，系统成为过阻尼二阶系统。峰值和最大超调量不再存在。由响应曲线图 3-22 可见，上升时间 t_r 比上面两种情况大得多，虽然响应无超调，但过渡过程过于缓慢，也就是说系统跟踪输入很慢，这是不希望出现的。

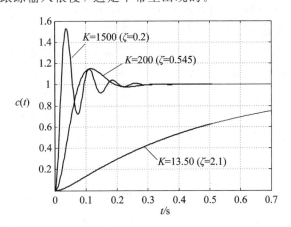

图 3-22　例 3-4 二阶系统在不同 K 值下的单位阶跃响应

例 3-4 说明了系统特征参数 ζ，ω_n 和实际结构参数 K 之间的关系，一般情况下，可以先将特征参数 ζ，ω_n 用结构参数（如 T，K）表示出来，然后根据特征参数对应的二阶系统性能指标，来分析结构参数对控制系统性能指标的影响。熟悉这些关系对设计、分析和调试控制系统是大有裨益的。

3.3.3　欠阻尼二阶系统的单位斜坡响应

当输入信号为单位斜坡输入信号 $r(t) = t$ 时，则二阶系统输出响应的拉氏变换式为

$$C(s) = G_B(s)R(s) = \frac{\omega_n^2}{(s^2 + 2\zeta\omega_n s + \omega_n^2)} \frac{1}{s^2}$$

$$= \frac{1}{s^2} - \frac{2\zeta/\omega_n}{s} + \frac{(s + \zeta\omega_n)2\zeta/\omega_n + (2\zeta^2 - 1)}{s^2 + 2\zeta\omega_n s + \omega_n^2}$$

对上面式子进行拉氏逆变换，可得欠阻尼（$0 < \zeta < 1$）二阶系统的单位斜坡响应为

$$c(t) = t - \frac{2\zeta}{\omega_n} + \frac{e^{-\zeta\omega_n t}}{\omega_n\sqrt{1-\zeta^2}}\sin(\omega_d t + \varphi) \qquad (3-71)$$

其中，$\varphi = 2\arctan\dfrac{\sqrt{1-\zeta^2}}{\zeta} = 2\beta$。显然，式（3-71）表明，系统的单位斜坡响应由两部分组成，一部分是稳态分量 $t - \dfrac{2\zeta}{\omega_n}$，另一部分是动态分量 $\dfrac{e^{-\zeta\omega_n t}}{\omega_n\sqrt{1-\zeta^2}}\sin(\omega_d t + \varphi)$。其中，动态分量随着时间增长而振荡衰减，最终趋于零。而稳态分量与输入信号不同，系统存在稳态误差。

由式（3-71）可得系统误差响应为

$$e(t) = r(t) - c(t) = \frac{2\zeta}{\omega_n} - \frac{e^{-\zeta\omega_n t}}{\omega_n\sqrt{1-\zeta^2}}\sin(\omega_d t + \varphi) \qquad (3-72)$$

根据式（3-72）及稳态误差的定义式（3-12）可得

$$e_{ss} = \lim_{t\to\infty}e(t) = \lim_{t\to\infty}\left(\frac{2\zeta}{\omega_n} - \frac{e^{-\zeta\omega_n t}}{\omega_n\sqrt{1-\zeta^2}}\sin(\omega_d t + \varphi)\right) = \frac{2\zeta}{\omega_n}$$

因此二阶系统的单位斜坡响应稳态误差为 $e_{ss} = \dfrac{2\zeta}{\omega_n}$。

图 3-23 所示即为欠阻尼二阶系统单位斜坡响应曲线。由图可见，系统的稳态输出是一个与输入量具有相同斜率的斜坡函数。但是，在输出位置上有一个常值误差 $2\zeta/\omega_n$，显然此误差并不是指稳态时输入、输出上的速度之差，而是指在位置上的差别，且误差值只能通过改变系统参数来减小，如加大自然频率 ω_n 或减小阻尼比 ζ 来减小稳态误差，但不能完全消除稳态误差。并且，这样改变系统参数，会对系统响应的平稳性产生不利影响。因此，在系统设计时，一般可先根据稳态误差要求确定系统参数，然后再引入控制装置（校正装置）来改善系统的性能（即用改变系统结构来改善系统性能，详见第 6 章）。

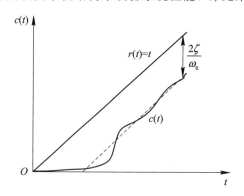

图 3-23　二阶系统的单位斜坡响应曲线

3.3.4　增加零、极点对动态性能的影响

如果系统的性能指标不能满足实际工程要求，就需对系统施加控制作用，这往往会改变控制系统的结构及参数，进而影响控制系统的性能使其达到预期的目标。从传递函数的定义知 $C(s) = G(s)R(s)$，在对系统进行分析时，输入 $r(t)$（$R(s)$）一般是已知的典型输入

信号，在实际工程中是外界的输入作用，而这些都是我们无法改变（控制）的，所以要获得满意的输出 $c(t)(C(s))$，相应的控制主要体现在对传递函数的改变。当传递函数用零、极点的形式(2-53)表示时，可以通过改变其参数的大小来改变系统的性能，如例 3-4 中改变 K 的大小可获得不同的响应性能。但是前已述及这些参数往往是有矛盾的，很多情况是单靠改变参数的大小无法实现的，这就需要改变系统的结构，比如增加零点或极点。所以下面以二阶系统为例讨论增加零、极点对二阶系统的动态性能影响，这将有利于我们分析、设计控制系统。

1. 二阶系统增加零点后的动态响应

对二阶系统增加一个零点（例如增加一个一阶微分环节），其闭环传递函数可以表示为

$$G(s) = \frac{C(s)}{R(s)} = \frac{\omega_n^2(\tau s + 1)}{(s^2 + 2\zeta\omega_n s + \omega_n^2)} = \frac{\omega_n^2\left(s + \dfrac{1}{\tau}\right)}{\dfrac{1}{\tau}(s^2 + 2\zeta\omega_n s + \omega_n^2)}$$

式中：τ 为时间常数。令 $-1/\tau = z$，则上式可写为如下形式：

$$G(s) = \frac{C(s)}{R(s)} = \frac{\omega_n^2(s - z)}{-z(s^2 + 2\zeta\omega_n s + \omega_n^2)} \tag{3-73}$$

式(3-73)所示系统的闭环传递函数为具有零点 z 的二阶系统。为了方便对系统求解，将系统的结构图等效变换为图 3-24 所示的结构，得

$$G_1(s) = \frac{C_1(s)}{R(s)} = \frac{\omega_n^2}{s^2 + 2\zeta\omega_n s + \omega_n^2}$$

$$C(s) = G_1(s)R(s) + \frac{s}{-z}C_1(s)$$

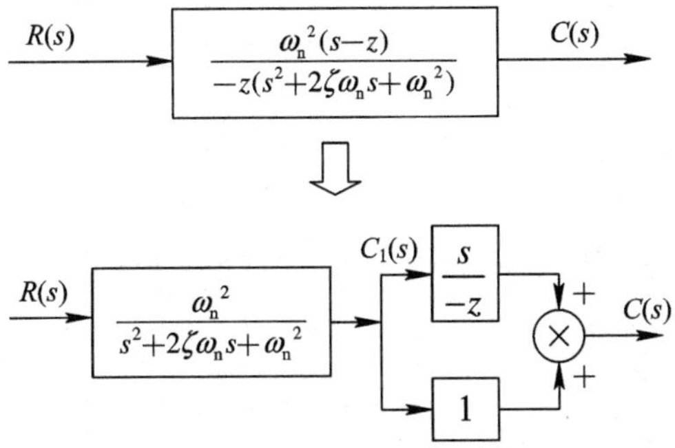

图 3-24　具有零点的二阶系统结构图变换

设参考输入信号为单位阶跃，则 $R(s) = 1/s$，在初始条件为零时，取 $C_1(s)$ 和 $C(s)$ 的拉氏逆变换可得

$$c_1(t) = \mathscr{L}^{-1}\left[\frac{\omega_n^2}{s(s^2 + 2\zeta\omega_n s + \omega_n^2)}\right]$$

$$c(t) = \mathscr{L}^{-1}[C_1(s)] + \mathscr{L}^{-1}\left[\frac{s}{-z}C_1(s)\right] = c_1(t) + \frac{1}{-z}\frac{\mathrm{d}c_1(t)}{\mathrm{d}t} \tag{3-74}$$

设二阶系统为欠阻尼，即 $0 < \zeta < 1$，则 $c_1(t)$ 即为欠阻尼单位阶跃响应，如式(3-47)所示，再由式(3-47)即可得

$$c_1(t) = 1 - \frac{\mathrm{e}^{-\zeta\omega_n t}}{\sqrt{1 - \zeta^2}}\sin\left(\omega_n\sqrt{1 - \zeta^2}\,t + \beta\right)$$

式(3-74)的第二项可以表示为

$$\frac{1}{-z}\frac{\mathrm{d}c_1(t)}{\mathrm{d}t} = \frac{\mathrm{e}^{-\zeta\omega_n t}}{\sqrt{1-\zeta^2}}\frac{1}{-z}\left[\zeta\omega_n\sin(\omega_n\sqrt{1-\zeta^2}t+\beta)-\sqrt{1-\zeta^2}\omega_n\cos(\omega_n\sqrt{1-\zeta^2}t+\beta)\right]$$

由此就可以求出输出量 $c(t)$ 为

$$c(t) = 1-\frac{\mathrm{e}^{-\zeta\omega_n t}}{\sqrt{1-\zeta^2}}\frac{1}{-z}\left[(-z-\zeta\omega_n)\sin(\omega_n\sqrt{1-\zeta^2}t+\beta)+\sqrt{1-\zeta^2}\omega_n\cos(\omega_n\sqrt{1-\zeta^2}t+\beta)\right]$$

$$= 1-\frac{\mathrm{e}^{-\zeta\omega_n t}}{\sqrt{1-\zeta^2}}\frac{l}{-z}\left[\frac{(-z-\zeta\omega_n)}{l}\sin(\omega_n\sqrt{1-\zeta^2}t+\beta)+\frac{\sqrt{1-\zeta^2}}{l}\omega_n\cos(\omega_n\sqrt{1-\zeta^2}t+\beta)\right]$$

$$(3-75)$$

式中，l 为极点与零点间的距离，其值可由系统闭环传递函数的零点和极点在复平面上的位置确定。由图3-25知

$$l = |p_1-z| = \sqrt{(-\zeta\omega_n-z)^2+(\omega_n\sqrt{1-\zeta^2})^2}$$

$$\cos\psi = \frac{|-z-\zeta\omega_n|}{l}$$

$$\sin\psi = \frac{\omega_n\sqrt{1-\zeta^2}}{l}$$

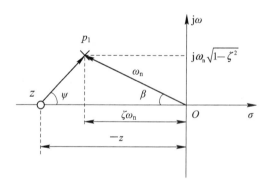

图3-25 增加零点时的零、极点分布

故式(3-76)又可以写为

$$c(t) = 1-\frac{\mathrm{e}^{-\zeta\omega_n t}}{\sqrt{1-\zeta^2}}\frac{l}{-z}\left[\sin(\omega_n\sqrt{1-\zeta^2}t+\beta)\cos\psi+\cos(\omega_n\sqrt{1-\zeta^2}t+\beta)\sin\psi\right]$$

$$c(t) = 1-\frac{\mathrm{e}^{-\zeta\omega_n t}}{\sqrt{1-\zeta^2}}\frac{l}{-z}\sin(\omega_n\sqrt{1-\zeta^2}t+\beta+\psi) \qquad (3-76)$$

其中 $$\beta = \arctan\frac{\sqrt{1-\zeta^2}}{\zeta}, \ \psi = \arctan\frac{\omega_n\sqrt{1-\zeta^2}}{-z-\zeta\omega_n}$$

$$\frac{l}{-z} = \sqrt{\frac{(-z-\zeta\omega_n)^2+(\omega_n\sqrt{1-\zeta^2})^2}{(-z)^2}} = \sqrt{\frac{z^2+2z\zeta\omega_n+\omega_n^2}{z^2}}$$

令 $\gamma=-\zeta\omega_n/z$，由图3-25知，γ 为闭环传递函数的复数极点的实部与零点的实部之比，则得 $\frac{l}{-z} = \frac{1}{\zeta}\sqrt{\zeta^2-2\gamma\zeta^2+\gamma^2}$，故式(3-77)又可以写为

$$c(t) = 1-\frac{\sqrt{\zeta^2-2\gamma\zeta^2+\gamma^2}}{\zeta\sqrt{1-\zeta^2}}\mathrm{e}^{-\zeta\omega_n t}\sin(\omega_n\sqrt{1-\zeta^2}t+\beta+\psi) \qquad (3-77)$$

式(3-77)即为典型的具有零点的二阶系统的单位阶跃响应。由此式可以看出,当阻尼比 ζ 为定值时,闭环传递函数的零点影响二阶系统的动态特性。式中的 γ 值反映了复数平面上零点与复数极点的相对位置。

图3-26所示曲线为 $\zeta=0.5$,$\omega_n=10$ rad/s 以 γ 为参变量时系统的单位阶跃响应。由图可知,当 $\gamma=0$ 时,系统即为 $\zeta=0.5$,$\omega_n=10$ rad/s 时的二阶系统的动态响应。如果 $-z$ 值越小,即零点越靠近虚轴,则 γ 值越大,振荡性越强。反之,如 $-z$ 值大,即零点离虚轴越远,则 γ 值越小,振荡性相对减弱。总之,由于闭环传递函数零点的存在,二阶系统的单位阶跃响应振荡性增强。

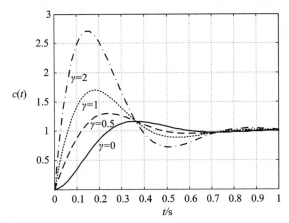

图3-26　增加零点时以 γ 为参变量的响应曲线

2. 二阶系统增加极点后的动态响应

对二阶系统加入一个负实数的极点 $p_3=-R_3$,则二阶系统将变为三阶系统,其传递函数可以表示为

$$G(s)=\frac{C(s)}{R(s)}=\frac{\omega_n^2 R_3}{(s^2+2\zeta\omega_n s+\omega_n^2)(s+R_3)} \tag{3-78}$$

考虑一般情况下当 $\zeta<1$ 时的单位阶跃响应。此时特征方程式的三个根为

$$p_1=-\zeta\omega_n+j\omega_n\sqrt{1-\zeta^2}$$

$$p_2=-\zeta\omega_n-j\omega_n\sqrt{1-\zeta^2}$$

$$p_3=-R_3$$

因为是单位阶跃响应,故输入信号 $R(s)=1/s$,根据式(3-78),可将 $C(s)$ 展开为

$$C(s)=\frac{d_1}{s}+\frac{d_2 s+d_3}{s^2+2\zeta\omega_n s+\omega_n^2}+\frac{d_4}{s+R_3} \tag{3-79}$$

上式中各项的待定系数为

$$d_1=C(s)s\big|_{s=0}=1$$

$$C(s)(s^2+2\zeta\omega_n s+\omega_n^2)\big|_{s=-\zeta\omega_n+j\omega_n\sqrt{1-\zeta^2}}=d_2 s+d_3\big|_{s=-\zeta\omega_n+j\omega_n\sqrt{1-\zeta^2}}$$

解之可得

$$d_2 = \frac{-\zeta^2 \alpha(\alpha-2)}{\zeta^2 \alpha(\alpha-2)+1} , \quad d_3 = \frac{-\zeta\alpha[2\zeta^2(\alpha-2)+1]\omega_n}{\zeta^2 \alpha(\alpha-2)+1}$$

式中 $\alpha = R_3/\zeta\omega_n$，它是负实数极点 $-R_3$ 与共轭复数极点的负实部 $-\zeta\omega_n$ 的比值，如图3-27所示。

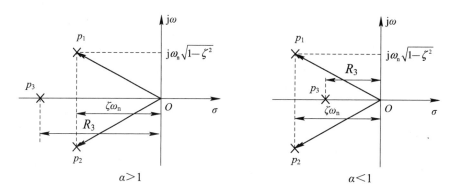

图 3-27　增加极点时的零、极点分布

$$d_4 = C(s)(s+R_3)\big|_{s=-R_3} = \frac{-1}{\zeta^2 \alpha(\alpha-2)+1}$$

对式(3-79)进行拉氏逆变换，可得单位阶跃响应为

$$c(t) = 1 - \frac{e^{-R_3 t}}{\zeta^2 \alpha(\alpha-2)+1} + e^{-\zeta\omega_n t}\left(d_1\cos(\omega_n\sqrt{1-\zeta^2}t) + \frac{d_3-d_2\zeta\omega_n}{\omega_n\sqrt{1-\zeta^2}}\sin(\omega_n\sqrt{1-\zeta^2}t)\right)$$

将 $\omega_d = \omega_n\sqrt{1-\zeta^2}$，$\alpha = R_3/\zeta\omega_n$ 及 d_3，d_4 的表达式代入上式，可得

$$c(t) = 1 - \frac{e^{-\alpha\zeta\omega_n t}}{\zeta^2 \alpha(\alpha-2)+1} - \frac{e^{-\zeta\omega_n t}}{\zeta^2 \alpha(\alpha-2)+1}\left\{\zeta^2\alpha(\alpha-2)\cos(\omega_d t) + \frac{\zeta\alpha[\zeta^2\alpha(\alpha-2)+1]}{\sqrt{1-\zeta^2}}\sin(\omega_d t)\right\}$$

令 $\tan\theta = \dfrac{\zeta(\alpha-2)\sqrt{1-\zeta^2}}{\zeta^2(\alpha-2)+1}$，则上式可以写为

$$c(t) = 1 - \frac{e^{-\alpha\zeta\omega_n t}}{\zeta^2 \alpha(\alpha-2)+1} - \frac{\zeta\alpha\, e^{-\zeta\omega_n t}}{\sqrt{1-\zeta^2}\sqrt{\zeta^2 \alpha(\alpha-2)+1}}\sin(\omega_d t + \theta) \qquad (3-80)$$

通过上面的分析可以看出，增加了一个负的实极点的二阶系统单位阶跃响应，由三部分组成，即稳态分量、由极点 $-R_3$ 构成的指数函数项和由共轭复数极点构成的二阶系统动态分量。影响动态特性的有两个主要因素。一个是共轭复数特征根的实部和负实根之比，即 $\alpha = R_3/\zeta\omega_n$，其值的大小反映了新增加的根与原共轭复根在复数平面上的相对位置。当 $\alpha \gg 1$ 时，与原共轭复根相比，新增负实根 p_3 距虚轴较远，共轭复根 p_1 和 p_2 则距虚轴较近，因此 p_3 对应项衰减的较快，系统的动态特性主要由 p_1 和 p_2 决定，系统呈现二阶系统的特性。当 $\alpha \ll 1$ 时，p_3 距虚轴较近，p_1 和 p_2 对应项衰减的较快，系统动态特性主要由新增极点 p_3 决定，系统呈现一阶系统特性。另一个因素则是阻尼系数，它对系统的影响与二阶系统相似。

图 3-28 所示曲线为 $\zeta = 0.5$，$\omega_n = 10$ rad/s 以 α 为参变量时系统的单位阶跃响应。由图可知，当 $\alpha = \infty$ 时，系统即为 $\zeta = 0.5$ 时的二阶系统的动态响应。一般情况下，$0 < \alpha < \infty$，因此具有负实数极点的三阶系统，其动态特性的振荡性减弱，而上升时间和调节时间增长，超调量减小，也就是相当于系统的惯性增强了。

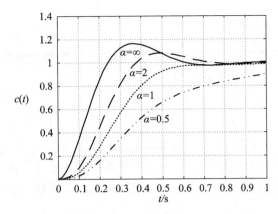

图 3 - 28 增加极点以 α 为参变量的响应曲线

3.4 高阶系统分析

需要用高阶微分方程描述的系统称为高阶系统。在实际的控制工程中，几乎所有的控制系统都是高阶系统，其动态性能指标的确定往往是比较复杂的，这主要是因为要得到高阶微分方程的精确解析解是十分困难的。工程上常采用闭环主导极点的概念对高阶系统进行近似分析，从而得到高阶系统的动态性能指标的估算公式。

3.4.1 高阶系统单位阶跃响应

高阶系统的闭环传递函数一般形式可以表示为

$$G_{\mathrm{B}}(s) = \frac{C(s)}{R(s)} = \frac{b_0 s^m + b_1 s^{m-1} + \cdots + b_{m-1} s + b_m}{a_0 s^n + a_1 s^{n-1} + \cdots + a_{n-1} s + a_n}, \ n \geqslant m$$

将上式表示为零、极点的形式可得

$$G_{\mathrm{B}}(s) = \frac{K_r \prod\limits_{i=1}^{m} (s - z_i)}{\prod\limits_{j=1}^{n} (s - p_j)}, \ n \geqslant m$$

式中，根增益 $K_r = b_0 / a_0$，由于 $C(s)$、$R(s)$ 均为实系数多项式，所以系统的闭环零点 z_i、极点 p_j 必然是实根或者共轭复数根。假设系统的所有闭环零点和极点互不相同，极点有实极点和共轭复极点，零点均为实数零点，则闭环系统单位阶跃响应的拉氏变换可表示为

$$C(s) = G_{\mathrm{B}}(s)R(s) = \frac{K_r \prod\limits_{i=1}^{m} (s - z_i)}{s \prod\limits_{j=1}^{n_1} (s - p_j) \prod\limits_{k=1}^{n_2} (s^2 + 2\zeta_k \omega_{\mathrm{nk}} s + \omega_{\mathrm{nk}}^2)} \tag{3-81}$$

式中，$n_1 + 2n_2 = n$。利用部分分式法可将式（3 - 81）展开为

$$C(s) = \frac{d_0}{s} + \sum_{j=1}^{n_1} \frac{d_j}{s - p_j} + \sum_{k=1}^{n_2} \frac{c_k (s + \zeta_k \omega_{\mathrm{nk}}) + h_k \omega_{\mathrm{nk}} \sqrt{1 - \zeta_k^2}}{s^2 + 2\zeta_k \omega_{\mathrm{nk}} s + \omega_{\mathrm{nk}}^2} \tag{3-82}$$

式中，d_0、d_j 分别是 $C(s)$ 在原点和实数极点处的留数；其中

$$d_0 = \lim_{s \to 0} sC(s) = \frac{b_m}{a_n}, \quad d_j = \lim_{s \to p_j}(s - p_j)C(s) \tag{3-83}$$

c_k、h_k 分别为 $C(s)$ 在其共轭复数极点 $-\zeta_k\omega_{nk} \pm j\omega_{nk}\sqrt{1-\zeta_k^2}$ 处留数的实部和虚部。

对式(3-82)进行拉氏逆变换可得

$$c(t) = d_0 + \sum_{j=1}^{n_1} d_j e^{p_j t} + \sum_{k=1}^{n_2} c_k e^{-\zeta_k\omega_{nk}t}\cos\omega_{nk}\sqrt{1-\zeta_k^2}\,t + \sum_{k=1}^{q} h_k e^{-\zeta_k\omega_{nk}t}\sin\omega_{nk}\sqrt{1-\zeta_k^2}\,t$$

$$\tag{3-84}$$

式(3-84)表明高阶系统的单位阶跃响应是常数项和若干个一阶系统以及二阶系统的响应分量累加和。通过前面的分析可知,一阶系统以及二阶系统的响应分量是由闭环极点确定的,如果全部闭环极点都具有负实部,那么随时间的增长,式(3-84)中的指数项和阻尼(衰减)正弦(余弦)项均趋近于零,高阶系统为稳定的,输出的稳态值即为 d_0。而部分分式系数与闭环零、极点分布有关,因此高阶系统的单位阶跃响应取决于闭环系统零、极点的分布情况。下面就来讨论高阶系统单位阶跃响应和闭环零、极点之间的一些关系。

3.4.2 闭环主导极点与偶极子

对于稳定的高阶系统,其全部闭环极点都应具有负实部,即闭环极点全部位于 s 左半平面,极点可以为实数或共轭复数,实数对应指数衰减曲线,而共轭复数对应正弦衰减曲线,衰减的快慢则取决于极点离虚轴的距离,距虚轴近的极点对应的模态衰减得慢,距虚轴远的极点对应的模态衰减得快。故知距虚轴近的极点对动态响应影响大。

此外,各动态分量的具体值还与其系数大小有关。各动态分量的系数与零、极点的分布有如下关系:

(1)若某极点远离原点,则相应项的系数很小;

(2)若某极点接近一零点,而又远离其他极点和零点,则相应项的系数也很小;

(3)若某极点远离零点又接近原点或其他极点,则相应项系数就比较大。

系数大而且衰减慢的分量在动态响应中起主要作用。因此,距离虚轴最近而且附近又没有零点的极点对系统的动态性能起主导作用,相应的极点称为主导极点。

一般规定,若某极点的实部绝对值大于主导极点实部绝对值的5倍以上时,则可以忽略相应分量的影响;若两相邻零、极点间的距离比它们本身模的值小一个数量级时,则称该零、极点对为"偶极子",其作用近似抵消,可以忽略相应分量的影响。

在绝大多数实际系统的闭环零、极点中,可以选留最靠近虚轴的一个或几个极点作为主导极点,略去比主导极点距虚轴远5倍以上的闭环零、极点(近似估算时甚至比主导极点的实部大2、3倍的极点也可忽略不计),以及不十分接近虚轴的靠得很近的偶极子,忽略其对系统动态性能的影响。

通常,高阶系统的主导极点为一对复数极点。在设计高阶系统时,人们常利用主导极点这个概念来选择系统的参数,使系统具有预期的一对主导极点,从而把一个高阶系统近似地用一对主导极点所描述的二阶系统去表征。

设 $p_{1,2} = -\zeta_1\omega_{n1} \pm j\omega_{n1}\sqrt{1-\zeta_1^2} = -\sigma \pm j\omega_{d1}$ 为高阶系统的闭环主导极点,则由式(3-47)得系统单位阶跃响应的近似表达式为

$$c(t) = 1 - \frac{e^{-\zeta_1 \omega_{n1} t}}{\sqrt{1-\zeta_1^2}} \sin(\omega_{d1} t + \beta_1), \ \beta_1 = \arctan \frac{\sqrt{1-\zeta_1^2}}{\zeta_1}, \ \omega_{d1} = \omega_{n1} \sqrt{1-\zeta_1^2}$$

$$(3-85)$$

显然，利用式(3-85)可以对高阶系统的瞬态性能指标进行近似估算。

值得指出的是，对高阶系统引入主导极点的目的是为分析和研究高阶系统提供一种简便、快捷的方法，这样可以简化计算过程。当前，计算机技术的飞速发展，为定量、精确地分析高阶系统提供了便利，例如利用 MATLAB 软件可对高阶系统的动态响应进行分析，得到准确的时间响应曲线。

3.5 稳定性与代数判据

稳定是控制系统正常工作的前提条件，只有稳定的系统才有可能完成控制任务，一个不稳定的系统在工程中是没有用处的。在控制系统的运行过程中，总会受到来自外部或内部的扰动作用，如果系统是不稳定的，一个很小的扰动都可能使系统偏离原来的平衡状态而改变乃至于发散，使控制系统无法正常工作。因此分析系统的稳定性并提出改善和保证系统稳定的措施，是自动控制理论的基本任务之一。

3.5.1 稳定性的基本概念

为形象说明稳定性的基本概念，考察如图 3-29 所示的小球运动状态，图 3-29(a)表示的是一个位于凹面底部的小球，其平衡位置为 A_0 点，当小球受到扰动(外力 F) 作用时会偏离 A_0 点，假设达到 A_1 点，当扰动撤除后，小球会在重力作用下绕 A_0 点沿凹面作振荡摆动，在摩擦力及空气阻力的作用下，小球摆动的幅度会越来越小，最终停止在原平衡位置 A_0 点，即能够恢复到初始平衡状态，这种小球的运动就是稳定的，相应的 A_0 点称为系统的稳定平衡点。图 3-29(b) 表示的是一个位于凸面上的小球，其平衡位置为 B_0 点，当小球受到扰动(外力 F) 作用时会偏离 B_0 点，假设达到 B_1 点，当扰动撤除后，小球无法自行回到 B_0 点，即不能恢复到初始平衡状态，所以这种小球的运动就是不稳定的，须要指出的是，此时 B_0 点仍然是系统的平衡点，但它是不稳定的。

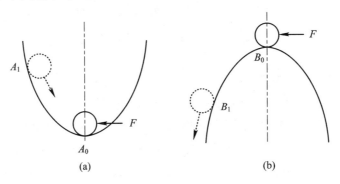

图 3-29 小球稳定性示意图

可以将上述小球的稳定概念推广到控制系统。一般而言，任何系统在扰动的作用下都会偏离原平衡状态，产生初始偏差，如果扰动消失后，系统仍能逐渐恢复到原平衡状态，则系统是稳定的，如果系统不能恢复到原平衡状态或偏差越来越大，则系统是不稳定的。稳定性是扰动消失后系统自身的一种恢复能力，是控制系统的一种固有特性。对线性系统而言，系统是否稳定只取决于系统的结构和参数，而与系统的输入及初始状态无关。

关于控制系统的稳定性有多种定义方法，其中以俄国学者李雅普诺夫（Lyapunov）于1892年提出的方法最为著名，并一直沿用至今。根据李雅普诺夫稳定性理论，首先假设系统只有一个平衡工作点，在该点上，当输入信号为零时，系统的输出信号亦为零。当扰动信号作用于系统时，系统的输出将偏离原平衡工作点。若取扰动信号消失时作为计时起点，则将 $t=0$ 时刻系统输出量的增量及其各阶次导数作为初始偏差。于是，$t \geqslant 0$ 时的系统输出量增量的变化过程，可以认为是控制系统在初始扰动影响下的动态过程。由此，线性控制系统的稳定性可叙述如下：

若线性控制系统在初始扰动作用下，其动态过程随时间的推移逐渐衰减并趋于零（原平衡工作点），则称系统渐近稳定，简称系统稳定；反之，若在初始扰动作用下，系统的动态过程随时间的推移而发散，则称系统不稳定。

如果系统受到有界扰动作用偏离了原平衡状态，无论扰动所引起的初始偏差有多大，当扰动取消后，系统都能以足够的精度恢复到初始的平衡状态，这样的系统称为大范围稳定的系统；而只有当扰动引起的偏差小于某一范围时，系统才能在消除扰动后恢复到初始平衡状态，否则就不能恢复到初始平衡状态的系统，则称之为小范围稳定的系统。

3.5.2 线性定常系统稳定的充分必要条件

设线性定常系统初始条件为零（输入、输出以及其各阶次导数均为零），给系统施加一个单位脉冲信号 $\delta(t)$，则系统输出量为单位脉冲响应 $c(t)$。显然根据脉冲信号的特点知，考察该输出量是否偏离原平衡点的问题，就是研究系统在扰动信号作用并消失后的稳定性问题。根据稳定性的定义，若 $\lim\limits_{t \to \infty} c(t) = 0$，则系统稳定。

当 $r(t) = \delta(t)$ 时，有 $R(s) = 1$，则系统的单位脉冲响应为

$$C(s) = G_B(s)R(s) = \frac{K_r \prod\limits_{i=1}^{m}(s - z_i)}{\prod\limits_{j=1}^{n_1}(s - p_j)\prod\limits_{k=1}^{n_2}(s^2 + 2\zeta_k \omega_{nk} s + \omega_{nk}^2)} \tag{3-86}$$

对式（3-86）进行拉氏逆变换，可得系统的脉冲响应为

$$c(t) = \sum_{j=1}^{n_1} d_j e^{p_j t} + \sum_{k=1}^{n_2} c_k e^{-\zeta_k \omega_{nk} t} \cos \omega_{nk} \sqrt{1 - \zeta_k^2}\, t + \sum_{k=1}^{q} h_k e^{-\zeta_k \omega_{nk} t} \sin \omega_{nk} \sqrt{1 - \zeta_k^2}\, t$$

式中的 d_j、c_k、h_k 均可由留数法确定，为某一常数。考察上式，可知当且仅当系统的特征根全部具有负实部时，$\lim\limits_{t \to \infty} c(t) = 0$ 才能成立；如果系统的特征根中有一个或多个正实部根，则 $\lim\limits_{t \to \infty} c(t) = \infty$，系统不稳定；如果系统的特征根中有一个或多个零实部根（其余均为负实部），则相应的单位脉冲响应趋于常数或等幅度正弦振荡，系统称为临界稳定状态。在经典控制论中，仅渐近稳定系统才称为稳定系统，因此，临界稳定仍然属于不稳定状态。

由此可见，线性定常系统稳定的充分必要条件是，闭环系统的全部特征根都须具有负实部，或者说，闭环传递函数的所有极点均要位于 s 左半平面。

稳定性是线性定常系统的一个属性，因完全由闭环传递函数的全部特征根决定，故只与系统本身的结构参数有关，与输入、输出信号无关，与初始条件无关；只与极点有关，与零点无关。

由以上的讨论可知，可以通过求解系统的特征根来确定其稳定性。但对二阶以上的特征方程，求根是件极其麻烦的事情。在研究系统稳定性时，通常运用代数判据，即通过对特征方程系数的简单计算，以判别条件是否满足来确定其稳定性。

设线性定常系统的特征多项式为

$$D(s) = a_0 s^n + a_1 s^{n-1} + \cdots + a_{n-1} s + a_n \quad (a_0 > 0) \tag{3-87}$$

上式两边同除 a_0，可得

$$D(s)/a_0 = s^n + \left(\frac{a_1}{a_0}\right)s^{n-1} + \cdots + \left(\frac{a_{n-1}}{a_0}\right)s + \frac{a_n}{a_0} = (s - p_1)(s - p_2)\cdots(s - p_n)$$

$$= s^n + \left[-\sum_{i=1}^{n} p_i\right]s^{n-1} + \left[\sum_{\substack{i,j=1 \\ i \neq j}}^{n} p_i p_j\right]s^{n-2} + \cdots + (-1)^n \prod_{i=1}^{n} p_i$$

比较等式两边的系数，可得

$$\frac{a_1}{a_0} = -\sum_{i=1}^{n} p_i, \ \frac{a_2}{a_0} = \sum_{\substack{i,j=1 \\ i \neq j}}^{n} p_i p_j, \ \frac{a_3}{a_0} = -\sum_{\substack{i,j,k=1 \\ i \neq j \neq k}}^{n} p_i p_j p_k, \cdots, \frac{a_n}{a_0} = (-1)^n \prod_{i=1}^{n} p_i \tag{3-88}$$

因为 a_0 是常数，故 $p_i(1 \leqslant i \leqslant n)$ 既是 $D(s) = 0$ 的特征根，也是 $D(s)/a_0 = 0$ 的特征根。由式(3-88)可知，如果所有特征根都具有负实部，那么特征方程的各系数 $a_i(1 \leqslant i \leqslant n)$ 必然与 a_0 同号且不为零。因此，特征方程系数同号且不缺项是系统稳定的必要条件，但不是充分条件。

3.5.3　代数稳定性判据

特征方程系数同号且不缺项仅仅表明系统存在稳定的可能性，系统特征根是不是全部位于 s 左半平面，还需作进一步分析，劳斯稳定性判据和胡尔维茨稳定性判据都可以解决这一问题。如果认为解出特征根来判定系统稳定性是直接判定方法，则这两种判据就可以称为间接判定方法。两种判据只能指出是否在 s 平面右半部存在特征根，但不能提供其在 s 平面的具体位置，不过这足以判定系统的稳定性了。

1. 劳斯稳定性判据

劳斯(Routh)于 1877 年提出一种不需要求解特征方程，而是通过特征方程的各项系数分析线性系统稳定性的间接方法，称为劳斯稳定性判据，简称劳斯判据。值得指出的是，劳斯判据仅仅适用于实系数的代数方程。下面介绍如何应用劳斯判据的结论分析线性系统的稳定性问题。

假设系统的特征方程如式(3-87)所示，且有 $a_i > 0(0 \leqslant i \leqslant n)$。劳斯判据为表的形式，如下所示。表中前两行是由系统的特征方程(3-87)的系数直接构成的，第一行由第 1,3,5⋯项系数组成，第二行由第 2,4,6⋯项系数组成，其他各行的数值按下表所示的规则逐行计算。凡在运算过程中出现的空位，均置为零。这种计算过程一直进行到第 $n+1$ 行为止。表中系数排列呈上三角形。

$$
\begin{array}{llll}
s^n & a_0 & a_2 & a_4 & \cdots \\
s^{n-1} & a_1 & a_3 & a_5 & \cdots \\
s^{n-2} & b_1 & b_2 & b_3 & \cdots \\
s^{n-3} & c_1 & c_2 & c_3 & \cdots \\
s^{n-4} & d_1 & d_2 & d_3 & \cdots \\
\vdots & \vdots & \vdots & \vdots & \vdots \\
s^1 & e_1 \\
s^0 & f_1
\end{array}
$$

其中

$$
b_1 = -\frac{1}{a_1}\begin{vmatrix} a_0 & a_2 \\ a_1 & a_3 \end{vmatrix}, \quad c_1 = -\frac{1}{b_1}\begin{vmatrix} a_1 & a_3 \\ b_1 & b_2 \end{vmatrix}, \quad d_1 = -\frac{1}{c_1}\begin{vmatrix} b_1 & b_2 \\ c_1 & c_2 \end{vmatrix}, \quad f_1 = a_n
$$

$$
b_2 = -\frac{1}{a_1}\begin{vmatrix} a_0 & a_4 \\ a_1 & a_5 \end{vmatrix}, \quad c_2 = -\frac{1}{b_1}\begin{vmatrix} a_1 & a_5 \\ b_1 & b_3 \end{vmatrix}, \quad d_2 = -\frac{1}{c_1}\begin{vmatrix} b_1 & b_3 \\ c_1 & c_3 \end{vmatrix}
$$

$$
b_3 = -\frac{1}{a_1}\begin{vmatrix} a_0 & a_6 \\ a_1 & a_7 \end{vmatrix}, \quad c_3 = -\frac{1}{b_1}\begin{vmatrix} a_1 & a_7 \\ b_1 & b_4 \end{vmatrix}, \quad d_3 = -\frac{1}{c_1}\begin{vmatrix} b_1 & b_4 \\ c_1 & c_4 \end{vmatrix}
$$

在上面的计算过程中，为了运算的简单起见，可将每行中的各个数乘以一个正实数，不会影响对系统稳定性的判断。

劳斯判据：

（1）若上述劳斯行列表中第一列所有元素均为正数，那么系统的所有特征根的实部均在 s 平面的左边，此即为系统稳定的充要条件。

（2）若第一列中出现小于零的元素，系统就不稳定，且其符号变化的次数等于系统特征方程在 s 右半平面根的数目。

例 3 - 5 系统的特征方程为 $s^4 + 6s^3 + 12s^2 + 11s + 6 = 0$，试用劳斯判据判断该系统的稳定性。

解： 由所列方程可知所有系数均为正数，且不缺项，满足稳定性的必要条件，故需作进一步的判别。

列出系统的劳斯行列表如下：

$$
\begin{array}{llll}
s^4 & 1 & 12 & 6 \\
s^3 & 6 & 11 & 0 \\
s^2 & -\dfrac{1\times11-6\times12}{6}=\dfrac{61}{6} & -\dfrac{1\times0-6\times6}{6}=6 \\
s^1 & -\dfrac{6\times\left(6\times6-\dfrac{61}{6}\times11\right)}{61}=\dfrac{455}{61} \\
s^0 & -\dfrac{61\times\left(\dfrac{61}{6}\times0-\dfrac{455}{61}\times6\right)}{455}=6
\end{array}
$$

因为左端的第一列各元素均为正实数，故该系统是稳定的。事实上，$D(s) = s^4 + 6s^3 + 12s^2 + 11s + 6 = (s+2)(s+3)(s^2+s+1) = 0$ 可解出 4 个特征根分别为 -2，-3 和 $-\dfrac{1}{2} \pm$

$j \dfrac{\sqrt{3}}{2}$，均位于 s 左半平面。

例 3 - 6　设某系统特征方程为 $s^4 + Ks^3 + s^2 + s + 1 = 0$，试确定使系统稳定的 K 的范围。

解： 由必要条件知，$K > 0$，再列出系统的劳斯行列表如下：

s^4	1	1	1
s^3	K	1	
s^2	$\dfrac{K-1}{K}$	1	
s^1	$1 - \dfrac{K^2}{K-1}$		
s^0	1		

由劳斯判据知，系统稳定的充要条件是

$$\begin{cases} K > 0 \\ \dfrac{K-1}{K} > 0 \\ 1 - \dfrac{K^2}{K-1} > 0 \end{cases}$$

由第一和第二个条件可解得 $K > 1$，此时对第三个条件有

$$1 - \frac{K^2}{K-1} = \frac{-1 + K(1-K)}{K-1} < 0$$

因此，无论取 K 为何值，系统都是不稳定的。

例 3 - 7　系统的特征方程为 $s^5 + 3s^4 + 2s^3 + s^2 + 5s + 6 = 0$，试用劳斯判据判断该系统的稳定性。

解： 特征方程表明所有系数均为正数，且不缺项，满足稳定性的必要条件，故需作进一步的判别。

列出系统的劳斯行列表如下：

s^5	1	2	5
s^4	3	1	6
s^3	$\dfrac{5}{3}$	3	
s^2	$-\dfrac{22}{5}$	6	
s^1	$\dfrac{58}{11}$		
s^0	6		

根据劳斯表知，第一列元素的符号改变了两次，所以系统有两个特征根在 s 的右半平面，因此系统是不稳定的。

对于特征方程为 $a_0 s^3 + a_1 s^2 + a_2 s + a_3 = 0$ 的三阶系统，由其劳斯表不难发现，只要其特征方程式的所有系数均大于零并且有 $a_1 a_2 > a_0 a_3$，则其所表示系统的所有特征根均具有负实部。所以，判别三阶系统的稳定性不一定要计算劳斯行列表，只要检验特征方程的系

数是否全部大于零且满足式 $a_1a_2 > a_0a_3$ 即可。此外，二阶系统只要特征方程的系数全部为正就一定是稳定的。

例 3-8 设一单位反馈系统的开环传递函数为 $G_K(s) = \dfrac{K}{s(0.1s+1)(0.25s+1)}$，试确定使闭环系统稳定的增益 K 的范围。

解：闭环系统的特征方程为

$$s(0.1s+1)(0.25s+1) + K = 0$$

亦即

$$0.025s^3 + 0.35s^2 + s + K = 0$$

若满足特征方程式的所有系数均大于零，则有 $K > 0$，再由 $a_1a_2 > a_0a_3$ 可得

$$0.35 > 0.025K$$

解之可得 $K < 14$。故使闭环系统稳定的增益 K 的范围是 $0 < K < 14$。

上述劳斯判据能够用于判断系统是否稳定和确定系统参数的允许范围，但无法给出系统稳定的程度。如果一个系统的所有特征根虽然均位于 s 左半平面，但紧靠虚轴，其动态过程就会有较大的超调量和缓慢的响应，甚至会由于系统内部参数的微小变化，使其特征根向 s 右半平面转移，并导致系统不稳定。为了保证系统的稳定性且具有良好的动态特性，不仅要求系统的全部特征根在 s 左半平面且还希望能与虚轴有一定的距离，这个距离称为稳定度。为此，可用新的变量 $s_1 = s + a$ 代入原系统的特征方程，从几何上看，就是将 s 平面的虚轴左移一个常值 a，此值就是要求的特征根与虚轴的距离（即稳定度）。此时，应用劳斯判据判别以 s_1 为变量的系统稳定性，就相当于确定原系统的稳定度。如果这时能够满足稳定条件，就说明原系统不但稳定，而且所有特征根均位于 $-a$ 的左侧。

例 3-9 在例 3-8 中，已求出增益 K 的稳定域为 $0 < K < 14$，现若要求系统的全部特征根均位于 $s = -1$ 的左侧，即稳定度，试确定此时增益 K 的允许调整范围。

解：因为系统的全部特征根均位于 $s = -1$ 的左侧，故坐标左移 1 后系统仍是稳定的。令 $s_1 = s + 1$，即 $s = s_1 - 1$ 代入原来的特征方程可得

$$0.025(s_1 - 1)^3 + 0.35(s_1 - 1)^2 + (s_1 - 1) + K = 0$$

整理得

$$s_1^3 + 11s_1^2 + 15s_1 + (40K - 27) = 0$$

若满足特征方程式的所有系数均大于零，则有 $40K - 27 > 0$，即 $K > 0.675$，再由 $a_1a_2 > a_0a_3$ 可得

$$11 \times 15 > 40K - 27$$

解之可得 $K < 4.8$。

故系统的全部特征根均位于 $s = -1$ 的左侧时，增益 K 的允许调整范围为 $0.675 < K < 4.8$。显然这要比原来的稳定域 $0 < K < 14$ 要小。

在用劳斯判据分析系统的稳定性时，会遇到两种特殊情况，使劳斯表出现问题无法计算的情况，需要对劳斯表做一些处理：

1）劳斯表中某行第一列元素为零，而该行其他元素不为零或不全为零

此时在计算下一行的第一个元素时会出现无穷大，使计算不能继续进行，从而使劳斯稳定判据的运用失效，此时可采用以下方法：用一个很小的正数 ε 代替第一列的零元素，然

后计算完劳斯表中其他项，表格计算完成后再令 $\varepsilon \to 0$，进行判断，如果零(ε)上面的系数符号与零(ε)下面的系数符号相反，则说明有两次符号改变，系统有两个特征根在 s 右半平面，故系统是不稳定的；如果零(ε)上、下的系数符号相同，则说明系统存在纯虚数形式的特征根，对应响应为等幅振荡，故系统也是不稳定的。由此可见，当劳斯表的某行第一列出现零时，系统至多属于临界稳定，或者说是不稳定的。

例 3 - 10　系统的特征方程为 $s^4 + 3s^3 + s^2 + 3s + 1 = 0$，试用劳斯判据判断该系统的稳定性。

解：特征方程对应的劳斯表为

$$
\begin{array}{cccc}
s^4 & 1 & 1 & 1 \\
s^3 & 3 & 3 & \\
s^2 & 0 \leftarrow \varepsilon & 1 & \\
s^1 & 3 - \dfrac{3}{\varepsilon} & & \\
s^0 & 1 & &
\end{array}
$$

在表中第三行第一列元素出现零，用很小的正数 ε 代替后继续计算，当 $\varepsilon \to 0$ 时，显然第四行第一列 $3 - 3/\varepsilon < 0$，系统有两个特征根在 s 右半平面，故系统是不稳定的。

事实上，此方程的根为

$$
p_{1,2} = -\frac{\sqrt{13}+3}{4} \pm \mathrm{j}\frac{\sqrt{3\sqrt{26}+3\sqrt{2}}}{4}, \quad p_{3,4} = \frac{\sqrt{13}-3}{4} \pm \mathrm{j}\frac{\sqrt{3\sqrt{26}-3\sqrt{2}}}{4}
$$

确有一对共轭复根位于 s 右半平面。

例 3 - 11　系统的特征方程为 $s^3 + 2s^2 + 1s + 2 = 0$，试用劳斯判据判断该系统的稳定性。

解：特征方程对应的劳斯表为

$$
\begin{array}{ccc}
s^3 & 1 & 2 \\
s^2 & 1 & 2 \\
s^1 & 0 \leftarrow \varepsilon & \\
s^0 & 2 &
\end{array}
$$

可以看出，第一列的各元素中 ε 的上面和下面的系数符号不变，故有一对纯虚根，因此是临界(不)稳定的。

事实上，将特征方程分解，有

$$
(s^2 + 1)(s + 2) = 0
$$

解得根为 $p_{1,2} = \pm \mathrm{j}1$，$p_3 = -2$。

2）劳斯表的某一行中所有的元素都等于零

如果在劳斯表的某一行中，所有的元素都等于零，则表明方程有一些大小相等且对称于原点的根。在这种情况下，可利用全零行的上一行的各元素构造一个辅助多项式(称为辅助方程)，式中 s 均为偶次。以辅助方程的导函数的系数代替劳斯表中的这个全零行，然后继续计算下去。这些大小相等而关于原点对称的根也可以通过求解这个辅助方程得出。

例 3 - 12　系统特征方程式为 $s^6 + 2s^5 + 8s^4 + 12s^3 + 20s^2 + 16s + 16 = 0$，试用劳斯判据判断该系统的稳定性。

解： 劳斯表中的 $s^6 \sim s^3$ 行各元素为

s^6	1	8	20	16
s^5	2	12	16	0
s^4	1	6	8	
s^3	0	0	0	

由上表可以看出，s^3 行的各元素全部为零。为了求出 $s^3 \sim s^0$ 各项，将 s^4 行的各元素构成辅助方程式：

$$F(s) = s^4 + 6s^2 + 8$$

它的导函数为

$$\frac{\mathrm{d}F(s)}{\mathrm{d}s} = 4s^3 + 12s$$

用导函数的系数 4 和 12 代替 s^3 行相应的元素继续算下去，得劳斯表为

s^6	1	8	20	16
s^5	2	12	16	0
s^4	1	6	8	
s^3	4	12		
s^2	3	8		
s^1	4/3			
s^0	8			

可以看出，在新得到的劳斯表的第 1 列没有变号，因此可以确定在 s 右半平面没有特征根。另外，由于 s^3 行的各元素均为零，这表示有共轭纯虚根。这些根可由辅助方程式求出。本例的辅助方程是 $F(s) = s^4 + 6s^2 + 8$，由之求得特征方程式的大小相等符号相反的虚根为 $p_{1,2} = \pm \mathrm{j}\sqrt{2}$，$p_{3,4} = \pm \mathrm{j}2$，$p_{5,6} = -1 \pm \mathrm{j}2$。

2. 胡尔维茨稳定性判据

设线性系统的特征方程如式(3-89)所示。根据特征方程的各项系数构造胡尔维茨行列式，构造方法是：主对角线上元素依次为从特征方程第二项系数 a_1 到最末一项系数 a_n；在主对角线以下的各行中，填入下标号码渐次减小的系数，在主对角线以上的各行中，填入下标号码渐次增加的系数。下标大于 n 或小于 0 者，则在该位置上填以零，如下所示：

$$\Delta_n = \begin{vmatrix} a_1 & a_3 & a_5 & \cdots & 0 & 0 \\ a_0 & a_2 & a_4 & \cdots & 0 & 0 \\ 0 & a_1 & a_3 & \cdots & 0 & 0 \\ 0 & a_0 & a_2 & \cdots & 0 & 0 \\ \vdots & \vdots & \vdots & & \vdots & \vdots \\ 0 & 0 & 0 & \cdots & a_{n-1} & 0 \\ 0 & 0 & 0 & \cdots & a_{n-2} & a_n \end{vmatrix} \qquad (3-89)$$

则胡尔维茨判据可表述为：闭环系统稳定的充分必要条件是

(1) 特征方程的各项系数均大于零，即 $a_i > 0 (0 \leqslant i \leqslant n)$。

(2) 胡尔维茨行列式的各主子行列式全部为正值，即

$$\Delta_1 = a_1 > 0, \ \Delta_2 = \begin{vmatrix} a_1 & a_3 \\ a_0 & a_2 \end{vmatrix} > 0, \ \Delta_3 = \begin{vmatrix} a_1 & a_3 & a_5 \\ a_0 & a_2 & a_4 \\ 0 & a_1 & a_3 \end{vmatrix} > 0, \cdots, \Delta_n > 0$$

例 3 - 13　假设系统的特征方程为 $s^4 + 50s^3 + 200s^2 + 400s + 1000 = 0$，试用胡尔维茨判据判别系统的稳定性。

解：系统特征方程的各项系数显然均大于零，根据特征方程各项系数构成的胡尔维茨行列式为

$$\Delta_4 = \begin{vmatrix} 50 & 400 & 0 & 0 \\ 1 & 200 & 1000 & 0 \\ 0 & 50 & 400 & 0 \\ 0 & 1 & 200 & 1000 \end{vmatrix}$$

各主子行列式为

$$\Delta_1 = 50 > 0$$
$$\Delta_2 = 50 \times 200 - 1 \times 400 = 9600 > 0$$
$$\Delta_3 = 400 \times 200 \times 50 - 1 \times 400^2 - 50^2 \times 1000 = 1.34 \times 10^6 > 0$$
$$\Delta_4 = \Delta_3 \times 1000 = 1.34 \times 10^9 > 0$$

根据胡尔维茨稳定性判据可知系统稳定。

当系统特征方程的次数较高时，应用胡尔维茨判据的计算工作量较大。下面给出胡尔维茨判据的另一种形式，也称为林纳特-戚伯特(Lienard - Chipard)稳定判据：在系统特征方程所有系数均大于零的条件下，线性系统稳定的充分必要条件是所有奇数顺序或所有偶数顺序的胡尔维茨行列式的各子行列式均大于零，即

若 $a_i > 0 (0 \leqslant i \leqslant n)$，$\Delta_j > 0 (j = 1, 3, 5, \cdots 或 j = 2, 4, 6 \cdots)$，则线性系统稳定。

利用这一结论可以减小一半的计算工作量。

3.6　控制系统的稳态误差

稳态误差的大小是衡量控制系统稳态精度的，是控制系统设计中重要的静态指标。影响系统稳态误差的因素很多，如系统的结构、系统的参数以及输入量的形式等。为了分析方便，把系统的稳态误差分为扰动稳态误差和给定稳态误差。扰动稳态误差是由于外扰动而引起的，常用这一误差来衡量恒值系统的稳态品质，因为对于恒值系统，给定量是不变的。而对于随动系统，给定量是变化的，要求输出量以一定的精度跟随给定量的变化，因此，给定稳态误差就成为衡量随动系统稳态品质的指标。本节将讨论计算和减少稳态误差的方法。

3.6.1　误差的定义

典型反馈控制系统的结构如图 3 - 30 所示。图中，$R(s)$ 为参考输入信号，$C(s)$ 为输出信号，$B(s)$ 为反馈信号。$G(s)$ 和 $H(s)$ 分别为系统前向通路和反馈通路的传递函数。对于这样的控制系统，其参考输入信号 $R(s)$ 与输出信号 $C(s)$ 通常是不同量纲的物理量。比如在转速控制系统中，输入信号为电压量纲，而输出信号为转速量纲。在这种情况下，控制系统

的误差不能直接用它们之间的差值来表示,应该将 $R(s)$ 和 $C(s)$ 转换为相同量纲后才能进行运算。

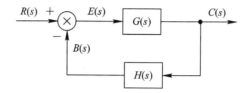

图 3-30　典型反馈控制系统结构图

如果系统是稳定的,则误差的定义可以有下面两种方法:

(1) 从输入端可以定义为

$$E_1(s) = R(s) - B(s) = R(s) - H(s)C(s) \tag{3-90}$$

显然,该误差是用系统的偏差定义的,又称作用误差,是可以测量的,但作用误差的理论含义不明显。

(2) 从输出端可以定义为

$$E_2(s) = C_R(s) - C(s) \tag{3-91}$$

即误差就是期望输出 $C_R(s)$ 与实际系统输出 $C(s)$ 的差,该误差又称系统误差。系统误差的理论含义明显,但一般难以测量,因此更多地具备数学意义。

$C_R(s)$ 定义为 $E(s) = 0$ 时的系统输出,由式(3-91),令 $E(s) = R(s) - H(s)C_R(s) = 0$ 可得

$$C_R(s) = \frac{R(s)}{H(s)} \tag{3-92}$$

式(3-92)表明,期望输出仅与参考输入和反馈环节有关。将式(3-92)代入式(3-91),得

$$E_2(s) = \frac{E_1(s)}{H(s)} \tag{3-93}$$

式(3-92)说明了两种误差定义之间的转换关系,相较而言,作用误差 $E_1(s)$ 更基本,特别地,对 $H(s) = 1$ 的单位反馈系统有 $E_1(s) = E_2(s)$,因此,系统常用 $E_1(s)$ 的大小表示系统的控制精度。在本书以后的叙述中,均采用第一种定义即 $E_1(s)$ 来表示控制系统的误差。

3.6.2　系统的类型

任何实际的控制系统,对于某些类型的输入往往是允许稳态误差存在的。一个系统对于阶跃输入可能没有稳态误差,但对于斜坡输入却可能出现一定的稳态误差,而能够消除这个误差的方法是改变系统的参数和结构。对于某一类型的输入,系统是否会产生稳态误差,取决于系统的开环传递函数的形式。

假设图 3-30 所示的系统开环传递函数 $G(s)H(s)$ 可以表示为若干典型环节串联的形式:

$$G(s)H(s) = \frac{K(\tau_1 s + 1)\cdots(\tau_m^2 s^2 + 2\zeta_m \tau_m s + 1)}{s^\nu(T_1 s + 1)\cdots(T_n^2 s^2 + 2\zeta_n T_n s + 1)}, \ n \geqslant m \tag{3-94}$$

式中,K 为系统的开环增益;s^ν 表示开环系统在 s 平面坐标原点处有 ν 重极点,即系统含有

v 个积分环节。这一分类方法是以开环传递函数所包含的积分环节的数目为依据的。根据 v 的数值，定义开环系统的类型为

若 $v=0$，则称该开环系统为 0 型系统；

若 $v=1$，则称该开环系统为 I 型系统；

若 $v=2$，则称该开环系统为 II 型系统。

由于 II 型以上的系统实际上很难使之稳定，所以 II 型以上的系统在控制工程中一般不常使用。

值得指出的是，这种分类法与系统的阶次分类法不同。当增加类型的数值时，系统的准确性提高，但稳定性却变差。所以，控制系统的稳态准确性和相对稳定性二者总是需要兼顾的。

下面，基于系统的类型，研究各种典型输入信号作用下系统稳态误差的计算。

3.6.3 给定稳态误差

在不考虑扰动作用的情况下，给定输入信号 $R(s)$ 作用的结构如图 3-30 所示，称 $R(s)$ 作用下系统误差 $E_R(s)$ 称为给定误差，它可以表示为

$$E_R(s) = R(s) - B(s) = R(s) - C(s)H(s) = R(s) - H(s)E_R(s)G(s)$$

对上式整理得

$$E_R(s) = \frac{R(s)}{1 + G(s)H(s)} \tag{3-95}$$

如果 $sE_R(s)$ 在 s 的右半平面及除原点外的虚轴上解析，则根据拉氏变换的终值定理，给定稳态误差 e_{ssr} 可求得为

$$e_{ssr} = \lim_{t \to \infty} e_r(t) = \lim_{s \to 0} sE_R(s) = \lim_{s \to 0} \frac{sR(s)}{1 + G(s)H(s)} \tag{3-96}$$

上式表明，给定稳态误差 e_{ssr} 由两个因素决定：① 系统的结构和参数；② 系统输入信号形式。

值得指出的是，使用式(3-96)必须满足 $sE_R(s)$ 在 s 右半平面及虚轴上解析的条件，即 $sE_R(s)$ 的极点均应位于 s 左半平面。如 $r(t) = \sin\omega t$ 时，其拉氏变换 $R(s) = \omega/(s^2 + \omega^2)$ 就在虚轴上不解析，因此，不能使用终值定理求取正弦输入下系统的稳态误差。不过当 $sE_R(s)$ 在坐标原点上有极点时，虽也不满足虚轴上解析的条件，但使用后所得系统稳态误差无穷大的结果正巧与实际应有的结果一致，因此还是可用此公式求解的。由式(3-95)知当输入 $R(s)$ 为阶跃信号时，$sE_R(s)$ 与闭环传递函数有相同的极点，因为闭环系统是稳定的，故所有极点位于 s 左半平面，满足要求；当输入 $R(s)$ 为斜坡、抛物线信号时，将仅在原点处增加极点，也满足要求。

将式(3-94)代入式(3-96)，可得系统的给定稳态误差为

$$
\begin{aligned}
e_{ssr} &= \lim_{s \to 0} \frac{s^v(T_1 s + 1)\cdots(T_n^2 s^2 + 2\zeta_n T_n s + 1)sR(s)}{s^v(T_1 s + 1)\cdots(T_n^2 s^2 + 2\zeta_n T_n s + 1) + K(\tau_1 s + 1)\cdots(\tau_m^2 s^2 + 2\zeta_m \tau_m s + 1)} \\
&= \frac{\lim_{s \to 0}[s^{v+1} R(s)]}{K + \lim_{s \to 0} s^v}
\end{aligned} \tag{3-97}
$$

上式说明除输入信号外，给定稳态误差只与系统的开环增益和开环传递函数中包含积

分环节的个数有关，而与其他典型环节无关。

下面分别就阶跃、斜坡、抛物线输入信号作用下的给定稳态误差进行分析。

1. 阶跃输入下的给定稳态误差

设阶跃输入的拉氏变换为 $R(s) = r_0/s$，r_0 为阶跃信号的幅值，则由式(3-96)可得

$$e_{\text{ssr}} = \lim_{s \to 0} \frac{sR(s)}{1+G(s)H(s)} = \frac{r_0}{1+\lim_{s \to 0} G(s)H(s)} = \frac{r_0}{1+K_p} \qquad (3-98)$$

式中，$K_p = \lim_{s \to 0} G(s)H(s)$ 称为稳态位置误差系数。

对 0 型系统，由式(3-94)知 $K_p = K$，此时有

$$e_{\text{ssr}} = \frac{r_0}{1+K}$$

上式表明 K 增大可以减小给定稳态误差 e_{ssr}，但不能消除误差，由于 0 型系统的开环传递函数没有积分环节，故系统不能无差跟踪阶跃输入。

对 Ⅰ、Ⅱ 型系统，由式(3-94)知，当 $K_p \to \infty$，有 $e_{\text{ssr}} \to 0$。显然 Ⅰ、Ⅱ 型系统可以做到对阶跃信号的无差跟踪。

在阶跃输入信号作用下，系统消除给定稳态误差的条件是 $v \geqslant 1$，即开环传递函数中至少要串联一个积分环节。

2. 斜坡输入下的给定稳态误差

设斜坡输入的拉氏变换为 $R(s) = v_0/s^2$，v_0 为斜坡信号的速度，则由式(3-96)可得系统的给定稳态误差为

$$e_{\text{ssr}} = \lim_{s \to 0} \frac{sR(s)}{1+G(s)H(s)} = \lim_{s \to 0} \frac{v_0}{s+sG(s)H(s)} = \frac{v_0}{\lim_{s \to 0} sG(s)H(s)} = \frac{v_0}{K_v} \qquad (3-99)$$

式中，$K_v = \lim_{s \to 0} sG(s)H(s)$ 称为稳态速度误差系数。

对 0 型系统，$K_v = 0$，此时有 $e_{\text{ssr}} \to \infty$。这说明 0 型系统是无法跟踪斜坡输入的。

对 Ⅰ 型系统，$K_v = K$，此时有 $e_{\text{ssr}} = v_0/K$。可见，K 增大可以减小给定稳态误差 e_{ssr}，故 Ⅰ 型系统能够跟踪斜坡输入，但存在一定误差。

对 Ⅱ 型系统，$K_v \to \infty$，此时有 $e_{\text{ssr}} \to 0$，这说明 Ⅱ 型系统是可以无差地跟踪斜坡输入信号的。

可见，在斜坡输入信号作用下，系统消除给定稳态误差的条件是 $v \geqslant 2$。

3. 抛物线输入下的给定稳态误差

设抛物线输入的拉氏变换为 $R(s) = a_0/s^3$，a_0 为斜坡信号的速度，则由式(3-96)可得系统的给定稳态误差为

$$e_{\text{ssr}} = \lim_{s \to 0} \frac{sR(s)}{1+G(s)H(s)} = \lim_{s \to 0} \frac{a_0}{s^2+s^2G(s)H(s)} = \frac{a_0}{\lim_{s \to 0} s^2 G(s)H(s)} = \frac{a_0}{K_a} \qquad (3-100)$$

式中，$K_a = \lim_{s \to 0} s^2 G(s)H(s)$ 称为稳态加速度误差系数。

对 0、Ⅰ 型系统，$K_a = 0$，此时有 $e_{\text{ssr}} \to \infty$。这说明 0、Ⅰ 型系统无法跟踪抛物线输入。

对 Ⅱ 型系统，$K_a = K$，此时有 $e_{\text{ssr}} = a_0/K$，这说明 Ⅱ 型系统可以有差地跟踪抛物线输入。可见，在抛物线输入信号作用下，系统消除给定稳态误差的条件是 $v \geqslant 3$。

当输入 $r(t)$ 为阶跃、斜坡和抛物线信号的组合时，既可以直接采用式(3-96)进行求解，也可以分别求出各信号作用下的稳态误差，然后再根据线性系统的叠加原理得到。

通过以上的分析，可以得出以下结论：

（1）增大开环传递函数的增益 K，可以减小一定形式输入信号下的稳态误差；

（2）增加开环传递函数的类型 v，可以消除一定形式输入信号下的稳态误差；

（3）对不同形式的输入量，要使开环传递函数具备相应的类型，才能保证误差精度的要求。

表 3-2 列出了系统三种类型和三种输入信号对应的稳态误差。需要注意的是，稳态误差系数主要对以上三种输入（阶跃、斜坡、抛物线）信号及其组合适用，当输入为其他信号形式时，需要引入动态误差系数的概念，读者可参阅相关书籍。

表 3-2　不同输入和类型下系统的给定稳态误差

类型	稳态误差系数			阶跃输入 $r(t) = r_0$ $e_{ssr} = \dfrac{r_0}{1+K_p}$	斜坡输入 $r(t) = v_0 t$ $e_{ssr} = \dfrac{v_0}{K_v}$	抛物线输入 $r(t) = a_0 t^2/2$ $e_{ssr} = \dfrac{a_0}{K_a}$
	K_p	K_v	K_a			
0	K	0	0	$\dfrac{r_0}{1+K}$	∞	∞
I	∞	K	0	0	$\dfrac{v_0}{K}$	∞
II	∞	∞	K	0	0	$\dfrac{a_0}{K}$

3.6.4　扰动稳态误差

图 2-22 所示为有给定作用和扰动作用的系统动态结构图。当给定输入 $R(s) = 0$，扰动信号 $N(s)$ 作用下的系统误差 $E_N(s)$ 称为扰动误差，它的大小反映了系统抗干扰能力的强弱。则由图 2-22 可知，扰动误差的拉氏变换可表示为

$$E_N(s) = R(s) - B(s) = -C(s)H(s) = -[E_N(s)G_1(s) + N(s)]G_2(s)H(s)$$

对上式整理可得

$$E_N(s) = \frac{-G_2(s)H(s)}{1+G_1(s)G_2(s)H(s)}N(s) \qquad (3-101)$$

上式也可以通过式（2-95），扰动作用下系统的偏差闭环传递函数直接得到。如果闭环系统稳定，$sE_N(s)$ 满足在 s 右半平面及除原点外的虚轴上解析的条件，则根据拉氏变换的终值定理，扰动稳态误差 e_{ssn} 可求得为

$$e_{ssn} = \lim_{t \to \infty} e_n(t) = \lim_{s \to 0} sE_N(s) = \lim_{s \to 0} \frac{-sG_2(s)H(s)N(s)}{1+G_1(s)G_2(s)H(s)} \qquad (3-102)$$

如果扰动信号为阶跃，即 $N(s) = r_0/s$，则知单位阶跃扰动信号的稳态误差为

$$e_{ssn} = \lim_{s \to 0} \frac{-G_2(s)H(s)r_0}{1+G_1(s)G_2(s)H(s)} \qquad (3-103)$$

在实际的控制系统中，反馈通路的传递函数 $H(s)$ 一般由测量元件实现，假设不含积分项，若取 $H(s)$ 为比例环节，对式（3-103）分析则可以得出以下结论：

（1）若 $G_2(s)$ 含有积分环节，而 $G_1(s)$ 不含有积分环节，则 $G_2(s)H(s)$ 与 $G_1(s)G_2(s)H(s)$ 含积分环节数相同，在 $s \to 0$ 时，二者趋向无穷的速度一致，容易理解这种情况下 e_{ssn} 等于某个常数。

（2）若 $G_1(s)$ 含有积分环节，则 $s \to 0$ 时，$G_1(s)G_2(s)H(s)$ 趋向无穷的速度远大于 $G_2(s)H(s)$，所以此时 $e_{\mathrm{ssn}} = 0$。

进一步容易推得，若 $G_1(s)$ 包含一个积分，则能使阶跃扰动稳态误差 $e_{\mathrm{ssn}} = 0$；若 $G_1(s)$ 包含两个积分环节，则能使斜坡扰动稳态误差 $e_{\mathrm{ssn}} = 0$。实际上，如在扰动作用点之前的前向通路设置 v 个积分环节，则可消除扰动信号为 $n(t) = \sum\limits_{i=0}^{v-1} n_i t^i$ 作用下的稳态误差。

（3）加大 $G_1(s)$ 增益可减小阶跃扰动稳态误差，但 $G_2(s)$ 的增益大小对阶跃扰动稳态误差影响较小，可以忽略不计。

同理，如果扰动信号为斜坡、抛物线，也可以按式（3-102）得到相应的扰动稳态误差，并按前面的方法进行分析，此处从略。

另一方面，注意到当 $G_1(s)G_2(s)H(s) \gg 1$ 时，特别是 $G_1(s)G_2(s)H(s)$ 含积分环节时，式（3-103）可近似为

$$E_{\mathrm{N}}(s) = \frac{-N(s)}{G_1(s)} \tag{3-104}$$

假设在图 2-22 所示的系统中，传递函数 $G_1(s)$ 可以表示为若干典型环节串联的形式：

$$G_1(s) = \frac{K_1(\tau_1 s + 1)\cdots(\tau_i^2 s^2 + 2\zeta_i \tau_i s + 1)\cdots}{s^v(T_1 s + 1)\cdots(T_j^2 s^2 + 2\zeta_j T_j s + 1)\cdots} \tag{3-105}$$

根据终值定理，扰动作用之下的稳态误差为

$$e_{\mathrm{ssn}} = \lim_{s \to 0} s E_{\mathrm{N}}(s) = \lim_{s \to 0} \frac{-sN(s)}{G_1(s)} = -\lim_{s \to 0} \frac{s^{v+1}}{K_1} N(s) \tag{3-106}$$

由上式可知，扰动作用之下稳态误差的大小，除了与扰动信号 $N(s)$ 的形式和大小有关外，还与扰动作用点之前的传递函数 $G_1(s)$ 中积分环节的个数 v 以及放大系数 K_1 有关。这与前面的分析是一致的。

例 3-14 控制系统结构如图 3-31 所示，设 $r(t) = 2t$，$n(t) = 0.5 \times 1(t)$，求系统的稳态误差。

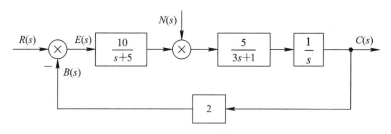

图 3-31   例 3-14 控制系统结构图

解： 与图 2-22 比较知，$G_1(s) = 10/(s+5)$，$G_2(s) = 5/s(3s+1)$，$H(s) = 2$，系统的开环传递函数为

$$G_{\mathrm{K}}(s) = G_1(s)G_2(s)H(s) = \frac{10 \times 5 \times 2}{s(s+5)(3s+1)} = \frac{20}{s(0.2s+1)(3s+1)}$$

可见系统为 I 型系统，且 $K = 20$。

参考输入的拉氏变换为 $R(s) = 2/s^2$，根据式（3-99）有

$$e_{\mathrm{ssr}} = \frac{a_0}{K_{\mathrm{v}}} = \frac{2}{K} = \frac{2}{20} = 0.1$$

当扰动输入的拉氏变换为 $N(s) = 0.5/s$ 时，根据式(3-103)可求得扰动作用下的误差为

$$e_{\text{ssn}} = \lim_{s \to 0} \frac{-G_2(s)H(s)r_0}{1 + G_1(s)G_2(s)H(s)} = -\lim_{s \to 0} \frac{\dfrac{5 \times 2}{s(3s+1)} \times 0.5}{1 + \dfrac{20}{s(0.2s+1)(3s+1)}} = -0.25$$

因此，系统总的稳态误差为

$$e_{\text{ss}} = e_{\text{ssr}} + e_{\text{ssn}} = 0.1 - 0.25 = -0.15$$

例 3-15　比例-积分控制系统如图 3-32 所示，试分别计算系统在阶跃扰动和斜坡扰动作用下的稳态误差。

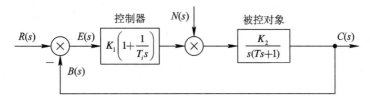

图 3-32　例 3-15 比例-积分控制系统

解：扰动作用点之前有一个积分环节，因此，阶跃扰动的稳态误差为零，但对斜坡扰动存在常值稳态误差。计算如下：

$$E_{\text{N}}(s) = -\frac{\dfrac{K_2}{s(Ts+1)}}{1 + \dfrac{K_1(T_i s + 1)}{T_i s}\dfrac{K_2}{s(Ts+1)}} N(s) = -\frac{K_2 T_i s}{T_i T s^3 + T_i s^2 + K_1 K_2 T_i s + K_1 K_2} N(s)$$

当 $N(s) = r_0/s$ 时，为阶跃扰动：

$$e_{\text{ssn}} = \lim_{s \to 0} s E_{\text{N}}(s) = -\lim_{s \to 0} \frac{s K_2 T_i s}{T_i T s^3 + T_i s^2 + K_1 K_2 T_i s + K_1 K_2} \frac{r_0}{s} = 0$$

当 $N(s) = v_0/s^2$ 时，为斜坡扰动：

$$e_{\text{ssn}} = \lim_{s \to 0} s E_{\text{N}}(s) = -\lim_{s \to 0} \frac{s K_2 T_i s}{T_i T s^3 + T_i s^2 + K_1 K_2 T_i s + K_1 K_2} \frac{v_0}{s^2} = -\frac{T_i}{K_1} v_0$$

3.6.5　改善稳态精度的方法

由以上分析可知，增加前向通路积分环节的个数或增大开环放大倍数，均可减小系统的给定稳态误差；而增加误差信号到扰动作用点之间的积分环节个数或放大倍数，可减小系统的扰动稳态误差。系统的积分环节一般不能超过两个，放大倍数也不能随意增大，否则将使系统暂态性能变坏，甚至造成不稳定。因此，稳态精度与稳定性始终存在矛盾。为达到在保证稳定的前提下提高稳态精度的目的，可采用以下方法：

(1)增大开环放大倍数 K 或增大扰动作用点之前系统的前向通路增益 K_1 的同时，附加校正装置，以确保稳定性。校正问题将在第 6 章中介绍。

(2)增加前向通路积分环节个数的同时，也要对系统进行校正，以防止系统不稳定，并保证具有一定的动态响应速度。

(3)采用复合控制。在输出反馈的基础上，再增加按给定作用或主要扰动作用而进行

的补偿控制,构成复合控制系统。

1. 按给定补偿的复合控制

如图 3 - 33 所示,在系统中引入前馈控制,即给定作用通过补偿环节 $G_r(s)$ 产生附加的开环控制作用,从而构成具有复合控制的随动系统。其传递函数为

$$G_B(s) = \frac{C(s)}{R(s)} = \frac{G_2(s)[G_1(s) + G_r(s)]}{1 + G_1(s)G_2(s)H(s)} \qquad (3 - 107)$$

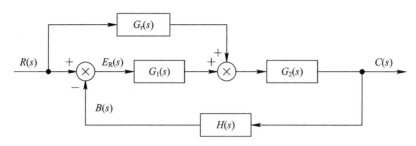

图 3 - 33　按给定补偿的复合控制结构图

由图 3 - 33 得给定误差 $E_R(s)$ 为

$$E_R(s) = R(s) - B(s)$$

$$= R(s) - H(s)G_B(s)R(s) = \frac{1 - G_r(s)G_2(s)H(s)}{1 + G_1(s)G_2(s)H(s)}R(s) \qquad (3 - 108)$$

由式(3 - 108)可知,若 $G_r(s)$ 满足

$$G_r(s) = \frac{1}{G_2(s)H(s)} \qquad (3 - 109)$$

则 $E_R(s) = 0$,即系统能完全复现给定输入作用。式(3 - 109)在工程上称为给定作用下实现完全不变性的条件,这种将误差完全补偿的作用称为全补偿。

2. 按扰动补偿的复合控制

如图 3 - 34 所示,引入扰动补偿信号,即扰动作用通过补偿环节 $G_n(s)$ 产生附加的开环控制作用,构成复合控制系统。

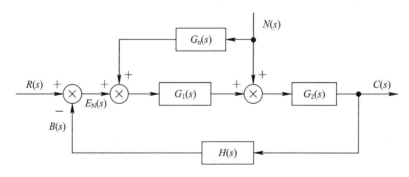

图 3 - 34　按扰动补偿的复合控制结构图

此时,系统的扰动误差就是给定量为零时系统反馈量的负值,即

$$E_N(s) = -B(s) = -H(s)C(s) = -H(s)\frac{G_2(s)[1 + G_n(s)G_1(s)]}{1 + G_1(s)G_2(s)H(s)}N(s) \qquad (3 - 110)$$

由式(3 - 110)可知,若 $G_n(s)$ 满足

$$G_{\mathrm{n}}(s) = -\frac{1}{G_1(s)} \tag{3-111}$$

则 $E_{\mathrm{N}}(s) = 0$ 且 $C(s) = 0$，系统输出完全不受扰动的影响，即实现对外部扰动作用的完全补偿。式(3-111)称为扰动作用下实现完全不变性的条件。

值得指出的是，由于 $G_{\mathrm{r}}(s) = 1/G_2(s)H(s)$ 和 $G_{\mathrm{n}}(s) = -1/G_1(s)$，而 $G_1(s)$ 和 $G_2(s)H(s)$ 一般是 s 的有理真分式，尤其是 $G_2(s)$ 更是如此。所以在工程实践中，$G_{\mathrm{r}}(s)$ 和 $G_{\mathrm{n}}(s)$ 比较难以实现。也就是说，实际应用中很难实现完全补偿。但即使采用部分补偿往往也可以取得显著效果，对改善系统的稳态性能仍能产生十分有效的作用。

3.7　时域分析的 MATLAB 方法

本节简要介绍利用 MATLAB 软件进行控制系统动态响应分析的计算方法。先讨论控制系统的阶跃响应、脉冲响应、斜坡响应以及其他简单输入信号的响应问题，着重讨论其基本的调用方式；其次讨论控制系统动态性能指标的计算以及稳定性计算问题。

3.7.1　典型输入信号的响应

典型输入信号的响应主要包括单位阶跃、单位脉冲、单位斜坡响应以及对任意输入信号的响应。MATLAB 控制系统工具箱提供了求解系统时域响应的若干函数，简述如下。

1. 单位阶跃响应

MATLAB 控制系统工具箱提供了一个求解系统单位阶跃响应的函数 step()，其基本调用格式有如下两种：

$$\text{step(sys1, sys2, …, t)} \quad 或 \quad [y, t] = \text{step(sys1, sys2, …, t)} \tag{3-112}$$

第一种调用格式 step(sys1, sys2, …, t)不关心系统阶跃响应的具体数值，仅仅在一张图上绘制出系统 sys1, sys2, …的阶跃响应曲线。t 是时间向量，为可选参数，格式为

$$\text{t = t0：tspan：tfinal} \tag{3-113}$$

式中，t0 为开始时间，tspan 为时间间隔，tfinal 为结束时间。若指令中不出现时间 t，则系统会自动予以确定。用户还可以指定每个系统响应曲线的颜色、线型及标记等，其调用格式为

$$\text{step(sys1, 'r', sys2, 'y --', sys3, 'gx', …, t)} \tag{3-114}$$

step()函数的第二种调用格式[y, t] = step(sys1, sys2, …, t)返回系统的单位阶跃响应数据，但不在屏幕上绘制系统的阶跃响应曲线。其中 t 为时间向量，其格式定义同式(3-113)。计算机根据用户给出的时间 t，计算出相应的 y 值。若要生成响应曲线，则需使用指令 plot()。在 step()函数的两种格式中，sys 是系统的传递函数描述，详见 2.5 节内容。

例 3-16　已知二阶控制系统的闭环传递函数为

$$G(s) = \frac{\omega_{\mathrm{n}}^2}{s^2 + 2\zeta\omega_{\mathrm{n}}s + \omega_{\mathrm{n}}^2}$$

试用 MATLAB 求系统 $\omega_{\mathrm{n}} = 6$，$\zeta = 0.1, 0.2, \cdots, 1.0, 2.0$ 时的单位阶跃响应。

解：编写程序如下：

```
% 例 3-16 特征参数 ωn=6，ζ=0.1，0.2，…，1.0，2.0。
wn=6；
kosi=［0.1：0.1：1.0，2.0］；
figure(1)；
hold on
for kos=kosi
        num=wn.^2；
        den=［1，2*kos*wn，wn.^2］；
        step(num，den)；
end
title('二阶系统阻尼系数为 0.1，0.2，～1.0，2.0 时的阶跃响应')；
hold off
grid；
axis(［0 6 0 1.8］)；
```

程序执行结果如图 3-35 所示。

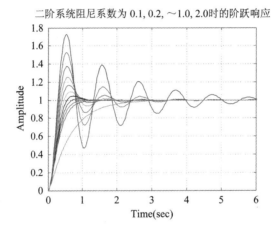

图 3-35　例 3-16 MATLAB 程序运行结果

2. 单位脉冲响应

MATLAB 提供了一个函数 impulse()来实现系统的单位脉冲响应。其基本调用格式为

$$impulse(sys1，sys2，…，t) \quad 或 \quad ［y，t］=impulse(sys1，sys2，…，t) \quad (3-115)$$

具体的参数和返回值的含义与 step()函数相同，不再赘述。

例 3-17 已知单位反馈系统的开环传递函数为

$$G_K(s) = \frac{0.2(s+2)}{s(s+0.5)(s+0.8)(s+3)}$$

试求其单位脉冲响应。

解： 编写程序如下：

```
% 例 3-16 脉冲响应
k=0.2；
z=-2；
p=［0，-0.5，-0.8，-3］；
```

```
sys0 = zpk(z, p, k);
sys = feedback(sys0, 1);
impulse(sys);
%计算误差面积
[y, t] = impulse(sys);
trapz(t, y);
```

运行结果为

```
ans = 0.9963
```

可得系统的单位脉冲响应曲线如图 3-36 所示。

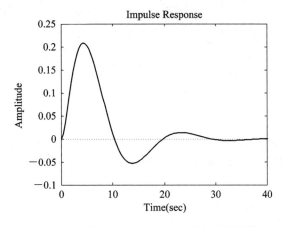

图 3-36　例 3-17 MATLAB 程序运行结果

3. 单位斜坡响应

在 MATLAB 中没有提供斜坡响应的相关函数，但是可以利用阶跃响应命令来求斜坡响应。根据单位斜坡响应输入是单位阶跃输入的积分，当求传递函数为 $G(s)$ 的斜坡响应时，可先用 s 除以 $G(s)$ 得 $G'(s)$，再利用 $G'(s)$ 的阶跃响应命令即可求得斜坡响应。

例 3-18　已知闭环系统传递函数为

$$G(s) = \frac{C(s)}{R(s)} = \frac{1}{s^2 + 0.3s + 1}$$

解：对单位斜坡输入 $r(t) = t$，$R(s) = 1/s^2$，则有

$$C(s) = \frac{1}{s^2 + 0.3s + 1} \times \frac{1}{s^2} = \frac{1}{(s^2 + 0.3s + 1)s} \times \frac{1}{s}$$

求系统单位斜坡响应，可编写 MATLAB 程序如下：

```
% 例 3-18 利用阶跃响应求斜坡响应
num = [1];
den = [1, 0.3, 1, 0];
t = [0:0.1:10];
c = step(num, den, t);
plot(t, c, 'k');
hold on
plot(t, t, 'b--');
grid;
```

```
xlabel('Time[sec]');
ylabel('InputandOutput');
```

执行程序可得系统的单位斜坡响应曲线如图 3 - 37 所示。

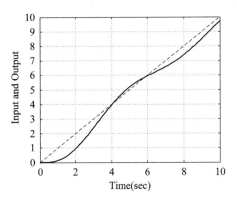

图 3 - 37　例 3 - 18 MATLAB 程序运行结果

4. 任意信号响应

在许多情况下，需要求取在任意已知函数作用下系统的响应，此时可用线性仿真函数 lsim( ) 来实现，这样 MATLAB 就可以实现任意已知函数作用下系统的响应，其调用格式为

lsim(sys, u, t)或 lsim(sys, u, t, x0)或[y, t, x]=lsim(sys, u, t)或 y=lsim(sys, u, t)

$$(3-116)$$

其中：u 为给定的输入向量；t 为输入的时间向量；x0 为初始条件。

例 3 - 19　反馈系统如图 3 - 38(a)所示，系统输入信号为如图 3 - 38(b)所示的三角波，求系统的输出响应。

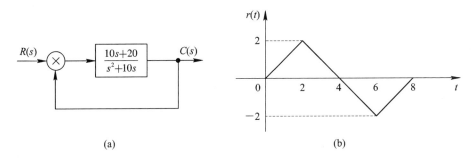

(a)　　　　　　　　　　　　　　　　(b)

图 3 - 38　例 3 - 19 反馈系统及输入信号

解：编写程序如下：

```
%例 3 - 19 求任意输入信号的响应
numg=[10, 20];
deng=[1, 10, 0];
[num, den]=cloop(numg, deng, -1);
sys=tf(num, den);
v1=[0:0.1:2];
v2=[1.9:-0.1:-2];
```

```
v3=[-1.9:0.1:0];
t=[0:0.1:8];
u=[v1, v2, v3];
[y, t, x]=lsim(sys, u, t);
plot(t, y, 'k', t, u, 'b--');
xlabel('Time[sec]');
ylabel('theta[rad]');
grid
```

执行程序可得系统的响应曲线如图 3-39 所示。

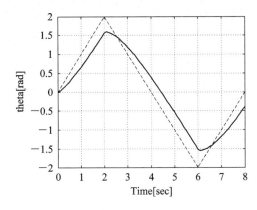

图 3-39　例 3-19 三角波输入信号的响应

3.7.2　计算动态性能指标

利用 MATLAB 可以很方便地求出系统的主要性能指标，包括上升时间、峰值时间、最大超调量和调节时间等。为了求出这些性能指标，可先利用[y, t]=step(sys, t)函数求出单位阶跃响应的具体数值，然后根据性能指标的定义编程计算。

例 3-20　考虑由下式表示的高阶系统

$$G(s) = \frac{6s^2 + 18s + 12}{s^4 + 6s^3 + 11s^2 + 18s + 12}$$

利用 MATLAB 计算系统的上升时间、峰值时间、超调量和调节时间。

解：编写程序如下：

```
%例 3-20 计算系统的动态性能指标
num=[0, 0, 6, 18, 12];
den=[1, 6, 11, 18, 12];
sys=tf(num, den);                       %定义系统
t=0:0.0005:20;                          %定义仿真时间
[y, t]=step(sys, t);                    %求单位阶跃响应数值及各点对应的时间
r1=1; while y(r1)<1.00001; r1=r1+1; end;
rise_time=(r1-1)*0.0005                 %计算上升时间
[ymax, tp]=max(y);                      %计算最大输出量值
peak_time=(tp-1)*0.0005                 %计算峰值时间
max_overshoot=ymax-1                    %计算超调量
```

s＝20/0.0005；while y(s)＞0.98 & y(s)＜1.02；s＝s－1；end；

settle_time＝(s－1) * 0.0005　　　　　　　%计算调节时间(误差带宽度取 2%)

执行程序可得系统的动态性能指标如下：

rise_time＝0.8555

peak_time＝1.6800

max_overshoot＝0.6222

settle_time＝9.9790

动态性能指标也可以通过 step( )函数直接求取，在自动绘制的系统阶跃响应曲线上，单击曲线上的某点，则可显示该点对应的时间信息和相应的幅值信息，如图 3－40(a)所示，这样可以容易地分析系统阶跃响应的情况。

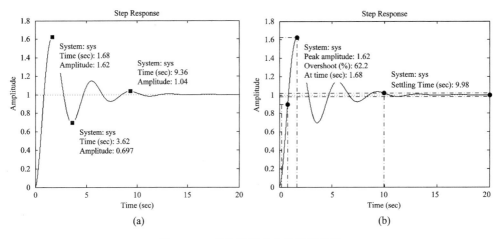

图 3－40　系统阶跃响应的性能指标

另外，如果分析系统的性能指标如上升时间、超调量、调节时间等，也可以在绘出的系统阶跃响应曲线上右击鼠标，在出现的菜单中选择其中的 Characterstics 菜单项，从中选择合适的分析内容，即可得到系统阶跃响应指标，如图 3－40(b)所示。

3.7.3　分析系统的稳定性

前已述及，控制系统稳定的充要条件是特征方程所有的根均位于 s 左半平面内，利用 MATLAB，可以直接求解系统特征方程的根，根据根的分布来判断系统的稳定性。MATLAB函数 tf2zp( )以及求根函数 roots( )都可以完成该工作。tf2zp( )函数的调用格式为

[z, p, k]＝tf2zp(num, den)

roots( )函数的调用格式为

r＝roots(den)

其中 num、den 分别为系统的分子多项式和分母多项式的系数按降幂排列的向量。

例 3－21　设某控制系统的传递函数为

$$G(s) = \frac{s^2 + 6s + 6}{s^4 + 3s^3 + 8s^2 + 2s + 4}$$

试判断其稳定性。

解：先用 tf2zp( )函数求出系统的零点和极点，然后判断系统的稳定性，编写程序如下：

%判断系统的稳定性

```
num＝[0，0，1，6，6]；
den＝[1，3，8，2，4]；
flag1＝0；
[z，p，k]＝tf2zp(num，den)；    %计算系统的零点和极点
disp('系统的零点和极点为：')；    %显示系统的零点和极点
z
p
n＝length(p)；
for i＝1：n                           %判断系统是否稳定
    if real(p(i)＞0) flag1＝1；end
end
m＝length(z)；
%显示结果
if flag1＝＝1 disp('该系统不稳定。')；
    else  disp('该系统稳定。')；end
```

执行程序可得结果如下：

$$z＝-4.7321$$
$$-1.2679$$
$$p＝-1.4737 ＋ 2.2638i$$
$$-1.4737 - 2.2638i$$
$$-0.0263 ＋ 0.7399i$$
$$-0.0263 - 0.7399i$$

该系统稳定。

习　　题

3.1　一阶系统结构图如图 3-41 所示，要求调节时间 $t_s \leqslant 0.1$ s，试确定系统反馈系数 K_t 的值。

3.2　系统结构图如图 3-42 所示。已知传递函数 $G(s) = \dfrac{10}{0.2s+1}$，今欲采用加负反馈的办法，将调节时间 t_s 减小为原来的 0.1 倍，并保证总放大倍数不变。试确定参数 K_b 和 K_0 的数值。

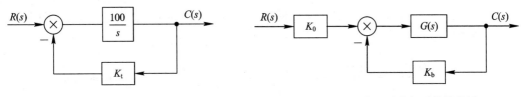

图 3-41　习题 3.1 用图(一阶系统结构图)　　　　图 3-42　习题 3.2 用图(系统结构图)

3.3　试画出对应于下列每一指标要求的二阶系统极点在 s 平面上的区域。

(1) $\zeta > 0.707$，$\omega_n > 2$ rad/s；

(2) $\zeta > 0.5$，2 rad/s $< \omega_n < 4$ rad/s；

(3) $0 < \zeta < 0.707$，$\omega_n < 2$ rad/s；

(4) $0.5 < \zeta < 0.707$，$\omega_n < 2$ rad/s。

3.4 考虑一个单位反馈控制系统，其闭环传递函数为 $G_B(s) = \dfrac{C(s)}{R(s)} = \dfrac{Ks+b}{s^2+as+b}$，

(1) 试确定其开环传递函数 $G_K(s)$。

(2) 求单位斜坡输入时的稳态误差。

3.5 已知单位反馈系统的单位阶跃响应为 $c(t) = 1 + 0.2\mathrm{e}^{-60t} - 1.2\mathrm{e}^{-10t}$，求：

(1) 开环传递函数 $G_K(s)$；

(2) ζ，ω_n，$\sigma\%$，t_s；

(3) 在 $r(t) = 2 + 2t^2$ 作用下的稳态误差 e_{ssr}。

3.6 如图 3-43 所示的二阶系统，欲增加负反馈环节将阻尼系数提高到原阻尼系数的 2 倍，同时保证闭环增益和自然频率不变，试确定 $H(s)$。

3.7 已知某控制系统的单位阶跃响应曲线如图 3-44 所示。试用典型二阶系统传递函数为系统建模，并计算调节时间。

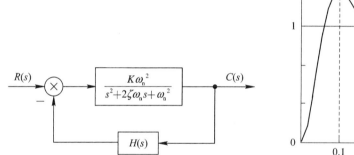

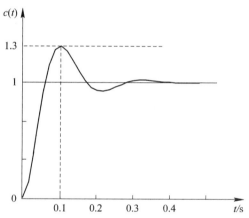

图 3-43 习题 3.6 用图(二阶系统结构图)　　　图 3-44 习题 3.7 用图(二阶系统响应曲线)

3.8 已知控制系统的特征方程如下，试求系统在 s 右半平面的根数及虚根值。

(1) $s^5 + 3s^4 + 12s^3 + 24s^2 + 32s + 48 = 0$；

(2) $s^6 + 4s^5 - 4s^4 + 4s^3 - 7s^2 - 8s + 10 = 0$；

(3) $s^5 + 3s^4 + 12s^3 + 20s^2 + 35s + 25 = 0$。

3.9 图 3-45 所示的是一具有速度反馈的电动机控制系统，试确定使系统渐近稳定的 K 的取值范围。

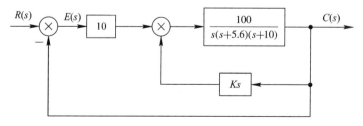

图 3-45 习题 3.9 电动机控制系统结构图

3.10　控制系统结构图如图 3-46 所示，图中 $G_c(s) = \dfrac{as^2 + bs}{1 + T_2 s}$，当输入 $r(t) = t^2/2$ 时，如果要求系统的稳态误差为零，试确定参数 a、b。

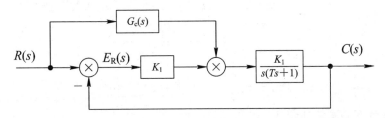

图 3-46　习题 3.10 控制系统结构图

3.11　已知某单位反馈系统的开环传递函数为 $G_K(s) = \dfrac{K}{s(0.1s+1)(0.25s+1)}$，试求：

(1) 使系统稳定的 K 值范围；

(2) 要求闭环系统全部特征根都位于 $\mathrm{Re}(s) = -1$ 直线之左，确定 K 的取值范围。

3.12　已知图 3-47 所示控制系统，如果将误差定义为 $e(t) = r(t) - c(t)$。

(1) 试问当 $K_2 = 1$ 时，系统对 $r(t)$ 是几型的？

(2) 如果系统对 $r(t)$ 为 Ⅰ 型，试确定 K_2 的值。

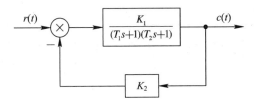

图 3-47　习题 3.12 控制系统结构图

3.13　系统结构图如图 3-48 所示。试分别计算当 $r(t) = t \times 1(t)$ 时和 $n(t) = 1(t)$ 时系统的稳态误差。试比较说明开环放大系数在闭回路上的分布分别对 $r(t)$ 和 $n(t)$ 作用下的稳态误差的影响。

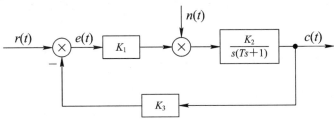

图 3-48　习题 3.13 控制系统结构图

3.14　已知控制系统结构如图 3-49 所示。其中 $K_1, K_2 > 0, \beta \geqslant 0$。

试分析：

(1) β 值大小对系统稳定性的影响；

(2) β 值大小对动态性能($\sigma\%$, t_s)的影响；

(3) β 值大小在斜坡输入信号 $r(t) = at$(a 为大于零的常数)作用下，对系统稳态误差的影响。

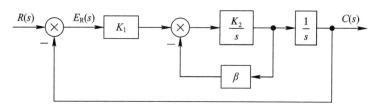

图 3 - 49　习题 3.14 控制系统结构图

3.15　复合控制系统如图 3 - 50 所示。

（1）$n(t) = t$ 时，计算稳态误差 e_{ssn}；

（2）设计 K_c，使系统在 $r(t) = t$ 作用下无稳态误差。

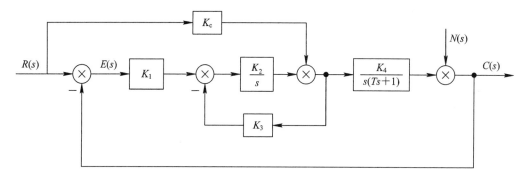

图 3 - 50　习题 3.15 控制系统结构图

第4章　线性系统的根轨迹法

通过对线性系统的时域分析，我们知道控制系统的性能，无论是动态性能还是稳态性能，都是由控制系统的闭环传递函数决定的。而闭环传递函数可以表示为如式（2-53）所示的零、极点形式，也就是说闭环传递函数的零、极点可以表征其结构特征，所以我们可以用闭环传递函数的零、极点研究线性系统的性能。对于简单的一阶或二阶系统，可以通过因式分解方便地求出其零、极点；但是对高阶系统而言，采用因式分解求取系统的闭环特征方程根（即闭环极点）一般是极为困难的。另外，在控制系统的设计中，经常需要考察系统某一参数（如开环根增益）改变时，闭环极点的位置改变情况，以便于根据控制系统的性能要求，确定这些参数。这些往往都需要反复的计算，使控制系统的设计费时费力。

1948年，伊万斯（Evans）根据反馈控制系统中开、闭环传递函数之间的关系，首先提出了一种根据开环传递函数的零、极点分布，用图解方法来确定闭环传递函数极点随参数变化的运动轨迹，这种方法被称为根轨迹法。因为根轨迹法是一种图解的方法，具有直观、形象的特点，且可以避免繁琐的计算，故在控制工程领域中获得了广泛的应用。

4.1　根轨迹的基本概念

由于根轨迹法是通过系统在复数域中的特征根（极点）来评价、计算控制系统在时域中的性能的，如判断系统稳定性、预测闭环系统的性能，以获得希望的性能指标，所以根轨迹分析法是一种复数域分析法。

4.1.1　根轨迹的定义

所谓根轨迹，就是当开环系统的某个参数从 0 趋向 $+\infty$ 变化时，闭环系统特征根（闭环极点）在 s 复平面上移动所形成的轨迹。

下面通过一个简单的例子来说明根轨迹。

例 4-1　控制系统结构如图 4-1(a)所示，其开环传递函数为

$$G(s)H(s) = \frac{K_r}{(s+1)(s+2)}$$

试绘出当 K_r 从 0 趋向 $+\infty$ 变化时的根轨迹。

解：由开环传递函数知，系统有两个开环极点 $p_1 = -1$，$p_2 = -2$。K_r 为根增益。

系统的闭环传递函数为

$$G_B(s) = \frac{K_r}{s^2 + 3s + 2 + K_r}$$

故系统的特征方程是 $D(s) = s^2 + 3s + 2 + K_r$。可以解出闭环系统的特征根即极点为

$$s_{1,2} = -\frac{3}{2} \pm \frac{1}{2}\sqrt{1 - 4K_r}$$

当 K_r 在 $0 \rightarrow +\infty$ 变化时，根据 K_r 取不同的值，系统的极点随之发生变化的情况是：

(1) 当 $K_r = 0$ 时，$s_1 = -1 = p_1$，$s_2 = -2 = p_2$，系统的开环极点就是闭环极点；

(2) 当 $0 < K_r < 0.25$ 时，闭环极点 s_1，s_2 为两个互不相等的负实根；

(3) 当 $K_r = 0.25$ 时，闭环极点 $s_1 = s_2 = -1.5$，为两个相等的负实根；

(4) 当 $0.25 < K_r < +\infty$ 时，闭环极点 $s_{1,2} = -1.5 \pm \mathrm{j} \dfrac{1}{2}\sqrt{4K_r - 1}$，是实部为负常数的共轭复根。

通过以上分析，可知当 K_r 从 0 趋向 $+\infty$ 变化时，系统特征根（闭环极点）变化轨迹如图 4-1(b)所示，此即为系统的根轨迹，图中箭头表示沿 K_r 值增大的方向。

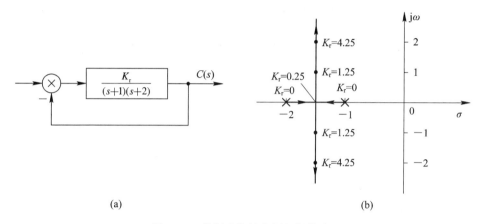

(a)　　　　　　　　　　　　　　　　　　(b)

图 4-1　控制系统结构图与根轨迹

4.1.2　根轨迹与系统性能

在绘制好系统的根轨迹后，就可根据它来分析系统性能随参数根增益 K_r 变化的规律。

1. 稳定性

当 K_r 从 0 趋向 $+\infty$ 变化时，显然，由图 4-1(b)可知，闭环系统的根轨迹均在 s 左半平面，故系统对所有大于 0 的 K_r 值都是稳定的。如果系统根轨迹越过了虚轴而进入 s 右半平面，则在相应 K_r 值下系统是不稳定的，其中根轨迹与虚轴交点处的 K_r 值，一般称为临界根增益。

2. 稳态性能

由图 4-1(b)可知，开环系统在坐标原点没有极点，系统属于 0 型系统。由开环传递函数知，根轨迹上的 K_r 值与稳态位置误差系数 K_p 的关系是 $K_p = K_r/2$。

对单位阶跃输入即 $r(t) = 1(t)$ 时，$e_{ssr} = 1/(1 + (K_r/2))$，故稳态误差随 K_r 值的增大而减小；

对单位斜坡输入或抛物线输入，由表 3-2 知，均有 $e_{ssr} = \infty$。

3. 动态性能

根据根轨迹图，动态特性可以分为以下三种情况进行讨论：

(1) 当 $0 < K_r < 0.25$ 时，闭环极点为两个相异的负实根，系统为过阻尼状态，系统的阶跃响应为单调变化；

(2) 当 $K_r = 0.25$ 时，闭环极点为重根，系统为临界阻尼状态，系统的阶跃响应为单调变化；

(3) 当 $0.25 < K_r < +\infty$ 时，闭环极点为实部为负的共轭复根，系统为欠阻尼状态，系统的阶跃响应为衰减振荡，且系统的超调量随 K_r 值增大而增大，但是调节时间不变。

以上分析说明，根轨迹与系统性能之间有着密切的联系，利用根轨迹可以分析当系统参数（K_r）增大时系统动态性能的变化趋势。

4.1.3　根轨迹方程与条件

例 4-1 只是一个极为简单的系统，如果系统较为复杂，一般只能用解析的方法逐点描画、绘制系统的根轨迹，这是特别麻烦的。我们希望有更简便的方法。对闭环反馈控制而言，由于其开环传递函数一般是由一些低阶的环节串联而成的，故开环零、极点一般较易得到，那么是否能根据开环的零、极点直接绘出闭环系统的根轨迹呢？这就需要研究闭环零、极点与开环零、极点之间的关系。

1. 开、闭环的零、极点关系

闭环控制系统一般都可以表示为如图 4-2 所示的结构，其中，$G(s)$ 和 $H(s)$ 分别为前向通路与反馈通路的传递函数。

假设 $G(s)$ 和 $H(s)$ 可用零、极点形式表示为

$$G(s) = \frac{K_G \prod\limits_{i=1}^{f} (s - z_i)}{\prod\limits_{i=1}^{g} (s - p_i)} \qquad (4-1)$$

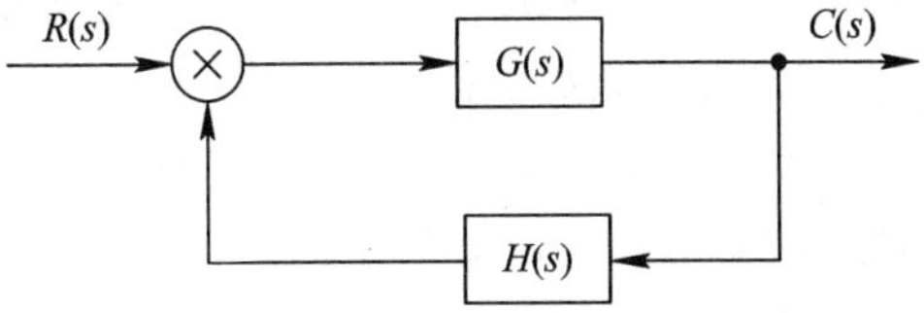

图 4-2　闭环控制系统结构图

$$H(s) = \frac{K_H \prod\limits_{j=1}^{l} (s - z_j)}{\prod\limits_{j=1}^{h} (s - p_j)} \qquad (4-2)$$

则闭环系统的开环传递函数 $G(s)H(s)$ 可表示为

$$G(s)H(s) = \frac{K_r \prod\limits_{i=1}^{f} (s - z_i) \prod\limits_{j=1}^{l} (s - z_j)}{\prod\limits_{i=1}^{g} (s - p_i) \prod\limits_{j=1}^{h} (s - p_j)} \qquad (4-3)$$

其中，K_r 为根增益，显然 $K_r = K_G K_H$。设 $G(s)H(s)$ 有 m 个零点、n 个极点，则还可以表示为

$$G(s)H(s) = \frac{K_r \prod\limits_{i=1}^{m} (s - z_i)}{\prod\limits_{j=1}^{n} (s - p_j)} \qquad (4-4)$$

由图 4-2 知，系统的闭环传递函数为

$$G_B(s) = \frac{G(s)}{1 + G(s)H(s)} = \frac{K_G \prod\limits_{i=1}^{f} (s - z_i) \prod\limits_{j=1}^{h} (s - p_j)}{\prod\limits_{j=1}^{n} (s - p_j) + K_r \prod\limits_{i=1}^{m} (s - z_i)} \qquad (4-5)$$

由式(4-5)可得两个结论：

(1) 闭环传递函数的零点是由前向通路传递函数 $G(s)$ 的零点和反馈通路传递函数

$H(s)$ 的极点组成的。对于单位反馈系统 $H(s) = 1$，闭环零点就是开环零点。因为闭环零点不会随 K_r 的变化而变化，故在此不予讨论。

（2）闭环极点与开环零点、开环极点以及根增益 K_r 均有关。闭环极点会随 K_r 的变化而变化，所以研究闭环极点随 K_r 的变化规律是有必要的。

根轨迹法的任务在于，由已知的开环零、极点的分布及根增益，通过图解法找出闭环极点。一旦闭环极点确定后，再补上闭环零点，系统性能便可以确定。

2. 根轨迹方程

由式(4-5)可得系统的特征方程为

$$1 + G(s)H(s) = 0 \qquad (4-6)$$

由式(4-4)及式(4-6)可得

$$G(s)H(s) = \frac{K_r \prod\limits_{i=1}^{m}(s - z_i)}{\prod\limits_{j=1}^{n}(s - p_j)} = -1 \qquad (4-7)$$

显然，在 s 平面上凡是满足式(4-7)的点，都是根轨迹上的点。绘制闭环特征方程的根轨迹实质上就是寻找所有满足式(4-7)的解，故式(4-7)被称为根轨迹方程，这个方程式表达了开环传递函数与闭环特征方程式的关系。

3. 根轨迹的条件

因为 $G(s)H(s)$ 是 s 的复函数，由复变函数理论知，根轨迹方程即式(4-7)如果成立，则必须满足以下两个条件：

幅值条件：

$$|G(s)H(s)| = \frac{K_r \prod\limits_{i=1}^{m}|s - z_i|}{\prod\limits_{j=1}^{n}|s - p_j|} = 1 \qquad (4-8)$$

相角条件：

$$\begin{aligned}
\angle G(s)H(s) &= \sum_{i=1}^{m}\angle(s - z_i) - \sum_{j=1}^{n}\angle(s - p_j) = \sum_{i=1}^{m}\varphi_i - \sum_{j=1}^{n}\theta_j \\
&= (2k+1)\pi, \quad k = 0, \pm 1, \pm 2, \cdots
\end{aligned} \qquad (4-9)$$

其中，$\sum \varphi_i$，$\sum \theta_j$ 分别表示所有开环零、极点到根轨迹上某一点的向量相角之和。幅值条件与相角条件是绘制根轨迹的两个基本条件。

比较式(4-8)和式(4-9)可以看出，幅值条件式(4-8)与根轨迹增益 K_r 有关，而相角条件式(4-9)却与 K_r 无关。故在 s 平面上的某一点，只要满足相角条件，则该点必在根轨迹上。至于该点所对应的 K_r 值，可由幅值条件得出。这说明在 s 平面上满足相角条件的点，必定也同时满足幅值条件。因此，相角条件是确定根轨迹 s 平面上一点是否在根轨迹上的充分必要条件。

下面通过一个例子说明如何根据基本条件来绘制系统的根轨迹。

例 4-2 已知控制系统的开环传递函数为

$$G(s)H(s) = \frac{K_r(s - z_1)}{s(s - p_2)(s - p_3)}$$

其开环零、极点分布如图 4-3 所示，试求取闭环系统的根轨迹。

解： 在 s 平面上任取一点 s_1，并画出所有开环零、极点到点 s_1 的向量，若在该点处相角条件

$$\sum_{i=1}^{m}\varphi_i - \sum_{j=1}^{n}\theta_j = \varphi_1 - (\theta_1 + \theta_2 + \theta_3)$$
$$= (2k+1)\pi$$

成立，则 s_1 为根轨迹上的一个点。该点对应的根轨迹增益 K_r 可根据幅值条件计算如下：

$$K_r = \frac{|s_1||s_1 - p_2||s_1 - p_3|}{|s_1 - z_1|}$$

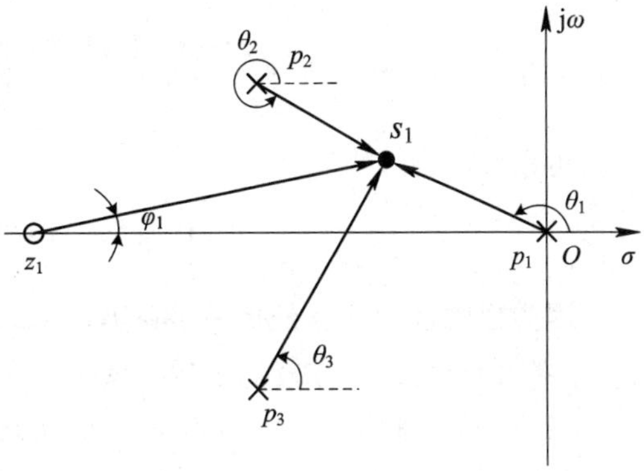

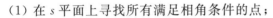

故在已知开环传递函数 $G(s)H(s)$ 的零、极点分布后，可以按照下列方法绘制根轨迹：

图 4-3　例 4-2 之开环零、极点分布图

(1) 在 s 平面上寻找所有满足相角条件的点；

(2) 用幅值条件确定这些点的 K_r 值。

显然，按上述完全依据基本条件来绘制根轨迹需要逐点试探，绘制过程将是十分繁琐的，故该方法不实用。实际绘制根轨迹是应用以根轨迹方程为基础建立起来的相应法则进行的。

4.2　绘制根轨迹的基本法则

根据根轨迹的定义，绘制根轨迹时可变参数的选择是任意的，但在实际应用中最常用的可变参数一般是系统的根增益 K_r，又因为控制系统多为负反馈闭环控制，故以根增益 K_r 为可变参数的负反馈闭环系统的根轨迹称为常规根轨迹。除此之外，还有参数根轨迹、零度根轨迹等，相对常规根轨迹而言，它们常被称为广义根轨迹。本节主要讨论绘制这些根轨迹的基本法则以及闭环极点的确定方法。熟练地掌握这些法则，就可以方便、快速地绘制系统的根轨迹。

4.2.1　常规根轨迹绘制法则

设控制系统的开环传递函数为

$$G(s)H(s) = \frac{K_r(s-z_1)\cdots(s-z_m)}{(s-p_1)(s-p_2)\cdots(s-p_n)} = \frac{K_r\prod_{i=1}^{m}(s-z_i)}{\prod_{j=1}^{n}(s-p_j)},\ n \geqslant m \qquad (4-10)$$

式中，z_i，p_j 分别为 $G(s)H(s)$ 的零点和极点，它们可以是实数也可以是复数。

1. 起点、终点和分支数法则

根轨迹起始于开环极点，终止于开环零点，分支数等于极点数。

如果 $m < n$，即开环零点数小于开环极点数，则除有 m 条根轨迹终止于开环零点外，还有 $n-m$ 条根轨迹终止于无穷远点。

证明： 对负反馈控制，根据特征方程 $1+G(s)H(s)=0$ 及式 (4-10) 可得根轨迹方程为

$$G(s)H(s) = \frac{K_r \prod\limits_{i=1}^{m}(s - z_i)}{\prod\limits_{j=1}^{n}(s - p_j)} = -1$$

上式可以改写为

$$\prod_{j=1}^{n}(s - p_j) + K_r \prod_{i=1}^{m}(s - z_i) = 0$$

因为根轨迹的起点是指根增益 $K_r = 0$ 的根轨迹点，由上式可知，当 $K_r = 0$ 时，只有当 s 等于各开环极点 p_j 才能满足等式要求，故根轨迹的起始位置必然在 n 个开环极点处。

当 K_r 从 0 趋向 $+\infty$ 变化时，根轨迹从各个开环极点 p_j 出发，由式(4-10)知，$G(s)H(s)$ 共有 n 个极点，其根轨迹也必然有 n 条，即根轨迹的分支数等于极点数。

根轨迹方程还可以写为

$$\frac{1}{K_r}\prod_{j=1}^{n}(s - p_j) + \prod_{i=1}^{m}(s - z_i) = 0$$

因为根轨迹的终点是指根增益 $K_r = \infty$ 的根轨迹点，由上式可知，当 $K_r = \infty$ 时，s 等于各开环零点 z_i 能满足等式要求，由式(4-10)知 $G(s)H(s)$ 共有 m 个零点，故有 m 条根轨迹终止于开环零点。

由根轨迹方程，利用幅值条件可得

$$K_r = \frac{\prod\limits_{j=1}^{n}|s - p_j|}{\prod\limits_{i=1}^{m}|s - z_i|}, \quad n \geqslant m$$

当 $n > m$，$K_r \rightarrow +\infty$ 时，显然 s 趋近于开环零点 z_i 能满足上面等式，另外，当 $s \rightarrow \infty$ 时上面等式也是成立的。因为开环零、极点 z_i，p_j 为有限值，故有

$$\lim_{s \to \infty} K_r = \lim_{s \to \infty} \frac{\prod\limits_{j=1}^{n}|s - p_j|}{\prod\limits_{i=1}^{m}|s - z_i|} = \lim_{s \to \infty} \frac{|s|^n}{|s|^m} = \lim_{s \to \infty} |s|^{n-m}, \quad n > m$$

上式说明，当 $n > m$，$s \rightarrow \infty$ 时也有 $K_r \rightarrow +\infty$，就是说无穷远点也是根轨迹的终点，可以设想有 $n - m$ 个"隐藏"在无穷远处的零点，将它们考虑在内，开环系统的零、极点数可认为是相等的。这样除有 m 条根轨迹终止于开环零点(有限零点)外，还有 $n - m$ 条根轨迹终止于无穷远点(无限零点)。

2. 对称性和连续性法则

根轨迹的各分支连续且对称于实轴。

由系统的特征方程式(4-6)可知，特征方程是关于 s 的代数多项式，其中的参数 K_r 从零开始连续变到无穷时，特征根的变化也必然是连续的，故根轨迹具有连续性。

另外，实际闭环系统特征方程的各阶次系数均为实数，故其特征根(闭环极点)只有实根和复根两种，而实根位于实轴上，复根必然共轭出现，故根轨迹必对称于实轴。

3. 实轴上的根轨迹法则

实轴上的某段区域，若其右边开环实数零、极点个数之和为奇数，则这段区域必是根

轨迹的一部分。

证明：不妨设开环系统的零、极点分布如图 4-4 所示。图中，s_1 是实轴上的点，$\varphi_i(i=1,2,3)$ 是各开环零点到 s_1 点向量的相角，$\theta_j(j=1,2,3,4)$ 是各开环极点到 s_1 点向量的相角。由图 4-4 可知，复数共轭极点到实轴上任意一点（包括 s_1 点）的向量之相角和为 2π。对复数共轭零点，情况同样如此。因此，在确定实轴上的根轨迹时，可以不考虑开环复数零、极点的影响。图 4-4 中，s_1 点左边的开环实数零、极点到 s_1 点的向量之相角均为零，而 s_1 点右边开环实数零、极点到 s_1 点的向量之相角均为 π，故只有落在 s_1 点右方实轴上的开环实数零、极点，才有可能对 s_1 点的相角条件造成影响，且这些开环零、极点提供的相角均为 π。

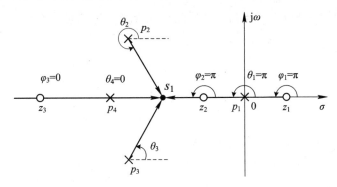

图 4-4　实轴上的根轨迹

如果令 $\sum\varphi_i$ 代表 s_1 点右边所有开环实数零点到 s_1 点的向量相角之和，$\sum\theta_j$ 代表 s_1 点右边所有开环实数极点到 s_1 点的向量相角之和，那么，s_1 点位于根轨迹上的充分必要条件是下列相角条件成立：

$$\sum_{i=1}^{m_0}\varphi_i - \sum_{j=1}^{n_0}\theta_j = (2k+1)\pi, \quad k=0,\pm1,\pm2,\cdots$$

由于 π 与 $-\pi$ 表示的方向相同，于是等效有

$$\sum_{i=1}^{m_0}\varphi_i - \sum_{j=1}^{n_0}\theta_j = m_0\pi - n_0\pi = (m_0+n_0)\pi = (2k+1)\pi, \quad k=0,\pm1,\pm2,\cdots$$

式中，m_0，n_0 分别表示在 s_1 点右侧实轴上的开环零点和极点个数。式中，$2k+1$ 为奇数，故本法则得证。

根据这条法则不难判断，在图 4-4 所示实轴上，区段 $[p_1,z_1]$，$[p_4,z_2]$ 以及 $(-\infty,z_3]$ 均为实轴上的根轨迹。

4. 渐近线法则

当 $n>m$ 时，有 $n-m$ 条根轨迹分支沿着与实轴交角为 φ_a，交点为 σ_a 的一组渐近线趋向无穷远处。其中 φ_a 和 σ_a 可由下式确定：

$$\begin{cases} \varphi_a = \dfrac{(2k+1)\pi}{n-m} \\[2mm] \sigma_a = \dfrac{\displaystyle\sum_{j=1}^{n}p_j - \sum_{i=1}^{m}z_i}{n-m} \end{cases}, \quad k=0,\pm1,\pm2,\cdots \tag{4-11}$$

证明：假设在根轨迹上无穷远处有一点 s，即当 $s\to\infty$ 时，由于系统开环零、极点到根

轨迹上无限远 s 点构成的向量差别很小，几乎重合。因而，可以将从各个不同的开环零、极点指向 s 点的向量，用从实轴上同一点 σ_a 处指向无限远 s 点的向量来代替，即用向量 $\vec{s\sigma_a}$ 来代替向量 $\vec{sz_i}$ 和 $\vec{sp_j}$。向量 $\vec{s\sigma_a}$ 的相角为 φ_a，代替后的相角条件可以改写为

$$\angle G(s)H(s) = \sum_{i=1}^{m} \angle \vec{sz_i} - \sum_{j=1}^{n} \angle \vec{sp_j} = (m-n)\varphi_a = (2k+1)\pi, \ k = 0, \pm 1, \pm 2, \cdots$$

又因为由于 π 与 $-\pi$ 表示的方向相同，故有

$$\varphi_a = \frac{(2k+1)\pi}{n-m}, \ k = 0, \pm 1, \pm 2, \cdots$$

因为渐近线就是 s→∞时的根轨迹，因此渐近线也一定对称于实轴。

根轨迹方程式(4-7)还可以写为

$$\frac{\displaystyle\prod_{j=1}^{n}(s-p_j)}{\displaystyle\prod_{i=1}^{m}(s-z_i)} = -K_r \tag{4-12}$$

用向量 $\vec{s\sigma_a}$ 来代替向量 $\vec{sz_i}$ 和 $\vec{sp_j}$ 后可表示为

$$(s-\sigma_a)^{n-m} = -K_r, \ K_r \to +\infty, \ s \to \infty \tag{4-13}$$

对式(4-12)左面利用多项式的长除法可得

$$s^{n-m} + \left[\sum_{j=1}^{n}(-p_j) - \sum_{i=1}^{m}(-z_i)\right]s^{n-m-1} + \cdots = -K_r \tag{4-14}$$

对式(4-13)左面利用牛顿二项式展开可得

$$(s-\sigma_a)^{n-m} = s^{n-m} + (n-m)(-\sigma_a)s^{n-m-1} + \cdots = -K_r \tag{4-15}$$

比较式(4-14)和式(4-15)知，当 s→∞时，两式是等价的，其 s^{n-m-1} 项的系数应相等，所以有

$$\sigma_a = \frac{\displaystyle\sum_{j=1}^{n}p_j - \sum_{i=1}^{m}z_i}{n-m}$$

故本法则得证。

例 4-3　求闭环特征方程 $s(s+4)(s^2+2s+2) + K_1(s+1) = 0$ 根轨迹的渐近线。

解：用不含 K_1 的项除上式可得

$$G(s)H(s) = \frac{K_1(s+1)}{s(s+4)(s^2+2s+2)}$$

将开环零、极点标在 s 平面上，如图 4-5 所示。根据法则，系统有 4 条根轨迹分支，且有 $n-m=3$ 条根轨迹趋于无穷远处，其渐近线与实轴的夹角及交点为

$$\begin{cases} \varphi_a = \dfrac{(2k+1)\pi}{4-1} = \pm\dfrac{\pi}{3}, \ \pi \\ \sigma_a = \dfrac{-4-1+j1-1-j1+1}{4-1} = -\dfrac{5}{3} \end{cases}$$

所得三条渐近线如图 4-5 中虚线所示。

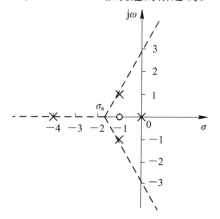

图 4-5　例 4-3 零、极点分布与渐近线图

5. 分离点和分离角法则

几条根轨迹分支在 s 平面上相遇后又立即分离的点，称为根轨迹的分离点。根轨迹上的分离点对应特征方程的重根。

1) 分离点

确定分离点的坐标主要有零、极点法，重根法，极值法三种方法。

（1）零、极点法。

分离点的坐标 d 是方程

$$\sum_{j=1}^{n} \frac{1}{d-p_j} = \sum_{i=1}^{m} \frac{1}{d-z_i} \qquad (4-16)$$

的解。

证明： 由根轨迹方程式(4-7)可得

$$1 + \frac{K_{\mathrm{r}} \prod_{i=1}^{m}(s-z_i)}{\prod_{j=1}^{n}(s-p_j)} = 0$$

故闭环特征方程为

$$D(s) = \prod_{j=1}^{n}(s-p_j) + K_{\mathrm{r}} \prod_{i=1}^{m}(s-z_i) = 0$$

或

$$\prod_{j=1}^{n}(s-p_j) = -K_{\mathrm{r}} \prod_{i=1}^{m}(s-z_i) \qquad (4-17)$$

根轨迹在 s 平面相遇，说明闭环特征方程有重根出现。设重根为 d，根据代数中重根条件，可得

$$D'(s) = \frac{\mathrm{d}}{\mathrm{d}s}\Big[\prod_{j=1}^{n}(s-p_j) + K_{\mathrm{r}} \prod_{i=1}^{m}(s-z_i) \Big] = 0$$

或

$$\frac{\mathrm{d}}{\mathrm{d}s} \prod_{j=1}^{n}(s-p_j) = -K_{\mathrm{r}} \frac{\mathrm{d}}{\mathrm{d}s} \prod_{i=1}^{m}(s-z_i) \qquad (4-18)$$

将式(4-18)、式(4-17)等号两端对应相除，可得

$$\frac{\dfrac{\mathrm{d}}{\mathrm{d}s} \prod_{j=1}^{n}(s-p_j)}{\prod_{j=1}^{n}(s-p_j)} = \frac{\dfrac{\mathrm{d}}{\mathrm{d}s} \prod_{i=1}^{m}(s-z_i)}{\prod_{i=1}^{m}(s-z_i)} \Rightarrow \frac{\mathrm{d}\ln \prod_{j=1}^{n}(s-p_j)}{\mathrm{d}s} = \frac{\mathrm{d}\ln \prod_{i=1}^{m}(s-z_i)}{\mathrm{d}s}$$

$$\Rightarrow \sum_{j=1}^{n} \frac{\mathrm{d}\ln(s-p_j)}{\mathrm{d}s} = \sum_{i=1}^{m} \frac{\mathrm{d}\ln(s-z_i)}{\mathrm{d}s}$$

故有

$$\sum_{j=1}^{n} \frac{1}{d-p_j} = \sum_{i=1}^{m} \frac{1}{d-z_i}$$

从上式解出的 s 中，经检验可得分离点 d。本法则得证。

值得指出的是，采用方程式(4-16)确定的是特征方程的重根点，对分离点来说，它只是必要条件而非充分条件，也就是说，它的解不一定是分离点，是否是分离点还要进行检

验，即在根轨迹上的点才是分离点，不在根轨迹上的应舍去。

例 4-4 已知特征方程 $D(s) = s^3 + 3s^2 + 2s + K_r = 0$，试求根轨迹的分离点。

解：特征方程除以不含 K_r 的项，可得开环传递函数为

$$G(s)H(s) = \frac{K_r}{s(s+1)(s+2)}$$

因为开环传递函数没有零点，所以分离点的方程为

$$\sum_{j=1}^{3} \frac{1}{d-p_j} = \frac{1}{d} + \frac{1}{d+1} + \frac{1}{d+2} = 0$$

即 $3d^2 + 6d + 2 = 0$，解之可得 $d_1 = -0.423$，$d_2 = -1.57$（舍去）。

（2）重根法。

设闭环系统的特征方程可以表示为

$$D(s) = A(s) + K_r B(s) = 0 \tag{4-19}$$

其中，$A(s)$，$B(s)$ 中均不包含 K_r，则系统闭环根轨迹的分离点（重根）可由下式确定：

$$A(s)B'(s) - B(s)A'(s) = 0 \tag{4-20}$$

证明：在重根处，特征方程式(4-19)的一阶导数应为零，故对式(4-19)求出关于 s 的一阶导数，并令其为零，即可得分离点。

$$D'(s) = A'(s) + K_r B'(s) = 0$$

可知，在重根处有

$$K_r = -\frac{A'(s)}{B'(s)} \tag{4-21}$$

将式(4-21)代入式(4-19)可得

$$D(s) = A(s) - \frac{A'(s)}{B'(s)} B(s) = 0$$

上式两端同乘以 $B'(s)$ 即得

$$A(s)B'(s) - B(s)A'(s) = 0$$

证毕。

（3）极值法。

注意到，由式(4-19)可得 $K_r = -A(s)/B(s)$，若令 $dK_r/ds = 0$，则可得

$$\frac{dK_r}{ds} = \frac{A(s)B'(s) - B(s)A'(s)}{B^2(s)} = 0 \tag{4-22}$$

由式(4-22)也可以得到式(4-20)，故分离点也可以用求取 $\dfrac{dK_r}{ds} = 0$ 的根而得到。

需要指出的是，求出 $dK_r/ds = 0$ 的根后，一般应该代入原式验证，使得到的 $K_r > 0$，才真正是根轨迹上的分离点，有时也可直接根据图形判断确定。

例 4-5 已知特征方程 $D(s) = s^3 + 3s^2 + 2s + K_r = 0$，试求根轨迹的分离点坐标值。

解：开环传递函数为

$$G(s)H(s) = \frac{K_r}{s(s+1)(s+2)}$$

根据特征方程可得 $K_r = -s^3 - 3s^2 - 2s$，故有

$$\frac{dK_r}{ds} = -3s^2 - 6s - 2 = 0$$

可以解出 $s_1 \approx -0.422$, $s_2 \approx -1.57$。将上述结果代入原式中得：当 $s_1 \approx -0.422$ 时，$K_r \approx 0.385$；$s_2 \approx -1.57$ 时，$K_r \approx -0.38$，所以 s_2 应舍去。

2）分离角

分离角定义为根轨迹进入分离点的切线方向与离开分离点的切线方向的夹角，用 θ_d 表示。在此我们不加证明地指出：设有 l 条根轨迹分支进入分离点又离开，则分离角为

$$\theta_d = \frac{(2k+1)\pi}{l}, \quad k = 0, 1, \cdots, l-1 \tag{4-23}$$

显然，当有两条根轨迹分支离开时，由式（4-23）可知，其分离角必为直角。

6. 出射角和入射角法则

出射角（起始角）：始于开环极点的根轨迹，在起点处的切线与水平线的正方向夹角 θ_{pl}；

入射角（终止角）：止于开环零点的根轨迹，在终点处的切线与水平线的正方向夹角 φ_{zl}。

则 θ_{pl}、φ_{zl} 可由下式确定：

$$\begin{cases} \theta_{pl} = \sum_{i=1}^{m} \angle \overrightarrow{p_l z_i} - \sum_{\substack{j=1 \\ j \neq l}}^{n} \angle \overrightarrow{p_l p_j} - (2k+1)\pi \\[4mm] \varphi_{zl} = \sum_{j=1}^{n} \angle \overrightarrow{z_l p_j} - \sum_{\substack{i=1 \\ i \neq l}}^{m} \angle \overrightarrow{z_l z_i} + (2k+1)\pi \end{cases}, \quad k = 0, \pm 1, \pm 2, \cdots \tag{4-24}$$

证明： 不失一般性，考虑第 l 个极点 p_l 的出射角。取靠近 p_l 的根轨迹上一点 s，如图 4-6 所示。

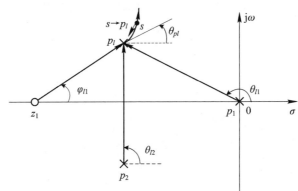

图 4-6　根轨迹的出射角示意图

当 $s \to p_l$ 时，则矢量 $\overrightarrow{sp_l}$ 的相角 $\angle \overrightarrow{sp_l}$ 即为出射角。作各开环零、极点到 s 的向量。由于除 p_l 之外，其余开环零、极点指向 s 的矢量与指向 p_l 的矢量等价，所以它们指向 p_l 的矢量等价于指向 s 的矢量。对相角条件式（4-9）取 $s \to p_l$ 时的极限可得

$$\lim_{s \to p_l} \sum_{i=1}^{m} \angle \overrightarrow{(sz_i)} - \lim_{s \to p_l} \angle \overrightarrow{(sp_l)} - \lim_{s \to p_l} \sum_{\substack{j=1 \\ j \neq l}}^{n} \angle \overrightarrow{(s-p_j)} = (2k+1)\pi, \quad k = 0, \pm 1, \pm 2, \cdots$$

上式等价于

$$\theta_{pl} = \lim_{s \to p_l} \angle \overrightarrow{sp_l} = \sum_{i=1}^{m} \angle \overrightarrow{p_l z_i} - \sum_{\substack{j=1 \\ j \neq l}}^{n} \angle \overrightarrow{p_l p_j} - (2k+1)\pi, \quad k = 0, \pm 1, \pm 2, \cdots$$

同理可证得

$$\varphi_{zl} = \sum_{j=1}^{n} \angle \overrightarrow{z_l p_j} - \sum_{\substack{i=1 \\ i \neq l}}^{m} \angle \overrightarrow{z_l z_i} + (2k+1)\pi, \quad k = 0, \pm 1, \pm 2, \cdots$$

本法则得证。

例 4-6 已知负反馈控制系统的开环传递函数为

$$G(s)H(s) = \frac{K_r}{s(s^2 + 2s + 2)}$$

试绘制系统的根轨迹。

解： 系统的开环极点 $p_1 = -1 + \mathrm{j}$，$p_2 = -1 - \mathrm{j}$，$p_3 = 0$。

故根轨迹共有 3 条，分别起始于 $p_1 = -1 + \mathrm{j}$，$p_2 = -1 - \mathrm{j}$，$p_3 = 0$，3 条根轨迹均趋向于无穷远处。根轨迹有 3 条渐近线，渐近线与实轴夹角及交点为

$$\begin{cases} \varphi_a = \dfrac{(2k+1)\pi}{3} = \pm \dfrac{\pi}{3}, \ \pi \\ \sigma_a = \dfrac{0 - 1 + \mathrm{j} - 1 - \mathrm{j}}{3 - 0} = -\dfrac{2}{3} \end{cases}$$

实轴上的根轨迹段为 $(-\infty, 0]$。

起始于 p_1 的出射角为

$$\theta_{p_1} = -\sum_{j=2}^{3} \angle \overrightarrow{p_1 p_j} - (2k+1)\pi = -\frac{\pi}{4}$$

根据对称性，则 $\theta_{p_2} = -\theta_{p_1} = \pi/4$。所以，系统的根轨迹如图 4-7 所示。

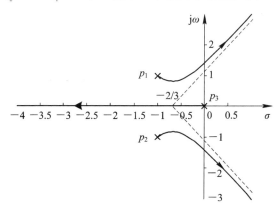

图 4-7 例 4-6 之系统根轨迹图

7. 根轨迹与虚轴交点法则

根轨迹与虚轴相交，表明闭环特征方程有纯虚根 $\pm \mathrm{j}\omega$，系统处于临界稳定状态。临界稳定的根增益 K_r 和纯虚根的求取可采用下述方法。

令 $s = \mathrm{j}\omega$，代入特征方程式(4-6)，可得

$$1 + G(\mathrm{j}\omega)H(\mathrm{j}\omega) = 0$$

根据复数的性质可知，必有

$$\mathrm{Re}[1 + G(\mathrm{j}\omega)H(\mathrm{j}\omega)] + \mathrm{Im}[1 + G(\mathrm{j}\omega)H(\mathrm{j}\omega)] = 0$$

即

$$\begin{cases} \mathrm{Re}[1+G(\mathrm{j}\omega)H(\mathrm{j}\omega)] = 0 \\ \mathrm{Im}[1+G(\mathrm{j}\omega)H(\mathrm{j}\omega)] = 0 \end{cases} \tag{4-25}$$

从上式联立求解，即可得到临界增益 K_r 及虚轴交点 ω。

由于劳斯判据可以确定临界稳定的 K_r 值，故也可用劳斯判据来求，参见例 3-6。

例 4-7 已知负反馈控制系统的开环传递函数为

$$G(s)H(s) = \frac{K_r}{s(s+1)(s+2)}$$

求出系统的根轨迹与虚轴的交点。

解：系统的闭环特征方程为 $D(s) = s(s+1)(s+2) + K_r = s^3 + 3s^2 + 2s + K_r = 0$，令 $s = \mathrm{j}\omega$，代入特征方程，得

$$D(\mathrm{j}\omega) = (\mathrm{j}\omega)^3 + 3(\mathrm{j}\omega)^2 + 2\mathrm{j}\omega + K_r = 0$$

有

$$\begin{cases} -3\omega^2 + K_r = 0 \\ -\omega^2 + 2\omega = 0 \end{cases}$$

联立求解可得 $\begin{cases} \omega_1 = 0 \\ K_{r1} = 0 \end{cases}$, $\begin{cases} \omega_{2,3} \approx \pm 1.414 \\ K_{r2,r3} = 6 \end{cases}$。

8. 根之和与根之积法则

根之和：当系统开环传递函数 $G(s)H(s)$ 的分子、分母阶次差 $(n-m)$ 大于等于 2 时，系统闭环极点之和等于系统开环极点之和。

$$\sum_{i=1}^{n} s_i = \sum_{i=1}^{n} p_i, \quad n-m \geqslant 2 \tag{4-26}$$

式中，$s_1, s_2, \cdots, s_n$ 为系统的闭环极点（特征根），$p_1, p_2, \cdots, p_n$ 为系统的开环极点。

根之积：闭环极点（特征根）之积与开环零、极点有如下关系：

$$\prod_{i=1}^{n} (-s_i) = \prod_{j=1}^{n} (-p_j) + K_r \prod_{i=1}^{m} (-z_i) \tag{4-27}$$

式中，$z_1, z_2, \cdots, z_m$ 为系统的开环零点。

证明：假设系统的开环传递函数为

$$G(s)H(s) = \frac{K_r(s-z_1)\cdots(s-z_m)}{(s-p_1)(s-p_2)\cdots(s-p_n)}, \quad n \geqslant m$$

再根据特征方程 $1+G(s)H(s) = 0$，可得

$$(s-p_1)(s-p_2)\cdots(s-p_n) + K_r(s-z_1)\cdots(s-z_m) = 0 \tag{4-28}$$

上式可展开为

$$a_0 s^n + a_1 s^{n-1} + \cdots + a_n = 0 \tag{4-29}$$

特征方程也可以表示为闭环极点的形式，即

$$(s-s_1)(s-s_2)\cdots(s-s_n) = 0$$

上式可展开为

$$s^n + \left[\sum_{i=1}^{n} (-s_i)\right] s^{n-1} + \cdots + \prod_{i=1}^{n} (-s_i) = 0 \tag{4-30}$$

由式（4-28）、式（4-29）可得

$$a_n = \prod_{j=1}^{n}(-p_j) + K_r \prod_{i=1}^{m}(-z_i)$$

比较式(4-29)、式(4-30),可知

$$\prod_{i=1}^{n}(-s_i) = a_n = \prod_{j=1}^{n}(-p_j) + K_r \prod_{i=1}^{m}(-z_i)$$

根之积得证。当 $n-m \geqslant 2$ 时,有

$$a_1 = \sum_{j=1}^{n}(-p_j)$$

比较式(4-29)、式(4-30)可知

$$\sum_{i=1}^{n}(-s_i) = \sum_{i=1}^{n}(-p_i) \Rightarrow \sum_{i=1}^{n}s_i = \sum_{i=1}^{n}p_i$$

本法则得证。

若开环极点已知,则其和为常数,由根之和法则可知,闭环特征根的和亦为常数。所以,随着根增益 K_r 增大,若某些闭环特征根在 s 平面向左方移动,则必有另一部分特征根向 s 平面的右方移动,且左、右移动的距离增量之和为 0。

根据以上绘制根轨迹的 8 条法则,不难绘出系统的根轨迹。具体绘制某一根轨迹时,这 8 条法则并不一定全部用得到,根据具体情况确定应选用的法则。

下面通过示例说明如何根据以上 8 条法则绘制根轨迹。

例 4-8 已知负反馈控制系统的开环传递函数为

$$G(s)H(s) = \frac{K_r}{s(s+1)(s+2)}$$

试概略绘制系统根轨迹,并求临界根轨迹增益及该增益对应的三个闭环极点。

解:系统有 3 个开环极点 $p_1 = 0$,$p_2 = -1$,$p_3 = -2$,$n = 3$,没有开环零点 $m = 0$。

(1) 系统有 3 条根轨迹分支,分别起始于 3 个极点,且有 $n-m = 3$ 条根轨迹趋于无穷远处。

(2) 根轨迹对称于实轴,且连续变化。

(3) 实轴上的根轨迹段位于 $(-\infty, -2]$ 和 $[-1, 0]$ 上。

(4) 渐近线与实轴的夹角及交点为

$$\begin{cases} \varphi_a = \dfrac{(2k+1)\pi}{3-0} = \pm\dfrac{\pi}{3}, \pi \\ \sigma_a = \dfrac{0-1-2}{3-0} = -1 \end{cases}$$

(5) 例 4-4 已经求出其分离点为 $d_1 \approx -0.423$,位于实轴上 $[-1, 0]$ 间。由于满足 $n-m \geqslant 2$,闭环根之和为常数,当 K_r 增大时,两支根轨迹向右移动的速度慢于一支向左移动的根轨迹速度,因此分离点 $|d_1| < 0.5$ 是合理的。

(6) 例 4-7 已经求出根轨迹与虚轴的交点为

$$\begin{cases} \omega_1 = 0 \\ K_{r1} = 0 \end{cases}, \quad \begin{cases} \omega_{2,3} \approx \pm 1.414 \\ K_{r2, r3} = 6 \end{cases}$$

显然第一组解是根轨迹的一个起始点,舍去。根轨迹与虚轴的两个交点为 $s_{1,2} \approx \pm j1.414$,对应的根轨迹增益为 $K_r = 6$,因为当 $0 < K_r < 6$ 时系统稳定,故 $K_r = 6$ 为临

界根增益，根轨迹与虚轴交点为对应的两个闭环极点，第三个闭环极点可由根之和法则求得：$0-1-2=s_1+s_2+s_3\approx j1.414-j1.414+s_3$，故 $s_3=-3$。

系统根轨迹如图 4-8 所示。

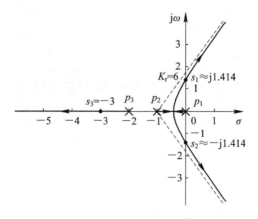

图 4-8　例 4-8 之系统根轨迹图

例 4-9　已知系统的开环传递函数为

$$G(s)H(s)=\frac{K_r(s+4)}{s(s+2)}$$

试绘制系统根轨迹。

解：系统有 2 个开环极点 $p_1=0$，$p_2=-2$，$n=2$，1 个开环零点 $z_1=-4$，$m=1$。

（1）根轨迹共有两条，分别起始于 $p_1=0$，$p_2=-2$，一条终止于 $z_1=-4$，另一条终止于无穷远处。

（2）根轨迹对称于实轴，且连续变化。

（3）实轴上的根轨迹段位于 $[0,-2]$ 和 $[-4,-\infty]$ 上。

（4）渐近线有一条，渐近线与实轴的夹角及交点为

$$\begin{cases}\varphi_a=\dfrac{(2k+1)\pi}{2-1}=\pi\\[2mm]\sigma_a=\dfrac{0-2+4}{2-1}=2\end{cases}$$

（5）根据分离点的公式

$$A(s)B'(s)-B(s)A'(s)=s(s+2)-(2s+2)(s+4)=-s^2-8s-8=0$$

解得

$$\begin{cases}s_1\approx-1.17,\ K_{r1}=-\left.\dfrac{s(s+2)}{(s+4)}\right|_{s\approx-1.17}\approx0.339\\[3mm]s_2\approx-6.83,\ K_{r2}=-\left.\dfrac{s(s+2)}{(s+4)}\right|_{s\approx-6.83}\approx11.65\end{cases}$$

显然，s_1 和 s_2 都在根轨迹上，故有两个分离点。

（6）根轨迹的分支数为 2，故分离点的分离角为

$$\theta_d=\frac{(2k+1)\pi}{2}=\frac{\pi}{2},\ \frac{3\pi}{2}$$

综上，可绘制系统的根轨迹，如图 4 - 9 所示。

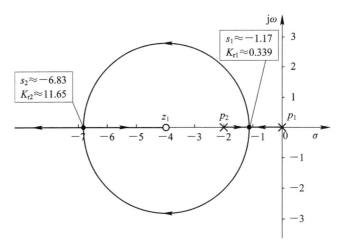

图 4 - 9　例 4 - 9 之系统根轨迹图

上图中根轨迹有一个圆，事实上，下例可以进行证明。

例 4 - 10　设负反馈控制系统的开环传递函数为

$$G(s)H(s) = \frac{K_r(s+z)}{s(s+p)}$$

试证明当 K_r 从 $0 \rightarrow +\infty$ 变化时，系统根轨迹有一个圆。

证明： 因为根轨迹上任何一点都满足特征方程，令 $s = \sigma + j\omega$，代入特征方程 $D(s) = s(s+p) + K_r(s+z) = 0$，可得

$$(\sigma + j\omega)(\sigma + j\omega + p) + K_r(\sigma + j\omega + z) = 0$$

对上式进行整理，得

$$K_r(\sigma + z) + \sigma(\sigma + p) - \omega^2 + j\omega(p + 2\sigma + K_r) = 0$$

即

$$K_r(\sigma + z) + \sigma(\sigma + p) - \omega^2 = 0, \quad p + 2\sigma + K_r = 0$$

根据上式右面方程有 $K_r = -(p + 2\sigma)$，代入上式中左面方程，可得

$$(\sigma + z)^2 + \omega^2 = z^2 - pz$$

上式明显是一个圆心为 $(-z, 0)$，半径为 $R = \sqrt{z^2 - pz}$ 的圆方程，证毕。

例 4 - 11　已知负反馈控制系统的开环传递函数为

$$G(s)H(s) = \frac{K_r}{s(s+4)(s^2+4s+5)}$$

试绘制系统根轨迹。

解： 系统有 4 个开环极点 $p_1 = 0$，$p_2 = -4$，$p_{3,4} = -2 \pm j$，$n = 4$，没有开环零点 $m = 0$。

（1）系统有 4 条根轨迹分支，分别起始于 4 个极点，且有 $n - m = 4$ 条根轨迹趋于无穷远处。

（2）根轨迹对称于实轴，且连续变化。

（3）实轴上的根轨迹段位于 $[0, -4]$ 上。

（4）渐近线与实轴的夹角及交点为

$$
\begin{cases}
\varphi_a = \dfrac{(2k+1)\pi}{4-0} = \pm \dfrac{\pi}{4}, \pm \dfrac{3\pi}{4} \\
\sigma_a = \dfrac{0-4-2+j-2-j}{4-0} = -2
\end{cases}
$$

（5）根据分离点的公式

$$
A(s)B'(s) - B(s)A'(s) = -4s^3 - 24s^2 - 42s - 20 = 0
$$

解得
$$
\begin{cases}
s_1 = -2, \ K_{r1} = -s(s+4)(s^2+4s+5)\big|_{s=-2} = 4 \\
s_2 = -3.22, \ K_{r2} = -s(s+4)(s^2+4s+5)\big|_{s=-3.22} = 6.25 \\
s_3 = -0.78, \ K_{r3} = -s(s+4)(s^2+4s+5)\big|_{s=-0.78} = 6.25
\end{cases}
$$

显然，s_1、s_2 和 s_3 都在根轨迹上，故有 3 个分离点。

从分离点的分布及实轴上的根轨迹看，在分离点处根轨迹分支都是两条离开，故分离角为

$$
\theta_d = \frac{(2k+1)\pi}{2} = \frac{\pi}{2}, \frac{3\pi}{2}
$$

（6）共轭复极点 $p_3 = -2 + j$ 的出射角为

$$
\theta_{p_3} = -\sum_{\substack{j=1 \\ j \neq 3}}^{4} \angle(p_3 - p_j) - (2k+1)\pi = -\frac{\pi}{2}
$$

根据对称性得 $\theta_{p_4} = \pi/2$。

（7）根轨迹与虚轴的交点。

系统的闭环特征方程为

$$
D(s) = s(s+4)(s^2+4s+5) + K_r = s^4 + 8s^3 + 21s^2 + 20s + K_r = 0
$$

令 $s = j\omega$，代入特征方程得

$$
D(j\omega) = \omega^4 - j8\omega^3 - 21\omega^2 + j20\omega + K_r = 0
$$

有

$$
\begin{cases}
\omega^4 - 21\omega^2 + K_r = 0 \\
8\omega^3 - 20\omega = 0
\end{cases}
$$

联立求解可得

$$
\begin{cases}
\omega_1 = 0 \\
K_{r1} = 0
\end{cases}, \quad
\begin{cases}
\omega_{2,3} = \pm\sqrt{2.5} \\
K_{r2,r3} = 46.25
\end{cases}
$$

综上，可绘制系统的根轨迹如图 4-10 所示。

为便于读者绘制根轨迹，图 4-11 画出了几种常见的开环零、极点分布及其相应的常规根轨迹形状。值得指出的是，当前 MATLAB 软件包具有强大的绘图功能，可以方便地绘制根轨迹，参见本章第 4 节内容。

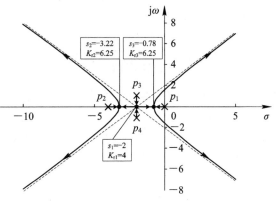

图 4-10　例 4-11 之系统根轨迹图

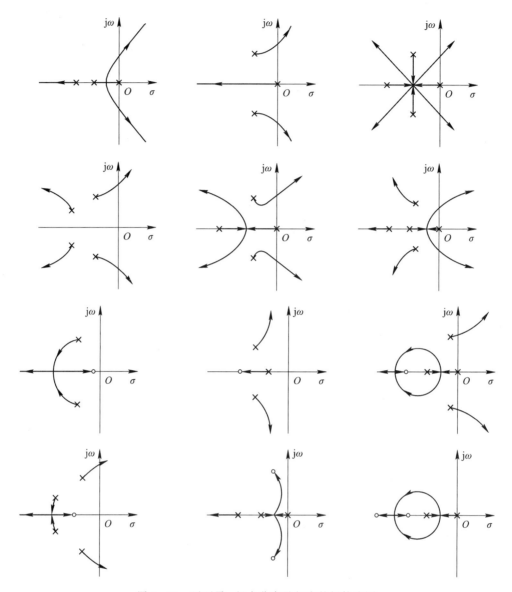

图 4-11 开环零、极点分布及相应的根轨迹图

4.2.2 零度根轨迹绘制法则

常规根轨迹都是在负反馈条件下绘制的,其根轨迹方程为 $G(s)H(s)=-1$,相角条件为 $\angle G(s)H(s)=(2k+1)\pi$,$k=0,\pm1,\pm2,\cdots$,因此这种条件下的根轨迹也称为 $180°$ 根轨迹;如果系统是正反馈,则系统的特征方程为 $1-G(s)H(s)=0$,相应的根轨迹方程变为 $G(s)H(s)=1$,相角条件为 $\angle G(s)H(s)=2k\pi$,$k=0,\pm1,\pm2,\cdots$,称这种条件下的根轨迹为 $0°$ 根轨迹。在许多较复杂的系统中,系统可能由多个回路组成,其内回路有可能是正反馈连接,故有必要讨论 $0°$ 根轨迹。

$0°$ 根轨迹和 $180°$ 根轨迹的幅值条件相同而相角条件不同。因此,绘制 $180°$ 根轨迹法则中与相角条件无关的法则可直接用来绘制 $0°$ 根轨迹,而与相角条件有关的法则需要相应修改。需作调整的法则如下：

1）实轴上的根轨迹法则

实轴上的某段区域，若其右边开环实数零、极点个数之和为偶数，则这段区域必是根轨迹的一部分。

2）渐近线与实轴夹角法则

$$\varphi_a = \frac{2k\pi}{n-m}, \, k = 0, \pm 1, \pm 2, \cdots \tag{4-31}$$

3）出射角和入射角法则

出射角和入射角 θ_{pl}、φ_{zl} 应由下式确定：

$$\begin{cases} \theta_{pl} = \sum_{i=1}^{m} \angle(p_l - z_i) - \sum_{\substack{j=1 \\ j \neq l}}^{n} \angle(p_l - p_j) \\ \varphi_{zl} = \sum_{j=1}^{n} \angle(z_l - p_j) - \sum_{\substack{i=1 \\ i \neq l}}^{m} \angle(z_l - z_i) \end{cases} \tag{4-32}$$

例 4-12　已知正反馈控制系统的开环传递函数为

$$G(s)H(s) = \frac{K_r(s+2)}{(s+3)(s^2 + 2s + 2)}$$

试绘制系统根轨迹。

解： 由于该系统是正反馈控制系统，因此，当 K_r 从 0 趋向 $+\infty$ 变化时的根轨迹是 0° 根轨迹，则需利用 0° 根轨迹法则绘制该系统的闭环根轨迹，步骤如下：

（1）系统有 3 个开环极点 $p_1 = -3$，$p_2 = -1 + j$，$p_3 = -1 - j$，$n = 3$，一个开环零点 $z_1 = -2$，$m = 1$。故系统有三条根轨迹分支分别起始于三个开环极点，一条根轨迹分支终止于开环有限零点，另有两条终止于无穷远处。

（2）根轨迹对称于实轴，且连续变化。

（3）实轴上的根轨迹段位于 $[-3, -\infty)$ 和 $[-2, +\infty)$ 上。

（4）渐近线与实轴的夹角及交点为

$$\begin{cases} \varphi_a = \frac{2k\pi}{3-1} = 0, \, \pi \\ \sigma_a = \frac{-3 - 1 + j - 1 - j + 2}{3-1} = -\frac{3}{2} \end{cases}$$

（5）根据分离点的公式

$$\sum_{j=1}^{3} \frac{1}{d - p_j} = \sum_{i=1}^{1} \frac{1}{d - z_i}$$

即有

$$\frac{1}{d+3} + \frac{1}{d+1-j} + \frac{1}{d+1+j} = \frac{1}{d+2}$$

解上面的方程可得：$d_1 = -0.8$，$d_2 = -2.35 + j0.85$，$d_3 = -2.35 - j0.85$。显然分离点只能在实轴上，则分离点为 $d_1 = -0.8$，其余舍去。

从分离点的分布及实轴上的根轨迹看，在分离点处根轨迹分支是两条离开，故分离

角为

$$\theta_d = \frac{(2k+1)\pi}{2} = \frac{\pi}{2}, \frac{3\pi}{2}$$

（6）共轭复极点 $p_2 = -1 + j$ 的出射角为

$$\theta_{p_2} = \sum_{i=1}^{1} \angle(p_2 - z_i) - \sum_{\substack{j=1 \\ j \neq 2}}^{3} \angle(p_2 - p_j) \approx -71.6°$$

根据对称性得 $\theta_{p_3} \approx 71.6°$。

综上，可绘制系统的根轨迹如图 4-12 所示。

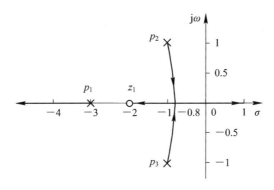

图 4-12 例 4-12 之系统根轨迹图

值得指出的是，有些控制系统的开环传递函数在各 s 右半平面具有零、极点，称之为非最小相位系统。绘制这类系统的根轨迹要根据其实际结构转换为式（4-4）的形式，如果是负反馈系统，则按常规根轨迹的法则绘制；如果是正反馈系统，则按 0° 根轨迹的法则绘制。

例如，开环传递函数为

$$G(s)H(s) = \frac{K_r(1 - 0.5s)}{s(s+3)}$$

显然系统在 s 右半平面具有一个零点 $z_1 = 2$，将上式变换为式（4-4）的形式为

$$G(s)H(s) = -\frac{0.5K_r(s-2)}{s(s+3)} = -\frac{K^*(s-2)}{s(s+3)}$$

其中 $K^* = 0.5K_r$，为等效根增益。上式开环传递函数为负，相当于具有正反馈。所以按零度根轨迹的法则，以 K^* 为参变量绘制即可。

4.2.3 参数根轨迹

以根增益 K_r 外的其他参量为变量，绘制其从零开始变化到无穷大时的根轨迹称为参数根轨迹。例如需要分析时间常数、反馈系数等变化对系统性能的影响，就可以在这些条件下绘制根轨迹。

绘制参数根轨迹的法则与绘制常规根轨迹的法则完全相同。只需要在绘制参数根轨迹之前，引入等效开环传递函数，将绘制参数根轨迹的问题化为绘制 K_r 变化时根轨迹的形式来处理，则常规根轨迹的所有绘制法则，均适用于参数根轨迹的绘制。

假设系统的可变参数是某个参变量 X，由于它位于开环传递函数分子或分母的因子中，在绘制参数根轨迹时，可以将特征方程进行等效变换，把要研究的参变量放在根轨迹

方程中对应于 K_r 的位置上。为此,首先将系统的特征方程中含 X 的各项合并,闭环特征方程整理为 $D(s) = A(s) + XB(s) = 0$;然后用不含参变量 X 的各项 $A(s)$ 去除方程两端,则得到等效的开环传递函数为

$$G^*(s)H^*(s) = X\frac{B(s)}{A(s)} \qquad\qquad (4-33)$$

利用式(4-33)的等效开环传递函数,并根据绘制根轨迹的基本法则,就可以画出以 X 为参变量的参数根轨迹。

值得指出的是,等效开环传递函数中的"等效",是指与原系统具有相同的闭环极点,等效传递函数的零点未必是原系统的零点。由于闭环零点对系统动态性能有影响,故根据闭环零、极点分布来分析和估算系统性能时,可以采用参数根轨迹上的闭环极点,但必须采用原系统的闭环零点。

例 4-13　已知某负反馈控制系统的开环传递函数为

$$G(s)H(s) = \frac{0.25(s+a)}{s^2(s+1)}$$

试绘制以 a 为参变量的系统根轨迹。

解:系统的闭环特征方程为

$$1 + G(s)H(s) = 1 + \frac{0.25(s+a)}{s^2(s+1)} = 0$$

即为 $s^3 + s^2 + 0.25s + 0.25a = 0$,用不含参变量 a 的各项 $s^3 + s^2 + 0.25s$ 去除方程两端,则得

$$1 + \frac{0.25a}{s^3 + s^2 + 0.25s} = 0$$

故等效的开环传递函数为

$$G^*(s)H^*(s) = \frac{0.25a}{s^3 + s^2 + 0.25s}$$

把参数 $0.25a$ 视为常规根轨迹的根轨迹增益,即可按常规根轨迹的绘制方法绘出 a 变化时系统的根轨迹。

(1)等效系统无开环零点,$m = 0$,有 3 个开环极点,分别为 $p_1 = 0$,$p_2 = -0.5$,$p_3 = -0.5$,故 $n = 3$,即根轨迹分支数为 3,且全部趋向于无穷远处。

(2)实轴上根轨迹:包含坐标原点在内的整个负实轴均为根轨迹。

(3)渐近线与实轴的夹角及交点为

$$\begin{cases} \varphi_a = \dfrac{(2k+1)\pi}{3-0} = \pm\dfrac{\pi}{3},\pi \\[2mm] \sigma_a = \dfrac{0-0.5-0.5}{3-0} = -\dfrac{1}{3} \end{cases}$$

(4)根据分离点的公式

$$A(s)B'(s) - B(s)A'(s) = -3s^2 - 2s - 0.25 = 0$$

解得

$$\begin{cases} s_1 = -0.5,\ a = -4(s^3 + s^2 + 0.25s)\big|_{s=-0.5} = 0 \\[2mm] s_2 = -\dfrac{1}{6},\ a = -4(s^3 + s^2 + 0.25s)\big|_{s=-\frac{1}{6}} \approx 0.074 \end{cases}$$

显然,s_1、s_2 都在根轨迹上,故有 2 个分离点。

从分离点的分布及实轴上的根轨迹看，在分离点处根轨迹分支是两条离开，故分离角为

$$\theta_d = \frac{(2k+1)\pi}{2} = \frac{\pi}{2}, \frac{3\pi}{2}$$

（5）根轨迹与虚轴的交点。

系统的闭环特征方程为 $D(s) = s^3 + s^2 + 0.25s + 0.25a = 0$，令 $s = j\omega$，代入特征方程得

$$D(j\omega) = -j\omega^3 - \omega^2 + j0.25\omega + 0.25a = 0$$

有

$$\begin{cases} -\omega^2 + 0.25a = 0 \\ -\omega^3 + 0.25\omega = 0 \end{cases}$$

联立求解可得

$$\begin{cases} \omega_1 = 0 \\ a_1 = 0 \end{cases}, \quad \begin{cases} \omega_{2,3} = \pm 0.5 \\ a_{2,3} = 1 \end{cases}$$

显然第一组解是根轨迹的一个起始点，舍去。根轨迹与虚轴的两个交点为 $s_{1,2} = \pm j\,0.5$，对应的参数 $a = 1$，故当 $0 < a < 1$ 时系统稳定。综上，可绘制系统的根轨迹如图 4 - 13 所示。

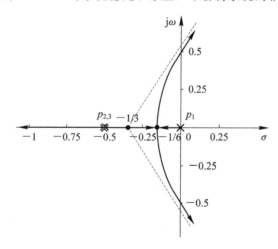

图 4 - 13　例 4 - 13 系统参数根轨迹图

4.3　控制系统的根轨迹分析

由式（4 - 5）可知，闭环传递函数的零点是由前向通路传递函数 $G(s)$ 的零点和反馈通路传递函数 $H(s)$ 的极点组成的；当 $n > m$ 时，闭环根增益即为开环前向通路的根增益 K_G，当 $n = m$ 时，可由式（4 - 5）求得闭环根增益为 $K_G/(1 + K_r)$；绘制好根轨迹后，可确定 K_r 及闭环极点。这样就可以写出已知的闭环传递函数，用第 3 章讲述的时域分析法可对其进行分析，此处不再赘述。除此之外，利用闭环零、极点的分布还能定性分析其阶跃响应；利用主导极点估算闭环系统的动态性能参数；分析控制系统的稳定性条件；考虑改变系统结构对根轨迹的影响。这些都有益于分析和设计控制系统，特别是借助于 MATLAB 来绘制根

轨迹，大幅减少了工作量，节省了分析和设计的时间。

4.3.1　单位阶跃响应的根轨迹定性分析

利用根轨迹得到闭环零、极点在复平面上的分布情况，就可以进行系统性能的分析。下面以系统的单位阶跃响应为例，考察闭环零、极点的分布对系统影响的一般规律。

设 n 阶闭环系统的传递函数为

$$G_B(s) = \frac{K_{Br} \prod\limits_{i=1}^{m} (s - z_i)}{\prod\limits_{j=1}^{n} (s - p_j)}, \, n \geqslant m \tag{4-34}$$

式中：K_{Br} 为系统的闭环根轨迹增益；z_i 为闭环零点；p_j 为闭环极点。

系统单位阶跃响应的拉氏变换为

$$C(s) = G_B(s)R(s) = \frac{K_{Br} \prod\limits_{i=1}^{m} (s - z_i)}{\prod\limits_{j=1}^{n} (s - p_j)} \times \frac{1}{s} = \frac{d_0}{s} + \sum_{j=1}^{n} \frac{d_j}{s - p_j} \tag{4-35}$$

由复变函数的留数定理可得

$$d_0 = \frac{K_{Br} \prod\limits_{i=1}^{m} (s - z_i)}{\prod\limits_{j=1}^{n} (s - p_j)} \Bigg|_{s=0} = \frac{K_{Br} \prod\limits_{i=1}^{m} (- z_i)}{\prod\limits_{j=1}^{n} (- p_j)}, \, d_j = \frac{K_{Br} \prod\limits_{i=1}^{m} (s - z_i)}{s \prod\limits_{\substack{l=1 \\ l \neq j}}^{n} (s - p_l)} \Bigg|_{s=p_j} = \frac{K_{Br} \prod\limits_{i=1}^{m} (p_j - z_i)}{\prod\limits_{\substack{l=1 \\ l \neq j}}^{n} (p_j - p_l)}$$

$$\tag{4-36}$$

系统的单位阶跃响应为

$$c(t) = \mathscr{L}^{-1}[C(s)] = d_0 + \sum_{j=1}^{n} d_j \mathrm{e}^{p_j t} \tag{4-37}$$

上式表明，系统的单位阶跃响应由 d_j、p_j 决定，即与系统闭环零、极点的分布有关。分析以上各式，可知闭环零、极点的分布对系统性能影响一般规律如下：

(1) 稳定性。要保持系统稳定，则要求所有的闭环极点 p_j 必须都位于 s 平面的左半部，因此要求系统的根轨迹都位于 s 平面的左半部。若系统的根轨迹在 s 平面的右半部有分布，则系统最多是条件稳定系统(即满足一定条件下系统才是稳定的)。稳定性与闭环零点 z_i 的分布无关。

(2) 响应形式。若系统无闭环零点，且闭环极点全为实数，则单位阶跃响应 $c(t)$ 一定是单调变化的。若闭环极点为复数，则 $c(t)$ 一般是振荡的。

(3) 快速性。在系统稳定的前提下，闭环极点 $p_j = \sigma + \mathrm{j}\omega$ 越远离虚轴，即 $|\sigma|$ 越大，$c(t)$ 中的每个分量 $\mathrm{e}^{p_j t}$ 衰减得越快，系统响应的快速性越好。

(4) 平稳性。系统响应的平稳性由阶跃响应的振荡幅度和频率来度量。欲使系统响应平稳，闭环复数极点的阻尼角要尽可能地小。兼顾快速性因素，复数极点最好设置在 s 平面中与负实轴成 $\pm 45°$ 夹角的阻尼线附近，即阻尼角 $\beta = 45°$。因为 $\cos\beta = \zeta$，所以此时对应最佳阻尼比 $\zeta = 0.707$。

4.3.2 利用主导极点估算系统的性能

在前面高阶系统的分析中,已经说明对具有主导极点的高阶系统,在进行性能指标估算时,可以先确定系统的闭环主导极点(可能是复数或实数形式),将系统简化为以主导极点为极点的二阶系统(或一阶系统),然后再根据二阶系统(或一阶系统)的性能指标来估算。

不妨设主导极点是一对具有负实部的共轭复根:

$$p_{1,2} = -\zeta\omega_n \pm j\omega_n\sqrt{1-\zeta^2} = \sigma_0 \pm j\omega_0, \quad \sigma_0 < 0, \quad \omega_0 > 0 \qquad (4-38)$$

其中,σ_0 是闭环极点实部,它表征闭环极点离开虚轴的距离。此时对应二阶系统的欠阻尼状态,二阶系统的主要动态性能指标是超调量 $\sigma\%$ 和调节时间 t_s,由式(3-57)、式(3-60)可得

$$\sigma\% = e^{-\zeta\pi/\sqrt{1-\zeta^2}} \times 100\% = e^{\sigma_0\pi/\omega_0} \times 100\% \qquad (4-39)$$

$$t_s \approx \frac{3}{\zeta\omega_n} = -\frac{3}{\sigma_0}, \quad \Delta = 5 \qquad (4-40)$$

一旦主导极点(实部和虚部)确定,利用式(4-39)、式(4-40)可以方便地估算系统的动态性能参数。另外,根据闭环主导极点还可以方便地计算二阶系统的参数。主导极点的分布如图 4-14(a)所示,由图易知有阻尼角:

$$\beta = \arctan\frac{\omega_0}{-\sigma_0}$$

阻尼比:

$$\zeta = \cos\beta = \frac{-\sigma_0}{\sqrt{\sigma_0^2 + \omega_0^2}}$$

无阻尼自然振荡频率:

$$\omega_n = \frac{-\sigma_0}{\zeta}$$

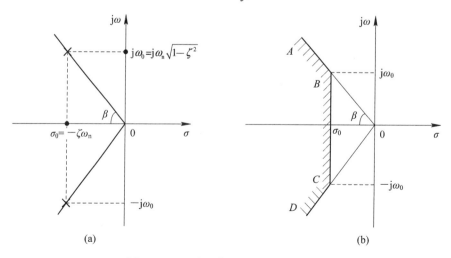

图 4-14 二阶系统的闭环极点分布图

由图 4-14(b)可知,如果主导极点位于图中折线 *ABCD* 的左边区域,则对应的二阶系

统性能参数满足：

$$\sigma\% \leqslant e^{\sigma_0 \pi/\omega_0} \times 100\% \qquad (4-41)$$

$$t_s \leqslant -\frac{3}{\sigma_0}, \Delta = 5 \qquad (4-42)$$

下面举例说明利用主导极点估算系统的性能。

例 4-14 已知某单位负反馈控制系统的开环传递函数为

$$G(s) = \frac{K_r}{s(s+4)(s+6)}$$

试判断闭环极点 $s_{1,2} = -1.2 \pm j2.08$ 是不是系统的主导极点；如果是，试估算该闭环系统的超调量和调节时间。

解：首先绘制出系统的根轨迹，如图 4-15(a)所示。

(1) 判断闭环极点 $s_{1,2} = -1.2 \pm j2.08$ 是不是系统的主导极点。

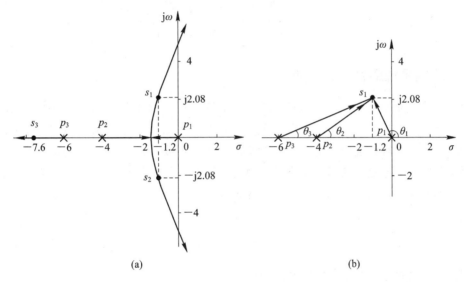

图 4-15 例 4-14 系统的根轨迹及主导极点确定图

先判断闭环极点 s_1 是否在根轨迹上。由图 4-15(b)，根据相角条件可得

$$-\sum_{j=1}^{3} \theta_j = -(\theta_1 + \theta_2 + \theta_3) = -\angle s_1 - \angle(s_1 + 4) - \angle(s_1 + 6)$$

$$= -\left(\pi - \arctan\frac{2.08}{1.2} + \arctan\frac{2.08}{4-1.2} + \arctan\frac{2.08}{6-1.2}\right) = -\pi$$

故知极点 s_1 在根轨迹上，由根轨迹关于实轴的对称性知共轭极点 s_2 也必然在根轨迹上。

再判断是否是闭环主导极点。因为开环传递函数无零点，且为单位负反馈，故闭环传递函数亦无零点。由根轨迹知闭环系统有三个极点，设第三个极点为 s_3，则根据根之和的法则，有

$$-1.2 + j2.08 - 1.2 - j2.08 + s_3 = 0 - 4 - 6$$

可解得 $s_3 = -7.6$。又因为 $7.6/1.2 \approx 6.33 > 5$，故知 s_1、s_2 是系统的主导极点。

由于 $n = 3 > m = 0$，故闭环根增益 K_{Br} 等于开环根增益 K_r，由幅值条件

$$\left| G(s_3) \right| = \left| \frac{K_r}{s(s+4)(s+6)} \right|_{s=-7.6} = 1$$

可解得 $K_r \approx 44$。

（2）估算闭环系统的性能指标。

通过上面的分析，可写出系统的闭环传递函数为

$$G_B(s) = \frac{44}{(s+1.2+\text{j}2.08)(s+1.2-\text{j}2.08)(s+7.6)}$$

利用主导极点可将上式近似为

$$G_B(s) = \frac{5.79}{(s+1.2+\text{j}2.08)(s+1.2-\text{j}2.08)}$$

由闭环主导极点可知，$\sigma_0 = -1.2$，$\omega_0 = 2.08$，则根据式（4-39）、式（4-40）可计算超调量 $\sigma\%$ 和调节时间 t_s 为

$$\sigma\% = \text{e}^{\sigma_0 \pi / \omega_0} \times 100\% = \text{e}^{-1.2\pi/2.08} \times 100\% \approx 16.3\%$$

$$t_s \approx -\frac{3}{\sigma_0} = -\frac{3}{-1.2} = 2.5 \,(\text{s}) \quad (\Delta = 5)$$

4.3.3　控制系统的稳定性分析

根轨迹直观地描述了闭环系统极点在 s 平面随某一参数变化的情况，而控制系统的稳定性是由闭环极点决定的，与闭环零点无关。故根轨迹法用于分析系统稳定性，是其一个显著的优点。因为对稳定的系统，其闭环特征根要求全部位于 s 平面左半侧，而且在 s 平面左半侧距虚轴距离越远，其相对稳定性也越好。因此，由根轨迹很容易了解参数变化对系统稳定性的影响，确定使系统稳定的参数变化范围。

例 4-15　已知某系统的开环传递函数为

$$G(s)H(s) = \frac{K_r(s+1)}{s(s-1)(s^2+4s+16)}$$

试绘制闭环系统的根轨迹，并判断系统的稳定性。

解：由于开环传递函数在 s 右半平面有一个极点，故属于非最小相位系统，从开环传递函数的形式看是负反馈，所以按照常规根轨迹的法则绘制。

（1）系统有 1 个开环零点 $z_1 = -1$，$m = 1$，有 4 个开环极点为 $p_1 = 0$，$p_2 = 1$，$p_3 \approx -2+\text{j}3.464$，$p_4 \approx -2-\text{j}3.464$，故 $n = 4$，即根轨迹分支数为 4，1 条根轨迹分支终止于开环有限零点，另有 3 条终止于无穷远处。

（2）实轴上根轨迹：实轴上的根轨迹段位于 $[0,1]$ 和 $[-1,-\infty)$ 上。

（3）渐近线与实轴的夹角及交点为

$$\begin{cases} \varphi_a = \dfrac{(2k+1)\pi}{4-1} = \pm\dfrac{\pi}{3}, \pi \\ \sigma_a = \dfrac{1+(-2+\text{j}3.464)+(-2-\text{j}3.464)-(-1)}{4-1} = -\dfrac{2}{3} \end{cases}$$

（4）求分离点坐标 d，根据分离点的公式有

$$\frac{1}{d} + \frac{1}{d-1} + \frac{1}{d+2-\text{j}3.464} + \frac{1}{d+2+\text{j}3.464} = \frac{1}{d+1}$$

解得 $d_1 = 0.46$, $d_2 \approx -2.22$, $d_{3,4} \approx -0.79 \pm j2.16$(舍去)。故有 2 个分离点 $d_1 = 0.46$,
$d_2 \approx -2.22$。

从分离点的分布及实轴上的根轨迹看,在分离点处根轨迹分支都是两条离开,故分离
角为

$$\theta_d = \frac{(2k+1)\pi}{2} = \frac{\pi}{2}, \frac{3\pi}{2}$$

(5) 共轭复极点 $p_3 \approx -2 + j3.464$ 的出射角为

$$\theta_{p_3} = \sum_{i=1}^{1} \angle \overrightarrow{p_3 z_i} - \sum_{\substack{j=1 \\ j \neq 3}}^{4} \angle \overrightarrow{p_3 p_j} - (2k+1)\pi \approx 106° - 120° - 130.5° - 90° - (2k+1)\pi$$

取 $k = -1$ 得 $\theta_{p_3} \approx -54.5°$,根据对称性得 $\theta_{p_4} = 54.5°$。

(6) 根轨迹与虚轴的交点,下面用劳斯判据来求。

系统的特征方程为

$$D(s) = s(s-1)(s^2 + 4s + 6) + K_r(s+1) = s^4 + 3s^3 + 12s^2 + (K_r - 16)s + K_r = 0$$

根据上面的特征方程可列写劳斯表如下:

s^4	1	12	K_r
s^3	3	$K_r - 16$	0
s^2	$\dfrac{52 - K_r}{3}$	K_r	
s^1	$\dfrac{-K_r^2 + 59K_r - 832}{52 - K_r}$		
s^0	K_r		

取第一列中 s^1 项的系数,并令其等于零可得临界的 K_r 值,即

$$-K_r^2 + 59K_r - 832 = 0$$

解之可得 $K_{r1} \approx 23.3$, $K_{r2} \approx 35.7$。

为求根轨迹与虚轴的交点,可以根据 s^2 项的系数组成辅助方程,即

$$\frac{52 - K_r}{3}s^2 + K_r = 0, \Rightarrow (52 - K_r)s^2 + 3K_r = 0$$

将临界的 K_r 值 $K_{r1} \approx 23.3$, $K_{r2} \approx 35.7$ 代入
上面方程,可解得

$$\begin{cases} s_{1,2} \approx \pm j1.56, & K_{r1} \approx 23.3 \\ s_{1,2} \approx \pm j2.56, & K_{r2} \approx 35.7 \end{cases}$$

综上,可绘制根轨迹如图 4-16 所示。
由图可明显看到始于开环极点 $p_1 = 0$, $p_2 = 1$
的两条根轨迹分别两次穿越虚轴,只有开
环根增益在 $23.3 < K_r < 35.7$ 时,这两条
根轨迹才能位于 s 左半平面,这时系统才是
稳定的,取其他的值均会使系统不稳定,故
属于条件稳定系统。

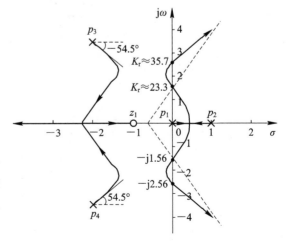

图 4-16　例 4-15 系统的根轨迹图

4.3.4　改变系统结构对根轨迹的影响

根轨迹是根据开环传递函数的极点和零点绘制的,故如果改变开环极点或零点,则必然会使根轨迹变化,并使闭环极点位置发生变化,进而影响控制系统的性能。用根轨迹方法对系统进行校正实际上就是为校正装置传递函数选择合适的极点和零点,以使闭环系统的极点位于希望的位置上。所以,了解增加一个开环极点或者开环零点对根轨迹的影响,对选择校正装置传递函数的极点和零点具有重要的指导作用。

1. 增加开环零点对根轨迹的影响

增加开环零点将引起系统根轨迹形状的变化,因而影响了闭环系统的稳定性及其动态响应性能。下面以三阶控制系统为例来说明。

假设系统的开环传递函数为

$$G(s)H(s) = \frac{K}{s(s+1)(0.5s+1)} = \frac{K_r}{s(s+1)(s+2)}$$

式中,K 为开环增益,K_r 为开环根增益,显然此时有 $K = 2K_r$。绘出该系统的根轨迹如图 $4-17$(a)所示。从图中可以看出,当系统开环根增益 K_r 取值超过临界值,即 $K_r > 6$ 时,系

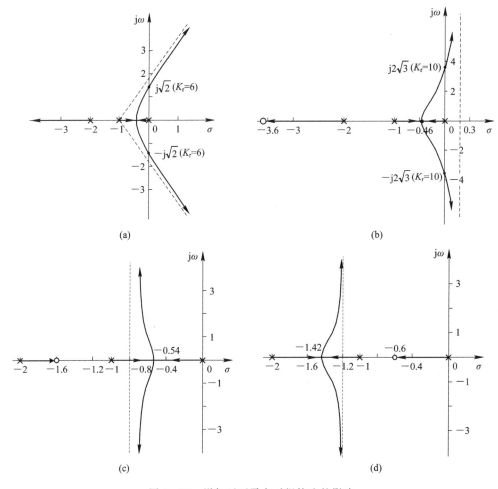

图 $4-17$　增加开环零点对根轨迹的影响

统将变成不稳定。如果在系统中增加一个开环零点，则系统的开环传递函数变为

$$G(s)H(s) = \frac{K_r(s+z)}{s(s+1)(s+2)}$$

下面分析开环零点在下列三种情况下系统的根轨迹：

（1）$z > 2$，不妨设 $z = 3.6$，则相应系统的根轨迹如图 4-17(b) 所示。由于增加一个开环零点，根轨迹相应发生了变化。根轨迹仍为三条分支，其中一个分支将始于极点 -2，终止于开环零点 $-z = -3.6$；相应渐近线变为 $n - m = 2$ 条，渐近线与实轴正方向的交角为 $\pm 90°$，渐近线与实轴的交点坐标为 $(0.3, j0)$，根轨迹与实轴的分离点坐标为 $(-0.46, j0)$；与虚轴的交点坐标为 $(0, \pm j2\sqrt{3})$，相应的 $K_r = 10$。由根轨迹的变化知，系统性能的改善并不显著，当开环根增益超过临界值时，系统仍将不稳定，但临界的根增益略有提高。

（2）$1 < z < 2$，不妨设 $z = 1.6$，相应的根轨迹如图 4-17(c) 所示。根轨迹的一条分支始于极点 -2，终止于增加的开环零点 $-z = -1.6$；其余两条分支的渐近线与实轴的交点坐标为 $(-0.8, j0)$，渐近线与实轴正方向的交角仍为 $\pm 90°$；根轨迹与实轴的分离点坐标为 $(-0.54, j0)$。当根轨迹离开实轴后，由于零点的作用将向左弯曲，此时无论系统的开环根增益取何值，系统都将稳定。闭环系统有三个极点，如设计得合适，系统将有两个共轭复数极点和一个实数极点，并且共轭复数极点距虚轴较近，即为共轭复数主导极点。在这种情况下，系统可近似看成一个二阶欠阻尼比系统来进行分析。

（3）$z < 1$，不妨设 $z = 0.6$，相应系统根轨迹如图 4-17(d) 所示。根轨迹的一条分支起始于极点 0，终止于新增零点 $-z = -0.6$；其余两个根轨迹分支渐近线与实轴的交点坐标为 $(-1.2, j0)$，渐近线与实轴正方向的交角为 $\pm 90°$；根轨迹与实轴的分离点坐标为 $(-1.42, j0)$。在此情况下，闭环复数极点距离轴较远，而实数极点距离虚轴较近，这说明系统将有较低的动态响应速度。

从以上三种情况来看，一般第二种情况比较理想，这时系统具有一对共轭复数主导极点，其动态响应性能指标也比较令人满意。

可见，增加开环零点将使系统的根轨迹向左弯曲，并在趋向于附加零点的方向发生变形。如果设计得当，则控制系统的稳定性和动态响应性能指标均可得到显著改善。在随动系统中串联超前网络校正，在过程控制系统中引入比例微分调节，即属于这种情况。

2. 增加开环极点对根轨迹的影响

一般而言，如果开环传递函数增加一个位于 s 左半平面的极点，则原来的根轨迹向右半平面移动。

下面举例说明。假设系统的开环传递函数为

$$G(s)H(s) = \frac{K_r}{s(s+a)}, \quad a > 0$$

绘出该系统的根轨迹如图 4-18(a) 所示。从图中可以看出，只要开环根增益 $K_r > 0$，则系统总是稳定的。

系统原有极点 $p_1 = 0$，$p_2 = -a$，现在增加一个开环极点 $p_3 = -b$，则开环传递函数为

$$G(s)H(s) = \frac{K_r}{s(s+a)(s+b)}, \quad b > a$$

增加极点后会使系统的阶次增高，渐近线变为三条，其中两条的倾角由原来的根轨迹

渐近线的交角±90°改变为±60°。实轴上的分离点也发生偏移，如果 $a=1$，$b=2$，则分离点从原来的$(-0.5,j0)$变到$(-0.422,j0)$。由于新的极点在 s 平面的任一点上都要产生一个负相角，因而原来极点产生的相角必须改变，以满足相角条件，于是根轨迹将向右弯曲，使对应同一个 K_r 值的复数极点的实数部分和虚数部分数值减小，因而系统的调节时间加长，振荡频率减小。当 K_r 超过临界值时，闭环系统将不再稳定，相应的根轨迹如图 4-18(b)所示。

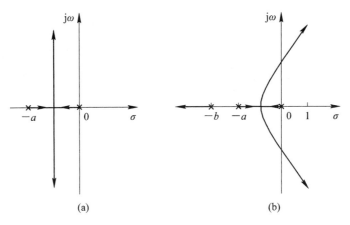

图 4-18　增加开环极点对根轨迹的影响

故增加开环极点一般会使闭环动态性能变差，尤其是对稳定性的影响较大。

3. 增加偶极子对根轨迹的影响

如果在系统中增加一对相距很近的开环零、极点，且它们之间的距离比它们的模值小一个数量级时，则称这一对开环零、极点为开环偶极子。由于开环偶极子中的零点 z_c 和极点 p_c 靠的相当近，所以对 s 平面上某点而言，两者所提供的幅值和相角相等或接近，即

$$\begin{cases} \angle \overrightarrow{sz_c} \approx \angle \overrightarrow{sp_c} \\ |s - z_c| \approx |s - p_c| \end{cases} \tag{4-43}$$

点 s 越远离偶极子，上面两个方程的近似程度就越高。这样增加的一对开环偶极子不会影响主导极点处附近的根轨迹形状。

开环传递函数可以表示为

$$G(s)H(s) = \frac{K \prod\limits_{i=1}^{m}(\tau_i s + 1)}{\prod\limits_{j=1}^{n}(T_j s + 1)} = \frac{K_r \prod\limits_{i=1}^{m}(s - z_i)}{\prod\limits_{j=1}^{n}(s - p_j)} \tag{4-44}$$

式中，K 为开环增益，则系统的开环增益与根增益 K_r 之间存在着如下关系：

$$K = \frac{K_r \prod\limits_{i=1}^{m}(-z_i)}{\prod\limits_{j=1}^{n}(-p_j)} \tag{4-45}$$

由上式可知，如果在系统中引入一对接近坐标原点的偶极子 z_c 和 p_c，则系统的开环增益将变为

$$K = \frac{K_{\mathrm{r}}(-z_{\mathrm{c}})\prod\limits_{i=1}^{m}(-z_i)}{(-p_{\mathrm{c}})\prod\limits_{j=1}^{n}(-p_j)} \qquad (4-46)$$

显然，由上式可知，这对接近原点的开环偶极子可以改变开环增益 K 的大小。例如，虽然 $|z_{\mathrm{c}}-p_{\mathrm{c}}|$ 很小，但若取 $z_{\mathrm{c}}=10p_{\mathrm{c}}$，则开环增益可以提高到 10 倍。

因此，远离坐标原点的开环偶极子对系统性能的影响可以忽略不计。靠近坐标原点的开环偶极子不能忽略，它对根轨迹的作用可以概括为

(1) 开环偶极子不影响离它位置较远处的根轨迹形状。

(2) 开环偶极子也不影响根轨迹上各点的根增益，但会影响根轨迹上各点的开环增益。

故增加偶极子对原来系统的根轨迹几乎没有影响，只是在 s 平面的原点附近有较大的变化。它们不会影响系统的主导极点位置，因而对系统的动态响应性能影响很小。但是偶极子却可以提高系统的开环增益，如果偶极子距原点很近，则其提高的倍数可以很大。而系统开环增益的增大意味着稳态误差系数的增大，也即意味着可以改善系统的稳态性能。

4.4　基于 MATLAB 的根轨迹分析

根据 MATLAB 提供的根轨迹相关函数，可以方便、准确地绘制控制系统的根轨迹图，并可利用根轨迹图对控制系统进行分析。下面介绍与根轨迹绘图有关的函数。

4.4.1　绘制根轨迹

用 MATLAB 绘制根轨迹图时，是以系统的开环传递函数作为基础的，开环传递函数一般可取下列两种形式之一。

一种是零极点形式：

$$G(s)H(s) = K_{\mathrm{r}}\frac{\prod\limits_{i=1}^{m}(s-z_i)}{\prod\limits_{j=1}^{n}(s-p_j)} \qquad (4-47)$$

另一种是有理分式形式

$$G(s)H(s) = K_{\mathrm{r}}\frac{s^m+b_1 s^{m-1}+\cdots+b_{m-1}s+b_m}{s^n+a_1 s^{n-1}+\cdots+a_{n-1}s+a_n}, \ n \geqslant m \qquad (4-48)$$

在以有理式形式表示时，应按 s 降幂顺序排列，中间若有缺项，其系数用零代替。

绘制根轨迹的函数是 rlocus()，其基本调用格式为

rlocus(sys,k) $\qquad\qquad\qquad\qquad\qquad\qquad (4-49)$

或　rlocus(num, den, k)

或　[r, k]＝rlocus(sys, k)

或　[r, k]＝rlocus(num, den, k)

其中，k 是用户指定的增益向量（即可变参量值），可省略使用默认值；num 为式(4-48)有理分式的分子系数，den 为分母系数；sys 为零、极点开环传递函数模型或有理分式传递函数模型（参见 3.5 节）。使用前两个格式时，MATLAB 自动绘制根轨迹。在后两个

格式中,等号左边和右边分别引入了变量 r 和 k,r 为返回的根轨迹数据,k 为对应的根增益,结果显示在 MATLAB 命令窗口中。仅使用后两个格式时,屏幕上不显示根轨迹曲线,显示的只是根轨迹数据矩阵 r 和根增益 k。若要显示根轨迹曲线,则需使用函数 plot(r) 单独绘制。

例 4-16 已知某系统的开环传递函数为

$$G(s)H(s) = K_r \frac{(s+0.5)}{s(s+2)(s+5)(s+8.6)}$$

试用 MATLAB 绘制闭环系统的根轨迹。

解: 由开环传递函数的形式看,采用零、极点模型比较方便。编写程序如下:

```
% 绘制例 4-16 根轨迹。
z=[-0.5];                 %设定零极点数值
p=[0, -2, -5, -8.6];
k=[1];                    % k 即 K_r 值可取为 1
rlocus(zpk(z, p, k));     %绘制根轨迹
v=[-12, 5, -10, 10];
axis(v);                  %设置实轴和虚轴的范围
```

执行程序,可以绘得根轨迹如图 4-19 所示。

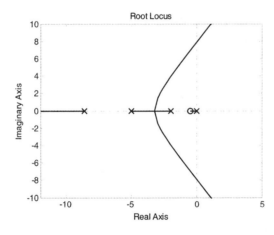

图 4-19   例 4-16 之用 MATLAB 绘制的根轨迹图

例 4-17 已知某系统的开环传递函数为

$$G(s)H(s) = K_r \frac{s^2 + 3s + 2}{s^4 + 8s^3 + 12s^2 + 24s}$$

试用 MATLAB 绘制闭环系统的根轨迹。

解: 由开环传递函数的形式看,采用有理分式模型比较方便。编写程序如下:

```
% 绘制例 4-17 根轨迹。
num=[1, 3, 2];               %开环传递函数分子系数,有理分式形式
den=[1, 8, 12, 24, 0];       %开环传递函数分母系数
k=0:1:50;                    %指定 k 的变化范围
[r, k]=rlocus(num, den, k);  %获得根轨迹数据
plot(r);                     %绘制根轨迹
```

```
hold on
pzmap(num, den);                              %绘制开环零、极点
```

执行程序，可以绘得根轨迹如图 4 - 20 所示。

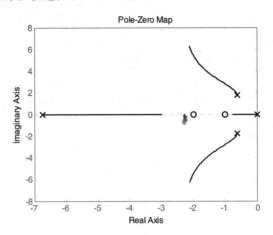

图 4 - 20　例 4 - 17 之用 MATLAB 绘制的不完整根轨迹图

由图可知，因为设置了 k 的取值范围是 [0，50]，故所绘制的根轨迹并不完整。上例只是为了说明返回根轨迹数据的函数调用方法，若仅是绘制根轨迹，则还是使用前两种格式简单。

绘制根轨迹时，还有一些常用的函数，如例 4 - 17 中的绘制零、极点函数 pzmap()，用于绘制传递函数模型的零、极点；令实轴与虚轴同比例的命令：axis equal，以便于观察根轨迹的相角；求解高阶代数方程根的函数 roots()，其调用格式为 r＝roots(d)，式中，r 为代数方程的根，d 为代数方程按降幂顺序排列的系数矩阵。

4.4.2　分析控制系统

利用 MATLAB 提供的一些功能及命令可以很方便地对闭环控制系统进行分析。

1. 求根轨迹上任意一点的特征参数

在绘制完根轨迹后，用鼠标将光标移动到根轨迹上任意一点，点击鼠标右键，即出现一个小窗口，显示出该点的主要参数，包括：

System：系统的代号；

Gain：该点对应的根增益 K_r 值；

Pole：该点在 s 平面的坐标，即闭环极点的位置；

Damping：该点对应的阻尼系数；

Overshoot(%)：该点对应的系统超调量；

Frequency(rad/s)：该极点对应的二阶系统的无阻尼振荡频率。

在例 4 - 16 所绘的根轨迹图中，用鼠标将光标移动到与虚轴的交点上，再点击鼠标右键，即可获得主要参数如图 4 - 21 所示。由图可知，与虚轴交点处的 $K_r＝898$，闭环极点为 (0，j7.94)，无阻尼自然振荡频率为 $\omega_n＝7.94$ rad/s。将光标移动到分离点，即可求得分离点的坐标及相应的 K_r 值。使用这种方法可以方便地对控制系统进行分析，需要说明的是，此法仅限于 rlocus() 函数绘制的根轨迹，例 4 - 17 中 plot() 函数绘制的根轨迹图不具有此功能。

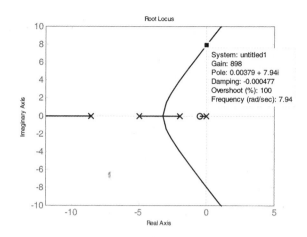

图 4-21 求根轨迹上任意一点的特征参数

2. 绘制等 ζ、ω_n 栅格线

在根轨迹上选择闭环极点经常要考虑阻尼比 ζ，无阻尼自然振荡频率 ω_n，特别是利用主导极点对控制系统进行分析、设计时尤为重要。为此，MATLAB 提供了一个命令：sgrid，在绘制完根轨迹后，调用此命令可在根轨迹上绘制等 ζ、ω_n 栅格线。

例 4-18 已知某系统的开环传递函数为

$$G(s)H(s) = K_r \frac{1}{s(s^2 + 4s + 5)}$$

试用 MATLAB 绘制闭环系统的根轨迹，并绘出等 ζ、ω_n 栅格线。

解： 编写程序如下：

```
% 绘制例 4-18 等 ζ、ωn 栅格线。
num=[1];                    %开环传递函数分子系数，有理分式形式
den=[1, 4, 5, 0];          %开环传递函数分母系数
rlocus(num, den);          %绘制根轨迹数据
axis equal;                %实轴、虚轴同比例
z=[0.8, 0.6, 0.4];         %确定等阻尼比值
wn=[1, 2, 3];              %确定等无阻尼自然振荡频率值
sgrid(z, wn);              %等 ζ、ωn 栅格线
```

执行程序，可以绘得根轨迹如图 4-22 所示。

如果在绘制完根轨迹后，不使用 sgrid(z, wn) 指定相应的 ζ、ω_n 值，而是用命令 grid，则系统会根据缺省的值绘制等 ζ、ω_n 栅格线。

3. 求闭环极点和相应的根增益 K_r

应用 rlocfind() 函数可以在图形界面上直接获得某点的根轨迹增益。rlocfind() 函数的常用调用格式为

$$[k, poles] = \text{rlocfind}(sys) \text{ 或 } [k, poles] = \text{rlocfind}(sys, p) \qquad (4-50)$$

式中，k 为选择点对应的根轨迹增益，poles 为该根轨迹对应的闭环极点，p 为期望的根轨迹上某点的坐标值。

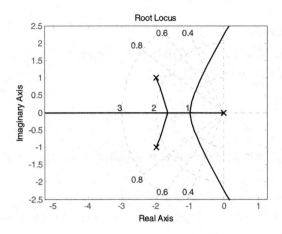

图 4 - 22　绘制等 ζ、ω_n 栅格线

编写程序如下：

```
num=[1];
den=[1,4,5,0];
rlocus(num,den);
[k,poles]=rlocfind(num,den)
```

运行该程序后，图形界面上显示"+"提示符，移动鼠标确定一个点，按下左键，在图形界面对应的闭环根处自动标出"+"符，如图 4 - 23 所示。

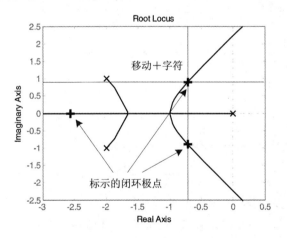

图 4 - 23　求闭环根增益图

同时在命令窗口中就会显示该点的根轨迹增益和对应的闭环根如下：

```
Select a point in the graphics window
selected_point=
    -0.7026 + 0.8929i
k=
    3.3942
poles=
    -2.5674
```

$$-0.7163 + 0.8994i$$
$$-0.7163 - 0.8994i$$

以上示例说明,在 MATLAB 中使用相关的根轨迹函数及命令,可避免繁琐的计算,并且可以使作图更为精准,分析起来更为方便。

习　　题

4.1　已知单位负反馈控制系统的开环传递函数为

$$G(s) = \frac{K_r}{s+1}$$

试用解析法绘出 K_r 从零变到无穷时闭环根轨迹图,并判断下列点是否在根轨迹上:$(-2+j0)$,$(0+j1)$,$(-3+j2)$。

4.2　已知开环零、极点分布如图 4-24 所示,试概略画出相应的闭环根轨迹图。

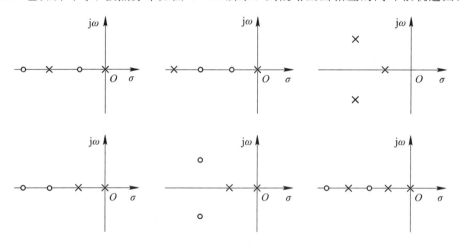

图 4-24　习题 4.2 用图(零、极点分布图)

4.3　已知单位负反馈系统的开环传递函数为

$$G(s) = \frac{K}{s(0.5s+1)(0.5s^2+s+1)}$$

(1)画出 K 从零到无穷变化时系统的根轨迹;

(2)求系统输出 $c(t)$ 为无振荡衰减分量时的闭环传递函数。

4.4　已知控制系统的特征方程为

$$s(s+2)(s+4) + K_r(s+2) = 0$$

画出其根轨迹,并求当系统闭环极点具有阻尼比 $\zeta = 0.707$ 时系统的单位阶跃响应。

4.5　已知单位反馈系统的开环传递函数为

$$G(s) = \frac{K(0.5s-1)^2}{(0.5s+1)(2s-1)}$$

(1)概略绘制系统的根轨迹;

(2)确定系统稳定时 K 的取值范围;

(3)求出系统在单位阶跃输入作用下,稳态误差可能达到的最小绝对值 $|e_{ss}|_{min}$。

4.6　设控制系统如图 4-25 所示。试确定使闭环极点为 $s=-1\pm\mathrm{j}\sqrt{3}$ 的反馈系数 K_{b} 的数值。然后利用求出的 K_{b} 值，画出系统的根轨迹图。

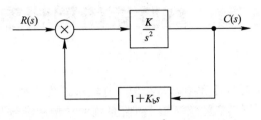

图 4-25　习题 4.6 用图（控制系统结构图）

4.7　已知单位反馈系统的开环传递函数为

$$G(s)H(s)=\frac{K_{\mathrm{r}}}{s(s+2)(s+4)}$$

（1）绘制系统根轨迹图；

（2）求系统具有阻尼振荡响应的 K_{r} 值范围；

（3）求出无阻尼自然振荡频率 ω_{n}；

（4）求使主导复极点具有阻尼比为 0.5 时的 K_{r} 值；

（5）求对应（4）K_{r} 值以因式分解形式表示的闭环传递函数。

4.8　已知一系统的前向通路传递函数为

$$G(s)=\frac{K_{\mathrm{r}}}{s(s^{2}+s+1)}$$

当反馈通路的传递函数分别如下所示时，绘制其相应的根轨迹（K_{r} 从 $0\to+\infty$）并分析开环零点位置对系统稳定性的影响。

（1）$H(s)=1$；　　　（2）$H(s)=s+1$；　　　（3）$H(s)=s+2$。

4.9　已知单位负反馈系统的开环传递函数为

$$G(s)=\frac{K}{s(Ts+1)(s^{2}+2s+2)}$$

求当 $K=4$ 时，以 T 为参变量的根轨迹。

4.10　已知单位正反馈系统的开环传递函数为

$$G(s)=\frac{K_{\mathrm{r}}}{(s+1)(s-1)(s+4)^{2}}$$

试绘制其根轨迹。

第5章　线性系统的频率法

在分析控制系统的动态特性和稳态特征时，时域法最为直观、准确，但是要求解高阶系统的响应却很困难。由第 3 章的学习知，高阶系统的结构和参数与系统动态性能间没有明确的函数关系，通常采用主导极点近似为低阶的系统来分析；时域法也不便于观察系统参数变化对其动态性能的影响，故很难提出改善系统性能的方法。

根轨迹法以传递函数为数学模型，研究根据开环零、极点得到闭环传递函数的零、极点在复平面(复数 s 域)上的分布，进而揭示控制系统的运动规律，避免了高阶微分方程的求解。与之类似，频率分析法(频率法)也是间接地运用系统的开环特性分析系统的闭环响应，是以频率特性为数学模型，对系统进行分析和设计的一种图解方法。

频率法最先由奈奎斯特(Nyquist)于 1932 年提出，早期主要用于通信领域，后来用于控制系统的分析。频率法的主要特点有：

(1) 频率法利用系统的开环频率特性图形分析闭环系统性能，故具有形象直观和计算量小的特点。

(2) 系统的频率特性所确定的频域指标与系统的时域指标之间存在着一定的对应关系，而系统的频率特性又很容易和它的结构、参数联系起来，故便于观察系统结构、参数变化对其动态性能的影响。

(3) 频率法不仅适用于线性定常系统，而且还适用于纯滞后系统和部分非线性系统的分析。

(4) 频率特性不但可由微分方程或传递函数求得，而且还可以用实验方法求得。对于某些难以用机理分析方法建立微分方程或传递函数的元件(或系统)来说，具有重要的意义。

(5) 用频率法设计的控制系统可以兼顾稳态、动态，特别是抑制噪声三方面的要求。

正是这些特点使频率法成为控制系统的一种经典分析方法。

5.1　频率响应与频率特性

在前面的时域和根轨迹分析中，参考输入主要是(单位)阶跃信号、斜坡信号及抛物线信号，下面来看正弦信号的输出响应。

5.1.1　频率响应

线性控制系统在输入正弦信号时，其稳态输出随频率($\omega = 0 \to \infty$)变化的规律，称为该系统的频率响应。

假设系统传递函数可以表示为

$$G(s) = \frac{C(s)}{R(s)} = \frac{B(s)}{(s - p_1)(s - p_2)\cdots(s - p_n)} \qquad (5-1)$$

其中，$B(s)$ 为 $G(s)$ 的分子多项式，p_1，p_2，$\cdots$，p_n 为系统的极点。为便于讨论且不失一般性,此处假设所有极点都是互异的单根。

当参考输入为正弦信号 $r(t) = A\sin\omega t$ 时,其拉氏变换为

$$R(s) = \frac{A\omega}{s^2 + \omega^2} = \frac{A\omega}{(s+\mathrm{j}\omega)(s-\mathrm{j}\omega)} \tag{5-2}$$

将上式代入式(5-1)可得输出响应的拉氏变换为

$$C(s) = \frac{B(s)}{(s-p_1)(s-p_2)\cdots(s-p_n)} \frac{A\omega}{(s+\mathrm{j}\omega)(s-\mathrm{j}\omega)}$$

$$= \frac{C_1}{s-p_1} + \frac{C_2}{s-p_2} + \cdots + \frac{C_n}{s-p_n} + \frac{C_{-a}}{s+\mathrm{j}\omega} + \frac{C_a}{s-\mathrm{j}\omega} \tag{5-3}$$

其中,C_1,C_2,$\cdots$,C_n,C_a,C_{-a} 均为待定常数。对式(5-3)求拉氏逆变换,可得输出响应为

$$c(t) = \underbrace{C_1\mathrm{e}^{p_1 t} + C_2\mathrm{e}^{p_2 t} + \cdots + C_n\mathrm{e}^{p_n t}}_{\text{动态响应}} + \underbrace{C_a\mathrm{e}^{\mathrm{j}\omega t} + C_{-a}\mathrm{e}^{-\mathrm{j}\omega t}}_{\text{稳态响应}} \tag{5-4}$$

如果系统是稳定的,即全部特征根都具有负实部,则当 $t \to \infty$ 时,式(5-4)中动态响应部分将衰减为 0。所以正弦信号的输出响应 $c(t)$ 的稳态响应为

$$c_{\mathrm{ss}}(t) = \lim_{t\to\infty} c(t) = C_a\mathrm{e}^{\mathrm{j}\omega t} + C_{-a}\mathrm{e}^{-\mathrm{j}\omega t} \tag{5-5}$$

式中,常数 C_a,C_{-a} 可根据留数法按下式计算:

$$\begin{cases} C_a = G(s)\dfrac{A\omega}{(s+\mathrm{j}\omega)(s-\mathrm{j}\omega)}(s-\mathrm{j}\omega)\Big|_{s=\mathrm{j}\omega} = \dfrac{AG(\mathrm{j}\omega)}{2\mathrm{j}} \\[3mm] C_{-a} = G(s)\dfrac{A\omega}{(s+\mathrm{j}\omega)(s-\mathrm{j}\omega)}(s+\mathrm{j}\omega)\Big|_{s=-\mathrm{j}\omega} = -\dfrac{AG(-\mathrm{j}\omega)}{2\mathrm{j}} \end{cases} \tag{5-6}$$

将复函数 $G(\mathrm{j}\omega)$ 写成幅值与相角的形式,可以表示为

$$G(\mathrm{j}\omega) = |G(\mathrm{j}\omega)|\mathrm{e}^{\mathrm{j}\angle G(\mathrm{j}\omega)} \tag{5-7}$$

其中,$|G(\mathrm{j}\omega)|$ 为 $G(\mathrm{j}\omega)$ 的幅值;$\angle G(\mathrm{j}\omega)$ 为 $G(\mathrm{j}\omega)$ 的相角。根据式(5-5)~式(5-7)可得稳态响应为

$$c_{\mathrm{ss}}(t) = A\frac{|G(\mathrm{j}\omega)|}{2\mathrm{j}}\big[\mathrm{e}^{\mathrm{j}\omega t}\mathrm{e}^{\mathrm{j}\angle G(\mathrm{j}\omega)} - \mathrm{e}^{-\mathrm{j}\omega t}\mathrm{e}^{-\mathrm{j}\angle G(\mathrm{j}\omega)}\big] = A|G(\mathrm{j}\omega)|\sin\big[\omega t + \angle G(\mathrm{j}\omega)\big] \tag{5-8}$$

式(5-8)表明,线性系统在参考输入为正弦信号 $r(t) = A\sin\omega t$ 时,其稳态输出 $c_{\mathrm{ss}}(t)$ 是与输入 $r(t)$ 同频率的正弦信号。输出正弦信号与输入正弦信号的幅值之比为 $G(\mathrm{j}\omega)$ 的幅值,输出正弦信号与输入正弦信号的相角之差是 $G(\mathrm{j}\omega)$ 的相角,它们都是频率 ω 的函数。

5.1.2　频率特性

1. 频率特性的定义

线性定常系统的频率特性定义为:系统的稳态正弦响应与输入正弦信号的复数比,用 $G(\mathrm{j}\omega)$ 表示。

若将正弦函数用电路理论中的复数相量法表示,则输入正弦信号可表示为 $\dot{R} = A\mathrm{e}^{\mathrm{j}0}$,稳态正弦响应可表示为 $\dot{C}_{\mathrm{ss}} = A|G(\mathrm{j}\omega)|\mathrm{e}^{\mathrm{j}\angle G(\mathrm{j}\omega)}$,则稳态正弦响应与输入的复数之比即为

$$G(\mathrm{j}\omega) = \frac{\dot{C}_{\mathrm{ss}}}{\dot{R}} = \frac{A|G(\mathrm{j}\omega)|\mathrm{e}^{\mathrm{j}\angle G(\mathrm{j}\omega)}}{A\mathrm{e}^{\mathrm{j}0}} = |G(\mathrm{j}\omega)|\mathrm{e}^{\mathrm{j}\angle G(\mathrm{j}\omega)} = A(\omega)\mathrm{e}^{\mathrm{j}\varphi(\omega)} \tag{5-9}$$

式中,称 $A(\omega)$ 为系统的幅频特性,$\varphi(\omega)$ 为系统的相频特性,显然有

$$A(\omega) = |G(\mathrm{j}\omega)|,\ \varphi(\omega) = \angle G(\mathrm{j}\omega) \tag{5-10}$$

由定义可知，频率特性实际上是描述在不同频率下系统传递正弦信号的能力，幅频特性描述了输入信号幅值的放大倍数，相频特性则描述了输入信号相位的移动。

由式(5-9)可知，如果控制系统的传递函数 $G(s)$ 已知，则只需用 $j\omega$ 代替复变量 s 即可获得相应的频率特性 $G(j\omega)$。由定义可知频率特性是一种稳态响应，但传递函数 $G(s)$ 包含了系统动态过程的规律，故 $G(j\omega)$ 也将这些规律全部寓于其中。由于存在这种关系，故频域分析法和利用传递函数的时域法在数学上是等价的，在系统分析和设计时，其作用也是类似的。因此，频率特性和微分方程、传递函数一样也能表征系统的运动规律，它也是描述线性控制系统的数学模型形式，而且这三种模型间可以相互转换，其关系如图 5-1 所示。

值得指出的是，当参考输入为非正弦的周期信号时，可以利用傅里叶级数将其展开成正弦信号的累加和形式，其输出亦为相应的正弦信号累加和。此时，系统频率特性可以定义为系统输出量的傅里叶变换与输入量的傅里叶变换之比。

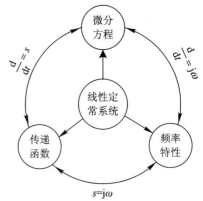

图 5-1 微分方程、传递函数与频率特性间的关系

2. 频率特性的求法

频率特性的求法一般有三种，第一种是直接法，即根据频率特性的定义来求；第二种是间接法，即先求传递函数 $G(s)$，再将传递函数中的复变量 s 换成纯虚数 $j\omega$ 就得到系统的频率特性；第三种是实验法，即通过实验来确定 $G(j\omega)$。下面举例说明。

例 5-1 RC 电路如图 5-2 所示，试求其频率特性。

解：下面分别用直接法和间接法来求频率特性。

（1）假设电路的输入正弦电压为 $u_r(t) = A\sin\omega t$，根据交流电路理论知，其稳态输出电压 $u_c(t)$ 是与输入电压同频率的正弦信号，但幅值和相位与输入信号不同。为求出稳态输出电压 $u_c(t)$，先来求电路的复阻抗 Z，及电容的电抗，由图可知有

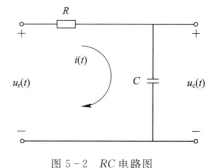

图 5-2 RC 电路图

$$Z = R + \frac{1}{j\omega C}, \qquad Z_C = \frac{1}{j\omega C}$$

根据电路的相量分析法可知

$$\frac{\dot{U}_r}{Z} = \dot{I} = \frac{\dot{U}_c}{Z_C} \Rightarrow G(j\omega) = \frac{\dot{U}_c}{\dot{U}_r} = \frac{Z_C}{Z} = \frac{\frac{1}{j\omega C}}{R + \frac{1}{j\omega C}} = \frac{1}{j\omega RC + 1} = \frac{1}{1 + j\omega t}$$

其中，$T = RC$ 为电路的时间常数。

（2）由基尔霍夫定律可列写电路电压平衡方程为

$$u_r(t) = Ri(t) + u_c(t) = RC\frac{du_c(t)}{dt} + u_c(t)$$

对上式进行拉氏变换，可以求出电路的传递函数为

$$G(s) = \frac{U_c(s)}{U_r(s)} = \frac{1}{RCs + 1} = \frac{1}{Ts + 1}$$

令 $s = j\omega$，可得到电路的频率特性为

$$G(j\omega) = \frac{1}{1 + j\omega t}$$

可见，用两种方法求得的频率特性是一样的。

至此，有关频率特性的推导均是在系统稳定的条件下给出的。若系统不稳定，输出响应最终不可能达到稳态过程 $c_{ss}(t)$。但从理论上讲，由式(5-4)可知，无论动态响应部分是否衰减为 0，$c(t)$ 中的稳态分量 $c_{ss}(t)$ 总是可以分解出来的，所以频率特性的概念同样适合于不稳定系统。对于稳定的系统，可以由实验的方法确定系统的频率特性，即在系统的输入端施加不同频率的正弦信号，在输出端测得相应稳态输出的幅值和相角，根据幅值比和相位差，就可得到系统的频率特性。对于不稳定的系统，则不能由实验的方法得到系统的频率特性，这是由于系统传递函数中不稳定极点会产生发散或振荡的分量，随时间推移，其动态分量不会消失，所以不稳定系统的频率特性是在实验中观察不到的。

3. 频率特性的表示形式

系统频率特性的表示主要有两类：一是代数解析式；二是图形。图形表示法简明清晰，故易被工程技术人员接受，使用较广。

1) 代数解析式表示

频率特性可以用指数形式表示为

$$G(j\omega) = A(\omega)e^{j\varphi(\omega)} \tag{5-11}$$

也可用复数形式表示为

$$G(j\omega) = R(\omega) + jI(\omega) \tag{5-12}$$

式中，$R(\omega)$ 为 $G(j\omega)$ 的实部，称为实频特性；$I(\omega)$ 为 $G(j\omega)$ 的虚部，称为虚频特性。指数形式可以用极坐标表示，如图 5-3(a)所示，相应的复数形式可用直角坐标表示，如图 5-3(b)所示。故有时也称指数表示为极坐标形式，复数表示为直角坐标形式。

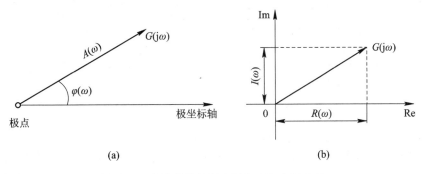

图 5-3　频率特性的极坐标与直角坐标表示

如果将极坐标的极点移至直角坐标的 0 点，并使极坐标轴与直角坐标的正实轴重合，如图 5-4 所示，这时显然有以下关系成立：

$$
\begin{cases}
R(\omega) = A(\omega)\cos[\varphi(\omega)] \\
I(\omega) = A(\omega)\sin[\varphi(\omega)] \\
A(\omega) = \sqrt{R(\omega)^2 + I(\omega)^2} \\
\varphi(\omega) = \arctan \dfrac{I(\omega)}{R(\omega)}
\end{cases}
\tag{5-13}
$$

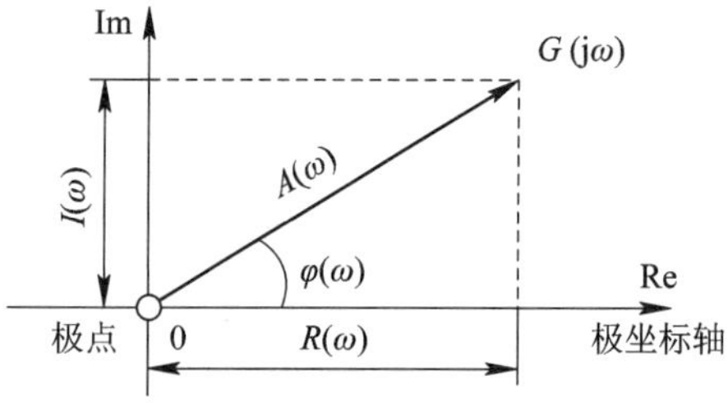

式(5-13)表明这两种代数解析式表示是等价的，是可以相互转化的。

图 5-4　极坐标表示与直角坐标表示间的关系

2）图形表示

在实际控制工程中，用频率法分析、设计控制系统往往是将频率特性绘制成一些曲线，并根据这些曲线对系统进行图解分析。常见的频率特性图示法有四种，下面分述之。

（1）频率特性图。频率特性图包括幅频特性图和相频特性图。幅频特性是频率特性的幅值 $|G(j\omega)|$ 随 ω 的变化规律；而相频特性则是描述频率特性的相角 $\angle G(j\omega)$ 随 ω 的变化规律。绘制时采用直角坐标系，线性分度，横坐标为变量 ω，纵坐标分别为幅值 $|G(j\omega)|$ 和相角 $\angle G(j\omega)$，故频率特性曲线一般是由两幅子图构成的。例如，根据例 5-1 中的 RC 电路的频率特性 $G(j\omega)$，由式(5-10)可求得其幅频与相频特性为

$$
\begin{cases}
A(\omega) = \dfrac{1}{\sqrt{1 + \omega^2 T^2}} \\
\varphi(\omega) = -\arctan(\omega t)
\end{cases}
\tag{5-14}
$$

根据式(5-14)可绘制频率特性 $G(j\omega)$ 的幅频与相频特性图如图 5-5 所示。

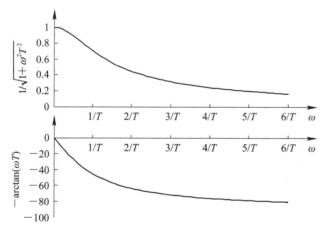

图 5-5　RC 电路的频率特性图

（2）奈奎斯特图。奈奎斯特(Nyquist)图简称奈氏图，也称为幅相频率特性曲线，在复平面上以极坐标的形式表示，所以又称极坐标图。由式(5-10)可知，对于某个特定频率 ω_i 下的频率特性 $G(j\omega_i)$，可以用复平面上的向量表示，向量的幅值为 $A(\omega_i)$，相角为 $\varphi(\omega_i)$。当 ω 从 $0 \rightarrow \infty$ 变化时，向量 $G(j\omega)$ 的端点在复平面上描绘出来的轨迹就是幅相频率特性曲线即奈奎斯特图。通常把 ω 作为参变量标在曲线相应点的旁边，并配以箭头表示 ω 增大时特性曲线变化的方向。例如，由式(5-14)可求得例 5-1 中的 RC 电路的频率特性 $G(j\omega)$ 在不同 ω 值下向量的幅值和相角，用描点法即可绘制奈奎斯特图，如图 5-6 所示。

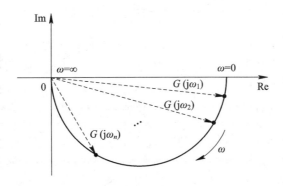

图 5 - 6　RC 电路的奈奎斯特图

（3）伯德图。伯德（Bode）图也称对数频率特性曲线。伯德图与频率特性图的主要区别在于，它是在半对数坐标上绘制出来的，其横坐标采用对数刻度，纵坐标采用线性的均匀刻度。与频率特性图一样，伯德图也是由两幅子图组成的，分别是对数幅频特性曲线图和对数相频特性曲线图。与极坐标图相比较，用对数坐标图不但计算简单、绘图容易，而且能直观地表现时间常数等参数变化对系统性能的影响。

在伯德图的对数幅频特性曲线中，$G(\mathrm{j}\omega)$ 的对数幅值（即纵坐标）的表达式为

$$L(\omega) = 20\lg \mid G(\mathrm{j}\omega) \mid = 20\lg A(\omega) \tag{5-15}$$

式（5-15）中，采用的单位是分贝（dB）。对数相频特性曲线则是 $G(\mathrm{j}\omega)$ 的相角 $\varphi(\omega)$ 和频率 ω 的关系曲线。横坐标虽然与频率特性图一样也是以 ω 的实际值标定的，单位是：弧度/秒（rad/s），但却是采用的对数刻度。所谓对数刻度指的是以对数 $\lg\omega$ 进行刻度，如图 5 - 7 所示，假设坐标轴上有两点 ω_1 和 ω_2，则两点的距离为 $\mid \lg\omega_2 - \lg\omega_1 \mid$，故对数刻度坐标上有两对点距离相等，则说明它们的比值相等，如图 5 - 7 中的 2 倍频程和 10 倍频程所示，频率 ω 每变化 10 倍称为一个 10 倍频程，记为 dec。

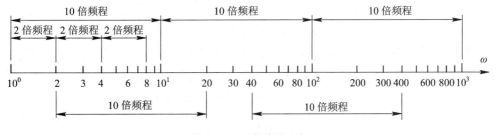

图 5 - 7　对数分度坐标

由式（5-15）可知，对数幅频特性的纵坐标 $L(\omega)$ 已作过对数转换，故其纵坐标按分贝值是线性刻度的。对数相频特性的纵坐标为相角 $\varphi(\omega)$，其单位是度（°），采用线性刻度。例 5-1 中，当 $T = 1$ 时，可绘出频率特性 $G(\mathrm{j}\omega)$ 的伯德图如图 5-8 所示。

绘制伯德图时采用对数坐标刻度具有以下优点：

① 扩展了频率特性的表示范围。对数刻度相对展宽了低频段，而低频段的频率特性形状对于控制系统性能影响较大；相对压缩了高频段，从而可以在较宽的频段范围内表示频率特性。

② 简化了画图过程。由于对数可将乘除运算转化为加减运算，而一般控制系统都是由多个环节串联而成的，所以在绘制它们的对数幅频特性时，只需将各环节的对数幅频特性

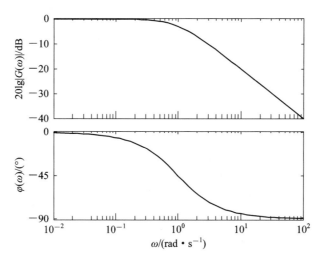

图 5-8 *RC* 电路的伯德图

叠加起来即可。

③ 可用渐近线近似表示。在对数坐标图上,所有典型环节的对数幅频特性乃至系统的对数幅频特性均可用分段直线近似表示。这种近似具有相当高的精确度,若对分段直线进行修正,即可得到精确的特性曲线。

④ 易于由图直接写出频率特性表达式或传递函数。如果对实验所得的频率特性数据进行整理,再用分段直线近似画出对数频率特性,则很容易根据图示的特性直接写出实验对象的频率特性表达式或传递函数。

正是由于伯德图具有以上优点,所以成为频率法中应用最广泛的一种图形表示方法。

(4) 尼柯尔斯图。尼柯尔斯(Nichols)图也称对数幅相特性曲线。对数幅相特性曲线是由对数幅频特性和对数相频特性合并而成的曲线,它采用直角坐标,其横坐标为相角 $\varphi(\omega)$,单位是度(°),纵坐标为对数幅频值 $L(\omega) = 20\lg A(\omega)$,单位是分贝(dB),横坐标和纵坐标均采用线性刻度,在曲线上一般标注角频率 ω 的值作为参变量。简单地说,尼柯尔斯图就是将伯德图的两幅子图,在角频率 ω 为参变量的情况下合成一张图。当 $T=1$ 时,可绘出例 5-1 中频率特性 $G(\mathrm{j}\omega)$ 的尼柯尔斯图如图 5-9 所示。

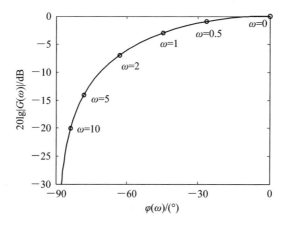

图 5-9 *RC* 电路的尼柯尔斯图

利用以上这些图形可以求得系统的闭环频率特性及表征特性的参数，评估系统的性能。其中，最为常用的是奈奎斯特图与伯德图。

5.2　典型环节的频率特性

控制系统一般是由若干典型环节构成的，故掌握典型环节的频率特性是分析系统特性的基础。在典型环节的传递函数中，令 $s = j\omega$，即可得到相应的频率特性代数解析式表示。令 ω 由小到大取值，并计算相应的幅值 $A(\omega)$ 和相角 $\varphi(\omega)$，在复平面上利用描点法绘图，就可以得到典型环节的幅相特性曲线。

5.2.1　比例环节

比例环节的传递函数为

$$G(s) = K \quad (K > 0) \tag{5-16}$$

其频率特性为

$$G(j\omega) = K + j0 = Ke^{j0} \tag{5-17}$$

相应的幅频特性和相频特性分别为

$$\begin{cases} A(\omega) = |G(j\omega)| = K \\ \varphi(\omega) = \angle G(j\omega) = 0° \end{cases} \tag{5-18}$$

由上式知，幅值 $A(\omega)$ 为恒值 K，与自变量 ω 无关；相角为 $0°$ 亦与自变量 ω 无关，所以比例环节的幅相特性即奈奎斯特图是复平面实轴上的一个点，如图 5-10(a) 所示。它表明比例环节稳态正弦响应的振幅是输入信号的 K 倍，且输出响应与输入同相位。

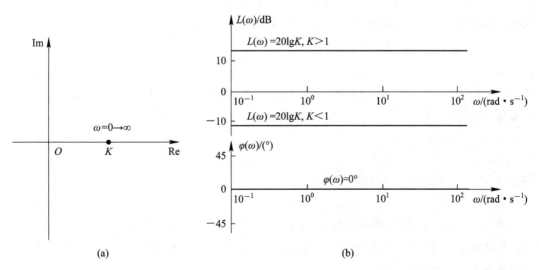

图 5-10　比例环节的奈奎斯特图与伯德图

比例环节的对数幅频特性和相频特性分别为

$$\begin{cases} L(\omega) = 20\lg |G(j\omega)| = 20\lg K \\ \varphi(\omega) = \angle G(j\omega) = 0° \end{cases} \tag{5-19}$$

由式(5-18)可绘出比例环节的伯德图如图 5-10(b)所示。图中幅频特性是与横轴平行的直线,与纵轴的交点为 $20\lg K$ dB。当 $K>1$ 时,直线位于横轴上方;当 $K<1$ 时,直线位于横轴下方。因为相频特性恒有 $\varphi(\omega)=0$,所以是与横轴重合的直线。当 K 取不同值时,对数幅频特性图中的直线 $20\lg K$ 会上下平移,但相频特性不会改变。

5.2.2 惯性环节

惯性环节的传递函数为

$$G(s) = \frac{1}{Ts+1} \quad (T>0) \tag{5-20}$$

式中,T 为时间常数,其频率特性为

$$G(j\omega) = \frac{1}{j\omega t+1} = \frac{1}{\sqrt{1+\omega^2 T^2}} e^{-j\arctan(\omega t)} \tag{5-21}$$

相应的幅频特性和相频特性为

$$\begin{cases} A(\omega) = \dfrac{1}{\sqrt{1+\omega^2 T^2}} \\ \varphi(\omega) = -\arctan(\omega t) \end{cases} \tag{5-22}$$

由上式知,当 $\omega=0$ 时,幅值 $A(\omega)=1$,相角 $\varphi(\omega)=0°$;当 $\omega \to \infty$ 时,$A(\omega)=0$,$\varphi(\omega)=-90°$。例 5-1 中的 RC 电路就是一个典型的惯性环节。事实上,可以证明,惯性环节幅相特性曲线是一个以点 $(0.5, j0)$ 为圆心、0.5 为半径的半圆,如图 5-11(a)所示。

证明: 由式(5-21)可得

$$G(j\omega) = \frac{1}{j\omega t+1} = \frac{1-j\omega t}{1+\omega^2 T^2} = R(\omega) + jI(\omega) \tag{5-23}$$

式中,$R(\omega)$ 为 $G(j\omega)$ 的实部,$I(\omega)$ 为 $G(j\omega)$ 的虚部,且有

$$\begin{cases} R(\omega) = \dfrac{1}{1+\omega^2 T^2} \\ I(\omega) = \dfrac{-\omega t}{1+\omega^2 T^2} = -\omega t R(\omega) \end{cases} \tag{5-24}$$

由上式可得

$$-\omega t = \frac{I(\omega)}{R(\omega)} \tag{5-25}$$

将式(5-25)代入式(5-24)的第一个式子,并整理后可得

$$[R(\omega)-0.5]^2 + I(\omega)^2 = 0.5^2 \tag{5-26}$$

式(5-26)表明,惯性环节的幅相频率特性符合圆的方程,圆心在实轴上点 $(0.5, j0)$ 处,半径为 0.5。由式(5-24)可知,当 $R(\omega)$ 为正值时,$I(\omega)$ 只能取负值,这说明曲线只在实轴的下方,是半个圆,证毕。

惯性环节的对数幅频特性为

$$L(\omega) = 20\lg|G(j\omega)| = 20\lg \frac{1}{\sqrt{\omega^2 T^2+1}} = -20\lg\sqrt{\omega^2 T^2+1} \tag{5-27}$$

由式(5-27)可知,对数幅频特性较为复杂。为了简化绘制过程,一般可用直线近似地代替

实际的曲线。下面分段讨论：

在低频段有 $\omega t \leqslant 1$，即 $\omega \leqslant 1/T$，式(5-27)右边可略去 ωt，则式 (5-27)可写为

$$L(\omega) \approx -20\lg 1 = 0 \text{ (dB)} \tag{5-28}$$

所以在低频段，对数幅频特性可以近似用零分贝线近似表示，称之为低频渐近线。

在高频段有 $\omega t \geqslant 1$，即 $\omega \geqslant 1/T$，式(5-27)右边可略去 1，则式(5-27)可写为

$$L(\omega) \approx -20\lg \omega t = -20\lg \omega - 20\lg T \text{ (dB)} \tag{5-29}$$

因为横轴为 ω 的对数刻度，即为 $\lg\omega$，所以近似后的幅频特性是一条斜率为 -20 dB/dec 的直线，令 $L(\omega) = 0$，可求得它与低频渐近线（横轴）的交点为 $\omega_1 = 1/T$，称该线段为高频渐近线，交点处的频率 ω_1 称为转折频率，并称这两条直线形成的折线为惯性环节的渐近线或渐近幅频特性。实际的对数幅频特性曲线与渐近线的图形如图 5-11(b)所示。

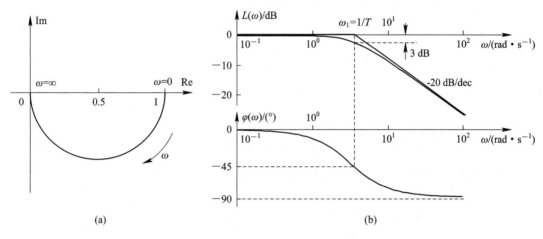

(a)　　　　　　　　　　　　　　(b)

图 5-11　惯性环节的奈奎斯特图与伯德图

渐近线绘制较为容易，误差也不大，所以一般都是绘制渐近线。绘渐近线的关键是找到转折频率 $\omega_1 = 1/T$，低于转折频率的渐近线是 0 dB 线；高于转折频率的渐近线是斜率为 -20 dB/dec 的直线。用渐近线近似实际曲线会带来误差，最大误差发生在转折频率 $\omega = 1/T$ 处，误差为 -3 dB。如有必要，可根据图 5-12 对渐近线进行修正即得精确曲线。

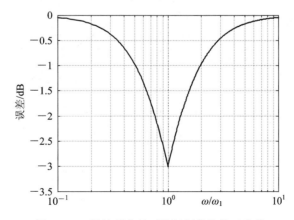

图 5-12　惯性环节的对数幅频特性修正曲线

相频特性按式 $\varphi(\omega) = -\arctan\omega T$ 绘制,如图 5-11(b) 所示。相频特性有几个特征:当 $\omega \to 0$ 时,$G(j\omega) \to 0°$;在转折频率处,$\omega_1 = 1/T$,$G(j\omega_1) = -45°$;当 $\omega \to \infty$ 时,$G(j\omega) \to -90°$。因为相角是以反正切函数的形式表示的,所以相角关于转折点 $\varphi = -45°$ 是斜对称的。

5.2.3 积分环节

积分环节的传递函数为

$$G(s) = \frac{1}{Ts} \quad (T > 0) \tag{5-30}$$

式中,T 为积分时间常数,其频率特性为

$$G(j\omega) = 0 - j\frac{1}{\omega t} = \frac{1}{\omega t}e^{-j90°} \tag{5-31}$$

相应的幅频特性和相频特性分别为

$$\begin{cases} A(\omega) = \dfrac{1}{\omega t} \\ \varphi(\omega) = -90° \end{cases} \tag{5-32}$$

式(5-32)说明,积分环节的幅值与 ω 成反比,相角恒为 $-90°$。当 $\omega = 0 \to \infty$ 时,奈奎斯特图中的曲线从虚轴 $-j\infty$ 处出发,沿着负虚轴逐渐趋于坐标原点,如图 5-13(a) 所示。

积分环节的对数幅频特性与对数相频特性分别为

$$\begin{cases} L(\omega) = -20\lg\omega t \\ \varphi(\omega) = -90° \end{cases} \tag{5-33}$$

显然,上式表明积分环节的对数幅频曲线在 $\omega = 1/T$ 处通过 0 dB 线,斜率为 -20 dB/dec;对数相频特性曲线为 $-90°$ 直线。其伯德图如图 5-13(b) 所示。

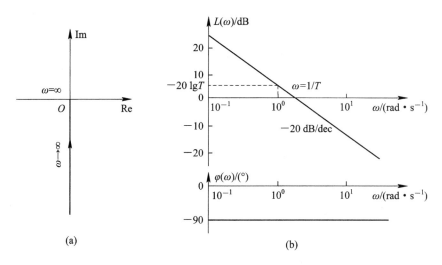

图 5-13 积分环节的奈奎斯特图与伯德图

5.2.4　微分环节

微分环节的传递函数为

$$G(s) = \tau s \quad (\tau > 0) \tag{5-34}$$

式中，τ 为微分时间常数，其频率特性为

$$G(j\omega) = 0 + j\omega\tau = \omega\tau e^{j90°} \tag{5-35}$$

相应的幅频特性和相频特性分别为

$$\begin{cases} A(\omega) = \omega\tau \\ \varphi(\omega) = 90° \end{cases} \tag{5-36}$$

式(5-36)说明，微分环节的幅值与 ω 成正比，相角恒为 $90°$。当 $\omega = 0 \to \infty$ 时，奈奎斯特图中的曲线从坐标原点出发，沿着正虚轴逐渐趋于虚轴 $j\infty$ 处，如图 5-14(a)所示。

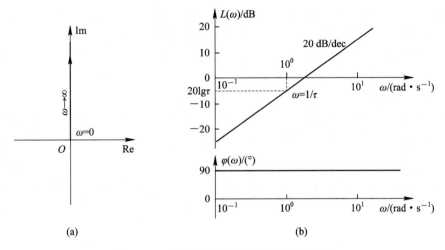

图 5-14　微分环节的奈奎斯特图与伯德图

微分环节的对数幅频特性与对数相频特性分别为

$$\begin{cases} L(\omega) = 20\lg\omega\tau \\ \varphi(\omega) = 90° \end{cases} \tag{5-37}$$

显然，上式表明微分环节的对数幅频曲线在 $\omega = 1/\tau$ 处通过 0 dB 线，斜率为 20 dB/dec；对数相频特性曲线为 $90°$ 直线。其伯德图如图 5-14(b)所示。

5.2.5　振荡环节

振荡环节的传递函数为

$$G(s) = \frac{1}{T^2 s^2 + 2\zeta T s + 1} = \frac{\omega_n^2}{s^2 + 2\zeta\omega_n s + \omega_n^2} \quad (T, \omega_n > 0, 0 < \zeta < 1) \tag{5-38}$$

其中，ω_n 为无阻尼自然振荡频率，$\omega_n = 1/T$；ζ 为阻尼比。其频率特性为

$$G(j\omega) = \frac{1}{\left(1 - \dfrac{\omega^2}{\omega_n^2}\right) + j2\zeta\dfrac{\omega}{\omega_n}} \tag{5-39}$$

相应的幅频特性和相频特性分别为

$$\begin{cases} A(\omega) = \dfrac{1}{\sqrt{\left(1 - \dfrac{\omega^2}{\omega_n^2}\right)^2 + 4\zeta^2 \dfrac{\omega^2}{\omega_n^2}}} \\[4mm] \varphi(\omega) = \begin{cases} -\arctan \dfrac{2\zeta \dfrac{\omega}{\omega_n}}{1 - \dfrac{\omega^2}{\omega_n^2}}, \ \omega \leqslant \omega_n \\[6mm] -180° + \arctan \dfrac{2\zeta \dfrac{\omega}{\omega_n}}{\dfrac{\omega^2}{\omega_n^2} - 1}, \quad \omega > \omega_n \end{cases} \end{cases} \tag{5-40}$$

由式(5-40)可知,幅相特性有几个特征:当 $\omega = 0$ 时,$A(\omega) = 1$,$\varphi(\omega) = 0°$;当 $\omega \to \infty$ 时,$A(\omega) \to 0$,$\varphi(\omega) \to -180°$;当 $\omega = \omega_n$ 时,$A(\omega) = 1/(2\zeta)$,$\varphi(\omega) = -90°$。故奈奎斯特图中的曲线开始于正实轴的 $(1, j0)$ 点,顺时针经第四象限后,与负虚轴在 $(0, -j/(2\zeta))$ 点相交,然后图形进入第三象限,在原点与负实轴相切并终止于坐标原点。振荡环节幅相特性的形状与 ζ、ω_n 值有关,当 ζ 值分别取 0.2,0.4 和 0.8,$\omega_n = 10(\text{rad/s})$ 时,其奈奎斯特图如图 5-15(a)所示。

由图 5-15(a)可知,ζ 值较小时,随 $\omega = 0 \to \infty$ 变化时,$G(j\omega)$ 的幅值 $A(\omega)$ 先增加然后再逐渐衰减直至零。$A(\omega)$ 达到极大值时对应的幅值称为谐振峰值,记为 A_r;对应的频率称为谐振频率,并记为 ω_r。下面推导求 A_r、ω_r 的公式。

由式(5-40)可知,求 $A(\omega)$ 的极大值相当于求 $\left(1 - \dfrac{\omega^2}{\omega_n^2}\right)^2 + 4\zeta^2 \dfrac{\omega^2}{\omega_n^2}$ 的极小值,令

$$\frac{d}{d\omega}\left[\left(1 - \frac{\omega^2}{\omega_n^2}\right)^2 + 4\zeta^2 \frac{\omega^2}{\omega_n^2}\right] = 0$$

可求得

$$\omega_r = \omega_n \sqrt{1 - 2\zeta^2} \quad (0 < \zeta < 0.707) \tag{5-41}$$

将式(5-41)代入式(5-40)中的 $A(\omega)$,可得

$$A_r = A(\omega_r) = \frac{1}{2\zeta\sqrt{1 - \zeta^2}} \tag{5-42}$$

当 $\zeta \leqslant 0.707$ 时,对应的振荡环节存在 ω_r 和 A_r;当 ζ 减小时,ω_r 增加,趋向于 ω_n 值,A_r 则越来越大,趋向于 ∞;当 $\zeta = 0$ 时,$A_r \to \infty$,这对应无阻尼系统的共振现象。

振荡环节的对数幅频特性为

$$L(\omega) = -20\lg\sqrt{\left(1 - \frac{\omega^2}{\omega_n^2}\right)^2 + \left(2\zeta\frac{\omega}{\omega_n}\right)^2} \tag{5-43}$$

式(5-43)表明,对数幅频特性是频率 ω 和阻尼比 ζ 以及无阻尼自然振荡频率 ω_n 的多元函数,绘制其精确曲线较为复杂,一般以渐近线代替。下面分段讨论:

在低频段有 $\omega/\omega_n \leqslant 1$,即 $\omega \leqslant \omega_n$ 时,略去式(5-43)中的 ω^2/ω_n^2 以及 $2\zeta\omega/\omega_n$ 可得

$$L(\omega) \approx -20\lg 1 = 0 \quad (\text{dB}) \tag{5-44}$$

这是与横轴重合的直线,故低频渐近线为零分贝线。

在高频段有 $\omega/\omega_n \geqslant 1$,即 $\omega \geqslant \omega_n$ 时,略去式(5-43)中的 1 以及 $2\zeta\omega/\omega_n$ 可得

$$L(\omega) \approx -20\lg\left(\frac{\omega^2}{\omega_n^2}\right) = -40\lg\left(\frac{\omega}{\omega_n}\right) \quad (\text{dB}) \tag{5-45}$$

上式说明高频段渐近线是斜率为 -40dB/dec 的直线，它通过横轴上 $\omega = \omega_n$ 处，即高、低频渐近线相交于横轴上 $\omega = \omega_n$ 点。称这两条直线形成的折线为振荡环节的渐近线或渐近幅频特性，如图 5-15(b) 所示。同样称 $\omega = \omega_n$ 为转折频率，即振荡环节的无阻尼自然振荡频率 ω_n 就是其转折频率。

由式(5-40)可知，相角 $\varphi(\omega)$ 也是 ω/ω_n 和 ζ 的函数，当 $\omega = 0$ 时，$\varphi(\omega) = 0$；当 $\omega \to \infty$ 时，$\varphi(\omega) = -180°$；当 $\omega = \omega_n$ 时，无论 ζ 值取何值，$\varphi(\omega_n)$ 总是等于 $-90°$，而且相频特性曲线关于 $(\omega_n, -90°)$ 点斜对称。当 ζ 值分别取 0.2，0.4 和 0.8，$\omega_n = 10(\text{rad/s})$ 时，其伯德图如图 5-15(b) 所示。

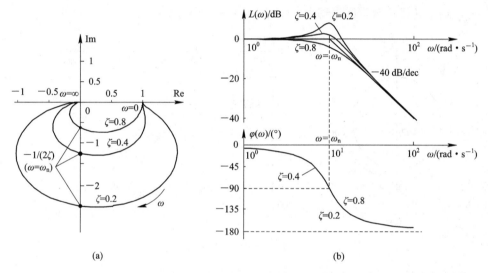

图 5-15　振荡环节的奈奎斯特图与伯德图

前已述及，当 $\zeta \leqslant 0.707$ 时，曲线出现谐振峰值，ζ 值越小，谐振峰值越大，它与渐近线之间的误差也越大。如有必要，可以用图 5-16 所示的误差修正曲线进行修正。

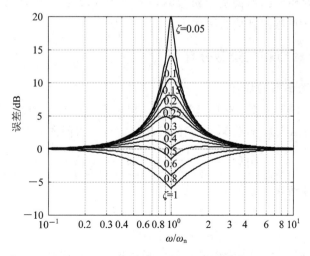

图 5-16　振荡环节的误差修正曲线

5.2.6 延迟环节

延迟环节的传递函数为

$$G(s) = e^{-\tau s} \quad (\tau > 0) \tag{5-46}$$

其频率特性为

$$G(j\omega) = e^{-j\tau\omega} \tag{5-47}$$

相应的幅频特性和相频特性分别为

$$\begin{cases} A(\omega) = 1 \\ \varphi(\omega) = -\tau\omega \end{cases} \tag{5-48}$$

上式表明,延迟环节的幅相特性曲线是以原点为圆心的单位圆,如图 5-17(a)所示,当 ω 从 $0 \to \infty$ 时,其相角滞后越来越大,且有 $\varphi(\omega) \to -\infty$。

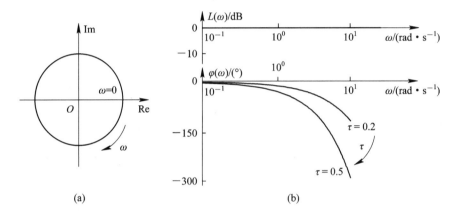

图 5-17 延迟环节的奈奎斯特图与伯德图

延迟环节的对数幅频特性与对数相频特性分别为

$$\begin{cases} L(\omega) = 20\lg 1 = 0(\text{dB}) \\ \varphi(\omega) = -\tau\omega(\text{rad}) = -57.3\tau\omega(°) \end{cases} \tag{5-49}$$

显然,上式表明延迟环节的伯德图中对数幅频曲线为 0 dB 线,相角与角频率 ω 成线性变化。当 $\tau = 0.5$ s 时,可绘出其伯德图如图 5-17(b)所示。

5.2.7 一阶微分环节和二阶微分环节

1. 传递函数互为倒数的环节

由第 2.2.5 小节内容可知,在典型环节中,积分环节与微分环节、惯性环节与一阶微分环节、振荡环节与二阶微分环节,它们的传递函数有互为倒数的关系,即满足

$$G_1(s) = \frac{1}{G_2(s)}, \quad G_1(j\omega) = \frac{1}{G_2(j\omega)} \tag{5-50}$$

设它们的频率特性分别为

$$\begin{cases} G_1(j\omega) = A_1(\omega)e^{j\varphi_1(\omega)} \\ G_2(j\omega) = A_2(\omega)e^{j\varphi_2(\omega)} \end{cases} \tag{5-51}$$

则由式(5-51)、式(5-50)可得它们的对数幅频与相频特性具有如下关系:

$$\begin{cases} L_1(\omega) = 20\lg A_1(\omega) = 20\lg \dfrac{1}{A_2(\omega)} = -L_2(\omega) \\ \varphi_1(\omega) = -\varphi_2(\omega) \end{cases} \tag{5-52}$$

上式表明，在伯德图中传递函数互为倒数的环节，对数幅频特性曲线关于 0dB 线对称；对数相频特性曲线关于 0°线对称。

2. 一阶微分环节

一阶微分环节的传递函数为

$$G(s) = \tau s + 1 \quad (\tau > 0) \tag{5-53}$$

式中，τ 为时间常数，其频率特性为

$$G(j\omega) = j\omega\tau + 1 = \sqrt{1 + \omega^2\tau^2}\, e^{j\arctan(\omega\tau)} \tag{5-54}$$

相应的幅频特性和相频特性分别为

$$\begin{cases} A(\omega) = \sqrt{1 + \omega^2\tau^2} \\ \varphi(\omega) = \arctan(\omega\tau) \end{cases} \tag{5-55}$$

由上式知，当 $\omega = 0$ 时，幅值 $A(\omega) = 1$，相角 $\varphi(\omega) = 0°$；当 $\omega \to \infty$ 时，$A(\omega) \to \infty$，$\varphi(\omega) \to 90°$。另外，由式(5-54)可知，频率特性的实部为 1。故一阶微分环节的幅相特性曲线是一个以点(1, j0)为端点、沿着正实轴方向且与其平行的射线，其奈奎斯特图如图 5-18(a)所示。

由传递函数互为倒数环节的对称性，根据惯性环节的伯德图 5-11(b)可绘出一阶微分环节的伯德图如图 5-18(b)所示。

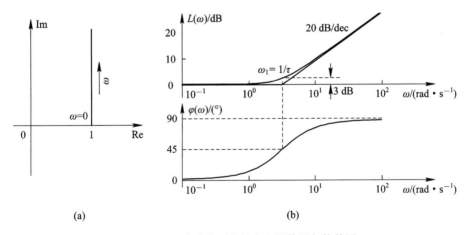

(a)　　　　　　　(b)

图 5-18　一阶微分环节的奈奎斯特图与伯德图

3. 二阶微分环节

二阶微分环节的传递函数为

$$G(s) = \tau^2 s^2 + 2\zeta\tau s + 1 \quad (\tau, \zeta > 0) \tag{5-56}$$

式中，τ 为时间常数，ζ 为阻尼比，$0 < \zeta < 1$。其频率特性为

$$G(j\omega) = 1 - \tau^2\omega^2 + j2\zeta\tau\omega \tag{5-57}$$

相应的幅频特性和相频特性分别为

$$
\begin{cases}
A(\omega) = \sqrt{(1-\tau^2\omega^2)^2 + 4\zeta^2\tau^2\omega^2} \\
\varphi(\omega) = \begin{cases}
\arctan \dfrac{2\zeta\tau\omega}{1-\tau^2\omega^2}, & \omega \leqslant 1/\tau \\
180° - \arctan \dfrac{2\zeta\tau\omega}{\tau^2\omega^2-1}, & \omega > 1/\tau
\end{cases}
\end{cases}
\tag{5-58}
$$

由式(5-58)可知，幅相特性有这些特征：当 $\omega = 0$ 时，$A(\omega) = 1$，$\varphi(\omega) = 0°$；当 $\omega \to \infty$ 时，$A(\omega) \to \infty$，$\varphi(\omega) \to 180°$；当 $\omega = 1/\tau$ 时，$A(\omega) = 2\zeta$，$\varphi(\omega) = 90°$。故奈奎斯特图中的曲线开始于正实轴的 $(1, j0)$ 点，顺时针经第一象限后，与正虚轴在 $(0, j2\zeta)$ 点相交，然后图形进入第二象限。振荡环节幅相特性的形状与 ζ，τ 值有关，当 ζ 值分别取 0.2，0.4 和 0.8，$\tau = 0.1(\mathrm{s})$ 时，其奈奎斯特图如图 5-19(a)所示。

由传递函数互为倒数环节的对称性，根据振荡环节的伯德图 5-15(b)可绘出二阶微分环节在 ζ 值分别取 0.2，0.4 和 0.8，$\tau = 0.1(\mathrm{s})$ 时的伯德图如图 5-19(b)所示。

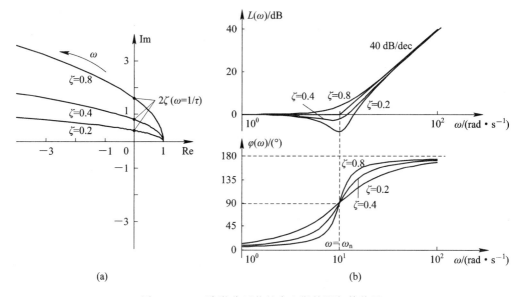

图 5-19　二阶微分环节的奈奎斯特图与伯德图

5.3　开环频率特性图的绘制

用频域法分析和设计控制系统时，与根轨迹法类似，一般都是根据开环控制系统的频率特性判断闭环系统的稳定性，并估算闭环系统的性能指标。在许多情况下，还需要根据开环系统的频率特性来绘制其闭环系统的频率特性，进而分析、估算时域性能指标。因此，需要研究开环系统的频率特性曲线的绘制方法及其特点。

5.3.1　开环幅相特性曲线的绘制

开环幅相特性曲线即奈奎斯特图的优点是只需要一幅图就可以较为直观地表达系统的频率特性；缺点是不易看出每个环节或参数对系统性能的影响，而且在采用描点法绘图时，计算过程繁琐，手工绘图比较麻烦。在很多情况下，我们只需要近似地绘制开环幅相曲线形状，这时绘制的方法就很简单。需要指出的是，近似曲线应能保持精确曲线的重要特征，并且在所要研究的点附近有足够的精确性。

为了快速绘出开环幅相特性曲线，需要掌握其一般规律与主要特征。

假设开环系统是由若干典型环节串联而成，则开环频率特性可以写为

$$G(j\omega)H(j\omega) = G_1(j\omega)G_2(j\omega)\cdots G_n(j\omega) = \prod_{i=1}^{n} G_i(j\omega) \tag{5-59}$$

式中，$G_i(j\omega)$ 为第 i 个典型环节的频率特性，不妨设

$$G_i(j\omega) = A_i(\omega)e^{j\varphi_i(\omega)}$$

则将上式代入式(5-59)可得系统的开环频率特性为

$$G(j\omega)H(j\omega) = A(\omega)e^{j\varphi(\omega)} = \Big[\prod_{i=1}^{n} A_i(\omega)\Big]e^{j\big[\sum_{i=1}^{n}\varphi_i(\omega)\big]} \tag{5-60}$$

开环的幅频与相频特性分别为

$$\begin{cases} A(\omega) = \prod_{i=1}^{n} A_i(\omega) \\ \varphi(\omega) = \sum_{i=1}^{n} \varphi_i(\omega) \end{cases} \tag{5-61}$$

式(5-61)表明，系统的开环幅频特性是各个典型环节的幅值之积，相频特性是各个典型环节的相角之和。另外，还需把握幅相特性曲线的以下三个特征：

1. 曲线的起点和终点

设用典型环节表示的系统开环传递函数为

$$G(s)H(s) = \frac{K(\tau_1 s+1)(\tau_2^2 s^2 + 2\zeta_2\tau_2 s+1)\cdots}{s^\nu(T_1 s+1)(T_2^2 s^2 + 2\zeta_2 T_2 s+1)\cdots} \tag{5-62}$$

式中，K 为开环增益，ν 为系统中积分环节的个数。系统的相应开环频率特性为

$$G(j\omega)H(j\omega) = \frac{K(j\omega\tau_1+1)(2j\omega\zeta_2\tau_2+1-\omega^2\tau_2^2)\cdots}{(j\omega)^\nu(j\omega t_1+1)(2j\omega\zeta_2 T_2+1-\omega^2 T_2^2)\cdots} \tag{5-63}$$

1) 起点

起点对应 $\omega \to 0$，由式(5-63)可得

$$\lim_{\omega\to 0} G(j\omega)H(j\omega) = \lim_{\omega\to 0}\frac{K}{(j\omega)^\nu} = \lim_{\omega\to 0}\frac{K}{\omega^\nu}e^{-j\nu\cdot 90°} \tag{5-64}$$

式(5-64)说明，当 $\omega \to 0$ 时，开环幅相曲线的起点取决于开环传递函数包含积分环节的个数 ν 即系统的类型，以及开环增益 K。由式(5-64)可知：

对 0 型 ($\nu = 0$) 系统，曲线起始于实轴上的 $(K, j0)$ 点；

对 Ⅰ、Ⅱ、Ⅲ 型 ($\nu = 1, 2, 3$) 系统，曲线起始于相角分别为 $-90°$、$-180°$、$-270°$ 的无穷远处。

不同类型 ($\nu = 0, 1, 2, 3$) 的开环幅相曲线的起点如图 5-20 所示。

2) 终点

终点对应 $\omega \to \infty$，设频率特性表达式(5-63)的分母阶次为 n，分子阶次为 m，由于实际的系统一般有 $n > m$，故由式(5-63)可得

$$\lim_{\omega\to\infty} G(j\omega)H(j\omega) = 0e^{-j(n-m)90°} \tag{5-65}$$

即开环幅相曲线以 $-(n-m)\times90°$ 方向趋向于坐标原点，如图 5-20 所示。

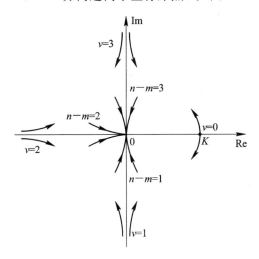

图 5-20 奈奎斯特图的起点与终点

2. 曲线与实轴、虚轴的交点

在奈奎斯特图中，曲线与实轴和虚轴的交点是一个重要的参数，绘图时一般要精确计算出来。

1）曲线与实轴的交点

设开环幅相曲线与实轴的交点频率为 ω_x，则有

$$\begin{cases} \text{Im}[G(j\omega_x)H(j\omega_x)] = 0 \\ \varphi(\omega_x) = \angle G(j\omega_x)H(j\omega_x) = k\pi \quad (k = 0, \pm1, \pm2, \cdots) \end{cases} \tag{5-66}$$

由上式可求出的交点频率 ω_x，常称 ω_x 为穿越频率。代入下式即得交点的坐标为

$$\text{Re}[G(j\omega_x)H(j\omega_x)] \quad \text{或} \quad A(\omega_x) \tag{5-67}$$

2）曲线与虚轴的交点

设开环幅相曲线与虚轴的交点频率为 ω_y，则有

$$\begin{cases} \text{Re}[G(j\omega_y)H(j\omega_y)] = 0 \\ \varphi(\omega_y) = \angle G(j\omega_y)H(j\omega_y) = k\pi + \dfrac{\pi}{2} \quad (k = 0, \pm1, \pm2, \cdots) \end{cases} \tag{5-68}$$

由上式可求出的交点频率 ω_y，代入下式即得交点的坐标为

$$\text{Im}[G(j\omega_y)H(j\omega_y)] \quad \text{或} \quad A(\omega_y) \tag{5-69}$$

3. 曲线的变化范围(象限、单调性)

式(5-63)中，若 $\tau_i = 0$ $(i = 1, 2, \cdots, m)$，即系统不存在一阶或二阶微分环节，则当 $\omega = 0 \rightarrow \infty$ 变化时，开环幅相特性曲线的相角将单调减小，曲线平滑地变化；若式(5-63)中分子有一阶或二阶微分环节，则曲线的相位超前，曲线逆时针方向变化；而分母上有时间常数的环节相位滞后，曲线向顺时针方向变化，这时幅相特性曲线上可能会出现凹凸现象。

下面通过例子说明如何绘制近似开环幅相特性曲线。

例 5-2 已知控制系统的开环传递函数为

$$G(s)H(s) = \frac{K}{(T_1 s + 1)(T_2 s + 1)} \quad (T_1, T_2, K > 0)$$

试绘制系统的近似开环幅相特性曲线。

解：开环系统可以分解为比例环节和两个惯性环节的串联形式，开环频率特性为

$$G(j\omega)H(j\omega) = K \times \frac{1}{j\omega t_1 + 1} \times \frac{1}{j\omega t_2 + 1}$$

相应的幅频特性与相频特性为

$$\begin{cases} A(\omega) = \left| G(j\omega)H(j\omega) \right| = K \dfrac{1}{\sqrt{\omega^2 T_1^2 + 1}\sqrt{\omega^2 T_2^2 + 1}} \\ \varphi(\omega) = \angle G(j\omega)H(j\omega) = 0° - \arctan(\omega t_1) - \arctan(\omega t_2) \end{cases}$$

曲线的起点：系统不含积分环节，因此是 0 型系统，故其幅相特性曲线起始于实轴上的 $(K, j0)$ 点。

曲线的终点：该系统的分母、分子阶次分别为 $n = 2$，$m = 0$，因为 $n - m = 2$，所以系统的幅相曲线以 $-180°$ 方向趋向于坐标原点。

曲线与实轴、虚轴的交点：系统的实频和虚频特性为

$$\begin{cases} R(\omega) = \text{Re}\big[G(j\omega)H(j\omega)\big] = K \dfrac{1 - \omega^2 T_1 T_2}{(\omega^2 T_1^2 + 1)(\omega^2 T_2^2 + 1)} \\ I(\omega) = \text{Im}\big[G(j\omega)H(j\omega)\big] = - K \dfrac{\omega(T_1 + T_2)}{(\omega^2 T_1^2 + 1)(\omega^2 T_2^2 + 1)} \end{cases}$$

令 $I(\omega) = 0$，可解得 $\omega_x = 0$，故除起点外曲线与实轴没有交点；令 $R(\omega) = 0$，可解得 $\omega_y = 1/\sqrt{T_1 T_2}$，故曲线与负虚轴有一个交点，将 ω_y 代入 $I(\omega)$ 可得交点的坐标为

$$\text{Im}\big[G(j\omega_y)H(j\omega_y)\big] = - K \dfrac{\dfrac{1}{\sqrt{T_1 T_2}}(T_1 + T_2)}{\left[\left(\dfrac{1}{\sqrt{T_1 T_2}}\right)^2 T_1^2 + 1\right]\left[\left(\dfrac{1}{\sqrt{T_1 T_2}}\right)^2 T_2^2 + 1\right]} = - K \dfrac{\sqrt{T_1 T_2}}{T_1 + T_2}$$

曲线的变化范围：该系统不存在一阶、二阶微分环节，故其幅相曲线的相角将由 0° 单调减小到 $-180°$，曲线从第四象限至第三象限平滑地变化。

近似的开环幅相特性曲线如图 5-21 所示。

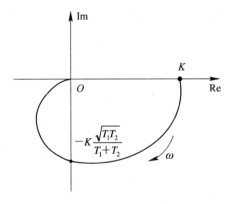

图 5-21　例 5-2 的近似奈奎斯特图

例 5-3　已知控制系统的开环传递函数为

$$G(s)H(s) = \frac{K}{s(T_1 s + 1)(T_2 s + 1)} \quad (T_1, T_2, K > 0)$$

试绘制系统的幅相特性曲线。

解：根据开环传递函数可知，系统是由比例环节、微分环节和两个惯性环节串联而成的，其开环频率特性为

$$G(\mathrm{j}\omega)H(\mathrm{j}\omega) = \frac{K}{\mathrm{j}\omega(\mathrm{j}\omega T_1 + 1)(\mathrm{j}\omega T_2 + 1)} = K \times \frac{1}{\mathrm{j}\omega} \times \frac{1}{\mathrm{j}\omega T_1 + 1} \times \frac{1}{\mathrm{j}\omega T_2 + 1}$$

相应的幅频特性与相频特性为

$$\begin{cases} A(\omega) = \left| G(\mathrm{j}\omega)H(\mathrm{j}\omega) \right| = K\dfrac{1}{\omega\sqrt{\omega^2 T_1^2 + 1}\sqrt{\omega^2 T_2^2 + 1}} \\ \varphi(\omega) = \angle G(\mathrm{j}\omega)H(\mathrm{j}\omega) = 0° - 90° - \arctan(\omega t_1) - \arctan(\omega t_2) \end{cases}$$

曲线的起点：显然，由频率特性可知系统是 Ⅰ 型系统，故其幅相特性曲线起始于相角为 $-90°$ 的无穷远处。

曲线的终点：该系统的分母、分子阶次分别为 $n = 3$，$m = 0$，因为 $n - m = 3$，所以系统的幅相特性曲线以 $-270°$ 方向趋向于坐标原点。

系统的实频、虚频特性为

$$\begin{cases} R(\omega) = \mathrm{Re}[G(\mathrm{j}\omega)H(\mathrm{j}\omega)] = -K\dfrac{T_1 + T_2}{(\omega^2 T_1^2 + 1)(\omega^2 T_2^2 + 1)} \\ I(\omega) = \mathrm{Im}[G(\mathrm{j}\omega)H(\mathrm{j}\omega)] = -K\dfrac{1 - T_1 T_2 \omega^2}{\omega(\omega^2 T_1^2 + 1)(\omega^2 T_2^2 + 1)} \end{cases}$$

令 $R(\omega) = 0$，无解，故曲线与虚轴没有交点；令 $I(\omega) = 0$，可解得 $\omega_x = 1/\sqrt{T_1 T_2}$，故曲线与实轴有一个交点。将 ω_x 代入 $R(\omega)$ 可得交点的坐标为

$$\mathrm{Re}[G(\mathrm{j}\omega_y)H(\mathrm{j}\omega_y)] = -K\frac{T_1 + T_2}{\left[\left(\dfrac{1}{\sqrt{T_1 T_2}}\right)^2 T_1^2 + 1\right]\left[\left(\dfrac{1}{\sqrt{T_1 T_2}}\right)^2 T_2^2 + 1\right]} = -K\frac{T_1 T_2}{T_1 + T_2}$$

在低频段，当 $\omega \to 0^+$ 时，因为

$$\lim_{\omega \to 0^+} R(\omega) = \lim_{\omega \to 0^+} -K\frac{T_1 + T_2}{(\omega^2 T_1^2 + 1)(\omega^2 T_2^2 + 1)} = -K(T_1 + T_2)$$

故低频段存在渐近线，其与实轴的交点坐标为 $-K(T_1 + T_2)$。

曲线的变化范围：该系统不存在一阶、二阶微分环节，故其幅相曲线的相角将由 $-90°$ 单调减小到 $-270°$，曲线将从第三象限至第二象限平滑地变化。近似曲线如图 5-22 所示。

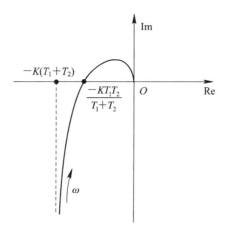

图 5-22　例 5-3 的近似奈奎斯特图

例 5 - 4　已知单位负反馈控制系统的开环传递函数为

$$G(s) = \frac{K(\tau s + 1)}{s^2(Ts + 1)} \quad (T, \tau, K > 0, T \neq \tau)$$

试绘制系统的开环幅相特性曲线。

解： 根据开环传递函数可知，系统是由比例环节、一阶微分环节、惯性环节和两个微分环节组成的，其频率特性为

$$G(j\omega) = \frac{K(j\omega\tau + 1)}{(j\omega)^2(j\omega T + 1)} = K \times \frac{1}{(j\omega)^2} \times \frac{1}{j\omega T + 1} \times (j\omega\tau + 1)$$

幅频特性与相频特性为

$$\begin{cases} A(\omega) = |G(j\omega)| = K\dfrac{\sqrt{\omega^2\tau^2 + 1}}{\omega^2\sqrt{\omega^2 T^2 + 1}} \\ \varphi(\omega) = \angle G(j\omega) = 0° - 2 \times 90° + \arctan(\omega\tau) - \arctan(\omega T) \end{cases}$$

曲线的起点：系统是 Ⅱ 型系统，故其幅相特性曲线起始于相角为 $-180°$ 的无穷远处。

曲线的终点：该系统的分母、分子阶次分别为 $n = 3$，$m = 1$，因为 $n - m = 2$，所以系统的幅相特性曲线以 $-180°$ 方向趋向于坐标原点。

系统的实频、虚频特性为

$$\begin{cases} R(\omega) = \text{Re}[G(j\omega)] = -K\dfrac{1 + \omega^2 T\tau}{\omega^2(\omega^2 T^2 + 1)} \\ I(\omega) = \text{Im}[G(j\omega)] = K\dfrac{T - \tau}{\omega(\omega^2 T^2 + 1)} \end{cases}$$

令 $R(\omega) = 0$，无解，故曲线与虚轴没有交点；令 $I(\omega) = 0$，因为 $T \neq \tau$，所以无解，故曲线与实轴亦无交点。

曲线的变化范围：由实频、虚频特性可知，当 $T < \tau$ 时，曲线位于第三象限；当 $T > \tau$ 时，曲线位于第二象限。该系统包含一阶微分环节，故其幅相特性曲线的相角将由 $-180°$ 变化到 $-180°$ 时有凹凸现象。近似的开环幅相特性曲线如图 5 - 23 所示。

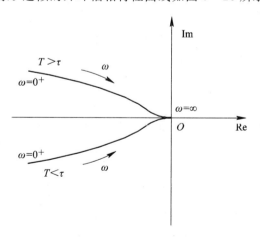

图 5 - 23　例 5 - 4 的近似奈奎斯特图

例 5 - 5　已知单位负反馈控制系统的开环传递函数为

$$G(s) = \frac{K e^{-\tau s}}{Ts + 1} \quad (T, \tau, K > 0)$$

试绘制系统的开环幅相特性曲线。

解：根据开环传递函数可知，系统是由比例环节、惯性环节和延迟环节组成的，其频率特性为

$$G(j\omega) = \frac{K}{j\omega T + 1}e^{-j\omega\tau}$$

幅频特性与相频特性为

$$\begin{cases} A(\omega) = |G(j\omega)| = \dfrac{K}{\sqrt{\omega^2 T^2 + 1}} \\ \varphi(\omega) = \angle G(j\omega) = 0° - \omega\tau \times 57.3° - \arctan(\omega T) \end{cases}$$

曲线的起点：$G(j0) = K\angle 0°$，故其幅相特性曲线起始于实轴上的 $(K, j0)$ 点。

曲线的终点：$G(j\infty) = 0\angle(-90° - \infty \times \tau \times 57.3°)$。

曲线与虚轴的第一个交点：令 $\varphi(\omega_y) = -90°$，可求得 ω_y，代入 $A(\omega)$，可得坐标为

$$A_1(\omega) = \frac{K}{\sqrt{\omega_y^2 T^2 + 1}}$$

曲线与实轴的第一个交点：令 $\varphi(\omega_x) = -180°$，可求得 ω_x，代入 $A(\omega)$，可得坐标为

$$A_2(\omega) = \frac{K}{\sqrt{\omega_x^2 T^2 + 1}}$$

曲线的变化范围：若不考虑延迟环节，则频率特性为 $G_1(j\omega) = \dfrac{K}{j\omega T + 1}$，由比例环节和惯性环节的特性可知，$G_1(j\omega)$ 的幅相特性曲线将是一个以点 $(K/2, j0)$ 为圆心、$K/2$ 为半径，位于第四象限的半圆，如图 5-24 中虚线所示。再由延迟环节的频率特性可知，对同一个角频率 ω，两者的幅值相等，即 $|G_1(j\omega)| = |G(j\omega)|$，但相角相差 $\theta = \angle G(j\omega) - \angle G_1(j\omega) = -\omega\tau \times 57.3°$。所以，对于 $G_1(j\omega)$ 曲线上的任意一点 B，在 $G(j\omega)$ 曲线上的同频点可以这样得到：以原点为圆心，将向量 $\overrightarrow{OB}$ 顺时针旋转 $\omega\tau \times 57.3°$ 得到新的向量 $\overrightarrow{OC}$，则点 C 即为 $G(j\omega)$ 曲线上的同频点。当 ω 由 $0 \to \infty$ 时，$G(j\omega)$ 的相角也由 $0 \to \infty$，故曲线将无数次穿越实轴和虚轴，有无数个交点，系统的开环幅相特性曲线是螺旋线。

近似的开环幅相特性曲线如图 5-24 所示。

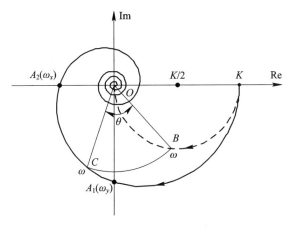

图 5-24　例 5-5 的近似奈奎斯特图

5.3.2　开环对数频率特性曲线的绘制

由式(5-60)可得系统的开环对数幅频特性为

$$L(\omega) = 20\lg A(\omega) = 20\lg\Big[\prod_{i=1}^{n} A_i(\omega)\Big] = \sum_{i=1}^{n} 20\lg A_i(\omega) = \sum_{i=1}^{n} L_i(\omega) \quad (5-70)$$

开环对数相频特性为

$$\varphi(\omega) = \angle G(j\omega) = \sum_{i=1}^{n} \varphi_i(\omega) \quad (5-71)$$

由式(5-70)、式(5-71)可知,系统的开环对数幅频特性 $L(\omega)$ 等于各个串联典型环节的对数幅频特性之和;系统的开环对数相频特性 $\varphi(\omega)$ 等于各个环节相频特性之和。由上节内容知,典型环节的对数幅频特性可以用渐近线近似表示,对数相频特性又具有点对称性。因此,开环系统的对数频率特性曲线利用图形相加很容易绘制。

1. 对数频率特性曲线的特点

假设系统的开环传递函数可以用典型环节串联的形式表示为

$$G(s)H(s) = \frac{K\prod_{i=1}^{m_1}(\tau_i s + 1)\prod_{j=1}^{m_2}(\tau_j^2 s^2 + 2\zeta_j\tau_j s + 1)}{s^{\nu}\prod_{k=1}^{n_1}(T_k s + 1)\prod_{l=1}^{n_2}(T_l^2 s^2 + 2\zeta_l T_l s + 1)} \quad (5-72)$$

相应的开环频率特性可以表示为

$$G(j\omega)H(j\omega) = \frac{K\prod_{i=1}^{m_1}(j\omega\tau_i + 1)\prod_{j=1}^{m_2}(2j\omega\zeta_j\tau_j + 1 - \omega^2\tau_j^2)}{(j\omega)^{\nu}\prod_{k=1}^{n_1}(j\omega T_k + 1)\prod_{l=1}^{n_2}(2j\omega\zeta_l T_l + 1 - \omega^2 T_l^2)} \quad (5-73)$$

式中: $m_1 + 2m_2 = m$, $\nu + n_1 + 2n_2 = n$, ν 为串联积分环节个数即系统的类型。

根据式(5-72)及典型环节的频率特性可知,系统开环对数幅频特性具有以下特点:

(1)在第一个转折频率前的低频段,直线的斜率为 -20ν dB/dec;

在转折频率前的低频段,惯性环节、振荡环节、一阶微分环节、二阶微分环节的渐近线均为 0 dB 线,由式(5-70)可知,该频段的特性曲线由比例环节和积分环节(积分时间常数等于 1)决定,所以,开环幅频特性在低频段可由下式表示:

$$G_0(j\omega)H_0(j\omega) = \frac{K}{(j\omega)^{\nu}} \quad (5-74)$$

由上式易知,这时直线的斜率为 -20ν dB/dec。

(2)当 $\omega = 1$ 时,若 $\omega < 1$ 范围内无转折频率,则低频段的分贝值为 $20\lg K$,如图 5-25(a)所示;若有转折频率,则低频段延长线的分贝值是 $20\lg K$,如图 5-25(b)所示;低频段或其延长线与 0 dB 线的交点频率为 $\omega_0 = \sqrt[\nu]{K}$ 。如果 $L(\omega_c) = 0$,则称 ω_c 为截止频率。

(3)在每个典型环节的转折频率处,对数幅频特性曲线的斜率要发生变化。变化的情况取决于典型环节的类型,若遇到一阶微分环节、二阶微分环节在转折频率处分别增加 20 dB/dec,40 dB/dec;若遇到惯性环节、振荡环节在转折频率处则分别变化 -20 dB/dec, -40 dB/dec。了解以上特点有助于根据开环传递函数直接绘制出近似对数幅频特性曲线。

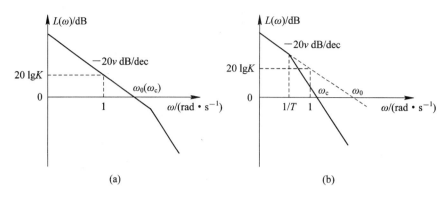

图 5 - 25　对数幅频特性的低频特点

2. 绘制对数频率特性曲线的步骤

根据以上特点,可以得出绘制开环对数幅频特性的步骤为:

(1) 将系统的开环传递函数转变为形如式(5 - 72)所示的典型环节串联而成的标准形式;

(2) 根据系统的开环增益 K 计算 $20\lg K$ 的分贝值;

(3) 求各环节的转折频率,并标在伯德图的 ω 轴上;

(4) 绘制低频渐近线:过 $\omega = 1$,$L(\omega) = 20\lg K$ 点作一条斜率为 -20ν dB/dec 的直线,或过 $\omega_0 = \sqrt[\nu]{K}$,$L(\omega_0) = 0$ 点作一条斜率为 -20ν dB/dec 的直线,取纵轴至第一个转折频率的直线作为对数幅频特性的低频段;

(5) 绘制中、高频渐近线:从第一个转折频率开始,每经过一个转折频率,按典型环节的幅频特性改变一次渐近线的斜率(当系统的多个环节具有相同的转折频率时,该点处斜率的变化应为各个环节对应的斜率变化值的代数和);

(6) 如有必要,在各转折频率附近利用误差曲线进行修正(主要在各转折频率附近),以得到较为精确的曲线;

(7) 根据系统相频特性表达式及对称性取若干点计算相角值(常取特征点 0、∞、转折频率、截止频率)并描点,然后用光滑曲线连接,完成相频特性曲线的绘制。

例 5 - 6　已知单位负反馈控制系统的开环传递函数为

$$G(s) = \frac{5(s+2)}{s(s+1)(0.05s+1)}$$

试绘制系统的开环对数频率特性图。

解: 将传递函数 $G(s)$ 转换成典型环节表示的标准形式,即

$$G(s) = \frac{10(0.5s+1)}{s(s+1)(0.05s+1)}$$

由上式可知转折频率分别为 $\omega_1 = 1$,$\omega_2 = 2$,$\omega_3 = 20$。

系统含一个积分环节,$\nu = 1$,故低频段的斜率为 $-20 \times \nu = -20$ dB/dec。

当 $\omega = 1$ 时,$L(1) = 20\lg K = 20\lg 10 = 20$ dB。

第一个转折频率 $\omega_1 = 1$,对应惯性环节,所以过(1,20 dB)点向左绘制 -20 dB/dec 斜率的直线,再向右绘制 -40 dB/dec 斜率的直线至第二个转折频率 $\omega_2 = 2$,对应的典型环节为一阶微分环节,故斜率转为 -20 dB/dec,当交至 $\omega_3 = 20$ 时,对应惯性环节,故再变斜率

为-40 dB/dec 的直线，即得开环对数幅频特性的渐近线，如图 5-26 所示。

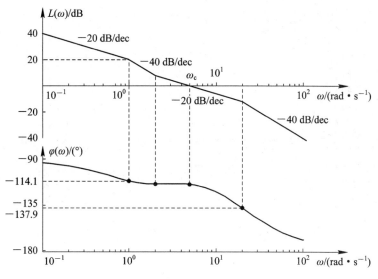

图 5-26 例 5-6 的近似伯德图

系统的开环对数相频特性为

$$\varphi(\omega) = -90° - \arctan\omega + \arctan 0.5\omega - \arctan 0.05\omega$$

由上式可得，$\varphi(0) = -90°$，$\varphi(\infty) = -180°$，转折频率处的相角分别为 $\varphi(1) = -111.3°$，$\varphi(2) = -114.1°$，$\varphi(20) = -137.9°$，由对数幅频特性曲线可得截止频率为 $\omega_c = 5$，代入上式得，$\varphi(\omega_c) = -114.5°$。在相应位置描点，用光滑曲线连接即可得对数相频曲线如图 5-26 所示。

例 5-7 已知单位负反馈控制系统的开环传递函数为

$$G(s) = \frac{20s + 10}{0.25s^4 + 0.2s^3 + s^2}e^{-0.1s}$$

试绘制系统的开环对数频率特性图。

解：将 $G(s)$ 转换成典型环节表示的标准形式，即

$$G(s) = \frac{10(2s+1)}{s^2(0.5^2s^2 + 0.2s + 1)}e^{-0.1s}$$

由上式可知，开环系统包含比例环节、一阶微分环节、两个积分环节、振荡环节和延迟环节。由于延迟环节的幅值始终为 1，对数幅频特性对应 0 dB，故绘制系统的开环对数幅频特性曲线时可略去。

一阶微分环节和振荡环节的转折频率分别为 $\omega_1 = 0.5$，$\omega_2 = 2$。

系统含 2 个积分环节，$\nu = 2$，故低频段的斜率为 $-20 \times \nu = -40$ dB/dec。

当 $\omega = 1$ 时，$L(1) = 20\lg K = 20\lg 10 = 20$ dB。

第一个转折频率 $\omega_1 = 0.5$，对应一阶微分环节，所以过(1, 20 dB)点，从 $\omega = 0.5$ 开始向左绘制 -40 dB/dec 斜率的直线，再向右绘制 -20 dB/dec 斜率的直线至第二个转折频率 $\omega_2 = 2$，此时对应的典型环节为振荡环节，故斜率再转为 -60 dB/dec 向右绘制，即得开环对数幅频特性的渐近线。由于振荡环节的 $\zeta = 0.2$，故在转折频率附近误差较大，根据图 5-16 对 $\omega = 2$ 附近的线作修正，可得开环对数幅频特性曲线如图 5-27 所示。

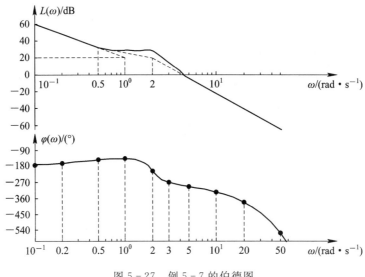

图 5 - 27　例 5 - 7 的伯德图

根据典型环节的相频特性，可得系统的开环对数相频特性为

$$\varphi(\omega) = \begin{cases} -180° + \arctan 2\omega - \arctan \dfrac{0.8\omega}{4 - \omega^2} - 5.73\omega & (\omega \leqslant 2) \\ -360° + \arctan 2\omega + \arctan \dfrac{0.8\omega}{\omega^2 - 4} - 5.73\omega & (\omega > 2) \end{cases}$$

按照 $\varphi(\omega)$ 的表达式，取若干点计算相角的值，列表如表 5 - 1 所示。

表 5 - 1　例 5 - 7 相角计算表

$\omega/(\text{rad} \cdot \text{s}^{-1})$	0.1	0.2	0.5	1	2	3	5	10	20	50
$\varphi(\omega)/(°)$	-170.4	-161.7	-144	-137.2	-205.5	-322.3	-315.1	-334.9	-388.3	-558

由表 5 - 1 在相应的位置描点，用光滑曲线连接可得对数相频特性曲线如图 5 - 27 所示。

5.3.3　最小相位系统与非最小相位系统

1. 最小相位的概念

"最小相位"一词来源于通信学科，指的是对幅频特性完全相同的系统，其中相角位移有最小可能值的系统，称为最小相位系统；反之，相角位移大于最小可能值的系统称为非最小相位系统；或者说最小相位系统的输出正弦信号相对于输入正弦信号的相角位移为最小。

例如，下列两个系统的传递函数：

$$G_1(s) = \frac{s+1}{5s+1}, \quad G_2(s) = \frac{-s+1}{5s+1} \tag{5 - 75}$$

两者的对数幅频特性是完全相同的，因为有

$$A_1(\omega) = A_2(\omega) = \frac{\sqrt{\omega^2 + 1}}{\sqrt{25\omega^2 + 1}} \tag{5 - 76}$$

两者的对数相频特性是不同的，分别为

$$\varphi_1(\omega)=-\arctan 5\omega+\arctan\omega,\quad \varphi_2(\omega)=-\arctan 5\omega-\arctan\omega \qquad (5-77)$$

分别绘出 $G_1(s)$ 和 $G_2(s)$ 的零、极点分布如图 5-28(a)、(b)所示，当 ω 从 0→∞ 变化时，相当于点 s 从原点开始在正虚轴上移动。$G_1(j\omega)$ 和 $G_2(j\omega)$ 的对数频率特性如图 5-28(c)所示。由图可见，对于大于零的任一频率 ω，均有

$$|\varphi_1(\omega)|<|\varphi_2(\omega)| \qquad (5-78)$$

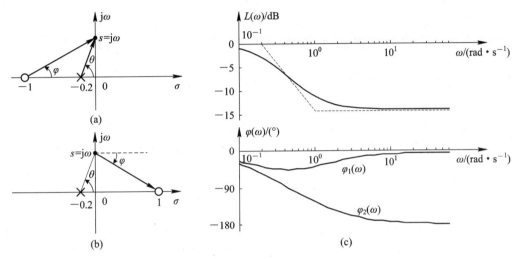

图 5-28　最小相位系统与非最小相位系统的零、极点分布和伯德图

这是因为 $G_2(s)$ 的零点在 s 右半平面，它产生附加的滞后位移，使得 $G_2(s)$ 的滞后相位移变大。从伯德图上看，在 ω 从 0→∞ 变化时，$\varphi_1(\omega)$ 从 0°开始，经过一个较小的相角位移，然后又回到 0°，相角的变化范围极小。而 $\varphi_2(\omega)$ 从 0°开始一直变化到 −180°，相角的变化范围较大。一个对数幅频特性所代表的系统，能给出最小可能相位移的（$\varphi_1(\omega)$），称为最小相位系统，不能给出最小相位移的（$\varphi_2(\omega)$），称为非最小相位系统。

2. 最小相位系统的定义与典型非最小相位环节

在自动控制中，将最小相位的概念推广，称零、极点均分布在 s 左半闭平面上的系统为最小相位系统，否则便称为非最小相位系统。前述比例、积分、微分、惯性、一阶微分、振荡以及二阶微分环节所构成的系统均为最小相位环节；而含有零点或极点分布在右半开平面上的环节或延迟环节的系统则为非最小相位环节。延迟环节的传递函数可展开为

$$e^{-\tau s}=1-\tau s+\frac{\tau^2}{2!}s^2-\frac{\tau^3}{3!}s^3+\frac{\tau^4}{4!}s^4+\cdots \qquad (5-79)$$

上式可视为一个最高幂次趋于无穷大的 s 多项式，而多项式的系数正负相间，故延迟环节的传递函数必定含有位于右半开平面上的零点，所以是非最小相位环节。特别指出的是，传递函数为负的比例环节也称为非最小相位环节。

典型非最小相位环节有如下 6 种：

(1) 比例环节 $G(s)=-K$ 　（$K>0$）；

(2) 惯性环节 $G(s)=\dfrac{1}{-Ts+1}$ 　（$T>0$）；

(3) 一阶微分环节 $G(s)=-Ts+1$ 　（$T>0$）；

（4）振荡环节 $G(s) = \dfrac{1}{T^2 s^2 - 2\zeta T s + 1}$ （$T > 0$，$0 < \zeta < 1$）；

（5）二阶微分环节 $G(s) = T^2 s^2 - 2\zeta T s + 1$ （$T > 0$，$0 < \zeta < 1$）；

（6）延迟环节 $G(s) = \mathrm{e}^{-\tau s}$ （$\tau > 0$）。

典型非最小相位环节的对数幅频特性与同类型的最小相位环节的对数幅频特性相同，而对数相频特性与最小相位环节的不同。非最小相位比例环节的幅频、相频特性为

$$\begin{cases} A(\omega) = K \\ \varphi(\omega) = -180° \end{cases} \tag{5-80}$$

非最小相位惯性环节的幅频、相频特性为

$$\begin{cases} A(\omega) = \dfrac{1}{\sqrt{1 + \omega^2 T^2}} \\ \varphi(\omega) = \arctan(\omega T) \end{cases} \tag{5-81}$$

比较式（5-22）、式（5-81）可知，最小相位惯性环节和非最小相位的惯性环节，其幅频特性相同，相频特性符号相反，幅相特性曲线关于实轴对称；对数幅频特性曲线相同，对数相频特性曲线关于 0°线对称。上述特点对于振荡环节和非最小相位振荡环节、一阶微分环节和非最小相位一阶微分环节、二阶微分环节和非最小相位二阶微分环节均适用。

3. 最小相位系统的特点

最小相位系统的特点是，其对数幅频特性的变化趋势和相频特性的变化趋势是一致的，即幅频特性的斜率增加或者减少时，相频特性的角度也随之增加或者减少；而非最小相位系统则不然。假设系统传递函数的分子和分母的次数分别为 m 和 n，则当 $\omega \to \infty$ 时，无论是最小相位还是非最小相位系统，其对数幅频特性曲线的斜率均为 $-20(n - m)$ dB/dec；而系统的对数相频特性则大不一样。最小相位系统的相频特性与幅频特性是紧密相关的，当 $\omega \to \infty$ 时，其相角也趋于 $-(n - m)90°$；而非最小相位系统则不具备这个性质。因此对于最小相位系统，只要根据对数幅频特性曲线就能确定其传递函数；而对于非最小相位系统，则必须同时根据对数幅频特性曲线和相频特性曲线，才能确定其传递函数。

例 5-8 设某最小相位系统的开环对数渐近幅频特性曲线如图 5-29 所示，试确定该系统的开环传递函数。

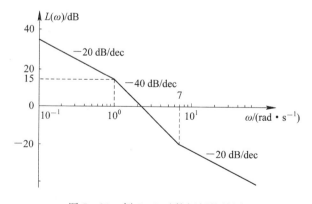

图 5-29 例 5-8 对数幅频特性图

解：由图 5-29 知，最左端低频渐近线的斜率为 -20ν dB/dec $= -20$ dB/dec，故 $\nu = 1$，即系统含有一个积分环节；当 $\omega = 1$ 时，其纵坐标为 15 dB，由 $20\lg K = 15$ 可求得系统的增

益为 $K = 10^{15/20} = 5.6$。

对数渐近幅频特性曲线有两个转折频率：$\omega_1 = 1$ 和 $\omega_2 = 7$，沿着 ω 增大的方向，当幅频特性曲线经过 ω_1 后，其斜率由 -20 变为 -40，变化 -20 dB/dec，故 ω_1 对应的是惯性环节，转折频率为 $\omega_1 = 1/T = 1$，故 $T = 1$；当曲线经过 ω_2 后其斜率由 -40 变为 -20，变化 20 dB/dec，故它对应的是一阶微分环节，其转折频率为 $\omega_2 = 1/\tau = 7$，故 $\tau = 1/7$。

综上，系统的传递函数可确定为

$$G(s)H(s) = \frac{5.6(s/7 + 1)}{s(s + 1)}$$

例 5 - 9 已知某系统的开环对数频率特性如图 5 - 30 所示，试确定其开环传递函数。

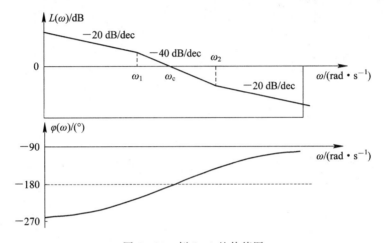

图 5 - 30 例 5 - 9 的伯德图

解：根据对数幅频特性曲线，可以写出开环传递函数的表达式为

$$G(s)H(s) = \frac{K\left(\dfrac{s}{\omega_2} \pm 1\right)}{s\left(\dfrac{s}{\omega_1} \pm 1\right)}$$

先确定开环增益 K 的值，在截止频率 ω_c 处，有

$$L(\omega_c) = 20\lg|G(\omega_c)| = 0\text{dB} \Rightarrow |G(\omega_c)| = \frac{K\sqrt{\dfrac{\omega_c^2}{\omega_2^2} + 1}}{\omega_c\sqrt{\dfrac{\omega_c^2}{\omega_1^2} + 1}} = 1$$

由图知，$\omega_1 < \omega_c < \omega_2$，根据绘制开环对数幅频特性渐近线的原则有

$$\frac{K\sqrt{\dfrac{\omega_c^2}{\omega_2^2} + 1}}{\omega_c\sqrt{\dfrac{\omega_c^2}{\omega_1^2} + 1}} \approx \frac{K\sqrt{0 + 1}}{\omega_c\sqrt{\dfrac{\omega_c^2}{\omega_1^2} + 0}} = \frac{K\omega_1}{\omega_c^2} = 1 \Rightarrow K = \frac{\omega_c^2}{\omega_1}$$

根据相频特性的变化趋势（$-270°$ 到 $-90°$），可以判定该系统为非最小相位系统。$G(s)$ 中至少有一个在 s 右半平面的零点或极点。将系统可能的开环零、极点分布画出来，列在表 5 - 2 中。

表 5-2 例 5-9 零极点分布与计算表

序号	零极点分布	$G(j\omega)$	$G(j0)$	$G(j\infty)$
1	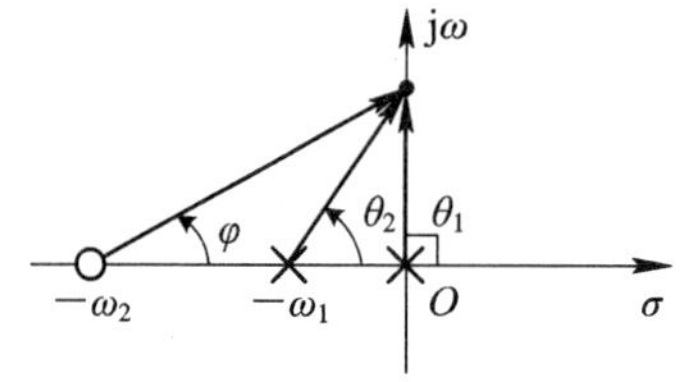	$\dfrac{K\left(\dfrac{s}{\omega_2}+1\right)}{s\left(\dfrac{s}{\omega_1}+1\right)}$	$\infty\angle -90°$	$0\angle -90°$
2	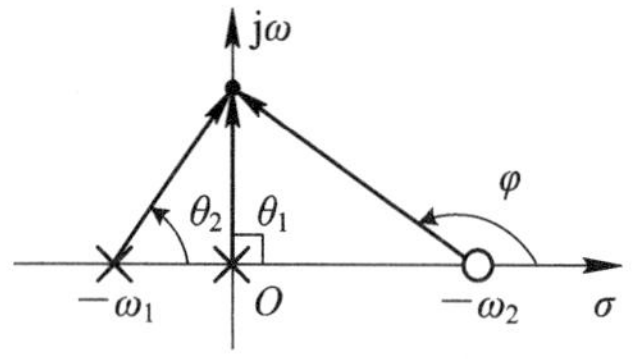	$\dfrac{K\left(\dfrac{s}{\omega_2}-1\right)}{s\left(\dfrac{s}{\omega_1}+1\right)}$	$\infty\angle +90°$	$0\angle -90°$
3	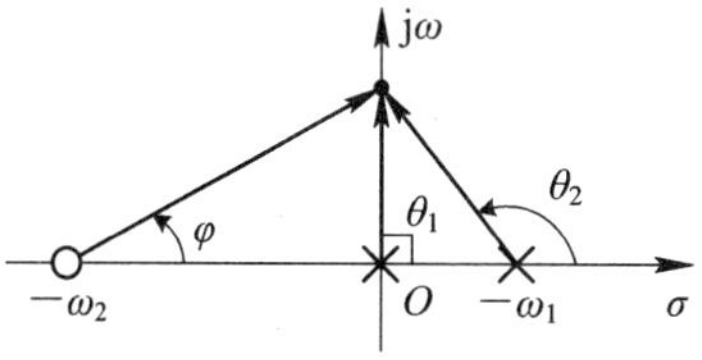	$\dfrac{K\left(\dfrac{s}{\omega_2}+1\right)}{s\left(\dfrac{s}{\omega_1}-1\right)}$	$\infty\angle -270°$	$0\angle -90°$
4	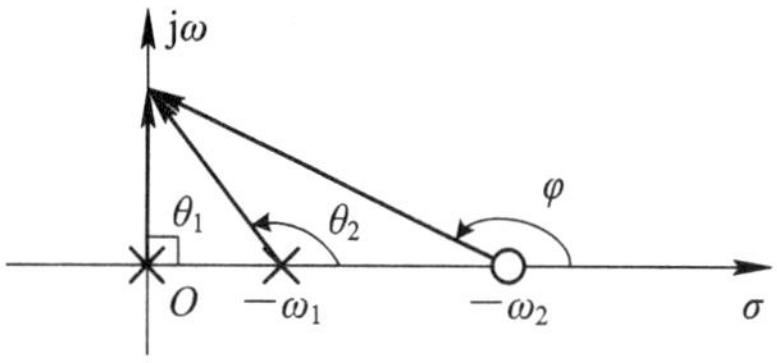	$\dfrac{K\left(\dfrac{s}{\omega_2}-1\right)}{s\left(\dfrac{s}{\omega_1}-1\right)}$	$\infty\angle -90°$	$0\angle -90°$

分析相角的变化趋势,可知只有当惯性环节的极点在 s 右半平面,一阶微分环节的零点在 s 左半平面时,相角才符合从 $-270°$ 到 $-90°$ 的变化规律。因此,可以确定系统的开环传递函数为

$$G(s)H(s) = \frac{\dfrac{\omega_c^2}{\omega_1}\left(\dfrac{s}{\omega_2}+1\right)}{s\left(\dfrac{s}{\omega_1}-1\right)}$$

5.4 控制系统的频率稳定判据

闭环控制系统稳定的充分必要条件是,闭环特征方程的根均具有负的实部,或者说,全部闭环极点都位于 s 左半平面。劳斯稳定判据是利用闭环特征方程的系数来判断闭环系统稳定性的,而奈奎斯特于 1932 年提出的频域稳定判据则是利用系统的开环频率特性 $G(j\omega)$ 来判断其闭环系统稳定性的,被称为奈奎斯特稳定判据,简称为奈氏判据。

频域稳定判据是频率分析法的重要内容。利用奈奎斯特稳定判据,不但可以判断系统

是否稳定(绝对稳定性)，也可以确定系统的稳定程度(相对稳定性)，还可以用于分析系统的动态性能以及指出改善系统性能指标的途径。因此，奈奎斯特稳定判据是一种重要而实用的稳定性判据，工程上应用十分广泛。

奈奎斯特稳定判据是从闭环系统的特征方程 $1+G(s)H(s)=0$ 出发，并建立在复变函数理论中辐角原理的基础之上的。为此，先来说明辐角原理。

5.4.1　辐角原理

设复变函数可以表示为

$$F(s) = \frac{K_r(s-z_1)(s-z_2)\cdots(s-z_m)}{(s-p_1)(s-p_2)\cdots(s-p_n)} \tag{5-82}$$

式中，$z_i(i=1,2,\cdots,m)$ 为 $F(s)$ 的零点，$p_j(j=1,2,\cdots,n)$ 为 $F(s)$ 的极点，它们可以是实数或共轭复数。函数 $F(s)$ 是复变量 s 的单值函数，当 s 在整个 s 平面上变化时，对于其上的每一点，除 n 个有限极点外，函数 $F(s)$ 都有唯一的一个值与之对应。$F(s)$ 的值域，也构成一个复平面，我们称之为 $F(s)$ 平面。这就是说，s 平面上除极点外的每一点，根据式 (5-82) 的函数关系，将映射到 $F(s)$ 平面上的相应点。其中 s 平面上的全部零点都映射到 $F(s)$ 平面上的原点；s 平面上的极点都映射到 $F(s)$ 平面上的无限远点；s 平面上除了零、极点之外的普通点，都映射到 $F(s)$ 平面上除原点之外的有限点。

若用向量 $\boldsymbol{F}(s)$ 表示 s 平面上的点在 $F(s)$ 平面上的映射，则有

$$F(s) = |\boldsymbol{F}(s)|\mathrm{e}^{\mathrm{j}\angle F(s)} = K_r \frac{\displaystyle\prod_{i=1}^{m}|s-z_i|\,\mathrm{e}^{\mathrm{j}\angle\vec{sz_i}}}{\displaystyle\prod_{j=1}^{n}|s-p_j|\,\mathrm{e}^{\mathrm{j}\angle\vec{sp_j}}} \tag{5-83}$$

其中，辐角可以表示为

$$\angle F(s) = \sum_{i=1}^{m}\angle\vec{sz_i} - \sum_{j=1}^{n}\angle\vec{sp_j} \tag{5-84}$$

在如图 5-31(a) 所示 s 平面上，如果在封闭曲线 C_s 内只包含 $F(s)$ 的一个零点，而其余的零、极点均分布在 C_s 的外面。当点 s 沿封闭曲线 C_s 顺时针方向变化一周时，则向量 $\vec{sz_1}$ 的角度变化 -2π，而其余零、极点到点 s 所引向量的角度变化均为零，由式 (5-84) 可知 $F(s)$ 的相角变化为 $\angle F(s) = -2\pi$。这说明若封闭曲线 C_s 只包围一个零点，当点 s 沿 C_s 顺时针方向绕行一周时，则对应的 F 平面的封闭曲线 C_F 就会沿顺时针方向包围坐标原点一周，如图 5-31(b) 所示；依次类推，若封闭曲线 C_s 包围 Z 个 $F(s)$ 的零点，当 s 沿 C_s 顺时针方向绕行一周时，则对应的 F 平面的封闭曲线 C_F 就沿顺时针方向包围原点 Z 周。如果在 C_s 内包含 $F(s)$ 的一个极点，而其余的零极点均分布在 C_s 的外面，如图 5-31(c) 所示；当点 s 沿 C_s 顺时针方向绕行一周时，则只有向量 $\vec{sp_1}$ 的角度变化 -2π，而其余零、极点到点 s 所引向量的角度变化均为零，由式 (5-84) 可知，$F(s)$ 的相角变化为 $\angle F(s) = 2\pi$。这说明若封闭曲线 C_s 只包围一个极点，当点 s 沿 C_s 顺时针方向绕行一周时，则对应的 F 平面的封闭曲线 C_F 就沿逆时针方向包围原点一周，如图 5-31(d) 所示；依次类推，若 C_s 包围 P 个极点，则对应的 F 平面的封闭曲线 C_F 就沿逆时针方向包围原点 P 周。

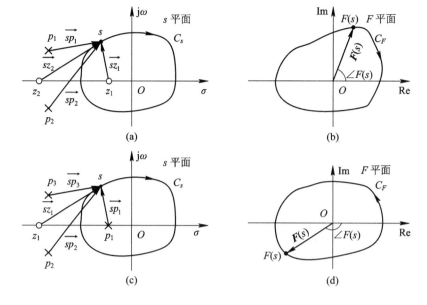

图 5 - 31　辐角原理示意图

因此，如果在 s 平面上的某一封闭曲线 C_s 内包含有 $F(s)$ 的 P 个极点和 Z 个零点且该闭曲线不通过 $F(s)$ 的任一零点或极点，当 s 沿闭曲线 C_s 顺时针方向连续变化一周时，则对应的 $F(s)$ 平面的封闭曲线 C_F 沿逆时针方向包围坐标原点的周数 N 为

$$N = P - Z \qquad (5-85)$$

此即辐角原理。奈奎斯特当年就是巧妙地应用了这一原理，通过构造一个辅助函数 $F(s)$ 得到了奈奎斯特稳定判据。

5.4.2　奈奎斯特稳定判据

考虑如图 5 - 32 所示的闭环控制系统，其开环传递函数为

$$G_{\mathrm{K}}(s) = G(s)H(s) = \frac{B(s)}{E(s)} \qquad (5-86)$$

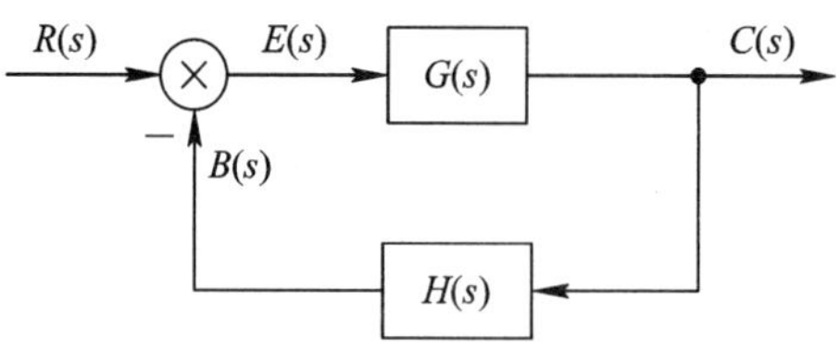

图 5 - 32　闭环控制系统结构图

闭环传递函数为

$$G_{\mathrm{B}}(s) = \frac{G(s)}{1 + G(s)H(s)} = \frac{E(s)G(s)}{E(s) + B(s)} = \frac{C(s)}{E(s) + B(s)} \qquad (5-87)$$

闭环系统的特征方程为 $1 + G_{\mathrm{K}}(s) = 0$。系统稳定的充分必要条件是闭环传递函数的极点均在 s 左半平面。为了找出开环频率特性与闭环极点之间的关系，引入辅助函数 $F(s)$，并令

$$F(s) = 1 + G(s)H(s) = \frac{E(s) + B(s)}{E(s)} \qquad (5-88)$$

一般情况下，对实际的控制系统总有 $E(s)$ 的阶次高于 $B(s)$ 的阶次，所以 $F(s)$ 的零点数等于极点数。对比式(5-86)~式(5-88)可知：

(1) $F(s)$ 的极点等于开环传递函数的极点，极点数用 P 表示；

(2) $F(s)$ 的零点就是闭环传递函数的极点，其个数用 Z 表示。

所以系统稳定的充分必要条件变为 $F(s)$ 的零点数 Z 在 s 右半平面为零，即 $Z=0$ 时闭环系统稳定。

为了确定辅助函数 $F(s)$ 位于 s 右半平面内的所有零、极点数，将封闭曲线 C_s 扩展为 s 右半平面。构造 C_s 曲线由以下 3 段组成：

(1) 正虚轴 $s=j\omega$：频率由 $\omega=0$ 变化到 $\omega\to\infty$。

(2) 半径为无限大的右半圆 $s=Re^{j\theta}$：$R\to\infty$，θ 由 $\pi/2$ 变化到 $-\pi/2$。

(3) 负虚轴 $s=j\omega$：频率由 $\omega\to-\infty$ 变化到 $\omega=0$。

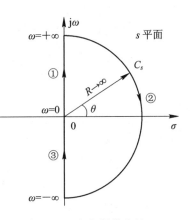

图 5-33 奈奎斯特路径

这样的封闭曲线 C_s 称为奈奎斯特路径，简称奈氏路径。它包含了整个 s 右半平面，如图 5-33 所示。假定奈奎斯特路径上没有 $F(s)$ 的零、极点，则根据辐角原理，当 s 沿前述奈奎斯特路径顺时针移动一周时，映射到 $F(s)$ 平面上的围线 C_F 逆时针包围原点的次数 $N=P-Z$，闭环系统稳定时，$Z=0$，于是系统稳定的充分必要条件是

$$N=P \qquad (5-89)$$

由式(5-88)知，$G_K(s)$ 和 $F(s)$ 只相差一个常数 1，所以只要将 $F(s)$ 平面上的虚轴沿实数轴向右平移一个单位，就可以得到 $G_K(s)$ 平面坐标系，原来在 $F(s)$ 平面上的映射曲线 C_F 就变成了 $G_K(s)$ 平面上的映射曲线 C_G，称 C_G 为奈奎斯特曲线，如图 5-34 所示。在 $F(s)$ 平面上曲线 C_F 对原点的包围的说法，相应地改为在 $G_K(s)$ 平面上 C_G 对 $(-1,j0)$ 点的包围。其中 $N>0$ 应表示在 $G_K(s)$ 平面上的曲线 C_G 逆时针包围 $(-1,j0)$ 点的次数；$N<0$ 表示 C_G 顺时针包围 $(-1,j0)$ 点的次数。

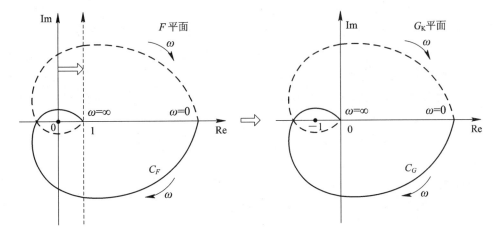

图 5-34 C_G 和 C_F 的几何关系示意图

当 s 沿奈氏路径的第②部分即无限大半径 $|s|=R\to\infty$ 的半圆部分运动时，$s\to\infty$，

考虑到实际的系统 $G_K(s)$ 中分母阶次大于分子阶次，可得 $G_K(\infty)=0$，$F(\infty)=1$。就是说，当 s 沿半径为无限大的半圆路径运动时，在 $G_K(s)$ 平面上只映射为曲线 C_G 上的原点 $(0,j0)$。只有当 s 沿奈氏路径的第③、①部分即从 $j\omega=-\infty$ 沿虚轴运动并最终到达 $j\omega=+\infty$ 时，才在 $G_K(s)$ 平面上映射出整个曲线 C_G，当 $\omega=0\rightarrow+\infty$ 时，奈奎斯特曲线 C_G 就是开环传递函数 $G_K(s)$ 的辐相频率特性曲线，如图 5-34 中的实线所示。当 $\omega=-\infty\rightarrow0$ 时，由于 $G_K(j\omega)$ 与 $G_K(-j\omega)$ 是复共轭的，故对应的 C_G 曲线与辐相频率特性曲线关于实轴对称，是镜像的负频率部分，如图 5-34 中的虚线所示。

通过以上分析，当奈氏路径不通过 $1+G_K(s)$ 的零、极点时，奈奎斯特稳定判据可表述为

(1) 若开环系统稳定，即 $G_K(s)$ 在 s 右半平面上无极点，闭环系统稳定的充要条件是奈奎斯特曲线 C_G 不包围 $(-1,j0)$ 点。

(2) 若开环系统不稳定，即 $G_K(s)$ 在 s 右半平面上有 P 个极点，闭环系统稳定的充要条件是：当 ω 从 $-\infty$ 变到 $+\infty$ 时，奈奎斯特曲线 C_G 以逆时针方向包围 $(-1,j0)$ 点 P 次。

(3) 若闭环系统是不稳定的，则该系统在 s 右半平面上的极点数为 $Z=P-N$，其中 N 为奈奎斯特曲线 C_G 以逆时针方向包围 $(-1,j0)$ 点的次数。

推论：若奈奎斯特曲线 C_G 顺时针方向包围 $(-1,j0)$ 点，则不论开环系统稳定与否，闭环系统总是不稳定的。

需要说明的是，在奈奎斯特曲线上的行进方向规定为 ω 从 $-\infty\rightarrow0\rightarrow+\infty$。这里所谓的不包围 $(-1,j0)$ 点，是指按行进方向的右侧不包围它。所谓逆时针包围 $(-1,j0)$ 点，是指按行进方向的左侧包围它。

5.4.3   奈奎斯特稳定判据的应用

1. 应用奈奎斯特判据的前提条件

应用奈奎斯特稳定判据的前提是，奈氏路径不能通过 $F(s)=1+G_K(s)$ 的任一零、极点。因为 $1+G_K(s)$ 的零点就是闭环系统的极点，$1+G_K(s)$ 的极点就是系统的开环极点。故知奈氏路径不能通过系统的任一开环极点和闭环极点，下面对这两种情况分别进行讨论。

1) 奈氏路径通过闭环极点

假设闭环系统稳定，则闭环系统的极点均分布在左半开平面上，这时奈氏路径肯定不会通过任一闭环极点；假设有闭环极点分布在虚轴上，则系统的特征方程可以写成 $1+G_K(j\omega)=0$ 或 $G_K(j\omega)=-1+j0$ 的形式，这意味着 $G_K(j\omega)$ 曲线将穿过 $(-1,j0)$ 点。所以只要 $G_K(j\omega)$ 曲线不穿过 $(-1,j0)$ 点便没有闭环系统极点分布在虚轴上；如果 $G_K(j\omega)$ 曲线穿过 $(-1,j0)$ 点，而且系统又没有分布在右半开平面上的极点，则闭环系统为临界稳定的。故通常称 G_K 平面上的 $(-1,j0)$ 点为系统的临界点。

例 5-10   设某反馈控制系统的开环传递函数为

$$G_K(s)=G(s)H(s)=\frac{K}{(T_1s+1)(T_2s+1)}\qquad(T_1,T_2,K>0)$$

其中，K 为可调的开环增益，试分析该系统的稳定性。

解：例 5-2 已经绘出了系统的奈奎斯特图，当 ω 从 $-\infty\rightarrow0$ 变化时的 $G(j\omega)$ 曲线可根

据镜像对称原理补上,如图 5-35 中的虚线所示。

由开环传递函数可知,开环系统在虚轴上没有极点,又由图可知,奈奎斯特曲线并不穿过(−1,j0)点,故闭环极点亦不在虚轴上,所以满足奈奎斯特稳定判据的前提条件。

因为开环系统是稳定的($P=0$)。而由图 5-35 可见,无论系统的参数(开环增益 K 和时间常数 T_1 与 T_2)为正的任何值,奈奎斯特曲线均不包围 (−1,j0)点,即 $N=P=0$,故由奈奎斯特稳定判据可确定该闭环系统为稳定的。

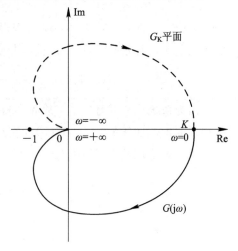

图 5-35 例 5-10 的奈奎斯特曲线图

2) 奈氏路径通过开环极点

假设有开环极点分布在虚轴上,则应采用广义奈氏路径。系统的开环极点有可能分布在虚轴上,例如积分环节的开环极点位于坐标原点上,开环的纯虚根是位于虚轴上。而辐角原理又要求奈氏路径不能通过任一开环极点。因此若有开环极点分布在虚轴上,必须修改奈氏路径,使它既能避开虚轴上的这些开环极点又能包围整个 s 右半平面,经修改后的围线称为广义奈氏路径。修改的方法是:在位于虚轴上的那些开环极点的右侧,画一个具有无穷小半径 ε 的半圆,使广义奈氏路径从这些半圆弧绕过去,如图 5-36 所示。经这样修改后所回避的面积很小,当半径 ε 趋于零时该面积也趋近于零,因而仍可认为广义奈氏路径包围了整个右半平面。这时位于虚轴上的开环极点(包括位于原点上的开环极点)均作为分布在左半平面上看待。

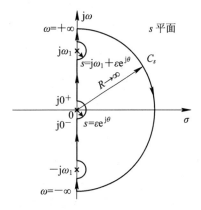

图 5-36 广义奈奎斯特路径

例 5-11 设某反馈控制系统的开环传递函数为

$$G_K(s) = \frac{K}{s(s+1)(0.1s+1)}$$

当系统的开环增益 K 分别为 1 和 20 时,试确定该系统的稳定性。

解:由于系统为 I 型的,在原点处有一开环极点,故应采用广义奈氏路径,以无穷小半径的半圆弧绕过原点,如图 5-37(a)所示。

(1) 开环增益 $K=1$ 时。当 s 沿着虚轴从 $j0^+$ 变化至 $j\infty$ 时,由 $G_K(s)$ 可得系统的开环频率特性为

$$G_K(j\omega) = \frac{K}{\omega\sqrt{\omega^2+1}\sqrt{0.01\omega^2+1}} e^{j\varphi(\omega)}$$

式中 $\varphi(\omega) = -90° - \arctan\omega - \arctan 0.1\omega$。由上式可知:当 $\omega = 0^+$ 时,$G_K(j0^+) = \infty\angle -90°$,当 $\omega = \infty$ 时,$G_K(j\infty) = 0\angle -270°$。因此当 ω 由 0^+ 变化至 ∞ 时,$G_K(j\omega)$ 曲线穿过负实轴。

系统的实频与虚频特性为

$$\begin{cases} R(\omega) = \dfrac{-1.1K}{(\omega^2+1)(0.01\omega^2+1)} \\[3mm] I(\omega) = \dfrac{K(0.1\omega^2-1)}{\omega(\omega^2+1)(0.01\omega^2+1)} \end{cases}$$

令 $I(\omega)=0$，即 $0.1\omega^2-1=0$，可解得穿越频率为 $\omega_x=\sqrt{1/0.1}=\pm 3.16\ \mathrm{rad/s}$，将此频率值代入上式，则可求得 $G_K(j\omega)$ 曲线与负实轴交点的横坐标为

$$R(\omega)\big|_{\omega=3.16} = \frac{-1.1K}{(10+1)(0.01\times10+1)} = -0.09K$$

因为系统没有开环零点，故频率特性曲线单调变化。绘制当 ω 从 0^+ 变化至 ∞ 时开环频率特性的近似曲线如图 5-37(b) 的实线所示。当 ω 从 $-\infty$ 变化至 0^- 时的 $G_K(j\omega)$ 曲线可根据镜像对称原理补上，如图 5-37(b) 的虚线所示。

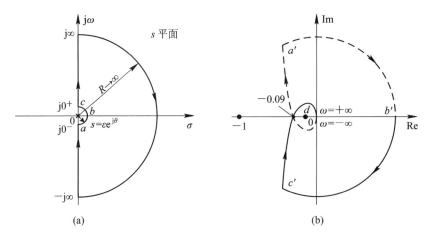

图 5-37　例 5-11 的广义奈氏路径与奈奎斯特曲线

当 s 沿着广义奈氏路径的半径为无穷小的半圆弧变化时，复变量 s 可表示为 $s=\varepsilon e^{j\theta}$。其中 $\varepsilon\to 0$，而 θ 是从 $-90°(\omega=0^-)$ 连续地变化至 $+90°(\omega=0^+)$，故相角增大 $180°$，即沿逆时针方向转过了半周。相应的 $G_K(s)$ 为

$$G_K(s)\big|_{s=\varepsilon e^{j\theta}} = \frac{K}{\varepsilon e^{j\theta}(\varepsilon e^{j\theta}+1)(0.1\varepsilon e^{j\theta}+1)} \approx \frac{K}{\varepsilon}e^{-j\theta}$$

由上式可知，$G_K(s)$ 的曲线将是一个半径为无穷大的半圆弧，其相角为 $-\theta$，从 $90°$ 连续地减小 $180°$ 至 $-90°$，即沿顺时针方向转过了半圈。因此图 5-37(a) 绕原点的无穷小半圆弧 $\overset{\frown}{abc}$ 就映射成 G_K 平面上无穷大半圆弧 $\overset{\frown}{a'b'c'}$，如图 5-37(b) 所示。而图 5-37(a) 的从 $j\infty$ 出发沿顺时针方向变化至 $-j\infty$ 的无穷大半圆弧，则映射成图 5-37(b) 的坐标原点。

由图 5-37(b) 可知，$G_K(j\omega)$ 曲线不包围临界点 $(-1,j0)$。而系统的开环是稳定的，即 $P=0$，故有 $Z=P-N=0$，由奈奎斯特稳定判据可确定 $K=1$ 时闭环系统是稳定的。

（2）开环增益 $K=20$ 时。按照上述方法，重新绘制 $K=20$ 的奈奎斯特曲线即可判断闭环系统的稳定性，但这样需重新绘图。下面介绍另一种简便的方法，其基本思路是：图形比例尺的改变不会影响图上闭曲线对某点的包围情况；于是 $G_K(s)$ 曲线对 $(-1,j0)$ 点的包围周数，等于 $G_K(s)/K$ 曲线对 $(-1/K,j0)$ 点的包围周数。因此对于不同的 K 值只需绘制一

幅 $K=1$ 时的开环频率特性即 $G_K(j\omega)/K$ 曲线，将不同 K 值时 $G_K(j\omega)$ 曲线对临界点 $(-1,j0)$ 的包围周数，等效地转化为 $G_K(j\omega)/K$ 曲线对新临界点 $(-1/K,j0)$ 的包围圈数来计算。本例中 $G_K(j\omega)/K$ 即 $G_K(j\omega)(K=1)$ 的曲线，如图 $5-37$(b) 所示；当 $K=20$ 时对应的新临界点为 $(-1/20,j0)$，如图 $5-37$(b) 中的 d 点所示。由图可知，$G_K(j\omega)/K$ 曲线顺时针方向包围 d 点两周，即 $N=-2$。又因为 $P=0$，故 $Z=P-N=2$。根据奈奎斯特稳定判据可知，当 $K=20$ 时，闭环系统有两个极点分布在右半开平面上，因此是不稳定的。

例 5-12　已知单位负反馈控制系统的开环传递函数为

$$G(s)=\frac{K(\tau s+1)}{s^2(Ts+1)}$$

试分析时间常数 τ 和 T 的大小对闭环系统稳定性的影响。

解：系统是 Ⅱ 型的，故需要采用如图 $5-37$(a) 所示的广义奈氏路径。分析方法与例 $5-11$ 类似，不同的是在原点处有两个开环极点。当 s 沿着广义奈氏路径的无穷小半圆弧变化时，对应的奈奎斯特曲线不同。

仍设广义奈氏路径的无穷小半圆弧上的复变量为 $s=\varepsilon e^{j\theta}$，当 ω 从 0^- 变化至 0^+ 时，逆时针方向转过了半周，相角增大 $180°$，与此相对应的开环传递函数为

$$G(s)\big|_{s=\varepsilon e^{j\theta}}\approx\frac{K}{\varepsilon^2}e^{-j2\theta}$$

即其幅值趋于无穷大；而相角为 -2θ，从 $\omega=0^-$ 时的 $2\times90°$ 变化至 $\omega=0^+$ 时的 $-2\times90°$，减小 $360°$。说明这时 $G(s)$ 的曲线是一个半径为无穷大的圆弧；从 $G(j0^-)$ 点出发沿顺时针方向转过了两个半周到达 $G(j0^+)$ 点，如图 $5-38$ 所示。

上述结果可以进行推广，假设系统为 ν 型的，即在坐标原点处有 ν 个开环极点，当 ω 沿广义奈氏路径原点右侧的无穷小半圆弧变化时，从 0^- 变化至 0^+ 时，逆时针方向转过了半周。与此相对应的开环传递函数为

$$G(s)\big|_{s=\varepsilon e^{j\theta}}\approx\frac{K}{\varepsilon^\nu}e^{-j\nu\theta}$$

即相应的 $G(s)$ 的曲线是一个半径为无穷大的圆弧，从 $G(j0^-)$ 点出发沿顺时针方向转过 ν 个半周到达 $G(j0^+)$ 点。通常 $G(j0^+)$ 点是易于得到的，也可以反方向来画，即从 $G(j0^+)$ 点出发沿逆时针方向转过 ν 个半周到达 $G(j0^-)$ 点。

系统的开环频率特性为

$$G(j\omega)=\frac{K\sqrt{\tau^2\omega^2+1}}{\omega^2\sqrt{T^2\omega^2+1}}e^{j\varphi(\omega)}$$

其中 $\varphi(\omega)=-180°+\arctan\omega\tau-\arctan\omega T$，$\tau$ 和 T 的相对大小有三种可能：$\tau>T$，$\tau=T$ 和 $\tau<T$，下面分别讨论：

(1) 当 $\tau>T$ 时，由例 $5-4$ 可绘制 $0^+<\omega<\infty$ 时的 $G(j\omega)$ 曲线，如图 $5-38$(a) 的实线所示，而 $-\infty<\omega<0^-$ 的开环频率特性曲线，可根据镜像对称原理补上，如图 $5-38$(a) 的虚线所示。由图 $5-38$(a) 可知，奈氏曲线不包围临界点 $(-1,j0)$。又因为开环传递函数在右半个开平面内无极点，故 $P=0$，于是有 $Z=P-N=0$，故根据奈氏判据可知 $\tau>T$ 时闭环系统是稳定的。

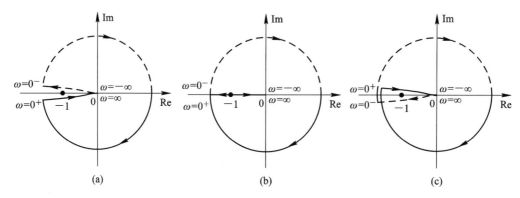

图 5 - 38 例 5 - 12 的奈奎斯特曲线

（2）当 $\tau = T$ 时，$(\tau s + 1)$ 与 $(Ts + 1)$ 将互相抵消，于是系统的开环频率特性为

$$G(j\omega) = \frac{K}{\omega^2} e^{-j180°}$$

由上式可知，当 $0^+ < \omega < \infty$ 和 $-\infty < \omega < 0^-$ 时，$G(j\omega)$ 曲线均位于负实轴上，如图 5 - 38(b) 所示。由图可见，系统的奈奎斯特曲线通过临界点 $(-1, j0)$，故有闭环系统极点位于虚轴上，即 $p_{1,2} = \pm j\sqrt{K}$。故根据奈氏判据可确定 $\tau = T$ 时，闭环系统是临界稳定的。

（3）当 $\tau < T$ 时，由例 5 - 4 可绘制 $0^+ < \omega < \infty$ 时的 $G(j\omega)$ 曲线，补上镜像的负频率部分后如图 5 - 38(c) 所示。由图可见，$G(j\omega)$ 曲线沿顺时针方向包围临界点 $(-1, j0)$ 两周，即 $N = -2$。而 $P = 0$，于是 $Z = P - N = 2$。根据奈氏判据可确定 $\tau < T$ 时闭环系统不稳定，且在右半开平面上有两个闭环系统极点。

2. 应用奈奎斯特判据的简便方法

在利用奈奎斯特曲线判别闭环系统稳定性时，由于 $G_K(j\omega)$ 与 $G_K(-j\omega)$ 是复共轭的，它们的图形是关于实轴镜像对称的。为简便起见，一般只要画出 ω 从 0 变化到 ∞ 的频率特性曲线，并根据它对临界点 $(-1, j0)$ 的包围周数 N' 来判断闭环系统的稳定性，显然此时 $N = 2N'$，故应把确定闭环系统在 s 右半平面的极点数 Z 的公式修改为

$$Z = P - 2N' \tag{5-90}$$

式中，P 为开环系统在 s 右半平面上的极点数，N' 为 ω 从 0 变化到 ∞ 时，奈奎斯特图逆时针围绕 $(-1, j0)$ 点的周数。如果系统的开环传递函数含有 ν 个积分环节，则在绘制 ω 从 0^+ 变化到 ∞ 的开环频率特性曲线后，应从 $G_K(j0^+)$ 点开始沿逆时针方向补画半径为无穷大、绕过 $\nu 90°$ 的圆弧。以图 5 - 38(c) 所示系统为例，可以省去绘制虚线所示的曲线而只画实线所示的曲线部分。由图可见 $N' = -1$，而 $P = 0$，于是由式 (5 - 90) 可得 $Z = P - 2N' = 2$，故由奈氏判据知该闭环系统是不稳定的，且在右半开平面上有两个闭环系统极点。以上所得结论与例 5 - 12 的结果完全一致。

另外，频率特性曲线对 $(-1, j0)$ 点的包围情况可用其正负穿越情况来表示。如图 5 - 39 所示，当 ω 增加时，频率特性从 s 上半平面穿过负实轴的 $(-\infty, -1)$ 段到 s 下半平面一次，称为频率特性对负实轴的 $(-\infty, -1)$ 段的一次正穿越（这时随着 ω 的增加，频率特性的相角增加）；若频率特性从负实轴的 $(-\infty, -1)$ 段上一点开始到 s 下半平面，则称为半次正穿越，正穿越的次数记为 N_+。反之称为负穿越，其次数记为 N_-。正穿越意味着频率特性曲线

对$(-1,j0)$点的逆时针方向的包围，负穿越意味着顺时针方向的包围，显然此时 $N = N_+ - N_-$。因此，奈奎斯特判据可以根据正、负穿越次数描述如下：

$$Z = P - (N_+ - N_-) \tag{5-91}$$

若只画正频率特性曲线，则正负穿越次数差为 $2(N_+ - N_-)$。

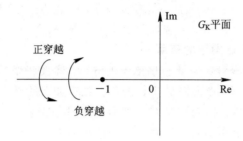

图 5-39　奈奎斯特图上的频率特性的正、负穿越

例 5-13　已知系统的开环传递函数为

$$G_K(s) = \frac{K(\tau s + 1)}{s(Ts - 1)}$$

试用奈氏判据判断闭环系统的稳定性。

解：系统是 Ⅰ 型的，且开环传递函数在 s 右半平面有一个极点，故 $P = 1$。其实频与虚频特性为

$$\begin{cases} R(\omega) = -\dfrac{K(\tau + T)}{T^2\omega^2 + 1} \\[3mm] I(\omega) = -\dfrac{K(\tau T\omega^2 - 1)}{\omega(T^2\omega^2 + 1)} \end{cases}$$

其相频特性为

$$\varphi(\omega) = -90° + (-180° + \arctan T\omega) + \arctan \tau\omega$$

可见，当 $\omega = 0^+$ 时，$\varphi(0^+) = -270°$，$R(0^+) = -K(T + \tau)$，$I(0^+) = +\infty$；当 $\omega \to +\infty$ 时，$\varphi(+\infty) = -90°$；当 $\omega = 1/\sqrt{\tau T}$ 时，$R(\omega) = -K\tau$，$I(\omega) = 0$。分别绘制 $K\tau > 1$ 和 $K\tau < 1$ 的幅相特性曲线如图 5-40(a)、(b)所示。由于系统是 Ⅰ 型的，故需补绘从 $G_K(j0^+)$ 点出发沿逆时针方向转过 $90°$ 的曲线。

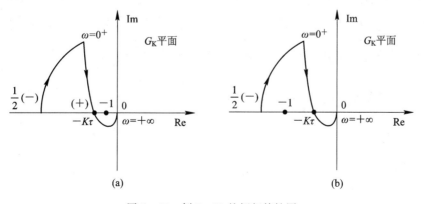

图 5-40　例 5-13 的幅相特性图

由图可知，当 $K\tau > 1$ 时，曲线逆时针包围 $(-1,\mathrm{j}0)$ 点半周，故 $N' = 1/2$，这时 $Z = P - 2N' = 0$，故闭环系统是稳定的；当 $K\tau < 1$ 时，曲线顺时针包围 $(-1,\mathrm{j}0)$ 点半周，$N' = -1/2$，这时 $Z = P - 2N' = 1$，故闭环系统是不稳的。

从正负穿越来判断：当 $K\tau > 1$ 时，曲线正穿越负实轴的 $(-\infty,-1)$ 段一次，负穿越半次，这时 $Z = P - 2(N_+ - N_-) = 0$，故闭环系统是稳定的；当 $K\tau < 1$ 时，曲线负穿越负实轴的 $(-\infty,-1)$ 段半次，无正穿越次数，这时 $Z = P - 2(N_+ - N_-) = 1$，故闭环系统是不稳的。

3. 奈奎斯特判据在伯德图中的应用

实际系统的频域分析设计经常要在伯德图上进行，需要将奈奎斯特稳定判据应用到伯德图中。开环系统的奈奎斯特图和对数坐标的伯德图有如下的对应关系：

（1）奈奎斯特图上的单位圆对应于对数坐标伯德图上的零分贝线；

（2）奈奎斯特图上的负实轴对应于对数坐标伯德图上的 $-180°$ 的相位线。

所以，奈奎斯特图上的频率特性曲线在 $(-\infty,-1)$ 上的正负穿越在对数坐标伯德图上的对应关系是：在对数坐标伯德图上 $L(\omega) > 0(A(\omega) > 1)$ 的范围内，当 ω 增加时，相频特性曲线从下向上穿过 $-180°$ 相位线称为正穿越，从 $-180°$ 相位线开始向上称为半次正穿越；反之称为负穿越。如图 5-41 所示。

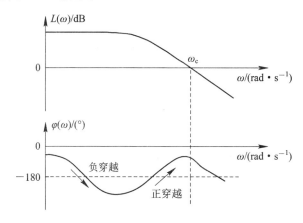

图 5-41 伯德图上的频率特性的正、负穿越

根据伯德图上频率特性的穿越情况，对数频率稳定判据可表述如下：

设开环传递函数 $G_K(s)$ 在 s 右半平面的极点数为 P，则闭环系统稳定的充要条件是：伯德图上幅频特性 $L(\omega) > 0$ 的所有频段内，当频率增加时，对数相频特性对 $-180°$ 线的正负穿越次数差为 $P/2$。

对于不稳定的系统，其在 s 右半平面上的极点数可由下式确定：

$$Z = P - 2(N_+ - N_-) \tag{5-92}$$

例 5-14 已知系统的开环传递函数为

$$G_K(s) = \frac{K}{s(Ts-1)}$$

试用对数稳定判据判断闭环系统的稳定性。

解： 系统是 I 型的，且开环传递函数在 s 右半平面有一个极点，故 $P = 1$。

绘制当 $K > 1/T$ 时的系统开环对数频率特性曲线如图 5-42 所示，对 I 型系统需从相频特性曲线的 $\omega = 0^+$ 处向上补绘 $90°$ 角。

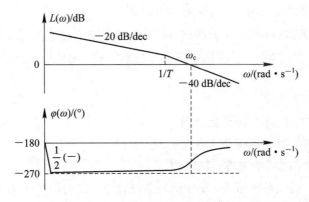

图 5 - 42　例 5 - 14 系统的开环对数频率特性曲线

由图可知，在 $L(\omega) > 0$ 的所有频段内，相频特性曲线从 $-180°$ 线开始向下变化，故有 $N_+ = 0$，$N_- = 1/2$，则由对数频率稳定判据可知

$$N = N_+ - N_- = -\frac{1}{2} \neq \frac{P}{2}$$

所以，此时的闭环系统是不稳定的，其在 s 右半平面上的极点数为

$$Z = P - 2(N_+ - N_-) = 2$$

当 $K < 1/T$ 时，可得到相同的结论，故闭环系统是不稳定的。

5.5　稳定裕度

控制系统稳定与否是绝对稳定性的概念。而对一个稳定的系统而言，还有一个稳定的程度，即相对稳定性的概念。相对稳定性与系统的动态性能指标有着密切的关系。在设计控制系统时，不仅要求它必须是绝对稳定的，而且还应保证系统具有一定的稳定程度。只有这样，才能不致因系统参数的小范围漂移而导致系统性能变差甚至不稳定。

对于最小相位系统，$G_K(j\omega)$ 曲线越靠近点 $(-1, j0)$，系统阶跃响应的振荡就越剧烈，系统的相对稳定性就越差。因此，可用 $G_K(j\omega)$ 曲线对点 $(-1, j0)$ 的接近程度来表示系统的相对稳定性。一般情况下，可用稳定裕度来表示这种接近程度。

5.5.1　幅相频率特性与稳定裕度

幅值裕度和相角裕度是用来度量稳定裕度的开环频率指标，它们与闭环系统的动态性能是密切相关的。

1. 幅值裕度 K_g

系统开环相频特性为 $-180°$ 时，系统的开环频率特性幅值的倒数定义为幅值裕度，所对应的频率 ω_g 称为相角穿越频率，此时幅相特性曲线的幅值为 $A(\omega_g)$，如图 5 - 43 所示，幅值裕度常用 K_g 表示为

$$K_g = \frac{1}{A(\omega_g)} = \frac{1}{|G(j\omega_g)H(j\omega_g)|} \qquad (5-93)$$

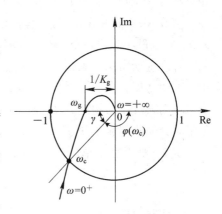

图 5 - 43　幅值裕度和相角裕度的定义

根据幅值裕度的定义及图 5-43 不难看出：

（1）幅相频率特性曲线与负实轴的交点距离原点越近，幅值裕度就越大；

（2）若在 $0 \sim -1$ 之间 $G_K(j\omega)$ 曲线多次穿越负实轴，则应按距离 $(-1, j0)$ 点较近的那个点来计算 K_g；

（3）对最小相位系统：

① 当 $K_g > 1$ 时，闭环系统是稳定的；

② 当 $K_g = 1$ 时，闭环系统是临界稳定的；

③ 当 $K_g < 1$ 时，闭环系统是不稳定的。

（4）对于非最小相位系统而言，要使闭环系统稳定，$G_K(j\omega)$ 曲线必须环绕 $(-1, j0)$ 点，此时，稳定系统的幅值裕度可能会小于 1。

幅值裕度 K_g 的物理意义：对于闭环稳定的系统，如果系统的开环增益再放大 K_g 倍，则系统将处于临界稳定状态。若幅值增大倍数大于 K_g，系统将变成不稳定。

一般情况下，系统的幅值裕度越大，稳定性就越好。但是幅值裕度不能完全表征系统的相对稳定性，尤其是在研究除开环增益外系统的其他参数对系统性能的影响时，仅仅用幅值裕度更是不能充分表示所有系统的稳定程度。例如图 5-44 所示的两个系统，开环幅相曲线虽然具有相同的幅值裕度，但是，由图可知曲线 A 表示的系统比曲线 B 表示的系统稳定程度更好，为此，需引入相角裕度来进一步表征相对稳定性。

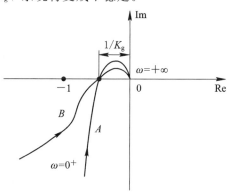

图 5-44   幅值裕度相同的两条曲线

2. 相角裕度 γ

系统开环幅频特性 $A(\omega) = 1$ 时的向量与负实轴的夹角定义为相角裕度，所对应的频率 ω_c 为截止频率，此时幅相特性曲线的相角为 $\varphi(\omega_c)$，如图 5-43 所示，相角裕度常用 γ 表示为

$$\gamma = 180° + \varphi(\omega_c) \tag{5-94}$$

相位裕度 γ 从负实轴算起，逆时针为正，顺时针为负。

若 $G_K(j\omega)$ 曲线在第三象限与单位圆相交多次，则应按最接近负实轴的那个交点来计算 γ 值。对于最小相位系统：$\gamma > 0$，系统稳定；$\gamma < 0$，系统不稳定。由相角裕度的定义知，如果开环奈奎斯特图包围 $(-1, j0)$ 点，则截止频率点将位于 $G_K(s)$ 平面的第二象限，因而算出的相角裕度为负。由此可知，对于最小相位系统，当相角裕度为负时，系统不稳定。

相角裕度 γ 的物理意义：对于闭环稳定的系统，如果系统开环相频特性再滞后 γ 度，则系统将处于临界稳定状态。

例 5-15 已知单位反馈系统的开环传递函数为

$$G(s) = \frac{as + 1}{s^2}$$

试确定相角裕度 $\gamma = 45°$ 时的 a 值。

解：系统的频率特性为

$$G(\mathrm{j}\omega) = \frac{a\mathrm{j}\omega + 1}{(\mathrm{j}\omega)^2} = -\frac{1 + a\mathrm{j}\omega}{\omega^2}$$

实频与虚频特性和幅相频率特性分别为

$$\begin{cases} R(\omega) = -\dfrac{1}{\omega^2} \\ I(\omega) = -\dfrac{a}{\omega} \end{cases}$$

$$\begin{cases} A(\omega) = \dfrac{\sqrt{1 + a^2\omega^2}}{\omega^2} \\ \varphi(\omega) = \arctan a\omega - 180° \end{cases}$$

绘制系统的奈奎斯特图如图 5-45 所示,在截止
频率 ω_c 处可得

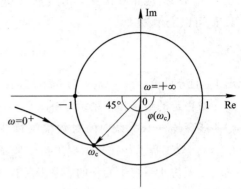

图 5-45　例 5-15 的奈奎斯特图

$$A(\omega_c) = \frac{\sqrt{1 + a^2\omega_c^2}}{\omega_c^2} = 1, \Rightarrow 1 + a^2\omega_c^2 = \omega_c^4$$

由题意及相角裕度的定义,可知相角裕度为

$$\gamma = 180° + \varphi(\omega_c) = 45°$$

又因为根据相频特性有

$$\varphi(\omega_c) = \arctan a\omega_c - 180° = 45° - 180°$$

故有

$$\arctan a\omega_c = 45° \Rightarrow a\omega_c = 1$$

将上式代入 ω_c 处的幅频特性可得

$$\omega_c^4 = 1 + a^2\omega_c^2 = 2 \Rightarrow \omega_c = 1.19$$

由上面两式可求得 a

$$a = \frac{1}{\omega_c} = \frac{1}{1.19} = 0.84$$

另外,由奈奎斯特图可知,系统的幅值裕度为无穷大。

5.5.2　对数频率特性与稳定裕度

根据伯德图与奈奎斯特图的对应关系:
奈氏图中的单位圆对应伯德图中幅频特性的
0 dB线;奈氏图中的负实轴对应伯德图中相
频特性的 $-180°$ 线,相角裕度可以在对数频
率特性上确定。图 5-43 中的截止频率 ω_c 在
伯德图中对应幅频特性上幅值为 0 dB 的频
率,即对数幅频特性 $L(\omega)$ 与横轴交点处的
频率,如图 5-46 所示。则相角裕度就是对
数相频特性上对应截止频率 ω_c 处的相角与
$-180°$线的差值。

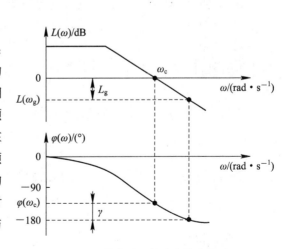

图 5-46　伯德图上的稳定裕度表示

对于幅值裕度同样也可以在对数频率特性曲线上确定，图 5 - 43 中的相角穿越频率 ω_g 在伯德图中对应相频特性上相角为 $-180°$ 的频率，如图 5 - 46 所示。这时，幅值裕度用分贝数 L_g 可以表示为

$$L_g = 20\lg K_g = 20\lg \frac{1}{A(\omega_g)} = -L(\omega_g) \qquad (5-95)$$

即 L_g 的分贝值等于 $L(\omega_g)$ 与 0dB 之间的距离（0dB 下为正）。

对稳定的最小相位系统，由图 5 - 46 可知，$\varphi(\omega_c) > -180°$（$|\varphi(\omega_c)| < 180°$），相频特性曲线穿越 $-180°$ 线时的对数幅频特性为负。因为最小相位系统在 $\gamma > 0$ 时，一般总有 $L_g > 0$，故工程上往往只用相角裕度来表示系统的稳定裕度。

为了防止系统中元件的参数及特性发生变化时影响系统的稳定性，需要留有一定的稳定裕度。一般情况下，相角裕度 $30° < \gamma < 60°$，而幅值裕度 $L_g > 6$ dB。在实际应用中，必然要先判断系统的稳定性，若系统不稳定，则没有必要计算稳定裕度；若系统稳定，则只要绘出 $L(\omega)$ 曲线，就可以由图得到 ω_c。

例 5 - 16 已知系统开环近似对数幅频特性曲线如图 5 - 47 所示，求出系统的相角裕度 γ 的值。

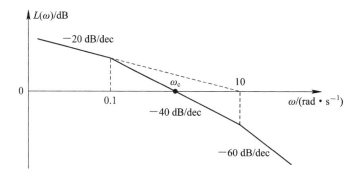

图 5 - 47　例 5 - 16 的对数幅频特性曲线

解：由近似对数幅频特性曲线可写出系统的开环传递函数为

$$G(s)H(s) = \frac{K}{s(10s+1)(0.1s+1)}$$

系统是 Ⅰ 型的，即 $\nu = 1$。由于低频段 -20 dB/dec 斜线与 ω 轴交点为 $\omega_0 = \sqrt[\nu]{K} = 10$，故 $K = 10$。

在截止频率 ω_c 处的幅频特性为

$$A(\omega_c) = \frac{10}{\omega_c \sqrt{(10\omega_c)^2 + 1}\sqrt{(0.1\omega_c)^2 + 1}} = 1$$

由图 5 - 47 可知：$0.1 < \omega_c < 10$。根据绘制开环对数幅频特性渐近线的原则有

$$A(\omega_c) \approx \frac{10}{\omega_c \sqrt{(10\omega_c)^2 + 0}\sqrt{0+1}} = \frac{10}{\omega_c 10\omega_c} = 1 \Rightarrow \omega_c = 1$$

系统的相角裕度为

$$\gamma = 180° - 90° - \arctan 10 - \arctan 0.1 \approx 0°$$

5.6　闭环系统的频率特性

一般来说，控制系统往往可以视为由若干典型环节串联而成，这样较易获得开环传递函数及其零、极点，进而得到开环频率特性，然后可以用开环频率特性来分析和设计控制系统，由前面几节的内容知这是一种很方便的方法。但是，用开环频率特性的幅值裕度和相角裕度作为分析和设计系统的根据，只是一种近似的方法。在全面分析和精确地设计系统时，经常需要用到闭环系统频率特性，所以下面讲述如何根据开环频率特性得到闭环频率特性。

首先考虑单位负反馈控制系统，其闭环传递函数可表示为

$$G_B(s) = \frac{G(s)}{1 + G(s)} \tag{5-96}$$

其中，$G(s)$ 为开环传递函数。若开环频率特性为 $G(j\omega)$，则相应的闭环频率特性为

$$G_B(j\omega) = \frac{G(j\omega)}{1 + G(j\omega)} \tag{5-97}$$

5.6.1　向量法

由式(5-97)可得闭环系统的幅频特性和相频特性为

$$\begin{cases} A_B(\omega) = |G_B(j\omega)| = \left| \dfrac{G(j\omega)}{1 + G(j\omega)} \right| \\ \varphi_B(\omega) = \angle G_B(j\omega) = \angle \dfrac{G(j\omega)}{1 + G(j\omega)} \end{cases} \tag{5-98}$$

假设开环系统频率特性 $G(j\omega)$ 的奈氏图如图 5-48 所示，当频率 $\omega = \omega_1$ 时，对应图中 A 点，则其向量可表示为

$$\overrightarrow{OA} = G(j\omega_1) \tag{5-99}$$

令 B 点坐标为 $(-1, j0)$，则向量 $\overrightarrow{BA}$ 可以表示为

$$\overrightarrow{BA} = \overrightarrow{OA} - \overrightarrow{OB} = 1 + G(j\omega_1) \tag{5-100}$$

由式(5-97)、式(5-99)、式(5-100)可知，闭环频率特性等于这两个向量之比，即

$$G_B(j\omega_1) = \frac{G(j\omega_1)}{1 + G(j\omega_1)} = \frac{\overrightarrow{OA}}{\overrightarrow{BA}} \tag{5-101}$$

其相应的幅频、相频特性为

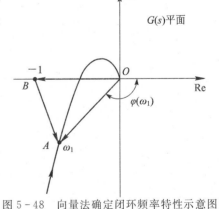

图 5-48　向量法确定闭环频率特性示意图

$$\begin{cases} A_B(\omega_1) = \left| \dfrac{G(j\omega_1)}{1 + G(j\omega_1)} \right| = \dfrac{|\overrightarrow{OA}|}{|\overrightarrow{BA}|} \\ \varphi_B(\omega_1) = \angle \dfrac{G(j\omega_1)}{1 + G(j\omega_1)} = \dfrac{\angle \overrightarrow{OA}}{\angle \overrightarrow{BA}} \end{cases} \tag{5-102}$$

通过以上分析可知，若选定一系列 ω 值，则根据式(5-102)可以得到对应的闭环幅频、相频特性 $A_B(\omega)$ 及 $\varphi_B(\omega)$ 的值。当 ω 从 0 到无穷大范围内变化时，就可以绘出闭环系统的幅频特性和相频特性曲线。

向量法易于理解,且几何意义明确,但其绘制过程过于繁琐。所以,工程上常用等 M 圆和等 N 圆的方法,由开环频率特性曲线绘制闭环频率特性曲线。

5.6.2 等 M 圆和等 N 圆法

1. 等 M 圆

等 M 圆也称等幅值轨迹,是在复平面上表示闭环频率特性等幅值关系的一簇圆。设开环系统可以表示为复数形式:

$$G(j\omega) = R(\omega) + jI(\omega) \tag{5-103}$$

将上式代入式(5-97),并令 $M = A_B(\omega)$,则可得闭环系统的幅频特性为

$$M = A_B(\omega) = |G_B(j\omega)| = \frac{|R(\omega) + jI(\omega)|}{|1 + R(\omega) + jI(\omega)|}$$

$$= \sqrt{\frac{R(\omega)^2 + I(\omega)^2}{(1+R(\omega))^2 + I(\omega)^2}} \tag{5-104}$$

为便于表示,下面改为简写,省略 ω,上式两边取平方并整理可得

$$(M^2 - 1)R^2 + (M^2 - 1)I^2 + M^2(2R + 1) = 0 \tag{5-105}$$

当 $M = 1$ 时,由上式可求得

$$R = -\frac{1}{2} \tag{5-106}$$

当 $M \neq 1$ 时,将式(5-105)整理并配方可得

$$\left(R + \frac{M^2}{M^2 - 1}\right)^2 + I^2 = \frac{M^2}{(M^2 - 1)^2} \tag{5-107}$$

对于给定的 M 值,上式是一个圆的方程,圆心和半径分别为

$$\begin{cases} R_0 = -\dfrac{M^2}{M^2 - 1}, \ I_0 = 0 \\ r = \dfrac{M}{M^2 - 1} \end{cases} \tag{5-108}$$

在 $M \geqslant 0$ 范围内取不同值,可绘制等 M 圆如图 5-49 所示。

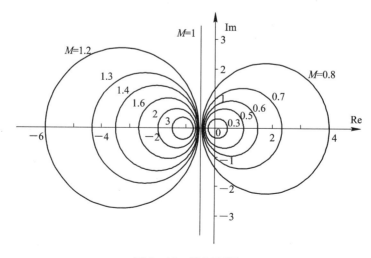

图 5-49 等 M 圆图

由上面的分析及图 5 - 49，对等 M 圆，我们不难得出以下结论：

(1) 当 $M = 1$ 时，等 M 圆退化为一条通过点 $(-1/2, j0)$ 且平行于虚轴的直线；

(2) 当 $M > 1$ 时，随着 M 值的增大，等 M 圆半径单调地减小，当 $M \to \infty$ 时，圆心收敛于 $(-1, j0)$ 点，且这些圆均在 $M = 1$ 直线的左侧；

(3) 当 $M < 1$ 时，随着 M 值的减小，等 M 圆半径单调地减小，当 $M \to 0$ 时，圆心收敛于原点，且这些圆均在 $M = 1$ 直线的右侧；

(4) 等 M 圆簇既对称于 $M = 1$ 的直线，也对称于实轴。

2. 等 N 圆

等 N 圆也称等相角轨迹，是在复平面上表示闭环频率特性等相角关系的一簇圆。将式 (5 - 103) 代入式 (5 - 98) 并省略 ω，可得闭环频率特性的相角 φ_B 为

$$\varphi_B = \angle \frac{G(j\omega)}{1 + G(j\omega)} = \arctan \frac{I}{R} - \arctan \frac{I}{1 + R} \tag{5 - 109}$$

令 $N = \tan\varphi_B$，则上式可写为

$$N = \frac{\dfrac{I}{R} - \dfrac{I}{R + 1}}{1 + \dfrac{I^2}{R(R + 1)}}$$

对上式进行整理并配方后可得

$$\left(R + \frac{1}{2}\right)^2 + \left(I - \frac{1}{2N}\right)^2 = \frac{N^2 + 1}{4N^2} \tag{5 - 110}$$

对于给定的 N 值，上式是一个圆的方程，圆心和半径分别为

$$\begin{cases} R_0 = -\dfrac{1}{2}, \ I_0 = \dfrac{1}{2N} \\ r = \dfrac{\sqrt{N^2 + 1}}{2N} \end{cases} \tag{5 - 111}$$

当 N 取不同值时，可根据式 (5 - 111) 绘制一簇等 N 圆如图 5 - 50 所示。为使用方便，图中标注的是闭环相角 φ_B 而不是 N。

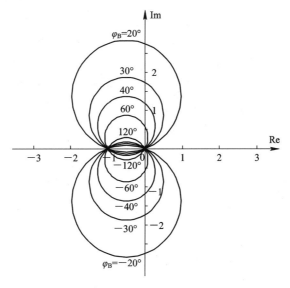

图 5 - 50 等 N 圆图

根据上面的分析及图 5-50，对等 N 圆，可得以下结论：

(1) 当 $R=0$，$I=0$ 和 $R=-1$，$I=0$ 时，式(5-110)均成立，故所有等 N 圆都通过原点以及点 $(-1，j0)$；

(2) 当 $N \to 0$ 时，半径 $r \to \infty$，圆心 $\to$ 点 $(-1/2，\pm j\infty)$，所以实轴上 0 至 -1 的部分对应 $\varphi_B = \pm 180°$；

(3) 对某一 N 值，因为 $N = \tan\varphi_B = \tan(\varphi_B \pm k180°)(k=0，1，2，\cdots)$，故 φ_B 是多值的，如 $\varphi_B = 20°$ 和 $\varphi_B = -160°，200°，\cdots$；$\varphi_B = 60°$ 和 $\varphi_B = -120°，240°，\cdots$ 都在同一个等 N 圆上，也就是说某一 N 值构成一个圆，但某一 φ_B 值只是一段圆弧。

3. 利用等 M 圆和等 N 圆求闭环频率特性

利用等 M 圆和等 N 圆图可以由开环频率特性求单位反馈系统的闭环幅频特性和相频特性。这时需要将相同比例尺的开环频率特性 $G(j\omega)$ 绘制在等 M 圆和等 N 圆图上，如图 5-51 所示。根据 $G(j\omega)$ 曲线与等 M 圆和等 N 圆的交点或切点可以确定各频率 ω_i 上对应的幅值 $M = A_B(\omega_i)$ 和相角 $\varphi_B(\omega_i)$，由此可绘制闭环幅频特性和相频特性。例如图 5-51(a) 中，在 $\omega = \omega_1$ 处，$G(j\omega)$ 曲线与 $M = 1.1$ 的等 M 圆相交，则表明在 ω_1 频率下，闭环系统的幅值为 $M(\omega_1) = 1.1$，依次类推可绘制闭环幅频特性，如图 5-51(c) 所示。另外，由图

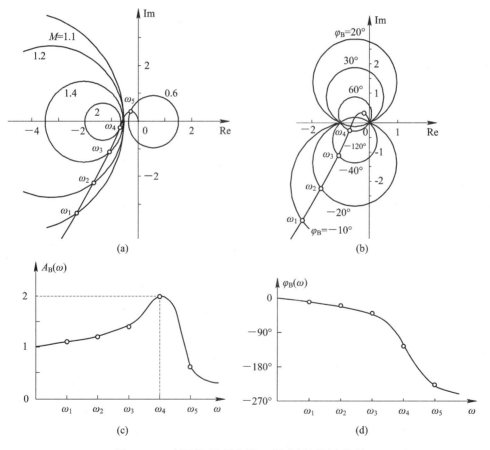

图 5-51 利用等 M 圆和等 N 圆求闭环频率特性

5-51(a)可看出，当 $\omega = \omega_4$ 时，$M = 2$ 的等 M 圆正好与 $G(j\omega)$ 曲线相切，切点处的 M 值最大，对应闭环系统的谐振峰值，而切点处的频率即为谐振频率。

同理，如图 5-51(b)中，在 $\omega = \omega_1$ 处，$G(j\omega)$ 曲线与 $-10°$ 的等 N 圆相交，表明在该频率处，闭环系统的相角为 $-10°$，依次类推可绘制闭环相频特性，如图 5-51(d)所示。

5.6.3　尼科尔斯图法

根据绘制等 M 圆和等 N 圆的方法，也可以在尼科尔斯图上绘制等幅值轨迹（等 M 轨迹）和等相角轨迹（等 α 轨迹），这样就得到了对数幅相平面上的等值线。

设 α 为单位负反馈闭环系统的相角，即 $\alpha = \varphi_B(\omega)$，仍令 $M = A_B(\omega)$，则有

$$G_B(j\omega) = M e^{j\alpha} = \frac{G(j\omega)}{1 + G(j\omega)} = \frac{A(\omega)e^{j\varphi(\omega)}}{1 + A(\omega)e^{j\varphi(\omega)}} \quad (5-112)$$

1. 等 M 线

省略 ω，由式(5-112)及欧拉公式 $e^{j\varphi} = \cos\varphi + j\sin\varphi$，可得

$$M e^{j\alpha} = \frac{1}{1 + \dfrac{\cos\varphi}{A} - j\dfrac{\sin\varphi}{A}}$$

故有

$$M = \frac{1}{\sqrt{\left(1 + \dfrac{\cos\varphi}{A}\right)^2 + \left(\dfrac{\sin\varphi}{A}\right)^2}} = \frac{1}{\sqrt{1 + \dfrac{1}{A^2} + \dfrac{2\cos\varphi}{A}}}$$

上式两边取平方并整理可得

$$A^2 - \frac{2M^2\cos\varphi}{1 - M^2}A - \frac{M^2}{1 - M^2} = 0$$

解之可得

$$A = \frac{\cos\varphi \pm \sqrt{\cos^2\varphi + M^{-2} - 1}}{M^{-2} - 1}$$

则尼科尔斯图的纵坐标可表示为

$$L(\omega) = 20\lg A(\omega) = 20\lg \frac{\cos\varphi \pm \sqrt{\cos^2\varphi + M^{-2} - 1}}{M^{-2} - 1} \quad (5-113)$$

取 M 为某一常数值，φ 为不同幅角值时，可绘制一条等 M 线，当 M 为不同常数时可得一簇等 M 线如图 5-52 实线所示，这里 M 用分贝数(dB)即 $20\lg M$ 表示。

2. 等 α 线

利用欧拉公式及式(5-112)还可得

$$MA\cos\alpha + M\cos(\alpha - \varphi) - A + jM(\sin(\alpha - \varphi) + A\sin\alpha) = 0$$

故有

$$A = \frac{\sin(\varphi - \alpha)}{\sin\alpha}$$

则尼科尔斯图的纵坐标可表示为

$$L(\omega) = 20\lg A(\omega) = 20\lg \frac{\sin(\varphi - \alpha)}{\sin\alpha} \quad (5-114)$$

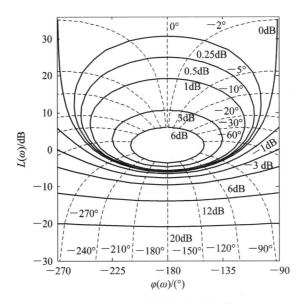

图 5 - 52　尼科尔斯图的等值线

取 α 为某一常数值，φ 为不同幅角值，则可绘制一条等 α 线，当 α 为不同常数时可得一簇等 α 线如图 5 - 52 虚线所示。

尼柯尔斯图的等值线就是在 $L(\omega) - \varphi(\omega)$ 坐标系上将等 M 线簇与等 α 线簇组合在一起。

由图 5 - 52 可知尼科尔斯等值线对称于 $-180°$ 轴线，奈奎斯特图中的临界点 $(-1, \mathrm{j}0)$ 映射到尼科尔斯图线上就是 0dB 线与 $-180°$ 线的交点。等 M 线环绕在临界点 $(0\mathrm{dB}, -180°)$ 周围，尼科尔斯图线对分析和设计系统也是十分有用的。

3. 利用尼科尔斯图求闭环频率特性

与利用等 M 圆和等 N 圆图求单位反馈系统的闭环频率特性一样，根据尼科尔斯图的等值线也可以由开环频率特性确定闭环系统频率特性。

例 5 - 17　已知单位反馈控制系统的开环传递函数为

$$G(s) = \frac{1}{s(s+1)(0.5s+1)}$$

试用尼科尔斯图绘制闭环系统的频率特性曲线。

解：开环频率特性为

$$G(\mathrm{j}\omega) = \frac{1}{\mathrm{j}\omega(\mathrm{j}\omega+1)(0.5\mathrm{j}\omega+1)}$$

（1）由上式绘制出开环系统的伯德图如图 5 - 53 所示；

（2）根据开环伯德图在绘有等值线的尼科尔斯图上绘制开环对数幅相特性曲线如图 5 - 54 所示；

（3）根据开环对数幅相频率特性曲线与等 M 线和等 α 线的交点，得出交点的横坐标（开环系统的相角）及纵坐标（开环系统的幅值），再由开环伯德图可确定交点的频率 ω，标注如图 5 - 53 所示；

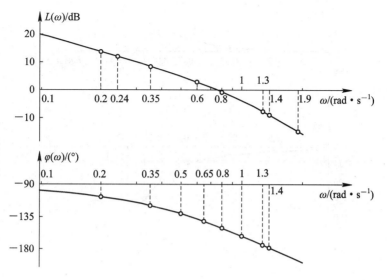

图 5-53 例 5-17 的开环系统伯德图

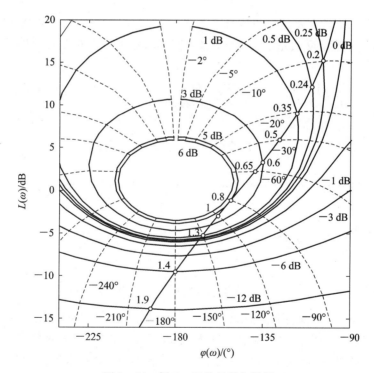

图 5-54 例 5-17 的尼科尔斯图

（4）根据交点处的等值线可以得出每个频率点上闭环系统的幅值 M 和相角 α 的数值，再由交点的频率，可在闭环伯德图上描出这些点，连接即可得到闭环系统的频率特性曲线如图 5-55 所示。由图可知开环对数幅相频率特性与 $M=5$ dB 的等值线相切，故闭环频率响应的谐振峰值为 5 dB，谐振频率为 0.8 rad/s。

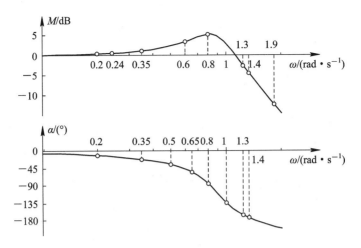

图 5 - 55　例 5 - 17 的闭环系统伯德图

5.6.4　非单位反馈系统的闭环频率特性

对于如图 5 - 56(a)所示的非单位反馈系统，可以根据结构图的等效变换将其转化为如图 5 - 56(b)所示的单位反馈系统与 $1/H(s)$ 环节串联的形式。事实上，闭环频率特性可表示为

$$G_{\mathrm{B}}(\mathrm{j}\omega) = \frac{G(\mathrm{j}\omega)}{1 + G(\mathrm{j}\omega)H(\mathrm{j}\omega)} = \frac{G(\mathrm{j}\omega)H(\mathrm{j}\omega)}{1 + G(\mathrm{j}\omega)H(\mathrm{j}\omega)} \times \frac{1}{H(\mathrm{j}\omega)} = \frac{G_{\mathrm{K}}(\mathrm{j}\omega)}{1 + G_{\mathrm{K}}(\mathrm{j}\omega)} \times \frac{1}{H(\mathrm{j}\omega)}$$

$$(5 - 115)$$

式中，$G_{\mathrm{K}}(\mathrm{j}\omega) = G(\mathrm{j}\omega)H(\mathrm{j}\omega)$ 为等效的单位反馈开环传递函数。

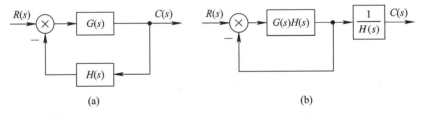

图 5 - 56　非单位反馈系统转化为单位反馈系统

所以，绘制非单位反馈系统的闭环频率特性的方法是，先根据以上方法求得等效单位反馈系统的闭环对数频率特性的幅值 M 和相角 α；然后与 $H(\mathrm{j}\omega)$ 的对数幅频特性和相频特性相减，再将所得幅值和相角与 ω 的关系重绘于伯德图中，就可求得闭环系统的频率特性。

5.6.5　闭环频域性能指标

用闭环频率特性来评价控制系统的性能时，常用以下指标：

1. 零频幅值 $M(0)$

幅频特性的零频值 $M(0)$ 是闭环系统幅频特性 $M(\omega)$ 在 $\omega = 0$ 时的数值。零频幅值反映系统的准确性，其值表征稳态误差的大小。因为 $M(0) = |G_{\mathrm{B}}(0)|$，对单位阶跃响应而言，$1 - M(0)$ 即为稳态误差。

2. 谐振峰值 M_r 与谐振频率 ω_r

谐振峰值 M_r 是指闭环系统幅频特性的最大值，此时对应的频率称为谐振频率，记为 ω_r，如图 5-57 所示。通常谐振峰值反映系统的平稳性，其值越大，说明系统的"阻尼"越小，动态过程的超调量越大，平稳性越差。

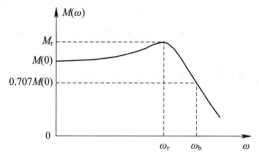

图 5-57　闭环频域性能指标示意图

3. 带宽频率 ω_b

带宽频率 ω_b 是指闭环幅值下降到零频幅值 $M(0)$ 的 0.707 倍时的频率，$0 \sim \omega_b$ 的频率范围称为系统的频带宽度。带宽频率反映系统对干扰噪声的滤波特性，同时也反映系统的快速性，其值越高，说明系统所包含的频率成分就越丰富，复现快速变化信号的能力就越强，对应阶跃响应的上升时间就越短，但对高频噪声的过滤能力也越差。

5.7　频率特性分析与时域性能指标

利用控制系统的频率特性，不仅可以分析闭环系统的稳定性和相对稳定性，而且也能分析闭环系统的动态和稳态性能。频域指标通常是分析、设计控制系统的依据，但是频域指标不如时域指标直观、易于理解。因此，还需要探讨频域指标与时域指标之间的关系。

5.7.1　频率特性的重要性质

1. 频率特性函数具有线性性质且与时间响应特性密切相关

与传递函数一样，线性系统的频率特性函数具有线性的性质，即满足叠加定理和齐次性。故可将一个复杂的频率特性函数分解为一些较简单的频率特性函数来处理；或者将复杂的输入信号分解为几个较简单的分量，并将输入的幅值取为 1 或其他便于计算的值来讨论，这将给系统的频率响应分析带来很大的方便。

频率特性函数与系统的时间响应特性（以系统的单位阶跃响应特性为代表）具有密切的关系。应用拉氏变换的初值定理和终值定理，如果时间响应的终值存在，则可导出系统的闭环频率特性 $G_B(j\omega)$ 与单位阶跃响应 $c(t)$ 之间有下列关系式：

$$\begin{cases} \lim_{t \to \infty} c(t) = \lim_{s \to 0} s(G_B(s)/s) = \lim_{s \to 0} G_B(s) = \lim_{\omega \to 0} G_B(j\omega) \\ \lim_{t \to 0} c(t) = \lim_{s \to \infty} s(G_B(s)/s) = \lim_{s \to \infty} G_B(s) = \lim_{\omega \to \infty} G_B(j\omega) \end{cases} \tag{5-116}$$

以上关系式表明：系统时间响应的稳态特性取决于闭环频率特性的低频段，而动态响应起始段的特性与频率特性的高频段有关。后面我们将进一步阐述频率特性与时间响应特性之间的密切联系。

2. 频率尺度与时间尺度的反比性质

设两个闭环系统的传递函数分别为 $G_{B1}(s)$ 和 $G_{B2}(s)$，对应的单位阶跃响应分别为 $c_1(t)$ 和 $c_2(t)$。如果 $G_{B1}(s) = G_{B2}(s/k)$，相应的系统频率特性为

$$G_{B1}(j\omega) = G_{B2}(j\omega/k) \tag{5-117}$$

式中，k 为任意常数，则两个系统的单位阶跃响应存在下列关系式：

$$c_1(t) = c_2(kt) \tag{5-118}$$

证明： 应用拉氏变换的相似性，设 $\mathscr{L}[f(t)] = F(s)$，则有

$$\mathscr{L}[f(at)] = \frac{1}{a}F\left(\frac{s}{a}\right)$$

根据已知 $G_{B1}(s) = G_{B2}(s/k)$，可得

$$\mathscr{L}[c_1(t)] = \frac{1}{s}G_{B1}(s) = \frac{1}{s}G_{B2}\left(\frac{s}{k}\right) = \frac{1}{k}\frac{1}{s/k}G_{B2}\left(\frac{s}{k}\right) = \mathscr{L}[c_2(kt)]$$

故有

$$c_1(t) = c_2(kt)$$

这个性质的含义：系统的频率特性图在频率轴方向展宽几倍，其单位阶跃响应就加快几倍。而前面所述，系统的带宽频率越高，系统响应的速度就越快，实际上可视为这个性质的一个具体应用。

掌握频率特性的这些性质有助于在频域中分析、设计控制系统。

5.7.2 开环频率特性分析

对一般的闭环控制系统而言，开环传递函数与闭环传递函数之间的关系是

$$G_B(s) = \frac{G(s)}{1 + G(s)H(s)} = \frac{G(s)}{1 + G_K(s)} \tag{5-119}$$

由上式可知，在控制系统的结构、参数确定时，$G_K(s)$ 是确定的，则闭环系统的动态、稳态性能也是确定的。所以，可以通过分析开环频率特性来了解闭环系统的响应性能。

对数频率特性在控制工程中应用广泛，故此处以伯德图为例，讨论开环对数幅频特性 $L(\omega)$ 的形状与性能指标的关系，然后根据频域指标与时域指标间的关系估算出系统的时域响应性能。

实际系统的开环对数幅频特性 $L(\omega)$ 一般都符合如图 5-58 所示的特征，即低频部分较高，而高频部分较低。将 $L(\omega)$ 分为低频段、中频段和高频段三个频段，即所谓的"三频段理

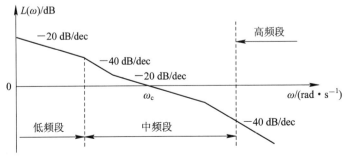

图 5-58　对数频率特性的三频段

论"。低频段是指第一个转折频率以左的频段；中频段是指截止频率 ω_c 附近的频段；高频段指频率远大于 ω_c 的频段。值得指出的是，开环对数频率特性三频段的划分是相对的，各频段之间没有严格的界限。这三个频段包含了闭环系统性能不同方面的信息，需要分别进行分析。

1. 低频段特性与稳态误差的关系

由前面 5.3.2 小节的分析及式(5 - 74)可知，低频段的特性完全由积分环节和开环增益决定。设低频段对应的传递函数为

$$G_K(s) \approx \frac{K}{s^\nu} \tag{5-120}$$

则低频段对数幅频特性为

$$20\lg|G_K(j\omega)| \approx 20\lg\frac{K}{\omega^\nu} \tag{5-121}$$

将低频段对数幅频特性曲线延长交于 0 dB 线，交点频率 $\omega_0 = \sqrt[\nu]{K}$。所以，低频段斜率越小(负数的绝对值越大)，位置越高，对应积分环节数目越多，开环增益越大；在闭环系统稳定的条件下，其稳态误差越小，稳态精度越高；但这又往往与系统稳定性的要求相矛盾。根据 $L(\omega)$ 低频段特性可以确定系统类型 ν 和开环增益 K，利用第 3 章中所述的稳态误差系数法可以求出系统在给定输入下的稳态误差。

2. 中频段特性与动态性能的关系

中频段的特性集中反映了闭环系统动态响应的平稳性和快速性。定性来说，$\varphi(\omega)$ 的大小与对应频率下 $L(\omega)$ 的斜率有密切关系，$L(\omega)$ 斜率越小，则 $\varphi(\omega)$ 越小(负数的绝对值越大)。在 ω_c 处，$L(\omega)$ 曲线的斜率对相角裕度 γ 的影响最大，越远离 ω_c 处的 $L(\omega)$ 斜率对 γ 的影响就越小。如果 $L(\omega)$ 曲线的中频段斜率为 -20 dB/dec，并且占据较宽的频率范围，则相角裕度 γ 就较大(接近 90°)，系统的超调量就很小。反之，如果中频段是 -40 dB/dec 的斜率，且占据较宽的频率范围，则相角裕度 γ 就很小(接近 0°)，系统的平稳性和快速性会变得很差。因此，为保证系统具有满意的动态性能，希望 $L(\omega)$ 以 -20 dB/dec 的斜率穿越 0 dB 线，并保持较宽的中频段范围。闭环系统的动态性能可以说主要取决于开环对数幅频特性中频段的形状。

以上只是粗糙的定性分析，下面分别就典型二阶系统、高阶系统分析频域指标与时域指标间的定量关系。由于在时域中，控制系统的动态性能主要由超调量 $\sigma\%$ 和调节时间 t_s 来描述，故此处只分析它们与频域指标间的关系。

1) 典型二阶系统

典型二阶系统的结构图如图 3 - 10 所示。其开环传递函数为

$$G(s) = \frac{\omega_n^2}{s(s + 2\zeta\omega_n)} \quad (0 < \zeta < 1) \tag{5-122}$$

闭环传递函数为

$$G_B(s) = \frac{\omega_n^2}{s^2 + 2\zeta\omega_n s + \omega_n^2} \tag{5-123}$$

(1) γ 和 $\sigma\%$ 的关系。

开环系统频率特性为

$$G(j\omega) = \frac{\omega_n^2}{j\omega(j\omega + 2\zeta\omega_n)} \qquad (5-124)$$

开环幅频和相频特性为

$$\begin{cases} A(\omega) = \dfrac{\omega_n^2}{\omega\sqrt{\omega^2 + (2\zeta\omega_n)^2}} \\ \varphi(\omega) = -90° - \arctan\dfrac{\omega}{2\zeta\omega_n} \end{cases} \qquad (5-125)$$

当 $\omega = \omega_c$ 时，有 $A(\omega) = 1$，即

$$A(\omega_c) = \frac{\omega_n^2}{\omega_c\sqrt{\omega_c^2 + (2\zeta\omega_n)^2}} = 1$$

上式两边取平方并整理后可得

$$\omega_c^4 + 4\zeta^2\omega_n^2\omega_c^2 - \omega_n^4 = 0$$

解之可得

$$\omega_c = \omega_n\sqrt{\sqrt{4\zeta^4 + 1} - 2\zeta^2} \qquad (5-126)$$

亦即

$$\frac{\omega_n}{\omega_c} = \frac{1}{\sqrt{\sqrt{4\zeta^4 + 1} - 2\zeta^2}} \qquad (5-127)$$

又因为在截止频率 ω_c 处，相频特性为

$$\varphi(\omega_c) = -90° - \arctan\frac{\omega_c}{2\zeta\omega_n}$$

故系统的相角裕度为

$$\gamma = 180° + \varphi(\omega_c) = 90° - \arctan\frac{\omega_c}{2\zeta\omega_n} = \arctan\frac{2\zeta\omega_n}{\omega_c} \qquad (5-128)$$

将式(5-127)代入上式可得

$$\gamma = \arctan\frac{2\zeta}{\sqrt{\sqrt{4\zeta^4 + 1} - 2\zeta^2}} \qquad (5-129)$$

根据式(5-129)，可以绘制 γ 和 ζ 的函数关系曲线，如图 5-59 中实线所示。

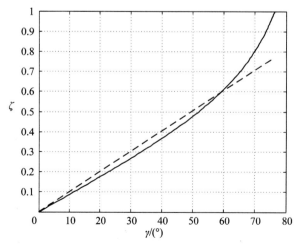

图 5-59 γ 与 ζ 之间的关系曲线

根据已知的 γ 值，由式(5-129)或图5-9可求得 ζ 值。另外也可采用近似计算的方法，当 $0 < \zeta < 0.6$ 时，由图可知，如果用图中的虚直线近似，则有 $\zeta \approx 0.01\gamma$。这说明，如果相角裕度为 $30° \sim 60°$，则对应的阻尼比约为 $0.3 \sim 0.6$。得到 ζ 值后，按下式可计算相应的超调量：

$$\sigma\% = \mathrm{e}^{-\pi\zeta/\sqrt{1-\zeta^2}} \tag{5-130}$$

（2）γ 和 t_s 的关系。

由第3章时域分析法可知，在 $0 < \zeta < 0.8$ 时，典型二阶系统调节时间为

$$t_s = \begin{cases} \dfrac{3}{\zeta\omega_n}, & \Delta = 5 \\[3mm] \dfrac{4}{\zeta\omega_n}, & \Delta = 2 \end{cases} \tag{5-131}$$

将式(5-131)与式(5-126)相乘，得

$$t_s\omega_c = \begin{cases} \dfrac{3}{\zeta}\sqrt{\sqrt{4\zeta^4+1}-2\zeta^2}, & \Delta = 5 \\[3mm] \dfrac{4}{\zeta}\sqrt{\sqrt{4\zeta^4+1}-2\zeta^2}, & \Delta = 2 \end{cases} \tag{5-132}$$

再由式(5-129)和式(5-132)可得

$$t_s\omega_c = \begin{cases} \dfrac{6}{\tan\gamma}, & \Delta = 5 \\[3mm] \dfrac{8}{\tan\gamma}, & \Delta = 2 \end{cases} \tag{5-133}$$

上式表明，调节时间 t_s 与相角裕度 γ 和截止频率 ω_c 都有关。在已知二阶系统的 γ 和 ω_c 的情况下就可以按式(5-133)计算调节时间 t_s。

2）高阶系统

对于高于二阶的高阶系统，要准确推导出开环频域特征量（γ 和 ω_c）与时域指标（$\sigma\%$ 和 t_s）之间的关系是很困难的，即使导出这样的关系式，使用起来也很不方便，实用意义不大。在控制工程分析与设计中，通常将其近似为一个具有主导极点的二阶系统来进行分析和估算；或者采用下述两个从工程实践中总结出来的近似公式，由 ω_c，γ 估算系统的动态性能指标：

$$\begin{cases} \sigma\% = \left[0.16 + 0.4\left(\dfrac{1}{\sin\gamma}-1\right)\right] \times 100\% \\[3mm] t_s = \dfrac{\pi}{\omega_c}\left[2 + 1.5\left(\dfrac{1}{\sin\gamma}-1\right) + 2.5\left(\dfrac{1}{\sin\gamma}-1\right)^2\right] \end{cases} \quad (35° \leqslant \gamma \leqslant 90°) \tag{5-134}$$

由上式可知，当 ω_c 一定时，随着 γ 值的增加，高阶系统的超调量 $\sigma\%$ 和调节时间 t_s 都会降低。

3. 高频段特性与系统抗高频干扰能力的关系

开环对数幅频特性 $L(\omega)$ 的高频段特性一般都是由小时间常数的环节构成的，其转折频率均远离截止频率 ω_c，所以对系统的动态性能影响不大。但是，干扰信号往往具有较高的频率，从系统抗干扰的角度出发，研究高频段的特性还是有实际意义的。

对于单位反馈控制系统，开环频率特性 $G(j\omega)$ 和闭环频率特性 $G_B(j\omega)$ 的关系为

$$G_B(j\omega) = \frac{G(j\omega)}{1 + G(j\omega)}$$

在高频段一般有 $\omega \gg \omega_c$，故有

$$20\lg|G(j\omega)| \ll 0 \Rightarrow |G(j\omega)| \ll 1$$

所以闭环幅频特性可近似为

$$|G_B(j\omega)| = \left|\frac{G(j\omega)}{1 + G(j\omega)}\right| \approx |G(j\omega)| \tag{5-135}$$

即在高频段，闭环幅频特性近似等于开环幅频特性。因此，$L(\omega)$ 特性在高频段的幅值，直接反映了系统对输入高频信号的抑制能力，高频段的分贝值越低，说明系统对高频信号的衰减作用越大，即系统的抗高频干扰能力越强。

综上所述，我们所希望的开环对数幅频特性应具有下述特点：

（1）如果要求系统具有一阶或二阶无差度（即系统在阶跃或斜坡作用下无稳态误差），则 $L(\omega)$ 特性的低频段应具有 -20 dB/dec 或 -40 dB/dec 的斜率。为保证系统的稳态精度，低频段应有较高的分贝值。

（2）$L(\omega)$ 特性应以 -20 dB/dec 的斜率穿过零分贝线，且具有一定的中频段宽度。这样，系统就有足够的稳定裕度，保证闭环系统具有较好的平稳性。

（3）$L(\omega)$ 特性应具有较高的截止频率 ω_c，以提高闭环系统的快速性。

（4）$L(\omega)$ 特性的高频段应尽可能低，以增强系统的抗高频干扰能力。

5.7.3　闭环频率特性分析

通过绘制闭环频率特性，可以得到闭环频域性能指标，如谐振峰值 M_r、谐振频率 ω_r、带宽频率 ω_b。在分析、设计控制系统时，通常以谐振峰值 M_r 和带宽频率 ω_b 作为依据，故下面分析 M_r，ω_b 与时域指标 $\sigma\%$，t_s 之间的关系。

1. 典型二阶系统

由式（5-123）可得典型二阶系统的闭环频率特性为

$$G_B(j\omega) = \frac{\omega_n^2}{\omega_n^2 - \omega^2 + j2\zeta\omega_n\omega} \tag{5-136}$$

1）M_r 与 $\sigma\%$ 的关系

由式（5-136）可得闭环系统的幅频特性为

$$M(\omega) = \frac{\omega_n^2}{\sqrt{(\omega_n^2 - \omega^2)^2 + 4(\zeta\omega_n\omega)^2}} \tag{5-137}$$

当 ζ 较小时，幅频特性会振荡并出现峰值。令

$$\frac{dM(\omega)}{d\omega} = 0$$

则可求得谐振频率和谐振峰值分别为

$$\begin{cases} \omega_r = \omega_n\sqrt{1 - 2\zeta^2} \\ M_r = \dfrac{1}{2\zeta\sqrt{1 - \zeta^2}} \end{cases}, \quad 0 \leqslant \zeta \leqslant 0.707 \tag{5-138}$$

当 $\zeta > 0.707$ 时，不存在谐振峰值 M_r，闭环幅频特性将单调衰减。根据式(5-138)可绘制 M_r 与 ζ 的关系如图 5-60 所示，给定谐振峰值 M_r，由式(5-138)或图 5-60 可得到相应的 ζ 值，再由式(5-130)即可计算 $\sigma \%$。

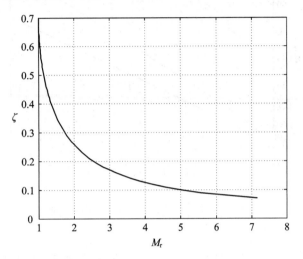

图 5-60　M_r 与 ζ 之间的关系曲线

由图 5-60 可知，M_r 越小，系统的阻尼性能越好。若 M_r 值较高，则系统的动态过程超调量大，收敛慢，平稳性和快速性都较差。当 $M_r = 1 \sim 1.4(0 \sim 3 \text{ dB})$ 时，对应的阻尼比 $\zeta = 0.4 \sim 0.7$，这时的动态过程有适度的振荡，平稳性及快速性均较好。控制工程中常以 $M_r = 1.3$ 作为系统设计的依据。若 M_r 过大(如 $M_r > 2$)，则闭环系统阶跃响应的超调量会较高。

2) M_r，ω_b 与 t_s 的关系

根据带宽频率的定义及式(5-137)，在 ω_b 处，典型二阶系统闭环频率特性的幅值为

$$M(\omega_b) = \frac{\omega_n^2}{\sqrt{(\omega_n^2 - \omega_b^2)^2 + 4\,(\zeta\omega_n\omega_b)^2}} = 0.707$$

由上式可求出带宽 ω_b 与 ω_n、ζ 的关系为

$$\omega_b = \omega_n \sqrt{1 - 2\zeta^2 + \sqrt{2 - 4\zeta^2 + 4\zeta^4}} \qquad (5-139)$$

二阶系统的调节时间如式(5-131)所示，将式(5-131)与式(5-139)相乘可得

$$t_s\omega_b = \begin{cases} \dfrac{3}{\zeta}\sqrt{1 - 2\zeta^2 + \sqrt{2 - 4\zeta^2 + 4\zeta^4}}, & \Delta = 5 \\[2mm] \dfrac{4}{\zeta}\sqrt{1 - 2\zeta^2 + \sqrt{2 - 4\zeta^2 + 4\zeta^4}}, & \Delta = 2 \end{cases} \qquad (5-140)$$

由式(5-140)与式(5-138)可求得 $\omega_b t_s$ 与 M_r 的关系，并绘成曲线如图 5-61 所示。由图可知，对于给定的谐振峰值 M_r，调节时间 t_s 与带宽频率 ω_b 成反比，带宽频率越高，则调节时间越短。

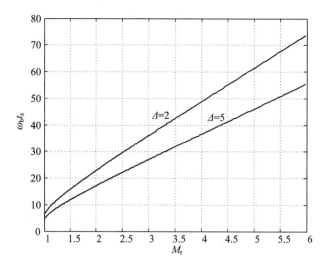

图 5-61   二阶系统 M_r 与 $\omega_b t_s$ 之间的关系曲线

2. 高阶系统

对于高阶系统，闭环频率特性的特征量和时域指标之间没有确切的关系。但是，若高阶系统存在一对共轭复数主导极点时，则可用二阶系统所建立的关系来近似表示。至于一般的高阶系统，常用两个经验公式估算系统的动态指标，即

$$
\begin{cases}
\sigma\% = [0.16 + 0.4(M_r - 1)] \times 100\% \\
t_s = \dfrac{1.6\pi}{\omega_b}[2 + 1.5(M_r - 1) + 2.5\,(M_r - 1)^2]
\end{cases}
(1 \leqslant M_r \leqslant 1.8) \qquad (5-141)
$$

由上式可以看出，高阶系统的超调量 $\sigma\%$ 随 M_r 的增大而增大。系统的调节时间 t_s 亦随着 M_r 的增大而增大，但随着 ω_b 的增大而减小。为使系统能够精确地跟踪任意输入信号，系统需要较大的带宽频率 ω_0；但从抑制高频噪声来看，ω_b 又不宜过大；因此，在设计时要折中考虑。

5.8 基于 MATLAB 的频域分析

在 MATLAB 中提供了许多求取并绘制系统频率特性曲线的函数，使用它们可以很方便地绘制控制系统的频率特性图，并对系统进行频率分析或设计。

5.8.1 利用 MATLAB 绘制伯德图

MATLAB 提供的函数 bode()，其功能是计算线性定常系统的对数频率特性或绘制伯德图，调用格式为

$$[\text{mag}, \text{phase}, \text{w}] = \text{bode}(\text{num}, \text{den}, \text{w}) \qquad (5-142)$$

$$[\text{mag}, \text{phase}, \text{w}] = \text{bode}(\text{sys}, \text{w}) \qquad (5-143)$$

$$\text{bode}(\text{num}, \text{den}, \text{w}) \qquad (5-144)$$

$$\text{bode}(\text{sys}, \text{w}) \qquad (5-145)$$

其中 num 和 den 分别为传递函数的分子和分母多项式系数按降幂排列的向量；sys 是传递函数(tf 模型或 zkp 模型)。式中的 w 用于指定频率点构成的向量，可以省略，该向量最好

由下式获得

$$w = \text{logspace}(p, q, n) \tag{5-146}$$

该命令执行后可以在 10^p 和 10^q (rad/s)之间产生 n 个在对数上等距离的频率值构成的向量，若命令中省去 n，则只产生由 50 个频率值构成的向量。

当包含左端变量时，如命令(5-137)、(5-138)，bode 函数把系统的频率特性转变成 mag、phase 和 w 三个矩阵，在屏幕上不产生图形。矩阵 mag 和 phase 包含系统频率特性的幅值和相角，这些幅值和相角是在用户指定的频率点数 w 上计算得到的，如果 w 省略则该函数会根据系统模型的特性自动选择合适的频率变化范围。若要利用这些数据绘制伯德图，可用下列命令：

$$\text{semilogx}(w, 20 * \log 10(\text{mag})) \tag{5-147}$$
$$\text{semilogx}(w, \text{phase}) \tag{5-148}$$

如果不需要对数幅频特性和相频特性的具体数据，则可缺省输出变量，如命令 (5-139)、(5-140)，这样 bode 函数会在当前图形窗口中直接绘制出系统的伯德图。

例 5-18　已知系统的开环传递函数为

$$G(s) = \frac{120(s+2)}{s(s+0.6)(s+5)(s^2+5s+8)}$$

试用 MATLAB 绘制其伯德图。

解：编写程序如下：

```
%例 5-18 绘制 bode 图
num=[120 240];                         %开环传递函数的分子
den=[conv(conv([1 0.6 0],[1 5]),[1 5 8])];
                                       %转变为按降幂排列的传递函数分母
bode(num, den)                         %用 bode 命令绘图
grid
```

运行程序，其结果如图 5-62 所示。

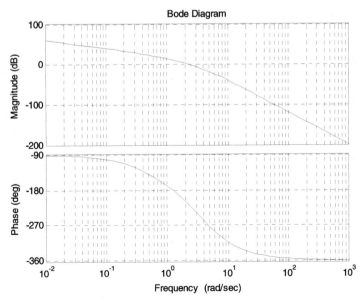

图 5-62　例 5-18 的伯德图

例 5 - 19 已知系统的开环传递函数为

$$G(s) = \frac{100}{(s+2)(s+5)(s^2+4s+3)}$$

试用 MATLAB 绘制其伯德图。

解：编写程序如下：

```
%例 5 - 19 绘制 bode 图
num=100;
den=[conv(conv([1 2], [1 5]), [1 4 3])];
w=logspace(-1, 2, 47);
[mag, pha]=bode(num, den, w);
magdB=20 * log10(mag);                    %把幅值转变成分贝
subplot(211);                             %绘制子图
semilogx(w, magdB);                       %绘制对数幅频特性
grid on;                                  %绘制网格
title('Bode Diagram');
xlabel('Frequency(rad/sec)');
ylabel('Gain dB');
subplot(212);
semilogx(w, pha);                         %绘制对数相频特性
grid on
xlabel('Frequency(rad/ sec)');
ylabel('phase deg');
```

运行程序，其结果如图 5 - 63 所示。

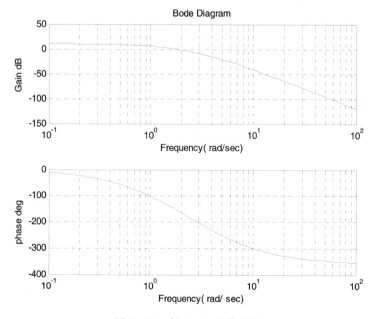

图 5 - 63　例 5 - 19 的伯德图

5.8.2　利用 MATLAB 绘制奈奎斯特图

MATLAB 提供的函数 nyquist()，其功能是计算或绘制线性定常系统的幅相频率特性（即极坐标图或奈奎斯特图），基本调用格式为

$$[re，im，w]＝nyquist(num，den，w) \tag{5-149}$$

$$[re，im，w]＝nyquist(sys，w) \tag{5-150}$$

$$nyquist(num，den，w) \tag{5-151}$$

$$nyquist(sys，w) \tag{5-152}$$

与前面的 bode() 函数比较可知，它们的调用格式是类似的，关于 bode() 函数调用格式的说明对 nyquist() 函数仍然适用。所不同的是这时函数调用返回的 re 和 im 分别是对应于所给频率点的实频特性值和虚频特性值，若要利用这些数据绘制奈奎斯特图可用下列命令：

$$plot(re，im) \tag{5-153}$$

值得指出的是，对于 I 型以上系统的奈奎斯特图有可能需要指定频率变化范围或指定图形显示范围才能清楚地绘制出感兴趣部分的图形。

例 5-20　已知系统的开环传递函数为

$$G(s) = \frac{10(s^2 + 2s + 3)}{s(s+2)(s+5)}$$

试用 MATLAB 绘制其奈奎斯特图。

解：编写程序如下：

```
%例 5-20 绘制奈奎斯特图
num＝[10 20 30]；              %开环传递函数的分子
den＝conv([1 2 0]，[1 5])；     %转变为按降幂排列的传递函数的分母
nyquist(num，den)             %用 nyquist()绘图
v＝[-2 3 -3 3]；              %指定图形显示范围
axis(v)；
grid                         %绘制等 M 圆
```

运行程序，其结果如图 5-64 所示。

5.8.3　利用 MATLAB 绘制尼科尔斯图

利用 MATLAB 中提供的函数 nichols() 和命令 ngrid 可以绘制尼科尔斯图。其中 nichols() 函数的功能是计算或绘制线性定常系统的对数幅相频率特性（即尼科尔斯图），其函数的基本调用格式为

$$[mag，phase]＝nichols(num，den，w) \tag{5-154}$$

$$[mag，phase]＝nichols(sys，w) \tag{5-155}$$

$$nichols(num，den，w) \tag{5-156}$$

$$nichols(sys，w) \tag{5-157}$$

该函数返回的 mag 和 phase 分别是对应于所给频率点的幅频特性值和相频特性值，其

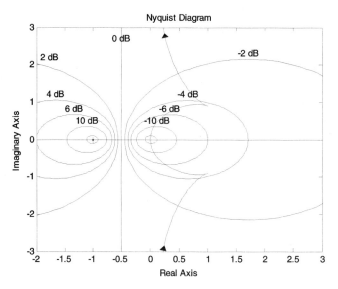

图 5 - 64　例 5 - 20 的奈奎斯特图

调用格式与 bode() 函数是完全一致的，得出的结果也是相同的。但尼科尔斯图的绘制方法和伯德图不同，可以通过下述命令绘制尼科尔斯图

$$\mathrm{plot}(\mathrm{phase}, 20 * \log 10(\mathrm{mag})) \qquad (5 - 158)$$

　　如果不需要对数幅值和相角的具体数据，则可利用命令（5 - 151）、（5 - 152）在当前图形窗口中直接绘制出系统的尼科尔斯图，其中 w 可缺省。

　　命令 ngrid 的功能是为尼科尔斯图绘制等值线，即由等 M（单位为 dB）和等 α 线所组成的网格线。每条网格线具有相同的闭环幅值（即等 M）或闭环相角（即等 α），网格画在横坐标（相角）范围为 $0° \sim -360°$，纵坐标（幅值）范围为 $-40 \mathrm{~dB} \sim 40 \mathrm{~dB}$ 的区域内。

　　例 5 - 21　已知系统的开环传递函数为

$$G(s) = \frac{100(s + 2)}{s(s + 5)(s^2 + 12s + 40)}$$

试用 MATLAB 绘制其尼科尔斯图。

　　解：编写程序如下：

```
%例 5 - 21 绘制尼科尔斯图
num＝[100 200];                    %开环传递函数的分子
den＝conv([1 5 0], [1 12 40]);     %开环传递函数的分母
nichols(num, den)                  %绘制尼科尔斯图
v＝[-270 -45 -40 40];              %指定图形显示范围
axis(v);
ngrid                              %标出等值线
```

运行程序，其结果如图 5 - 65 所示。

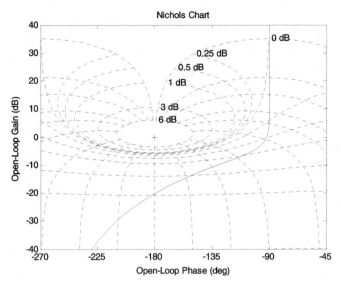

图 5 - 65　例 5 - 21 的尼科尔斯图

5.8.4　利用 MATLAB 求频域性能指标

1. 求稳定裕度

MATLAB 提供的函数 margin()可以确定系统的稳定裕度,其基本调用格式为

$$[Gm, Pm, Wcg, Wcp]=margin(sys) \qquad (5-159)$$

$$[Gm, Pm, Wcg, Wcp]=margin(mag, phase, w) \qquad (5-160)$$

$$margin(sys) \qquad (5-161)$$

margin()函数的功能是根据线性定常系统的开环模型 sys,或者由 bode()函数所得到的开环幅频特性和开环相频特性数据,计算单输入单输出系统的幅值裕度(Gm)、相角裕度(Pm)以及对应的相角穿越频率(Wcg)和幅值穿越频率(Wcp)。其中,命令(5-154)、(5-155)是带有输出变量的调用,可以得到系统的幅值裕度(注意不是对数值)、相角裕度以及对应的相角穿越频率和幅值穿越频率;命令(5-156)不带输出变量的调用,则直接绘制出标有稳定裕度和对应频率值的伯德图。

例 5 - 22　已知系统的开环传递函数为

$$G(s) = \frac{100(s+2)}{s(s+5)(s^2+12s+40)}$$

试用 MATLAB 绘制伯德图,计算幅值裕度(Gm)、相角裕度(Pm)以及对应的相角穿越频率(Wcg)和幅值穿越频率(Wcp)。

解:编写程序如下:

```
%例 5-22 绘制伯德图并求稳定裕度
num=[100 200];              %开环传递函数的分子
den=conv([1 5 0],[1 12 40]);   %开环传递函数的分母
margin(num,den)             %绘制 bode 图并计算稳定裕度
```

运行程序,其结果如图 5 - 66 所示。

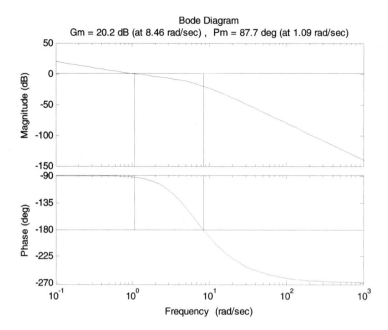

图 5 - 66　例 5 - 22 的伯德图及稳定裕度

2. 求谐振峰值、谐振频率和带宽频率

MATLAB 没有直接求闭环频率特性的谐振峰值、谐振频率和带宽频率的函数。下面举例说明如何用 MATLAB 求闭环频率特性的谐振峰值、谐振频率和带宽频率。

例 5 - 23　已知单位负反馈系统的开环传递函数为

$$G(s) = \frac{1}{s(0.5s+1)(s+1)}$$

试用 MATLAB 绘制闭环系统的伯德图，并计算谐振峰值（M_r）、谐振频率（ω_r）以及带宽频率（ω_b）。

解：编写程序如下：

```
%例 5 - 23 绘制伯德图并求谐振峰值、谐振频率、带宽频率
num＝[1]; den＝conv([0.5 1 0], [1 1]);              %开环传递函数的分子、分母
sysp＝tf(num, den);                                %开环传递函数
sys＝feedback(sysp, 1);                            %闭环传递函数
w＝logspace(−1, 1);                                %确定频率范围
[mag, pha]＝bode(sys, w);                          %计算闭环频率特性的幅值和相角
[Mr, K]＝max(mag);                                 %计算幅值的最大值
Mr＝20 * log10(Mr);                                %计算用分贝表示的谐振峰值
wr＝w(k);                                          %计算谐振频率
n＝1;   while 20 * log10(mag(n))＞−3; n＝n+1; end   %计算带宽频率
wb＝w(n); Mb＝magdB(n);
magdB＝20 * log10(reshape(mag, 1, []));            %把幅值转变成一维分贝数
subplot(211); semilogx(w, magdB′);                %绘制幅频特性
```

```
    hold on
    plot([wb, wb], [Mb, −60], 'k:', [0.1, w(n)], [Mb, Mb], 'k:', [wr, 0.1], [Mr, Mr],
'k:', [wr, wr], [Mr, −60], 'k:');                        %绘制虚线
    text(0.11, (Mr+5), 'Mr');
    text(wr, −50, '\omegar');
    text(wb, −50, '\omegab');                            %标注性能指标
    title({'Bode Diagram';
    ['Mr=' num2str(Mr, 3) '\omegar=' num2str(wr, 3) ' \omegab=' num2str(wb, 3)]});
                                                         %标题显示计算结果
    xlabel('Frequency(rad/sec)');   ylabel('Gain dB');
    subplot(212);
    semilogx(w, reshape(pha, 1, [])');                   %绘制相频特性
    xlabel('Frequency(rad/ sec)'); ylabel('phase deg');
```

运行程序，其结果如图 5-67 所示。

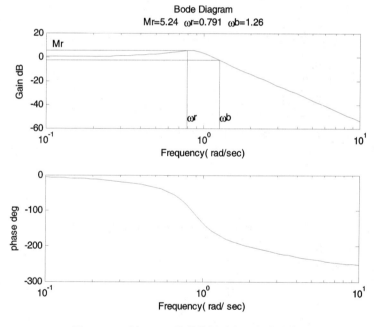

图 5-67　例 5-23 的伯德图及闭环性能指标

习　　题

5.1　系统的结构图如图 5-68 所示。试依据频率特性的物理意义，求下列输入信号作用时，系统的稳态输出 c_{ss} 和稳态误差 e_{ss}：

(1) $r(t) = \sin 2t$；

(2) $r(t) = \sin(t + 30°) - 2\cos(2t - 45°)$。

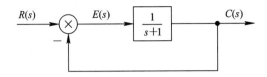

图 5-68　习题 5.1 用图(结构图)

5.2　如果系统的单位阶跃响应为

$$c(t)=1-1.8e^{-4t}+0.8e^{-9t}　(t\geqslant 0)$$

试求系统的频率特性。

5.3　绘出下列传递函数对应的幅相频率特性(奈奎斯特图)及对数频率特性(伯德图)。

(1) $G(s)=Ks^{-n}$　$(K=10,n=1,2)$;

(2) $G(s)=Ks^{n}$　$(K=10,n=1,2)$;

(3) $G(s)=\dfrac{10}{0.1s\pm 1}$;

(4) $G(s)=10(0.1s\pm 1)$;

(5) $G(s)=\dfrac{4}{s(s+2)}$;

(6) $G(s)=\dfrac{4}{(s+1)(s+2)}$;

(7) $G(s)=\dfrac{s+0.2}{s(s+0.02)}$;

(8) $G(s)=\dfrac{25(0.2s+1)}{s^{2}+2s+1}$。

5.4　绘出下列系统开环传递函数的幅相频率特性和对数频率特性。

(1) $G_{K}(s)=\dfrac{K(\tau s+1)}{s(T_{1}s+1)(T_{2}s+1)}$　$(1>T_{1}>T_{2}>\tau>0)$;

(2) $G_{K}(s)=\dfrac{e^{-0.2s}}{s+1}$。

5.5　绘制下列传递函数的渐近对数幅频曲线和对数相频曲线:

(1) $G(s)=\dfrac{\tau s+1}{Ts-1}$　$(\tau>T>0)$;

(2) $G(s)=\dfrac{\tau s-1}{Ts+1}$　$(\tau>T>0)$;

(3) $G(s)=\dfrac{-\tau s+1}{Ts+1}$　$(\tau>T>0)$。

5.6　利用奈奎斯特稳定判据判断下列反馈系统的稳定性,各系统开环传递函数如下:

(1) $G_{K}(s)=\dfrac{K(\tau s+1)}{s(T_{1}s+1)(T_{2}s+1)}$　$(\tau>T_{1}+T_{2})$;

(2) $G_{K}(s)=\dfrac{10}{s(s-1)(0.2s+1)}$;

(3) $G_{K}(s)=\dfrac{100(0.01s+1)}{s(s-1)}$。

5.7　已知系统的开环幅相频率特性如图 5-69 所示,试写出开环传递函数的形式,并判断闭环系统是否稳定。图中 P 为开环传递函数在 s 右半平面的极点数,ν 为系统的类型。

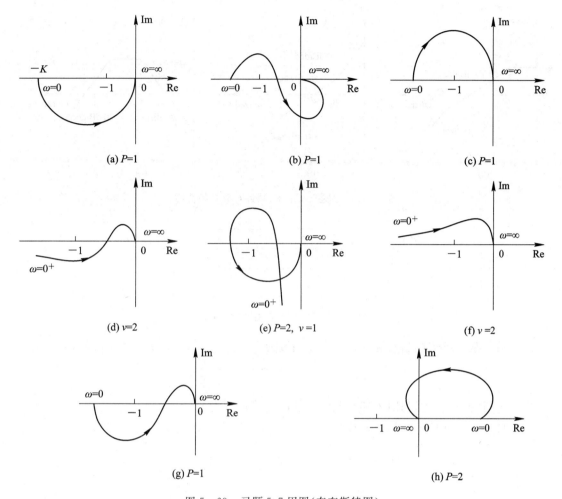

图 5-69　习题 5.7 用图(奈奎斯特图)

5.8　已知两个最小相角系统分别有下列关系式,试确定其传递函数:

(1) $\begin{cases} A(5) = 2 \\ \varphi(\omega) = -90° - \arctan\omega + \arctan\dfrac{\omega}{3} - \arctan 10\omega \end{cases}$;

(2) $\begin{cases} A(10) = 1 \\ \varphi(\omega) = -180° + \arctan\dfrac{\omega}{5} - \arctan\dfrac{\omega}{1-\omega^2} + \arctan\dfrac{\omega}{1-3\omega^2} - \arctan\dfrac{\omega}{10} \end{cases}°$

5.9　已知三个最小相位系统传递函数的渐近对数幅频特性曲线如图 5-70(a)~(c)所示。试分别写出对应的传递函数。

5.10　已知控制系统结构如图 5-71 所示。

(1) 概略绘制开环系统幅相特性曲线;

(2) 分析 K 值不同时系统的稳定性;

(3) 确定当 $T_1 = 1, T_2 = 0.5$ 和 $K = 0.75$ 时系统的幅值裕度。

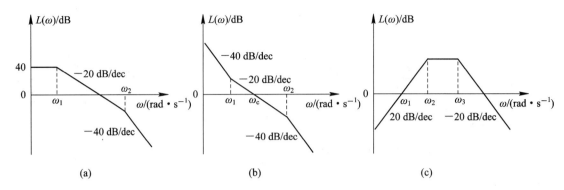

图 5-70 习题 5.9 用图(渐近对数幅频特性)

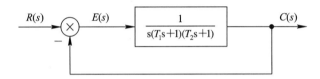

图 5-71 习题 5.10 用图(结构图)

5.11 某负反馈控制系统的开环传递函数为

$$G_K(s) = \frac{K(\tau s + 1)}{s^2(T_1 s + 1)(T_2 s + 1)}$$

试用奈奎斯特稳定判据判别闭环系统的稳定性。

5.12 已知开环系统传递函数为

$$G_K(s) = \frac{K}{s(0.1s + 1)(0.2s + 1)(s + 1)}$$

试求:

(1) $K = 1$ 时,系统的幅值裕度和相角裕度;

(2) 闭环临界稳定时的开环增益;

(3) 在(1)的 K 值下,如果开环传递函数中增加一个延迟时间 $\tau = 0.6$ min 的延迟环节,问系统是否稳定,若使系统稳定延迟时间应不大于多少?

5.13 已知系统的开环传递函数为

$$G_K(s) = \frac{10}{s(s + 1)\left(\dfrac{s^2}{4} + 1\right)}$$

(1) 绘制奈奎斯特曲线及伯德图;

(2) 判断闭环系统的稳定性;

(3) 求幅值裕度和相角裕度。

5.14 单位反馈系统的闭环对数幅频特性分段渐近线如图 5-72 所示,要求系统具有 $30°$ 的相角裕量,试计算开环增益应增大多少倍?

5.15 已知系统的开环传递函数分别为

$$(1)\ G_K(s) = \frac{6}{s(0.25s + 1)(0.06s + 1)};$$

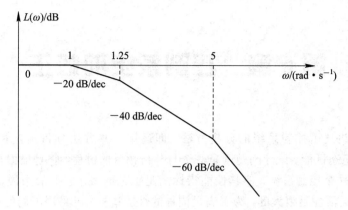

图 5-72 习题 5.14 用图(对数幅频渐近线图)

(2) $G_K(s) = \dfrac{75(0.2s+1)}{s^2(0.025s+1)(0.006s+1)}$。

试绘制开环系统的伯德图,求相位裕度及幅值裕度,并判断闭环系统的稳定性。

5.16 已知单位反馈系统的开环传递函数为

(1) $G_K(s) = \dfrac{16}{s(s+2)}$;

(2) $G_K(s) = \dfrac{60(0.5s+1)}{s(5s+1)}$。

试计算系统的谐振频率及谐振峰值。

5.17 单位反馈系统的开环传递函数为

$$G_K(s) = \dfrac{7}{s(0.087s+1)}$$

试用频域和时域关系求系统的超调量 $\sigma\%$ 及调节时间 t_s。

5.18 一单位反馈系统的开环对数渐近线如图 5-73 所示:

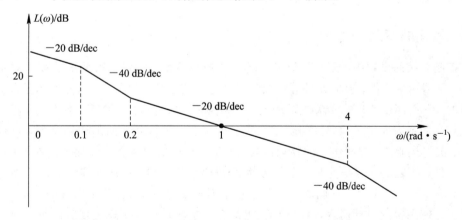

图 5-73 习题 5.18 用图(对数幅频渐近线图)

(1) 写出系统的开环传递函数;
(2) 判断闭环系统的稳定性;
(3) 确定系统阶跃响应的性能指标 $\sigma\%$,t_s;
(4) 将幅频特性曲线向右平移 10 倍频程,求时域指标 $\sigma\%$、t_s。

第6章 控制系统的校正

前几章主要讲述了控制系统的分析方法，即运用一些方法分析给定控制系统的稳定性、动态性能、稳态性能。设计问题则是一个与分析相反的过程，它是根据具体生产过程的工艺要求来设计一个控制系统，使其性能指标满足工艺的要求。一般来说，校正属于设计的部分，校正的灵活性是很大的，为了满足同样的性能指标，可采用不同的校正方法，对于同一个要求可以设计出不同的控制系统，也就是说，校正问题的解决方法一般都不是唯一的，这在一定程度上取决于设计者的习惯和经验。在对待控制系统校正问题时，应仔细分析系统要求达到的性能指标及原始系统的具体情况，以便设计出简单有效的校正装置，满足设计要求。

6.1 系统校正概述

我们知道，一个理想的控制系统不仅必须是稳定的，有较好的动态性能和稳态性能，而且还应具有抑制扰动影响的能力，并减小元件参数变化对控制性能的影响。对于一个控制系统来说，如果它的结构元件及其参数已经给定，就要分析它能否满足系统所要求的性能指标。一般情况下，几个性能指标的要求往往是矛盾的，例如，增大二阶系统的开环增益能减少稳态误差，提高控制系统的稳态精度，但同时会减小系统的阻尼，加剧振荡使平稳性变差，甚至会破坏系统的稳定性。这时，我们就要考虑采用其他方法来满足控制系统的性能要求。

6.1.1 校正的概念

在控制系统的设计中，需要先确定系统的结构和参数，一般是指系统的被控对象和执行元件、反馈测量元件、放大元件等组成情况和它们的参数，如图 6-1(a)所示。为了达到控制目的，它们都按各自的要求加以选定。当被控对象给定后，按照其工作条件，根据控制信号应具有的最大速度和加速度等要求，可以初步选定执行元件的形式和参数，再根据测量精度、抗干扰能力、被测信号的物理性质、测量过程中的惯性及非线性等因素，选择合适的测量元件。然后设计增益可调的前置放大器和功率放大器。一般来说，上述元件一经选定，除了增益可以调节外，它们的结构和参数是不再改变的，故常称为系统的不可变部分。

对于控制系统的设计而言，系统的性能是有一定要求的，一般表现为时域、频域中的各项性能指标。但由系统不可变部分所组成的控制系统，往往不能完全满足对系统提出的性能要求，而且通过调整系统的增益仍然不能全面满足设计要求的性能指标。当改变增益依然无法满足系统设计要求时，可在原有的系统中，引入一些新的装置和元件来改善系统的结构，弥补原系统性能的不足，使其各项性能指标满足设计要求。我们把这种在系统中引入新的装置和元件，来改善系统性能的方法称为对系统的校正，引入的装置和元件称为校正装置和校正元件，如图 6 - 1(b)所示。

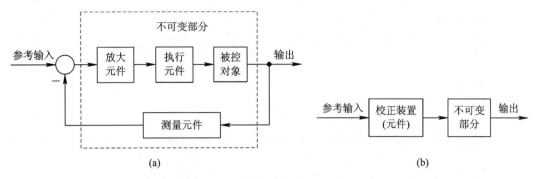

图 6 - 1 系统结构与校正框图

由图 6 - 1 可知，从形式上看，校正装置(元件)的引入改变了整个控制系统结构，从参考输入到输出的闭环传递函数亦会随之改变；对线性系统而言，控制系统的性能取决于闭环传递函数的零、极点分布或频率特性的形状，因此引入校正装置的目的就在于通过增加零、极点的方法来改善系统性能，以实现对系统的校正，其实质也就是改变系统的零、极点的分布或频率特性的形状。

6.1.2 性能指标

对控制系统的校正以性能指标为依据，而性能指标通常由工程需求决定，不同的控制系统对性能指标的要求也会不同。例如，调速系统对于平稳性和稳态精度要求较高，而随动系统则侧重于快速性要求。性能指标的提出，应符合实际系统的需要与可能，因为过高的性能指标不但不必要，有时甚至不可能达到。过高的性能指标要求会导致成本上升、系统过分复杂。

在校正设计中，采用的方法一般依据性能指标的形式而定。如果系统提出时域性能指标，可以采用根轨迹校正法；当系统提出频域指标时，校正将采用频率特性法，而且是较为方便通用的开环频率特性法；如果频域指标是闭环的，可以大致换算成开环频域指标进行校正，然后对校正后的系统，分析计算它的闭环频域指标以作验算；同样，如果系统提出的是时域指标，也可根据它和频域指标的近似关系，先用频域法校正，然后再进行验算。所以，本章只讲述频率特性法校正系统。

为便于查看，下面列出频域性能指标与时域性能指标的换算关系。

1. 二阶系统频域指标与时域指标的关系

(1) 谐振峰值：

$$M_r = \frac{1}{2\zeta\sqrt{1-\zeta^2}}, \quad 0 \leqslant \zeta \leqslant 0.707 \tag{6-1}$$

(2) 谐振频率：

$$\omega_r = \omega_n\sqrt{1-2\zeta^2}, \quad 0 \leqslant \zeta \leqslant 0.707 \tag{6-2}$$

(3) 带宽频率：

$$\omega_b = \omega_n\sqrt{1-2\zeta^2+\sqrt{2-4\zeta^2+4\zeta^4}} \tag{6-3}$$

(4) 截止频率：

$$\omega_c = \omega_n \sqrt{\sqrt{4\zeta^4 + 1} - 2\zeta^2} \qquad (6-4)$$

（5）相角裕度：

$$\gamma = \arctan \frac{2\zeta}{\sqrt{\sqrt{4\zeta^4 + 1} - 2\zeta^2}} \qquad (6-5)$$

（6）超调量：

$$\sigma\% = e^{-\pi\zeta/\sqrt{1-\zeta^2}} \times 100\% \qquad (6-6)$$

（7）调节时间：

$$t_s = \begin{cases} \dfrac{3}{\zeta\omega_n}, \ \Delta = 5 \\ \dfrac{4}{\zeta\omega_n}, \ \Delta = 2 \end{cases} \quad 或 \quad t_s\omega_c = \begin{cases} \dfrac{6}{\tan\gamma}, \ \Delta = 5 \\ \dfrac{8}{\tan\gamma}, \ \Delta = 2 \end{cases} \qquad (6-7)$$

2. 高阶系统频域指标与时域指标的关系

（1）谐振峰值：

$$M_r = \frac{1}{\sin\gamma} \qquad (6-8)$$

（2）超调量：

$$\sigma\% = [0.16 + 0.4(M_r - 1)] \times 100\% \quad (1 \leqslant M_r \leqslant 1.8) \qquad (6-9)$$

（3）调节时间：

$$t_s = \frac{\pi}{\omega_c}[2 + 1.5(M_r - 1) + 2.5(M_r - 1)^2] \quad (1 \leqslant M_r \leqslant 1.8) \qquad (6-10)$$

6.1.3　校正方式

根据校正装置在系统中的连接方式，控制系统校正方式可分为串联校正、反馈校正和复合校正。

1. 串联校正

校正装置与原系统不可变部分按串联方式连接称为串联校正，如图 6-2 所示。其中 $G_0(s)$ 表示包含放大、执行装置的广义被控对象的固有特性，$G_c(s)$ 为校正装置的传递函数，$H(s)$ 为测量元件的传递函数。

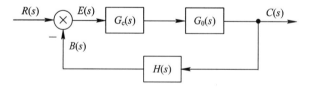

图 6-2　串联校正系统结构图

串联校正装置一般接在系统的前向通路中，具体的接入位置应视校正装置本身的物理特性和原系统的结构而定。通常，对于体积小、质量轻、容量小的校正装置（电器装置居多）常加在系统信号容量不大、功率小的地方，即比较靠近输入信号的前向通路中。对于体积、质量、容量较大的校正装置（如无源网络、机械、液压、气动装置等），常串接在信号功率较大的部位上，即比较靠近输出信号的前向通路中。

　　串联校正的设计与实现较为简单，特别是串联校正装置位于前向通路的前段、系统误差测量点之后、放大器之前的位置，功耗比较小，且对于系统参数变化比较敏感。因此，串联校正是最常用的一种设计方法。

2. 反馈校正

　　校正装置与原系统不可变部分或不可变部分中的一部分按反馈方式连接称为反馈校正，也称并联校正，如图 6 - 3 所示。其中，$G_1(s)$ 为控制器的传递函数，$G_2(s)$ 为广义被控对象的传递函数。由于反馈校正的信号是从高功率点传向低功率点，一般不需附加放大器，有利于校正装置的简化。适当地选择反馈校正回路的增益，可以使校正后的性能主要决定于校正装置，而与被反馈校正装置所包围的系统固有部分特性无关。所以，反馈校正的特点是不仅能改善系统性能，且对于系统参数波动及非线性因素对系统性能的影响有一定的抑制作用，但反馈校正的设计相对较为复杂。

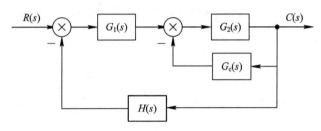

图 6 - 3　反馈校正系统结构图

3. 复合校正

　　在闭环系统的主反馈之外再加入前馈校正通路，称为复合校正。按其所取的输入信号不同，可将其分为按输入补偿的复合校正方式，如图 6 - 4(a)所示；以及按扰动补偿的复合校正方式，如图 6 - 4(b)所示。前馈校正的信号取自闭环外的系统输入信号，由输入直接去校正系统，故称为前馈校正。由于前馈校正的输入取自闭环外，所以不影响系统的闭环特征方程式。因为前馈校正是基于开环补偿的办法来提高系统的精度，所以前馈校正一般不

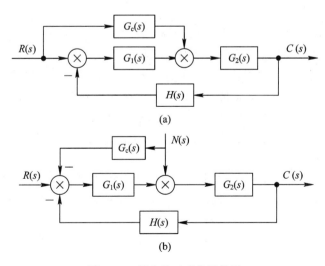

(a)

(b)

图 6 - 4　复合校正系统结构图

单独使用，总是和其他校正方式结合应用而构成复合校正系统。复合校正主要用于既要求稳态误差小，同时又要求动态响应平稳快速的系统。

可见，控制系统的校正不会像系统分析那样只有单一答案，这就是说，能够满足性能指标的校正方案不是唯一的，选用何种校正装置，主要取决于系统结构的特点、选择的元件、信号的性质、经济条件及设计者的经验等。在最终确定校正方案时应该根据技术和经济两方面以及其他一些附加限制综合考虑。

6.1.4 校正装置的设计方法

校正装置的设计主要是确定校正装置的结构与参数，常用的方法是分析法与综合法。

1. 分析法

分析法将校正装置按照其相移特性划分成几种结构已定，而参数可调的类型，如相位超前校正、相位滞后校正、相位滞后超前校正等。然后根据性能指标的具体要求，有针对性地选择某一种类型的校正装置，再通过系统的分析和计算求出校正装置的参数，这种方法的设计结果必须经过验算。若不能满足全部性能指标，则需重新调整参数，甚至重新选择校正装置的结构，直至校正后全部满足性能指标为止。因此分析法又称试探法。

分析法的优点是比较直观、校正装置相对简单、在物理上容易实现，所以在工程上多采用分析法进行校正。

2. 综合法

综合法又称为期望特性法，它的基本思路是根据性能指标的要求，构造出期望的系统特性，如期望频率特性，然后再与固有特性进行比较，从而确定校正装置的形式及参数，使得系统校正后的特性与期望特性完全一致。

综合法有广泛的理论基础，思路清晰，操作简单，但是所得到的校正装置数学模型可能相当复杂，难以在物理上准确实现。

应当指出，无论是分析法还是综合法，其设计过程一般仅适用于最小相位系统。

6.1.5 频率特性校正法

频率特性校正法主要是改变频率特性形状，使之具有合适的高、中、低频特性和稳定裕度，以得到满意的闭环性能。幅相频率特性不便于校正和设计控制系统，因为除了改变放大系数的影响可从图上直接看出外，改变其他参数时就要重新绘制特性曲线。在许多情况下，频率特性的一般特征可以足够准确地由伯德图的形状看出；而且幅频特性相乘的关系变成了相加的关系，这样对于串联校正，只要将校正装置的幅频特性加到校正前系统的幅频特性上，就可以得到校正后系统的幅频特性，使校正的设计过程得到简化。所以，初步设计时，常利用伯德图来校正系统。

在实际的控制工程中，给出的性能指标以时域为多，如超调量 $\sigma\%$、调节时间 t_s 和稳态误差 e_{ss} 等。而用频率特性校正法控制系统时，要以频域指标如相位裕度 $\gamma(\omega_c)$、幅值裕度 K_g、谐振峰值 M_r 和带宽频率 ω_b 来衡量和调整控制系统的动态响应性能，所以，要将时域指标转化为频域指标才能校正，故频率特性控制法是一种间接的方法，按这一方法所校正的系统只能满足频域指标的要求。

第 5 章讲述开环对数频率特性的三频段时曾指出，低频段特性影响系统的稳态误差，在要求系统的输出量应以某一精度跟随输入量时，需要系统在低频段具有相应的增益。在中频段，为保证系统有足够的相角裕度 $\gamma(\omega_c)$，其特性斜率应为 -20 dB/dec，一般最大不超过 -30 dB/dec，而且在穿越频率附近要有一定的延伸段。在高频段，为了减小高频干扰的影响，希望有尽快衰减的特性。从开环对数频率特性的角度讲，一般可以将校正问题归结为以下三种类型：

（1）如果一个系统是稳定的，而且具有满意的动态响应，但稳态误差过大时，必须增加低频段增益以减小稳态误差，如图 6-5(a) 中虚线所示，同时尽可能保持中频段和高频段特性不变。

（2）如果一个系统是稳定的，且具有满意的稳态误差，但其动态响应较差时，则应改变特性的中频段和高频段，如图 6-5(b) 中虚线所示，以改变穿越频率或相角裕度。

（3）如果一个系统无论其稳态还是其动态响应都不满意，就是说整个特性都需要加以改善，则必须通过增加低频增益并改变中频段和高频段的特性，如图 6-5(c) 中虚线所示。这样系统就可以满足稳态和动态性能指标的要求。

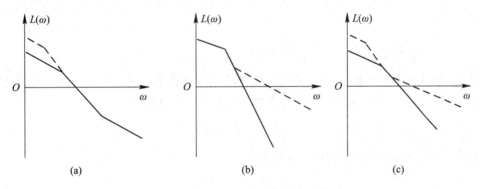

图 6-5　校正前后开环对数幅频特性图

频率特性校正后的控制系统应具有足够的稳定裕度，有满意的动态响应，并有足够的增益以使稳态误差达到规定的要求。但是，当难以使所有指标均达到较高的要求时，则只能折中地加以解决。

6.2　串联校正

串联校正是最常用的校正方式。按校正装置的特点来分，串联校正又分为串联超前校正、串联滞后校正和串联滞后-超前校正。超前校正是用来提高系统的动态性能，而又不影响系统稳态精度的一种校正方法。它是在系统中加入一个相位超前的校正装置，使之在穿越频率处相位超前，以增加相角裕度，这样既能使开环增益足够大，又能提高系统的稳定性。滞后校正是在系统动态品质满意的情况下，为了改善系统稳态性能的一种校正方法。从这种方法的频率特性上来看，就是在低频段提高其增益，而在穿越频率附近，保持其相位移的大小几乎不变。超前校正会使带宽增加，加快系统的动态响应速度，滞后校正可改善系统的稳态特性，减少稳态误差。如果需要同时改善系统的动态品质和稳态精度，则可采用串联滞后-超前校正。下面讲述用分析法设计串联校正，并详细分析设计方法和校正步骤。

6.2.1 串联超前校正

超前校正的基本原理是利用校正装置的相位超前特性去增大系统的相位裕度。故在设计校正装置时,要求校正网络的最大相位超前角出现在校正后系统的截止频率处。这样就可以使已校正系统的截止频率和相角裕度满足性能指标的要求,从而改善闭环系统的动态性能。闭环系统的稳态性能可通过选择已校正系统的开环增益来保证。

1. 超前校正装置

如图 6-6 所示,典型的无源超前校正装置由阻容元件电路组成。其中复阻抗 Z_1 和 Z_2 分别为

$$Z_1 = \frac{R_1}{1 + R_1 C s}, \quad Z_2 = R_2$$

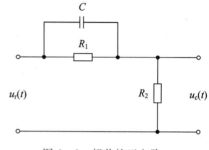

该校正电路的传递函数为

$$G_c(s) = \frac{Z_2}{Z_1 + Z_2} = \frac{1}{\alpha} \times \frac{1 + \alpha T s}{1 + T s} \quad (6-11)$$

其中,

图 6-6 超前校正电路

$$T = \frac{R_1 R_2}{R_1 + R_2} C, \quad \alpha = \frac{R_1 + R_2}{R_2} > 1$$

由式(6-11)可知,该电路具有幅值衰减的作用,衰减系数为 $1/\alpha$,如果给校正装置接一放大系数为 α 的比例放大器,便可补偿校正装置的幅值衰减作用,则传递函数可写为

$$G_c(s) = \frac{1 + \alpha T s}{1 + T s} \quad (6-12)$$

由式(6-12)可得校正装置的频率特性为

$$G_c(j\omega) = \frac{1 + j\omega \alpha T}{1 + j\omega T} \quad (6-13)$$

根据式(6-13)可绘制伯德图如图 6-7 所示。其相频特性为

$$\varphi(\omega) = \arctan \alpha T \omega - \arctan T \omega \quad (6-14)$$

因为 $\alpha > 1$,所以 $\varphi(\omega) > 0$,这说明该装置具有相位超前的作用。

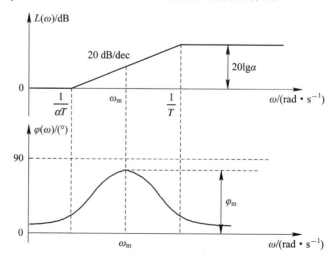

图 6-7 超前校正装置的伯德图

可求出最大超前相角所对应的频率 ω_m 为

$$\omega_m = \frac{1}{T\sqrt{\alpha}} = \sqrt{\frac{1}{T} \times \frac{1}{\alpha T}} \qquad (6-15)$$

由式(6-15)可知，ω_m 是转折频率 $1/T$ 和 $1/\alpha T$ 的几何平均值，在对数坐标轴 $\lg\omega$ 上，ω_m 是 $\lg(1/T)$ 和 $\lg(1/\alpha T)$ 的代数平均值，因为根据式(6-15)显然可得

$$\lg\omega_m = \frac{1}{2}\left(\lg\frac{1}{T} + \lg\frac{1}{\alpha T}\right)$$

将式(6-15)代入式(6-14)中可得到

$$\varphi_m = \arcsin\frac{\alpha-1}{\alpha+1} \qquad (6-16)$$

也可以写为

$$\alpha = \frac{1+\sin\varphi_m}{1-\sin\varphi_m} \qquad (6-17)$$

由式(6-16)和式(6-17)可知，最大超前相角 φ_m 的大小仅取决于 α 值的大小，α 值选得越大，电路的超前效应越强：$\alpha \to \infty$，$\varphi_m \to 90°$。正因为此，该电路被称为超前校正装置。

2. 校正步骤

设计串联超前校正的步骤如下：

(1) 根据稳态性能的要求，确定系统应有的开环增益 K；

(2) 利用已确定的开环增益 K 值和原系统的传递函数，绘制原系统的伯德图，计算原系统的相角裕度 γ 和幅值裕度 K_g；

(3) 根据给定的相位裕度 γ_1，计算校正装置所应提供的相位超前角 φ_m，即

$$\varphi_m = \gamma_1 - \gamma + \varepsilon$$

式中，ε 是补偿角，用于补偿因超前校正装置的引入，使系统截止频率增大而引起的相角滞后量，ε 的取值一般为 $5° \sim 15°$，将 φ_m 值代入式(6-17)计算 α，在未校正的伯德图上确定增益 $L(\omega) = -10\lg\alpha$ 处对应的频率 ω_m；

(4) 将 ω_m 及 α 值代入式(6-15)可求出超前网络的参数 T，并写出校正网络的传递函数 $G_c(s)$；

(5) 最后将原系统前向通路的放大倍数增加 α 倍，来补偿串联超前网络的幅值衰减作用，写出校正后系统的开环传递函数，并绘制校正后系统的伯德图，验证校正的结果。

3. 校正举例

例 6-1　已知单位负反馈控制系统的开环传递函数为

$$G(s) = \frac{K}{s(0.5s+1)}$$

试设计串联校正装置，使校正后系统的相角裕度 $\gamma_1 \geqslant 50°$，幅值裕度 $K_g \geqslant 10\text{ dB}$，速度误差系数 $K_v = 20 \text{ s}^{-1}$。

解： 给定系统的性能指标是稳定裕度，故直接采用频率特性法校正系统。

① 先按稳态误差的要求确定系统的开环增益 K，因为

$$K_v = \lim_{s\to 0} sG(s) = \lim_{s\to 0} s\frac{K}{s(0.5s+1)} = K \Rightarrow K = K_v = 20$$

② 根据求出的 K 值，绘制未校正系统 $G(j\omega)$ 的伯德图，如图 6-8 中的曲线 L，φ

所示。

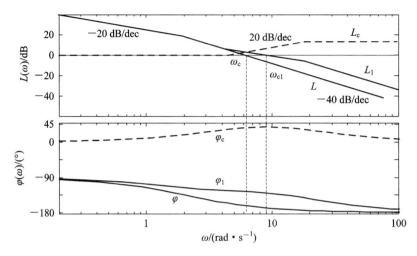

图 6-8 例 6-1 超前校正的伯德图

频率特性为

$$G(\mathrm{j}\omega) = \frac{20}{\mathrm{j}\omega(0.5\mathrm{j}\omega + 1)}$$

由图 6-8 可得未校正系统的截止频率、相角裕度、幅值裕度为

$$\omega_{\mathrm{c}} \approx 6.3 \ \mathrm{rad/s}, \ \gamma \approx 20°, \ K_{\mathrm{g}} \approx \infty$$

也可以根据频率特性用下述方法计算得出：

$$20\lg K \approx 20\lg\omega_{\mathrm{c}} + 20\lg0.5\omega_{\mathrm{c}} \Rightarrow \omega_{\mathrm{c}} = \sqrt{40} = 6.32 \ \mathrm{rad/s}$$

$$\gamma = 180° + \varphi(\omega_{\mathrm{c}}) = 180° - 90° - \arctan0.5 \times 6.32$$

$$= 180° - 90° - 72.4° = 17.6°$$

故未校正前的系统是稳定的，但相角裕度不满足要求。因此，校正的任务是增加相角裕度。采用超前校正可以提高相角裕度，因为开环增益 K 已经确定，所以校正装置的传递函数为

$$G_{\mathrm{c}}(s) = \frac{1 + \alpha Ts}{1 + Ts}$$

③ 计算期望的超前角。由 $\gamma_1 \geqslant 50°$ 可得，需要增加的相位超前角为

$$\varphi_{\mathrm{m}} = \gamma_1 - \gamma + \varepsilon = 50° - 17.6° + 5.6° = 38°$$

根据式(6-17)确定系数 α

$$\alpha = \frac{1 + \sin\varphi_{\mathrm{m}}}{1 - \sin\varphi_{\mathrm{m}}} = 4.2$$

对应于 φ_{m} 的 ω_{m} 处的幅值增量应为

$$10\lg\alpha = 10\lg4.2 = 6.2 \ \mathrm{dB}$$

在未校正系统的伯德图上查得对应 $L(\omega) = -10\lg\alpha = -6.2 \ \mathrm{dB}$ 的频率值 $\omega_{\mathrm{m}} = \omega_{\mathrm{c1}} \approx 9 \ \mathrm{rad/s}$，亦可按下式求得：

$$20\lg K - 20\lg\omega_{\mathrm{c1}} - 20\lg0.5\omega_{\mathrm{c1}} = -6.2 \Rightarrow \omega_{\mathrm{c1}} = 9\mathrm{rad/s}$$

④ 由式(6-15)计算 T 得

$$\omega_m = \frac{1}{T\sqrt{\alpha}} \Rightarrow T = \frac{1}{\omega_m \sqrt{\alpha}} = \frac{1}{9\sqrt{4.2}} \approx 0.055$$

故校正装置的传递函数为

$$G_c(s) = \frac{1+\alpha Ts}{1+Ts} = \frac{1+4.2 \times 0.055s}{1+0.055s} = \frac{1+0.23s}{1+0.055s}$$

由传递函数可得频率特性，将其绘制在伯德图上，如图 6-8 中的虚线 L_c，φ_c 所示。

⑤ 校正后系统的开环传递函数为

$$G_1(s) = G_c(s)G(s) = \frac{1+0.23s}{1+0.055s} \times \frac{20}{s(0.5s+1)} = \frac{20(0.23s+1)}{s(0.5s+1)(0.055s+1)}$$

校正后的频率特性如图 6-8 中的实线 L_1，φ_1 所示。

验算相位裕度 γ_1，幅值裕度 K_g：

$$\gamma_1 = 180° + \varphi(\omega_{c1}) = 180° - 90° - 72.4° + \arctan 0.23 \times 9 - \arctan 0.055 \times 9$$
$$= 57.6° > 50°$$

$$K_g = \infty > 10 \text{ dB}$$

可见在不影响稳态误差的条件下，校正后的系统完全满足性能指标的要求。

4. 超前校正的影响与限制

一般来说，若原系统稳定，只是稳定裕度较小，又要求系统的响应快、超调小，可采用串联超前校正。这种校正主要用来改善系统的动态性能，并会对系统有以下影响：

（1）减少开环频率特性在幅值穿越频率上的负斜率，提高系统稳定性；

（2）增加开环频率特性在幅值穿越频率附近的正相角和相角裕度，减少阶跃响应的超调量；

（3）提高系统的带宽频率，增强系统响应的快速性；

（4）不会影响系统的稳态误差。

使用串联超前校正还要注意以下几个限制条件：

（1）若原系统不稳定，则需补偿的超前角 α 较大，而超前电路是一个高通滤波器，这样就容易使校正后系统的噪声干扰严重，甚至造成系统失控，不宜采用超前校正；

（2）在穿越频率附近相角迅速减小的系统，也不宜采用超前校正，因为这时由于 ω_c 增加，原系统增加的相角衰减数值可能超过超前补偿角的数值，超前网络就起不到补偿滞后相角的作用。

（3）若采用无源校正电路，则在校正电路前或后应加放大器，或者调整原系统的开环增益，以补偿 $1/\alpha$ 的影响。若采用有源校正环节，可直接实现式（6-12）并不产生衰减作用，则不必再添加补偿放大器。

6.2.2 串联滞后校正

相位滞后校正的基本原理是利用滞后网络电路的高频幅值衰减特性，使校正后系统的幅值穿越频率下降，借助于校正前系统在该幅值穿越频率处的相位，使系统获得足够的相角裕度。因此，在设计滞后校正时，应力求避免让最大的相位滞后发生在系统幅值穿越频率附近。由于滞后网络的高频衰减特性，减小了系统带宽，降低了系统的响应速度。因此，当系统响应速度要求不高而抑制噪声要求较高时，可考虑采用串联滞后校正。此外，当校正前系统已经具备满意的动态性能，仅稳态性能不满足指标要求时，也可采用串联滞后校正以提高系统的稳态精度。

1. 滞后校正装置

如图 6-9 所示，典型的无源滞后校正装置也是由阻容元件电路组成。其中复阻抗 Z_1 和 Z_2 分别为

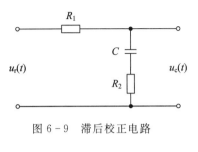

$$Z_1 = R_1, \quad Z_2 = R_2 + \frac{1}{Cs}$$

由此可得滞后装置的传递函数为

图 6-9 滞后校正电路

$$G_c(s) = \frac{Z_2}{Z_1 + Z_2} = \frac{1 + R_2 Cs}{1 + (R_1 + R_2)Cs} = \frac{1 + \beta Ts}{1 + Ts} \tag{6-18}$$

其中，

$$T = (R_1 + R_2)C, \quad \beta = \frac{R_2}{R_1 + R_2} < 1$$

滞后装置的频率特性为

$$G_c(j\omega) = \frac{1 + j\beta\omega t}{1 + j\omega t} \tag{6-19}$$

其频率特性的伯德图如图 6-10 所示，转折频率分别为 $1/T$ 和 $1/\beta T$，与超前校正电路类似，滞后校正电路的最大滞后角 φ_m 位于 $1/T$ 和 $1/\beta T$ 的几何中心。计算 ω_m 及 φ_m 的公式分别为

$$\omega_m = \frac{1}{T\sqrt{\beta}} \tag{6-20}$$

$$\varphi_m = \arcsin \frac{1 - \beta}{1 + \beta} \tag{6-21}$$

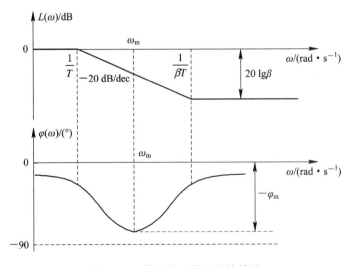

图 6-10 滞后校正装置的伯德图

由图 6-10 可知，滞后电路对低频信号不衰减，但对高频噪声有一定的衰减作用，是一种低通滤波器。最大的幅值衰减为 $20\lg\beta$，β 值越大则抑制高频噪声的能力越强。在校正时 β 的范围是 $0.06 \sim 0.2$，常取 $\beta = 0.1$。

　　利用滞后校正的高频衰减特性可以对开环系统对数幅频特性的中、高频部分进行衰减，使截止频率 ω_c 左移，进而提高系统的相位裕度，或者通过增大增益值，抬高对数幅频特性的低频部分，提高系统的稳态精度。但应当注意避免最大滞后角发生在已校正系统的开环截止频率 ω_c 的附近，以免对动态特性产生不利影响，一般可选 $1/(\beta T) = \omega_c/10$。

2. 校正步骤

串联滞后校正法的步骤如下：

（1）根据稳态性能的要求，确定系统应有的开环增益 K；

（2）根据 K 值和原系统的传递函数，绘制原系统的伯德图，求出校正前的截止频率 ω_c、相角裕度 γ 和幅值裕度 K_g；

（3）根据给定的相位裕度 γ_1，选择已校正系统的截止频率 ω_{c1}，使截止频率 ω_{c1} 处开环传递函数的相角应等于 $-180°$ 加上要求的相角裕度后再加上 $5°\sim15°$，以补偿滞后校正装置的相角滞后；

（4）确定使幅值曲线在新的截止频率 ω_{c1} 处下降到 $0\ dB$ 所需的衰减量 $20\lg\mid G(j\omega_{c1})\mid$，再令 $20\lg\beta = -20\lg\mid G(j\omega_{c1})\mid$，由此求出校正装置的参数 β；

（5）为了使校正装置的滞后相角在 $5°\sim15°$ 范围内，取校正装置的第一个转折频率 $\omega_1 = 1/T = (1/5\sim1/10)\omega_c$，$\omega_1$ 不能太小，否则会造成 T 过大，然后根据 ω_1 确定 T 和第二个转折频率 $\omega_2 = 1/\beta T$；

（6）写出校正电路的传递函数和校正后系统的开环传递函数，作出校正后系统的伯德图，最后检验是否全部达到性能指标的要求。

3. 校正举例

例 6 - 2　已知单位负反馈控制系统的开环传递函数为

$$G(s) = \frac{K}{s(s+1)(0.5s+1)}$$

试设计串联校正装置，使校正后系统的相角裕度 $\gamma_1 \geqslant 40°$，幅值裕度 $K_g \geqslant 10\ dB$，速度误差系数 $K_v \geqslant 5\ s^{-1}$。

解： 给定系统的性能指标是稳定裕度，故直接采用频率特性法校正系统。

① 确定系统的开环增益 K，因为

$$K_v = \lim_{s\to0} sG(s) = \lim_{s\to0} s\frac{K}{s(s+1)(0.5s+1)} = K \Rightarrow K = K_v = 5$$

② 根据求出的 K 值，绘制未校正系统 $G(j\omega)$ 的伯德图，如图 6 - 11 中的曲线 L，φ 所示。未校正系统的截止频率和相角裕度为

$$20\lg\frac{5}{\omega_c \times \omega_c \times 0.5\omega_c} = 0, \Rightarrow \omega_c = 2.15\ rad/s$$

$$\gamma = 180° + \varphi(\omega_c) = 180° - 90° - \arctan\omega_c - \arctan0.5\omega_c = -22.23°$$

故未校正系统是不稳定的。

③ 根据校正后的相角裕度，选择相应的穿越频率 ω_{c1}，有

$$\varphi(\omega_{c1}) = -180° + \gamma_1 + 12° = -180° + 40° + 12° = -128°$$

原系统中，对应于该期望相角裕度的频率可以用下式求解：

$$\varphi(\omega_c) = -90° - \arctan\omega_c - \arctan0.5\omega_c = -128°$$

解得 $\omega_c = 0.5\ rad/s$，以此 ω_c 作为校正后系统的截止频率 ω_{c1}。

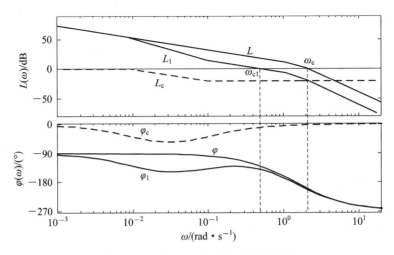

图 6-11　例 6-2 滞后校正的伯德图

④ 确定 β。在 $\omega_c = 0.5$ rad/s 处求出原系统的幅值为 $20\lg |G(j0.5)| = 20$ dB，令滞后校正的最大幅值衰减为 $20\lg\beta = -20\lg |G(j\omega_{c1})| = -20$ dB，可求得 $\beta = 0.1$。

⑤ 为了确保滞后校正在 ω_{c1} 处只有 $5°$ 左右的滞后相角，令滞后校正的第二个转折频率 $1/\beta T = \omega_{c1}/5 = 0.1$ rad/s，故有 $T = 100$ s，则第一个转折频率为 $1/T = 0.01$ rad/s。

⑥ 串联滞后校正电路的传递函数为

$$G_c(s) = \frac{1 + \beta Ts}{1 + Ts} = \frac{1 + 10s}{1 + 100s}$$

由传递函数可得频率特性，将其绘制在伯德图上，如图 6-11 中的虚线 L_c，φ_c 所示。校正后系统的开环传递函数为

$$G_1(s) = G_c(s)G(s) = \frac{5(10s + 1)}{s(s + 1)(0.5s + 1)(100s + 1)}$$

校正后的频率特性如图 6-11 中的曲线 L_1，φ_1 所示。由图可得相角裕度 $\gamma_1 = 49° > 40°$，幅值裕度 $K_g = 14.3$ dB > 10 dB，速度误差系数 $K_v = 5$ s^{-1}，所以给定的各项指标均符合要求。

4. 滞后校正的影响与限制

利用滞后电路对系统进行校正，会产生如下影响：

（1）滞后电路具有低通滤波性质，可以改变幅频特性曲线，使幅值穿越频率减小，借以提高系统的稳定裕量。而在穿越频率处应保持相频特性近似不变。

（2）滞后校正后不改变原系统最低频段的特性，因此不影响稳态精度，相反滞后校正后，在保持系统原有稳定裕度不变的情况下，可以适当提高系统的开环增益，使稳态误差减小，因此高稳定、高精度的系统常采用滞后校正。

（3）由于幅值穿越频率减小，系统的带宽频率减小，使系统相角裕度增加，谐振峰值减小，稳定性变好。

（4）由于系统带宽频率减小，使系统响应的上升时间增大。

通过以上分析，滞后校正不能用于要求增加带宽频率、提高系统响应快速性的场合。

6.2.3　串联滞后-超前校正

串联滞后-超前校正综合了滞后、超前两种校正的优点，特别适用于未校正系统不稳定，并且对校正后系统的稳态和动态都有较高要求的情况，可全面提高系统的控制性能。

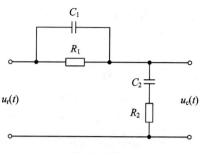

图 6-12　滞后-超前校正电路

1. 滞后-超前校正装置

常用的阻容滞后-超前校正电路如图 6-12 所示。其传递函数推导如下：

$$Z_1 = \left(\frac{1}{R_1} + C_1 s\right) = \frac{R_1}{1 + R_1 C_1 s},$$

$$Z_2 = \left(R_2 + \frac{1}{C_2 s}\right) = \frac{1 + R_2 C_2 s}{C_2 s}$$

$$G_c(s) = \frac{Z_2}{Z_1 + Z_2} = \frac{\dfrac{1 + R_2 C_2 s}{C_2 s}}{\dfrac{R_1}{1 + R_1 C_1 s} + \dfrac{1 + R_2 C_2 s}{C_2 s}}$$

$$= \frac{(1 + R_1 C_1 s)(1 + R_2 C_2 s)}{R_1 C_1 R_2 C_2 s^2 + (R_1 C_1 + R_2 C_2 + R_1 C_2)s + 1} \tag{6-22}$$

若令 $\alpha > 1$，$\beta < 1$，且 $\alpha\beta = 1$，$\beta T_1 = R_1 C_1$，$\alpha T_2 = R_2 C_2$，$R_1 C_1 + R_2 C_2 + R_1 C_2 = T_1 + T_2$，则上式可写为

$$G_c(s) = \frac{1 + \beta T_1 s}{1 + T_1 s} \times \frac{1 + \alpha T_2 s}{1 + T_2 s} \tag{6-23}$$

上式分别与滞后和超前装置的传递函数形式相同，故具有滞后-超前的作用。

当 $\beta T_1 > \alpha T_2$ 时，滞后-超前校正装置的伯德图如图 6-13 所示。

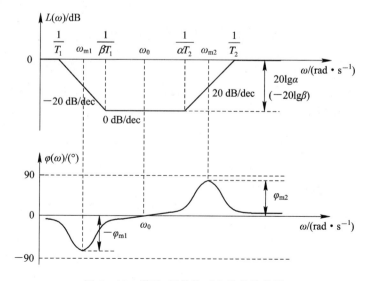

图 6-13　滞后-超前校正电路的伯德图

最大滞后相角和超前相角以及它们所对应的频率值的求解公式与前面讲述的有关公式相同，这里从略。图中 ω_0 是由滞后作用过渡到超前作用的临界频率，其大小可由下式确定：

$$\omega_0 = \frac{1}{\sqrt{T_1 T_2}} \qquad (6-24)$$

2. 校正步骤

用频域特性法设计串联滞后-超前校正的步骤如下：

（1）根据对校正后系统稳态性能的要求，确定校正后系统的开环增益 K；

（2）根据 K 值和原系统的传递函数，绘制原系统的伯德图，求出校正前的截止频率 ω_c、相角裕度 γ 和幅值裕度 K_g；

（3）在未校正系统对数幅频特性上，选择斜率从 -20 dB/dec 变为 -40 dB/dec 的转折频率作为校正电路超前部分的转折频率 $\omega_{a1} = 1/\alpha T_2$，这种选择不是唯一的，但可以降低校正后系统的阶次，保证中频段区域的斜率为期望的 -20 dB/dec，且有较高的带宽频率；

（4）根据响应速度要求，确定校正后系统的截止频率 ω_{c1} 和校正电路衰减因子 $1/\alpha$；

（5）根据对校正后系统相角裕度的要求，估算校正电路滞后部分的转折频率 $\omega_{\beta 2} = 1/\beta T_1$；

（6）写出校正电路的传递函数和校正后系统的开环传递函数，作出校正后系统的伯德图，最后检验是否全部达到性能指标的要求。

3. 校正举例

例 6-3　已知单位负反馈控制系统的开环传递函数为

$$G(s) = \frac{2K}{s(s+1)(s+2)}$$

试对系统进行校正，要求静态速度误差系数 $K_v = 10 \text{ s}^{-1}$，相角裕度 $\gamma_1 \geqslant 45°$，幅值裕度 $K_g \geqslant 10$ dB。

解： 给定系统传递函数为

$$G(s) = \frac{2K}{s(s+1)(s+2)} = \frac{K}{s(s+1)(0.5s+1)}$$

① 调整开环增益 K，使之满足稳态误差系数 $K_v = 10 \text{ s}^{-1}$。

$$K_v = \lim_{s \to 0} s G(s) = \lim_{s \to 0} s \frac{K}{s(s+1)(0.5s+1)} = K = 10$$

② 由 $K = 10$，绘制未校正系统 $G(j\omega)$ 的伯德图，如图 6-14 中的曲线 $L，\varphi$ 所示。未校正系统的截止频率和相角裕度为

$$20\lg \frac{10}{\omega_c \times \omega_c \times 0.5\omega_c} = 0，\Rightarrow \omega_c = 2.7 \text{ rad/s}$$

$$\gamma = 180° + \varphi(\omega_c) = 180° - 90° - \arctan\omega_c - \arctan 0.5\omega_c = -33.3°$$

幅值裕度 $K_g < 0$dB，所对应的 ω_g 可由下式求得

$$0° - 90° - \arctan\omega_g - \arctan 0.5\omega_g = -180° \Rightarrow \omega_g = \sqrt{2} = 1.41 \text{ rad/s}$$

故未校正系统是不稳定的，需要进行校正，由于在 ω_c 附近频段内 $G(j\omega)$ 的对数幅频渐近线以 -60 dB/dec 穿过 0 dB 线，因此只加一个超前校正电路其相角超前量有可能不足以满足相角裕度的要求，可以设想如果让 ω_c 附近的中频段衰减，再由超前校正将其抬高，则有可能满足指标要求，而中频段衰减可以用滞后校正完成。

③ 确定校正后的截止频率。本题对系统带宽未提具体要求，选取 ω_c 的原则应兼顾快速性和稳定性，过大会增加超前校正的负担，过小又会使频带过窄，影响快速性，结合本例具体情况可选相应的穿越频率 $\omega_{c1} = \omega_g = 1.41$ rad/s，因为 $\varphi(\omega_g) = -180°$，$\gamma(\omega_g) = 0°$，所以相角裕度 $\gamma(\omega_{c1}) \geqslant 45°$ 的要求完全可以由超前校正电路提供。

④ 确定超前校正部分的参数。因为 $\omega_{c1} = 1.41$ rad/s，故有

$$20\lg|G(j\omega_{c1})| = 20\lg \frac{10}{1.41 \times \sqrt{1.41^2 + 0} \times \sqrt{0 + 1}} = 14 \text{ dB}$$

超前校正在 ω_{c1} 处的幅值应为 -14 dB，这样才能使校正后系统在 ω_{c1} 处的幅值为 0 dB，所以在图 6-14 中超前校正斜线过点(1.41 rad/s，-14 dB)，且斜率为 20 dB/dec，取 $\alpha = 10$，根据几何相似关系及对数坐标性质可得

$$\frac{\lg \dfrac{1}{T_2} - \lg\omega_{c1}}{\lg \dfrac{1}{T_2} - \lg \dfrac{1}{\alpha T_2}} = \frac{14\text{dB}}{20\lg\alpha} \Rightarrow \frac{\lg \dfrac{1}{T_2} - \lg 1.41}{\lg \dfrac{1}{T_2} - \lg \dfrac{1}{10T_2}} = \frac{14\text{dB}}{20\lg 10} \Rightarrow \frac{1}{T_2} = 7 \text{ rad/s}$$

故超前校正的转折频率为 $\omega_{a1} = 1/\alpha T_2 = 0.7$ rad/s，$\omega_{a2} = 1/T_2 = 7$ rad/s，所以 $T_2 = 1/7 = 0.143$ s，$\alpha T_2 = 1.43$ s，可得超前校正部分的传递函数为

$$G_{c2}(s) = \frac{1 + \alpha T_2 s}{1 + T_2 s} = \frac{1 + 1.43s}{1 + 0.143s}$$

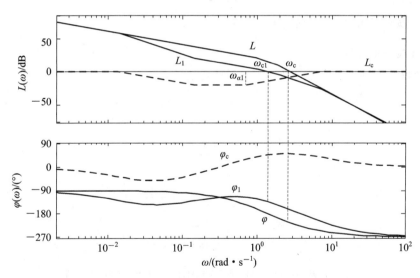

图 6-14　例 6-3 滞后-超前校正的伯德图

⑤ 确定滞后校正部分的参数。根据滞后校正的第二个转折频率：

$$\omega_{\beta 2} = \frac{1}{\beta T_1} = \left(\frac{1}{5} \sim \frac{1}{10}\right)\omega_c，\text{取 } \omega_{\beta 2} = \frac{1}{\beta T_1} = \frac{1}{10}\omega_c = 0.141 \text{ rad/s} \Rightarrow \beta T_1 = 7.14 \text{ s}$$

因为 $\beta = 1/\alpha = 0.1$，代入上式可算得 $T_1 = 71.4$ s，故滞后校正的第一个转折频率 $\omega_{\beta 1} = 0.014$ rad/s。为了使滞后校正部分不影响中频段的特性，通常令滞后部分在校正后 ω_{c1} 处的相位滞后量要不小于 $-5°$，本例求得滞后校正部分的传递函数为

$$G_{c1}(s) = \frac{1 + \beta T_1 s}{1 + T_1 s} = \frac{1 + 7.14s}{1 + 71.4s}$$

将 ω_{c1} 代入可以求得 $\angle G_{c1}(j\omega_c) = -5°$。

⑥ 串联滞后-超前校正电路的传递函数为

$$G_c(s) = G_{c1}(s)G_{c2}(s) = \frac{1+\beta T_1 s}{1+T_1 s} \times \frac{1+\alpha T_2 s}{1+T_2 s} = \frac{(1+7.14s)(1+1.43s)}{(1+71.4s)(1+0.143s)}$$

由传递函数可得频率特性，将其绘制在伯德图上，如图 6-11 中的虚线 L_c，φ_c 所示。校正后系统的开环传递函数为

$$G_1(s) = G_c(s)G(s) = \frac{10(1.43s+1)(7.14s+1)}{s(s+1)(0.143s+1)(0.5s+1)(71.4s+1)}$$

校正后的频率特性如图 6-14 中的曲线 L_1，φ_1 所示。由图可得校正后的相角裕度 $\gamma_1 = 47° > 45°$，幅值裕度 $K_g = 15\ \text{dB} > 10\ \text{dB}$，速度误差系数 $K_v = 10\ \text{s}^{-1}$，所以给定的各项指标均符合要求。

6.3 反 馈 校 正

除了采用串联校正方式改善控制系统的性能外，反馈校正也是广泛采用的一种校正方式，系统采用反馈校正后，除了可以得到与串联校正相同的效果外，还可以获得某些改善系统性能的特殊功能。

6.3.1 反馈校正的原理与特点

1. 反馈校正的原理

设反馈校正系统如图 6-15 所示，其开环传递函数为

$$G_K(s) = G_1(s)\frac{G_2(s)}{1+G_2(s)G_c(s)} \tag{6-25}$$

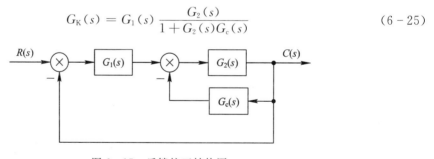

图 6-15 反馈校正结构图

如果在对系统动态性能起主要影响的频率范围内，下列关系式成立：

$$|G_2(s)G_c(s)| \gg 1 \tag{6-26}$$

那么，式(6-25)可以表示为

$$G_K(s) \approx \frac{G_1(s)}{G_c(s)} \tag{6-27}$$

上式表明，反馈校正后系统的特性几乎与被反馈校正装置包围的环节无关，而当

$$|G_2(s)G_c(s)| \ll 1 \tag{6-28}$$

时，式(6-25)又可以写成

$$G_K(s) \approx G_1(s)G_2(s) \tag{6-29}$$

式(6-29)表明，此时已校正系统与未校正系统的特性一致。故适当选取反馈校正装置

$G_c(s)$ 的参数，可以使已校正系统的特性发生期望的变化。

反馈校正的基本原理：用反馈校正装置包围未校正系统中对动态性能改善有重大妨碍的某些环节，形成一个局部反馈回路，在局部反馈回路的开环幅值远大于 1 的条件下，局部反馈回路的特性主要取决于反馈校正装置，而与被包围部分无关；适当选择反馈校正装置的形式与参数，可以使已校正系统的性能满足给定指标的要求。

在控制系统初步设计时，往往把条件式(6-26)简化为

$$|G_2(s)G_c(s)| > 1 \qquad (6-30)$$

这样做的结果会产生一定的误差，特别是在 $|G_2(s)G_c(s)| = 1$ 的附近。可以证明，此时的最大误差不超过 3 dB，这是在工程允许误差范围内的。

2. 反馈校正的特点

1) 减小时间常数

一般情况下，负反馈校正有减小被包围环节时间常数的能力，这是反馈校正的重要特点。如图 6-16(a)所示，惯性环节的传递函数为

$$G(s) = \frac{1}{Ts+1} \qquad (6-31)$$

如果该环节的时间常数 T 较大，影响整个系统的响应速度，则可用传递函数为 $G_c(s) = K_H$ 的反馈校正装置(位置反馈)包围 $G(s)$，其中 K_H 为常数，常称之为位置反馈系数。作增量补偿后的结构如图 6-16(b)所示，传递函数为

$$G(s) = \frac{1}{\dfrac{T}{1+K_H}s+1} \qquad (6-32)$$

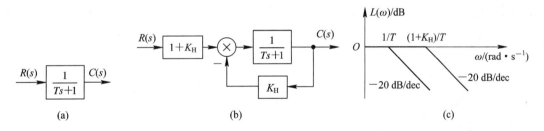

图 6-16 惯性环节的反馈校正图

比较式(6-31)、式(6-32)可知，位置反馈校正使被包围环节的传递系数(幅值)和时间常数都减小 $1+K_H$，传递系数的下降可通过提高前级放大器的增益来弥补，而时间常数的下降却有利于加快整个系统的响应速度。如高增益放大器，采用深度负反馈后，不但使其增益比较稳定，而且使放大器的惯性减小到可略去不计的程度。相应的惯性环节频带宽度由原来的 $1/T$ 展宽到 $(1+K_H)/T$，其幅频伯德图如图 6-16(c)所示。

2) 降低系统对参数变化的敏感性

为了减弱系统性能对参数变化的敏感程度，通常最有效的措施之一，就是采用负反馈校正的方法。对于开环系统而言，假设参数的变化造成系统传递函数 $G(s)$ 的变化量为 $\Delta G(s)$，其相应的输出量变化为 $\Delta C(s)$，这时开环系统的输出为

$$C(s) + \Delta C(s) = [G(s) + \Delta G(s)]R(s)$$

由 $C(s) = G(s)R(s)$ 可知有

$$\Delta C(s) = \Delta G(s)R(s) \qquad\qquad (6-33)$$

故对开环系统来说，参数的变化对系统输出的影响与传递函数的变化成正比。

对于采用单位负反馈后的闭环系统来说，如果发生上述的参数变化，则闭环系统的输出为

$$C(s) + \Delta C(s) = \frac{G(s) + \Delta G(s)}{1 + [G(s) + \Delta G(s)]}R(s)$$

一般情况下，$|G(s)| \gg |\Delta G(s)|$，故近似有

$$\Delta C(s) \approx \frac{\Delta G(s)}{1 + G(s)}R(s) \qquad\qquad (6-34)$$

比较式(6-33)、式(6-34)可知，闭环系统因参数变化而输出的变化将是开环传递函数的 $1/[1+G(s)]$ 倍。又因为常有 $1+G(s) \gg 1$，所以负反馈能够大大地削减参数变化对控制系统性能的影响。因此，如果为了提高开环控制系统抑制参数变化的抗干扰能力，必须选择高精度元件的话，那么对于采用单位负反馈后的闭环系统来说，则可以选用精度较低的元件。

反馈校正的这一特点是十分重要的。一般来说，系统不可变部分的特性，包括被控对象特性在内，其参数稳定性大都与被控对象自身的因素有关，一般难以直接改变；而反馈校正装置的特性则是由设计者确定的，其参数稳定性取决于选用元部件的质量，若加以精心挑选，可使其特性基本不受工作条件改变的影响，从而降低系统对参数变化敏感性。

3）抑制高频干扰

如图 6-17(a)所示，若前向通路中含有纯微分环节，系统将会对高频噪声干扰极其敏感，如果用积分负反馈来实现纯微分环节，则会有效地减少高频干扰的影响。其结构图、伯德图分别如图 6-17(b)、(c)所示。

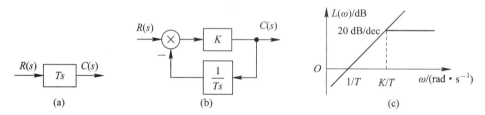

图 6-17　积分负反馈代替纯微分环节

积分负反馈的传递函数为

$$G(s) = \frac{K}{1 + \frac{1}{Ts}K} = \frac{Ts}{\frac{T}{K}s + 1} \qquad\qquad (6-35)$$

显然，频率低于 K/T 的频率部分，其传输为微分特性，但高于 K/T 的频率部分则衰减为水平值。因此，与纯微分特性相比，高频干扰分量得到了有效抑制，改善了前向通路的传输特性。

4）消除不可变部分中不希望有的特性

由以上的分析可知，采用负反馈时，当满足式(6-26)所示条件时，反馈内回路可近似地由反馈通路的倒数加以描述，基于此结论，假如在图 6-15 所示系统中，不可变部分的特性 $G_2(s)$ 是不希望的，则通过适当地选择反馈通路的传递函数 $G_c(s)$，使其倒数 $1/G_c(s)$ 代

替原来的 $G_2(s)$，并使之具有需要的特性，就可以通过这种"置换"的方法来消除 $G_2(s)$ 的特性并改善系统的性能。

5）削弱非线性特性的影响

反馈校正有降低被包围环节非线性特性影响的功能。当系统由线性工作状态进入非线性工作状态（如饱和与死区）时，相当于系统的参数（如增益）发生变化，可以证明，反馈校正可以减弱系统对参数变化的敏感性，因此反馈校正在一般情况下也可以削弱非线性特性对系统的影响。

6）正反馈提升增益

如图 6-18 所示的正反馈可以提升放大环节的增益。反馈后的传递函数为

$$\frac{C(s)}{R(s)} = \frac{K}{1 - KK_H} \tag{6-36}$$

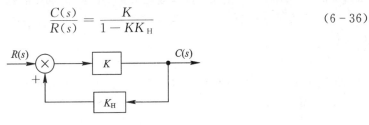

图 6-18　正反馈系统结构图

由式（6-36）可知，当 KK_H 趋于 1 时，上述放大环节的放大倍数将远大于原来的 K 值。这是正反馈所独具的特点之一。

采用反馈校正的控制系统必然是多环系统，设计时需要注意内回路（局部反馈校正回路）的稳定性。如果反馈校正参数选择不当，使得内回路失去稳定，则整个系统也难以稳定可靠地工作，且不便于对系统进行开环调试。因此，反馈校正后形成的系统内回路最好是稳定的。

6.3.2　综合法反馈校正

设含有反馈校正的控制系统如图 6-19 所示，其中未校正系统的开环传递函数为

$$G_K(s) = G_1(s)G_2(s)G_3(s) \tag{6-37}$$

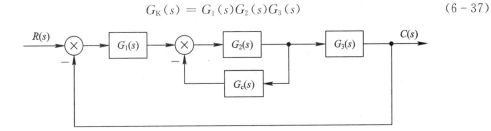

图 6-19　反馈校正系统结构图

已校正系统的开环传递函数为

$$G_{K1}(s) = G_1(s)\frac{G_2(s)}{1 + G_2(s)G_c(s)}G_3(s) = \frac{G_K(s)}{1 + G_2(s)G_c(s)} \tag{6-38}$$

当 $|G_2(s)G_c(s)| < 1$ 时，式（6-38）可近似为

$$G_{K1}(s) \approx G_K(s) \tag{6-39}$$

上式表明，在 $|G_2(j\omega)G_c(j\omega)| < 1$ 的频带范围内，已校正系统开环频率特性与未校正系统

开环频率特性近似相同；

当 $|G_2(s)G_c(s)| > 1$ 时，式(6-38)可近似为

$$G_{K1}(s) \approx \frac{G_K(s)}{G_2(s)G_c(s)} \tag{6-40}$$

或者也可以表示为

$$G_2(s)G_c(s) \approx \frac{G_K(s)}{G_{K1}(s)} \tag{6-41}$$

由上式可知，在 $|G_2(j\omega)G_c(j\omega)| > 1$ 的频带范围内，画出未校正系统的开环对数幅频特性 $20\lg|G_K(j\omega)|$，再减去按性能指标要求的期望开环对数幅频特性 $20\lg|G_{K1}(j\omega)|$，就可以获得近似的 $G_2(s)G_c(s)$。由于 $G_2(s)$ 是已知的，因此反馈校正装置 $G_c(s)$ 可立即求得。

在反馈校正过程中，应当注意两点：一是在 $20\lg|G_2(j\omega)G_c(j\omega)| > 0$ 的受校正频段内，应该使

$$20\lg|G_K(j\omega)| > 20\lg|G_{K1}(j\omega)| \tag{6-42}$$

上式值大的越多，则校正精度越高，这一要求通常均能满足；二是局部反馈回路必须稳定。

1. 期望开环对数幅频特性

由以上分析可知，用综合法校正时，要根据性能指标的要求确定期望开环对数幅频特性。一般对于调节系统和随动系统，期望对数幅频渐近特性的一般形状如图 6-20 所示。

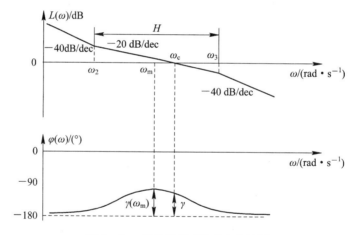

图 6-20 期望开环对数频率特性图

中频段斜率为 $-40 \sim -20 \sim -40$(即 $-2-1-2$ 型)的对数幅频特性，相应的传递函数为

$$G(s) = \frac{K(1+s/\omega_2)}{s^2(1+s/\omega_3)} \tag{6-43}$$

其相频特性为

$$\varphi(\omega) = -180° + \arctan\frac{\omega}{\omega_2} - \arctan\frac{\omega}{\omega_3}$$

所以

$$\gamma(\omega) = 180° + \varphi(\omega) = \arctan\frac{\omega}{\omega_2} - \arctan\frac{\omega}{\omega_3} \tag{6-44}$$

由 $\mathrm{d}\gamma(\omega)/\mathrm{d}(\omega) = 0$，解出产生 $\gamma_{\max}$ 的角频率为

$$\omega_m = \sqrt{\omega_2\omega_3} \tag{6-45}$$

式(6-45)表明 ω_m 正好是转折频率 ω_2 和 ω_3 的几何中心。其中，$\omega_2 = 1/T_2$，$\omega_3 = 1/T_3$，将式(6-45)代入式(6-44)并由两角和三角函数公式可得

$$\tan\gamma(\omega_m) = \frac{\dfrac{\omega_m}{\omega_2} - \dfrac{\omega_m}{\omega_3}}{1 + \dfrac{\omega_m^2}{\omega_2\omega_3}} = \frac{\omega_3 - \omega_2}{2\sqrt{\omega_2\omega_3}}$$

故有

$$\sin\gamma(\omega_m) = \frac{\omega_3 - \omega_2}{\omega_3 + \omega_2} \tag{6-46}$$

若令 $H = \omega_3/\omega_2 = T_2/T_3$，这表示了开环幅频特性 $20\lg|G(j\omega)|$ 上斜率为 -20 dB/dec 的中频段宽度，则式(6-46)可以写为

$$\gamma_{max} = \gamma(\omega_m) = \arctan\frac{H-1}{H+1} \tag{6-47}$$

也可以写为

$$\frac{1}{\sin\gamma(\omega_m)} = \frac{H+1}{H-1} \tag{6-48}$$

下面分析最大相角裕度角频率 ω_m 与截止频率 ω_c 的关系，即

$$\frac{\omega_c}{\omega_m} = \frac{M_r}{\sqrt{M_r^2-1}}, \ M_r > 1 \tag{6-49}$$

上式说明 $\omega_m < \omega_c$ 且通常有 $\omega_m \approx \omega_c$，所以 $\gamma(\omega_m) \approx \gamma$，故式(6-48)可近似表示为

$$\frac{1}{\sin\gamma} = \frac{H+1}{H-1} \tag{6-50}$$

式中，γ 为期望特性系统的相角裕度。因为

$$M_r = \frac{1}{\sin\gamma} \tag{6-51}$$

故有

$$M_r = \frac{H+1}{H-1} \tag{6-52}$$

也可以表示为

$$H = \frac{M_r+1}{M_r-1} = \frac{1+\sin\gamma}{1-\sin\gamma} \tag{6-53}$$

式(6-53)说明，中频区宽度 H 和谐振峰值 M_r 一样，均是描述系统阻尼程度的性能指标。最大相角裕度与中频段长度有关，H 越大，中频段线段越长，最大相角裕度就越大。按式(6-45)确定转折频率的系统，可以得到最大可能的相角裕度，常称为对称最佳系统；而当 $H = 4$ 时，常称为三阶工程最佳系统。

在图6-20中，转折频率 ω_2、ω_3 与截止频率 ω_c 的关系，可由式(6-49)和式(6-52)确定。将式(6-45)代入式(6-49)后可得

$$\omega_c = \sqrt{\omega_2\omega_3}\frac{M_r}{\sqrt{M_r^2-1}}$$

再将式(6-52)及 $H = \omega_3/\omega_2$ 代入上式后可得

$$\begin{cases} \omega_2 = \omega_c \dfrac{2}{H+1} \\ \omega_3 = \omega_c \dfrac{2H}{H+1} \end{cases} \tag{6-54}$$

为了保证系统具有以 H 表征的阻尼程度，通常选取

$$\begin{cases} \omega_2 \leqslant \omega_c \dfrac{2}{H+1} \\ \omega_3 \geqslant \omega_c \dfrac{2H}{H+1} \end{cases} \tag{6-55}$$

由式(6-52)知

$$\begin{cases} \dfrac{M_r-1}{M_r} = \dfrac{2}{H+1} \\ \dfrac{M_r-1}{M_r} = \dfrac{2H}{H+1} \end{cases}$$

因此，参数 ω_2、ω_3 与截止频率 ω_c 的选择，若采用 M_r 最小法，即把闭环系统的振荡性指标 M_r 放在开环系统截止频率 ω_c 处，使期望对数幅频特性对应的闭环系统具有最小的 M_r 值，则各待选参数之间有如下关系：

$$\begin{cases} \omega_2 \leqslant \omega_c \dfrac{M_r-1}{M_r} \\ \omega_3 \geqslant \omega_c \dfrac{M_r+1}{M_r} \end{cases} \tag{6-56}$$

典型形式的期望对数幅频特性的求法如下：

（1）根据对系统型别及稳态误差要求，通过性能指标中 ν 及开环增益 K 绘制期望特性低频段；

（2）根据对系统响应速度及阻尼程度的要求，通过截止频率 ω_c 相角裕度 γ、中频段宽度 H、中频段特性上、下限转折频率 ω_2、ω_3 绘制期望特性的中频段，并取中频段特性的斜率为 -20 dB/dec，以确保系统具有足够的相角裕度；

（3）绘制期望特性的低频段、中频段之间的衔接频段，其斜率一般与前、后频段相差 -20 dB/dec，否则对期望特性的性能有较大影响；

（4）根据对系统幅值裕度 K_g 及抑制高频噪声的要求，绘制期望特性的高频段。通常为了使校正装置比较简单、便于实现，一般使期望特性的高频段斜率与未校正系统的高频段斜率一致，或完全重合；

（5）由 $G_2(s)G_c(s)$ 求出 $G_c(s)$；

（6）绘制期望特性的中频段、高频段之间的衔接频段，其斜率一般取 -40 dB/dec。

2. 校正步骤

综合法反馈校正设计步骤如下：

（1）根据稳态性能指标要求绘制未校正系统的开环对数幅频特性；

$$L_K(\omega) = 20\lg |G_K(j\omega)| \tag{6-57}$$

（2）根据给定性能指标要求绘制期望开环对数幅频特性；

$$L_{K1}(\omega) = 20\lg |G_{K1}(j\omega)| \tag{6-58}$$

（3）由下式求得 $G_2(s)G_c(s)$ 传递函数；

$$20\lg|G_2(\mathrm{j}\omega)G_c(\mathrm{j}\omega)| = L_K(\omega) - L_{K1}(\omega) \quad (L_K(\omega) - L_{K1}(\omega) > 0) \qquad (6-59)$$

（4）检验局部反馈回路的稳定性，并检查期望开环截止频率 ω_c 附近

$$20\lg|G_2(\mathrm{j}\omega)G_c(\mathrm{j}\omega)| > 0 \qquad (6-60)$$

的程度；

（5）由 $G_2(s)G_c(s)$ 求出 $G_c(s)$；

（6）检验校正后性能指标是否满足要求并考虑 $G_c(s)$ 的工程实现。

值得指出的是：此设计方法与分析法一样，仅适用于最小相位系统。

3. 校正举例

例 6-4　设反馈校正系统结构如图 6-19 所示，图中

$$G_1(s) = \frac{K_1}{0.014s+1},\ G_2(s) = \frac{12}{(0.1s+1)(0.02s+1)},\ G_3(s) = \frac{0.0025}{s}$$

$K_1 = 6000$ 以内可调，试设计反馈校正装置特性 $G_c(s)$，使系统满足下列性能指标：

（1）静态速度误差系数 $K_v \geqslant 150\ \mathrm{s}^{-1}$；

（2）单位阶跃输入下的超调量 $\sigma\% \leqslant 40\%$；

（3）单位阶跃输入下的调节时间 $t_s \leqslant 1\ \mathrm{s}$；

解： ① 由 $K_v = \lim\limits_{s\to 0} sG(s) = 150$，可求得 $K_1 = 5000$，绘制未校正系统的对数幅频特性曲线。如图 6-21 中的曲线 L、φ 所示，得 $\omega_c = 38.7\ \mathrm{rad/s}$。

$$G(s) = \frac{150}{s(0.014s+1)(0.02s+1)(0.1s+1)}$$

② 绘制中频段、低频段和高频段的期望对数幅频特性。

中频段：先将 $\sigma\% \leqslant 40\%$ 及 $t_s \leqslant 1\ \mathrm{s}$ 转换为相应的频域性能指标，并取 $M_r = 1.6$，$\omega_{c1} = 13\ \mathrm{rad/s}$，为使校正装置简单，取

$$\omega_3 = \frac{1}{0.014} = 71.3\ \mathrm{rad/s}$$

过 $\omega_c = 13\ \mathrm{rad/s}$ 作 $-20\ \mathrm{dB/dec}$ 斜率直线，并取 $\omega_2 = 4\ \mathrm{rad/s}$ 使中频段宽度

$$H = \omega_3/\omega_2 = 17.8$$

由式（6-50）相应的相角裕度为

$$\gamma = \arcsin \frac{H-1}{H+1} = 63.3°$$

在 $\omega_3 = 71.3\ \mathrm{rad/s}$ 处作 $-40\ \mathrm{dB/dec}$ 斜率直线，交未校正前特性曲线 L 于 $\omega_4 = 75\ \mathrm{rad/s}$。

低频段：对 Ⅰ 型系统，在 $\omega = 1$ 时，有 $20\lg K_v = 43.5\ \mathrm{dB}$，斜率为 $-20\ \mathrm{dB/dec}$ 与 L 的低频段重合。过 $\omega_2 = 4$ 作 $-40\ \mathrm{dB/dec}$ 斜率直线，与低频段相交，取交点频率 $\omega_1 = 0.35\ \mathrm{rad/s}$。

高频段：在 $\omega \geqslant \omega_4$ 范围，取校正后的曲线 L_1 与 L 一致，故期望特性为

$$G_1(s) = \frac{150(0.25s+1)}{s(0.013s+1)(0.014s+1)(2.86s+1)}$$

根据上式绘制期望的曲线如图 6-21 中的 L_1、φ_1 所示。

③ 求 $G_2(s)G_c(s)$ 特性：在图 6-21 中，作

$$20\lg|G_2(\mathrm{j}\omega)G_c(\mathrm{j}\omega)| = L(\omega) - L_1(\omega)$$

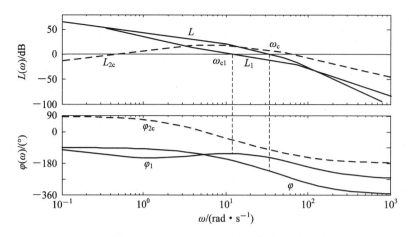

图 6-21 例 6-4 反馈校正的伯德图

为使 G_2G_c 特性简单，取

$$G_2(s)G_c(s) = \frac{2.86s}{(0.02s+1)(0.1s+1)(0.25s+1)}$$

绘制反馈校正部分的 G_2G_c 特性如图 6-21 中虚线 L_{2c}、φ_{2c} 所示。

④ 检验局部反馈回路的稳定性：主要检验 $\omega = \omega_4 = 75$ 处 G_2G_c 的相角裕度：

$$\gamma(\omega_4) = 180° + 90° - \arctan0.25\omega_4 - \arctan0.1\omega_4 - \arctan0.02\omega_4 = 44.3°$$

故局部反馈回路稳定；再检验局部反馈回路在 $\omega_{c1} = 13$ rad/s 处的幅值：

$$20\lg\left|\frac{2.86\omega_{c1}}{0.25 \times 0.1 \times \omega_{c1}^2}\right| = 18.9 \text{ dB}$$

故可以满足 $|G_2G_{c0}| \gg 1$ 的要求，近似程度较高。

⑤ 求反馈校正装置传递函数 $G_c(s)$：将已知的 $G_2(s)$ 的传递函数代入 G_2G_c 可得

$$G_c(s) = \frac{2.86s}{(0.02s+1)(0.1s+1)(0.25s+1)G_2(s)} = \frac{0.238s}{0.25s+1}$$

⑥ 验算性能指标：由于近似程度较高，故可直接用期望特性验算，其结果是 $K_v = 150 \text{ s}^{-1}$，$\gamma = 54.5°$，$M_r = 1.23$，$\sigma\% = 24.8\%$，$t_s = 0.64$ s，完全满足性能指标的要求。

6.4 复 合 校 正

前述的串联校正和反馈校正的校正装置都是接在闭环控制回路内通过反馈进行控制，对扰动的抑制和对给定的跟踪两方面的控制能力是有限的。若系统对稳态精度和响应速度两方面要求都较高，或存在较强的低频扰动，又想获得对这种扰动的有效抑制能力，以及对给定的跟踪能力时，串联校正和反馈校正将难以满足要求。所以，需要采用一种把前馈校正和反馈控制相结合的控制方式，即所谓的复合校正。

复合校正通常分成两大类，即按输入补偿的复合校正和按扰动补偿的复合校正。

6.4.1 按输入补偿的复合校正

按输入补偿的复合校正系统如图 6-22 所示，其中，$G(s)$ 为被控对象的传递函数，

$G_c(s)$ 为反馈控制系统的控制器，$G_r(s)$ 为前馈控制器。其设计的主导思想是，通过对输入补偿的前馈校正装置 $G_r(s)$ 的设计，使得输出能更好地跟踪输入的变化。前已述及，这种校正方式不影响闭环的特征方程，所以不会影响系统的稳定性。

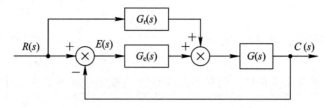

图 6-22　按输入补偿的复合校正结构图

下面来推导其完全补偿条件。在完全补偿条件下，系统的输出将完全复现输入的变化，即闭环传递函数满足 $G_B(s)=1$。对于线性系统，可以应用叠加原理，所以系统的闭环传递函数为

$$G_B(s)=\frac{C(s)}{R(s)}=\frac{G_c(s)G(s)+G_r(s)G(s)}{1+G_c(s)G(s)}=1\Rightarrow G_c(s)G(s)+G_r(s)G(s)=1+G_c(s)G(s)$$

故有

$$G_r(s)=\frac{1}{G(s)} \tag{6-61}$$

式 (6-61) 即为完全补偿条件，这时输出响应将完全复现参考输入，系统的动态和稳态误差都为零，具有理想的时间响应特性。

根据图 6-22 可求出误差的表达式为

$$E(s)=\frac{1-G_r(s)G(s)}{1+G_c(s)G(s)}R(s) \tag{6-62}$$

上式表明在完全补偿时，应有 $E(s)=0$。前馈控制器 $G_r(s)$ 使系统增加了一个输入信号 $G_r(s)R(s)$，它产生的误差信号与参考输入 $R(s)$ 产生的误差信号大小相等而方向相反，故而总的误差为零。

6.4.2　按扰动补偿的复合校正

按扰动补偿的复合校正系统如图 6-23 所示，与图 6-22 不同的是：$N(s)$ 为扰动信号，$G_n(s)$ 为补偿扰动 $N(s)$ 的影响而引入的前馈装置传递函数。该校正系统所希望达到的理想要求是通过 $G_n(s)$ 的补偿使扰动 $N(s)$ 不影响系统的输出 $C(s)$。从传递函数上考虑，就是使扰动时输出的传递函数为零。

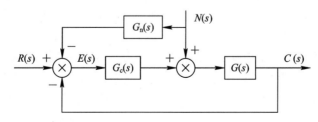

图 6-23　按扰动补偿的复合校正结构图

由图 6-23 可知，输出对扰动的传递函数为

$$G_N(s) = \frac{C(s)}{N(s)} = \frac{G(s) - G_n(s)G_c(s)G(s)}{1 + G_c(s)G(s)} = 0 \Rightarrow G(s) - G_n(s)G_c(s)G(s) = 0$$

故有

$$G_n(s) = \frac{1}{G_c(s)} \tag{6-63}$$

式(6-63)称为按扰动作用的完全补偿条件。事实上,式(6-63)也可以用一种双通路控制的思想从图6-23中直接得到。扰动对系统中的作用通过两条通路,一条是原有的,另一条是补偿通路。要求完全补偿,则双通路应该互相抵消。从图6-23中扰动加入点而言,应有

$$1 - G_n(s)G_c(s) = 0 \Rightarrow G_n(s) = \frac{1}{G_c(s)}$$

系统对扰动响应的要求和对设定值响应的要求是不同的。前者要求抑制,后者要求跟踪。从这方面来看,完全补偿的结果在理论上是很好的,但是复合校正在实际应用中还存在以下困难:

(1)复合校正要求扰动必须是可测的,仅此而言就大大地限制了其应用;

(2)要求系统原有部分的数学模型($G_c(s)$、$G(s)$)能准确获得,并且在运行过程中不发生变化。对于大多数实际工业控制对象而言,这也是很难实现的。

(3)$G_r(s)$、$G_n(s)$的具体实现上也会存在困难。因为一般实际物理元件(装置)总是或多或少具有某种惯性,且所能提供的能量总是有限的,所以传递函数$G_c(s)$、$G(s)$的分母阶次总是不低于分子阶次。但由于$G_r(s)$、$G_n(s)$分别是$G(s)$、$G_c(s)$的倒数,它们的分子阶次将可能高于分母,从而在具体实现时遇到困难。

以上困难使得在具体设计时,往往采用某种近似补偿的方式。因为基本的反馈控制系统部分对扰动也有抑制能力,事实上,在复合校正中对扰动的抑制也是两者配合的:从一方面来说,由于前馈补偿的不准确而遗留下来的扰动影响会在反馈控制中得到纠正,这就是说,反馈控制弥补了前馈控制的不足;从另一方面来说,由于前馈补偿已基本上抵消了扰动的影响,从而减轻了反馈调节的负担而提高了其调节质量。故近似补偿往往也能得到令人满意的校正效果,当然,这需要在实际工程中结合系统特点灵活应用。

6.5 PID 控制器

PID控制指的是比例(Proportional)、积分(Integral)、微分(Differential)控制,取英文单词的大写首字母而得名,也称PID调节器。PID控制器是工业过程控制系统中常用的有源校正装置,PID控制是历史最久、生命力最强而又最简单、最有效的基本控制方式。虽然在科学技术快速发展的今天,涌现出了许多新的控制方法,但PID控制器因其工作原理简单、操作方便、鲁棒性强、控制效果好的优越性仍得到普遍的应用。

当对被控对象的结构和参数不能全部确定,或者说无法准确写出被控对象的传递函数,不能通过有效的测量手段来获得系统参数,这时前面讲述的校正方法将难以应用,而采用PID校正往往能得到较为理想的效果。比例、微分、积分控制是基本控制规律,在工程实际中,常采用这些基本控制规律的某些组合,如比例-微分、比例-积分、比例-积分-微分等组合控制规律,以实现对被控对象的有效控制。

6.5.1　PID 控制规律

确定校正装置的具体形式时，应先了解校正装置提供的控制规律，以便选择相应的元件，包含校正装置在内的控制器。

1. 比例校正——P 控制器

比例校正（P）控制器实质上是一个具有可调增益的放大器。其结构图如图 6-24 所示。其输出控制信号 $u(t)$ 与输入偏差信号 $e(t)$ 的关系为

$$u(t) = K_p e(t) \qquad (6-64)$$

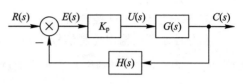

图 6-24　比例控制系统结构图

其中，K_p 为控制器的比例系数或放大系数。比例控制作用的传递函数为

$$G_c(s) = \frac{U(s)}{E(s)} = K_p \qquad (6-65)$$

比例控制能及时成比例地反映控制系统中的偏差信号 $e(t)$，偏差信号一旦出现，该控制器立刻产生控制作用以减少偏差。增益系数 K_p 越大，控制作用越强，有利于减少系统的稳态误差，但会降低系统的相对稳定性，甚至造成闭环系统不稳定；而 K_p 越小，控制作用越弱，稳态误差增大，但对稳定性有利。比例控制是一种最简单的控制方式，其调节方法单一，只能通过改变开环增益的大小调整系统输出动态响应性能，往往无法同时满足稳态、动态要求。因此，在系统校正设计中，一般很少单独使用比例控制器。

2. 微分校正——D 控制器

对一些滞后很大的对象，如聚氯乙烯聚合阶段釜的温度控制，由于聚合的放热效应，一般通过改变冷却水量来维持釜的设定温度。有经验的工人师傅不仅根据温度偏差来改变冷水阀开度的大小，而且同时考虑偏差的变化速度来进行控制。当釜温上升很快，虽然此时偏差可能很小，但由于温度的大滞后特性，若不预先适度开大冷水阀，就有可能很快出现温度的大偏差。这种按被控量变化速度确定控制作用大小的方式，就是微分（D）控制。

微分（D）控制器的输出控制信号 $u(t)$ 与输入偏差信号 $e(t)$ 的关系为

$$u(t) = K_d \frac{de(t)}{dt} \qquad (6-66)$$

式中，K_d 为微分系数，$de(t)/dt$ 为偏差对时间的导数，即偏差信号的变化速度。其传递函数为

$$G_c(s) = \frac{U(s)}{E(s)} = K_d s \qquad (6-67)$$

当微分控制作用于原系统时，结构图如图 6-25 所示。

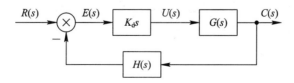

图 6-25　微分控制系统结构图

微分作用反映系统偏差信号的变化率，具有预见性，能预见偏差变化的趋势，因此能

产生超前的控制作用，在偏差还没有形成之前，已被微分调节作用消除。因此，可以显著改善系统的动态性能。微分系数 K_d 选择合适的情况下，能够有效降低超调，减小调节时间。值得指出的是，微分作用对噪声干扰有放大作用，因此过强地加微分调节，对系统抗干扰不利。此外，微分反映的是变化率，而当输入没有变化时，微分作用输出为零。故微分控制也不宜单独使用。

3. 积分校正——I 控制器

积分控制器的输出控制信号 $u(t)$ 与输入偏差信号 $e(t)$ 的关系为

$$u(t) = K_i \int e(t) \mathrm{d}t \tag{6-68}$$

式中，K_i 为积分系数，积分控制作用的传递函数为

$$G_c(s) = \frac{U(s)}{E(s)} = \frac{K_i}{s} \tag{6-69}$$

当积分控制作用于系统时，其结构图如 6-26 所示。

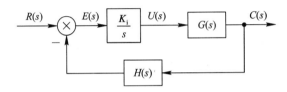

图 6-26　积分控制系统结构图

在积分控制中，控制器的输出与输入误差信号的积分成正比关系，可使系统消除稳态误差，提高无差度。只要有误差存在，积分调节就不断进行，直至无差，积分调节停止，积分调节输出保持常值。积分作用的强弱取决于积分系数 K_i 值的大小，K_i 越大，积分作用就越强，反之 K_i 小则积分作用弱。积分控制使系统增加一个位于原点的开环极点，使信号产生 $-90°$ 的相角滞后，对系统的稳定性不利，使动态响应变慢。所以，积分作用常与另两种基本控制规律结合，组成 PI 调节器或 PID 调节器以满足系统性能指标的综合要求。

4. 比例-积分-微分校正——PID 控制器

将最基本的比例、积分、微分控制器组合在一起就是 PID 控制器，它能充分发挥积分控制改善稳态性能、微分控制改善动态性能的作用，并对相应环节的消极影响进行补偿，全面改善系统性能。

具有比例-积分-微分控制的 PID 控制器结构图如图 6-27 所示。

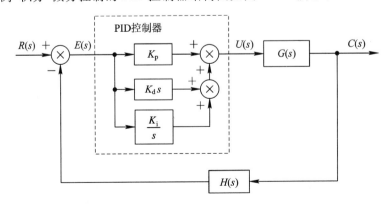

图 6-27　PID 控制系统结构图

PID 控制器的输出控制信号 $u(t)$ 与输入偏差信号 $e(t)$ 的关系为

$$u(t) = K_p e(t) + K_i \int e(t)\mathrm{d}t + K_d \frac{\mathrm{d}e(t)}{\mathrm{d}t} \qquad (6-70)$$

其传递函数为

$$G_c(s) = \frac{U(s)}{E(s)} = K_p + \frac{K_i}{s} + K_d s \qquad (6-71)$$

式(6-71)也常写为时间常数表示的形式，即

$$G_c(s) = \frac{U(s)}{E(s)} = K_p\left(1 + \frac{1}{T_i s} + T_d s\right) \qquad (6-72)$$

其中，T_i 是积分时间常数，T_d 是微分时间常数。比较式(6-71)、式(6-72)，可知有

$$T_i = \frac{K_p}{K_i}, \quad T_d = \frac{K_d}{K_p} \qquad (6-73)$$

实际控制过程中，并非 P、I、D 三种控制规律都要同时采用，而往往要根据系统性能指标的具体要求采用不同组合校正方式，如 P、PD、PID 等。

6.5.2　PID 控制参数设计

由 PID 的控制规律可知，PID 控制器的设计关键在于确定三个参数，即比例系数 K_p、积分时间常数 T_i 和微分时间常数 T_d。正是因为 PID 控制器待求参数少，设计实现方便简单，对被控对象模型精度要求不严格，控制效果明显，使其在很多工业过程甚至是非线性或时变系统范围都得到广泛的应用。

PID 校正时，参数设计方法很多，概括起来有两大类：一是理论计算法；二是工程整定法。

1. 理论计算法

该法主要是依据系统的数学模型，经过理论计算确定控制器参数，所得到的计算数据虽具有指导意义，最终还必须通过工程实际运行过程加以调试和修改，主要适用于校正被控对象的结构和参数全部确定的系统。

与前述超前、滞后校正的比较可知，D 或 PD 控制是通过提供具有超前相位的频率特性，I 或 PI 是通过提供具有滞后相位的频率特性来改善系统的稳态和动态性能。下面通过一个实例讲述理论计算法。

例 6-5　已知被控对象传递函数为

$$G(s) = \frac{K_1}{s(s+0.1)}$$

试采用 PID 控制方法设计一个控制器 $G_c(s)$，使系统闭环稳定，且具有 $\gamma_1 = 45°$ 的相角裕量，对单位斜坡参考输入的稳态误差 e_{ss} 小于等于 $1/20$。

解：由系统稳态要求 $e_{ss} \leqslant 1/20 = 1/K_v$，求得 $K_v \geqslant 20$；再由静态误差系数 K_v 与开环增益 K_1 间的关系

$$K_v = \lim_{s \to 0} s G(s) = 10K_1 \geqslant 20$$

可得 $K_1 \geqslant 2$。当 $K_1 = 2$ 时，未校正系统的传递函数为

$$G(s) = \frac{2}{s(s+0.1)} = \frac{20}{s(10s+1)}$$

由上式可得系统的频率特性,绘制其伯德图如图 6-28 中曲线 L、φ 所示,得 $\omega_c =$ 1.4 rad/s,$\gamma = 4°$,远低于要求的相角裕度。因对快速性无特殊要求,设计中以满足稳态性能为主,可考虑采用 PI 校正。

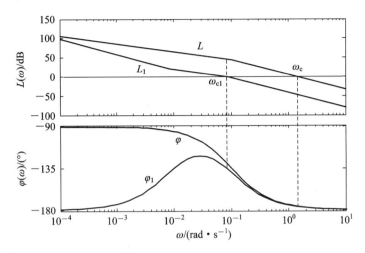

图 6-28　例 6-5 PI 校正系统伯德图

由式(6-71),令 $K_d = 0$,可推得 PI 调节器的传递函数为

$$G_c(s) = K_p + \frac{K_i}{s} = K_i \frac{(\tau s + 1)}{s}$$

其中,$\tau = K_p / K_i$。由上式可得 PI 控制器的频率特性,并绘制典型 PI 控制器的对数频率特性曲线如图 6-29 所示。

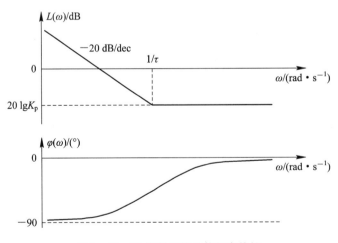

图 6-29　PI 控制器的对数频率特性

因为 PI 控制器作用原理相当于滞后校正,参数设计可按串联滞后环节原则确定。按要求的相角裕量,并考虑留有一定裕量,取 $\gamma = 50°$,在原系统开环对数频率特性曲线上找到对应 $\gamma = 50°$ 处的频率 $\omega_{c1} = 0.082$ rad/s,相应幅频特性值 $L(\omega_{c1}) = 45.5$ dB。据此,由 $20\lg K_p = -L(\omega_{c1}) = -45$ dB 求得 $K_p = 0.0053$。

为减少对相角裕度校正效果的影响，PI 控制器转折频率 $\omega = 1/\tau = K_i/K_p$ 选择远离 ω_{c1} 处，取 $1/\tau = \omega_{c1}/10 = 0.0082$ rad/s，求得 $K_i = 0.000\ 044$。故 PI 控制器的传递函数为

$$G_c(s) = \frac{0.000\ 044(1 + 122s)}{s}$$

校正后的系统开环传递函数为

$$G_1(s) = G_c(s)G(s) = \frac{0.0106(s + 0.0082)}{s^2(s + 0.1)}$$

由上式可得校正后的系统的频率特性，并绘制其对数频率特性曲线如图 6-28 中曲线 L_1、φ_1 所示。

验证校正结果：系统的开环传递函数由 Ⅰ 型校正为 Ⅱ 型，速度误差系数 K_v 为无穷大，$e_{ss} = 1/K_v = 0$；相角裕度 $\gamma_1 = 180° - 135° = 45°$，由图 6-28 利用奈奎斯特判据知，校正后的系统稳定，故校正结果全部满足要求。

2. 工程整定法

在工业控制器中，不是以增益刻度，而是以比例度刻度的。比例度定义为

$$\delta = \frac{1}{K_p} \qquad\qquad (6-74)$$

则式(6-72)可以表示为

$$G_c(s) = \frac{1}{\delta}\left(1 + \frac{1}{T_i s} + T_d s\right) \qquad\qquad (6-75)$$

确定 δ、T_i、T_d 的过程称为参数整定。常用方法有临界比例度法、响应曲线法和衰减法等。其共同点都是直接通过系统试验取得相关数据，再按照工程经验公式对控制器参数进行整定，主要适用于校正被控对象的结构和参数不能全部确定的系统，因其方法简单、易于掌握，故在工程实际中被广泛采用。

1) 临界比例度法

临界比例度法的步骤如下：先让系统闭环运行，设置 $T_i \to \infty$（最大值），$T_d = 0$，从较大比例度 δ（即较小增益）开始操作，逐步减小比例度，直到使闭环时间响应呈现出等幅振荡。此时的比例度被称为临界比例度，记为 δ_{cr}；对应的振荡周期被称为临界振荡周期，并记为 T_{cr}。然后，按照表 6-1 选择控制器参数即可。

表 6-1　临界比例度法参数整定表

控制作用	δ	T_i	T_d
P	$2\delta_{cr}$		
PI	$2.2\delta_{cr}$	$0.85T_{cr}$	
PID	$1.75\delta_{cr}$	$0.5T_{cr}$	$0.125T_{cr}$

2) 响应曲线法

响应曲线法是根据实际测试的单位阶跃响应曲线进行整定的。过程对象的单位阶跃响应主要有两种情况，分别如图 6-30(a)、(b)所示。

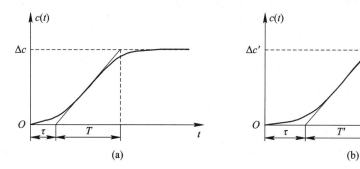

图 6-30 被控对象的阶跃响应

在图 6-30(a)所示的单位阶跃响应中，通过响应曲线的拐点作切线，可以获得延迟时间 τ，时间常数 T。定义增益为 $K=\Delta c$，则过程对象传递函数可以近似表示为

$$G_{\mathrm{p}}(s) = \frac{K}{Ts+1}\mathrm{e}^{-\tau s} \tag{6-76}$$

图中切线的斜率

$$\varepsilon = \frac{K}{T} \tag{6-77}$$

被定义为响应的飞升速度。

需要指出的是，在工业系统中通过试验获得响应曲线时，输入量是一个比较小的阶跃值 Δu。所以增益应当按照下式计算：

$$K = \frac{\Delta c}{\Delta u} \tag{6-78}$$

在图 6-30(b)中，在响应趋于稳态的区段作切线。定义延迟时间为 τ，飞升速度为

$$\varepsilon = \frac{\Delta c'}{T'} \tag{6-79}$$

则过程对象传递函数可以近似表示为

$$G_{\mathrm{p}}(s) = \frac{\varepsilon}{s}\mathrm{e}^{-\tau s} \tag{6-80}$$

同样，如果图 6-30(b)是通过现场测试获得的响应曲线，也要考虑输入量的大小。这时，式(6-79)中的 $\Delta c'$ 应改为 $\Delta c'/\Delta u$。

在获得参数 ε、τ 和 T 后，可以按照表 6-2 选择控制器参数。

表 6-2 响应曲线法参数整定表

控制作用	δ	T_{i}	T_{d}
P	$\varepsilon\tau$		
PI	$1.1\varepsilon\tau$	3.3τ	
PID	$0.85\varepsilon\tau$	2τ	0.5τ

习　　题

6.1　设某单位反馈系统的开环传递函数为

$$G_{\mathrm{K}}(s) = \frac{4K}{s(s+2)}$$

若使系统的稳态速度误差系数 $K_{\mathrm{v}} = 20 \ \mathrm{s}^{-1}$，相角裕度 γ 不小于 $50°$，幅值裕度 K_{g} 不小于 $10 \ \mathrm{dB}$，试确定系统的串联校正装置。

6.2　设一单位反馈控制系统，其开环传递函数为

$$G_{\mathrm{K}}(s) = \frac{10}{s(0.2s+1)(0.5s+1)}$$

要求具有相角裕度 $\gamma = 45°$，幅值裕度 $K_{\mathrm{g}} \geqslant 6 \ \mathrm{dB}$ 的性能指标，试分别采用串联超前校正和串联滞后校正两种方法，确定校正装置。

6.3　设单位反馈系统的开环传递函数为

$$G_{\mathrm{K}}(s) = \frac{K}{s(s+1)}$$

试设计一串联超前校正装置，使系统满足如下指标：

（1）相角裕度 $\gamma \geqslant 45°$；

（2）在单位斜坡函数输入下的稳态误差：$e_{\mathrm{ss}} \leqslant 1/15$；

（3）截止频率 $\omega_{\mathrm{c}} \geqslant 7.5(1/s)$。

6.4　已知一单位反馈控制系统，其固定不变部分传递函数 $G_0(s)$ 和串联校正装置 $G_{\mathrm{c}}(s)$ 分别如图 $6-31(\mathrm{a})$、(b) 所示。要求：

（1）写出校正后各系统的开环传递函数；

（2）分析各 $G_{\mathrm{c}}(s)$ 对系统的作用。

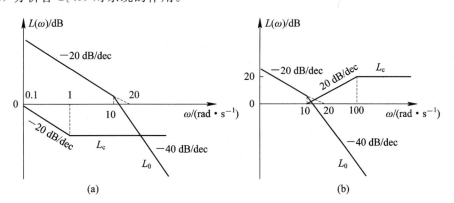

图 6-31　习题 6.4 用图（固定不变部分与校正装置的对数幅频特性图）

6.5　某单位反馈系统的开环传递函数为

$$G_{\mathrm{K}}(s) = \frac{K}{s^2(0.2s+1)}$$

要求系统的稳态加速度误差系数 $K_{\mathrm{a}} = 10$，相角裕度 $\gamma \geqslant 30°$，试设计串联校正装置。

6.6　已知单位反馈系统的开环传递函数为

$$G_K(s) = \frac{K}{s(0.05s+1)(0.2s+1)}$$

试设计串联超前校正装置,使系统的 $K_v \geqslant 5$ s^{-1},超调量 $\sigma\% \leqslant 30\%$,调节时间 $t_s \leqslant 1$ s。

6.7   设单位反馈系统的开环传递函数为

$$G_K(s) = \frac{126}{s\left(\dfrac{1}{10}s+1\right)\left(\dfrac{1}{60}s+1\right)}$$

要求设计一串联滞后-超前校正电路,使校正后系统的截止频率为 $\omega_c = 20$ rad/s,相角裕度 $\gamma \geqslant 45°$。

6.8   采用反馈校正后的系统结构如图 6-32 所示,其中 $H(s)$ 为校正装置,$G_2(s)$ 为校正对象。要求系统满足下列指标:稳态位置误差 $e_p(\infty) = 0$;稳态速度误差 $e_v(\infty) = 0.5\%$;$\gamma \geqslant 45°$。试确定反馈校正装置的参数,并求等效开环传递函数。图中

$$G_1(s) = 200, \qquad G_2(s) = \frac{10}{(0.01s+1)(0.1s+1)}, \qquad G_3(s) = \frac{0.1}{s}$$

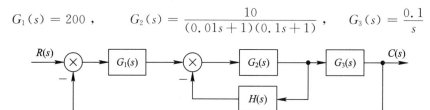

图 6-32   习题 6.8 用图(反馈校正结构图)

6.9   控制系统结构如图 6-33 所示,在该系统中采用 PID 控制器,试利用临界比例度法确定控制器的参数 K_p、T_i 和 T_d。

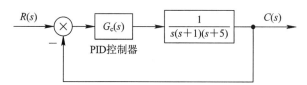

图 6-33   习题 6.9 用图(PID 控制系统结构图)

第 7 章　非线性控制系统分析

以上各章研究的都是线性系统。但严格地说，任何一个实际的控制系统，由于其组成元件总是或多或少地带有非线性特性，当控制系统中含有一个或一个以上非线性元件时，都属于非线性控制系统。

说某一种实际的物理系统是线性的，是指其某些主要性质可以充分精确地用一个线性系统近似代表。"充分精确"指实际系统和理想化了的线性系统的差别，对于某些具体研究的问题来说已小到无关紧要的程度。对于非线性程度不是很严重且输入信号很小的系统，由于其处在自动调节的小偏量运行状态，因此可将该非线性系统线性化，作为线性系统来处理。此时，所得结果是可信的。凡不能作线性化处理的非线性特性均称为"本质"型非线性，其非线性程度比较严重，输入信号变化范围很大，且其输出会产生许多用线性系统理论解释不了的现象。因此，用线性化方法处理非线性系统时得到的结论必然误差很大，甚至是完全错误的。相反，能直接进行线性化的非线性特性则称为非"本质"型非线性。

本章讨论的非线性控制系统主要是"本质"非线性系统，下面将研究其基本特性和基本分析方法：描述函数法和相平面法。

7.1　典型非线性环节与非线性特性

在控制系统中，许多控制装置或者元件的输入-输出关系呈现出特有的非线性关系。这些非线性特性所共有的基本特性是不能采用线性化的方法来处理问题的，也不符合叠加原理，因此称这类非线性特性为本质非线性。

7.1.1　典型非线性环节

典型的本质非线性特性有饱和、死区、间隙和继电器等特性。

1. 饱和特性

饱和特性是系统中最常见的一种非线性特性。具有饱和特性的元件较多，几乎各类放大器和电磁元件都会出现饱和现象。执行元件的功率限制，也是一种饱和现象。饱和特性示意图如图 7-1 所示。其数学表达式可用式(7-1)来表示：

$$y = \begin{cases} kx, & |x| \leqslant c \\ kc\,\mathrm{sgn}x, & |x| > c \end{cases} \quad (7-1)$$

式中，k 为线性区段的斜率；c 为线性段的宽度；b 为线性段高度，$b = kc$。在饱和特性中，当输入信号 x 在一

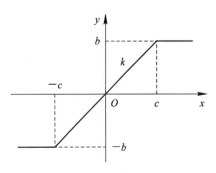

图 7-1　饱和特性

定范围内变化时，输入、输出呈线性关系；当输入信号 x 的绝对值超出一定范围时，则输出

信号不再发生变化。

饱和特性在控制系统中普遍存在。比如，调节器一般都是由电子器件组成的，输入信号不可能再大时，就形成饱和输出。有时饱和特性是在执行单元形成的，如阀门开度不能再大、电磁关系中的磁路饱和等。

饱和特性对系统的影响如下：

（1）系统在饱和特性段工作时，将使元件及系统的增益降低，因而可能使系统过渡过程的振荡情况有所减弱，稳态误差增大。

（2）若线性部分为不稳定的振荡系统，因饱和特性的限幅作用，将使系统出现稳定的等幅振荡。也有个别系统，由于饱和特性的引入使得系统的振荡情况恶化。

2. 死区特性

死区也称不灵敏区，指的是在输入信号很小时元件是没有输出的，当输入信号增加到某个值以上时，该元件才有输出。死区非线性特性示意图如图7-2所示。

其数学表达式可用式（7-2）来表示：

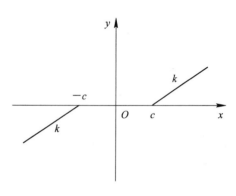

$$y = \begin{cases} 0, & |x| \leqslant c \\ k(x - c\,\mathrm{sgn}x), & |x| > c \end{cases} \quad (7-2)$$

式中，c 为死区宽度；k 为线性区的斜率。

系统中的死区一般是由测量元件、放大环节及执行机构的死区所造成的。死区特性对系统的影响如下：

图 7-2 死区特性

（1）死区特性给系统带来的最直接的影响是造成稳态误差。当系统的输入信号为斜坡函数时，死区的存在会造成系统输出在时间上的滞后。

（2）死区的加入一般会使系统的振荡情况有所减弱，这是因为在死区范围内，系统前向通路处于断开状态，这样就使得在整个过渡过程中的能量有所减少，而且能量的交换也没有无死区时那样剧烈。

（3）死区能滤去在其输入端引入的小幅度干扰，因而提高了系统的抗干扰能力。

3. 间隙特性

为保证齿轮在传动中转动灵活不发生卡死现象，齿轮之间有少量的间隙。这样当机构做反向运动时，主动齿轮总是要转过间隙内的空行程后才能推动从动齿轮转动。间隙非线性特性示意图如图7-3所示。

其数学表达式可用式（7-3）来表示：

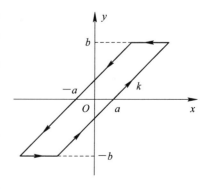

$$y = \begin{cases} k[x - a\,\mathrm{sgn}(\dot{x})], & \dot{x} \neq 0 \\ b\,\mathrm{sgn}(x), & \dot{x} = 0 \end{cases} \quad (7-3)$$

式中：a 为间隙宽度；k 为线性段的斜率。

系统中若有间隙非线性特性的元件存在，则通常会使系统的输出在相位上产生滞后，从而导致系统稳定裕

图 7-3 间隙特性

度的减小，动态性能的恶化，甚至使系统产生自激振荡。而从稳态方面考虑，间隙非线性特性相当于在控制系统中引入了死区特性。比如铁磁元件的磁滞，液压传动中的油隙等均属于间隙特性。

4. 继电特性

继电特性是最常见的非线性特性之一，是由继电器的通断过程而得名的。继电特性的输入-输出关系简单，控制装置费用低廉，因此从系统控制的早期开始至今，广泛应用于遥控、遥测、通信、自动控制、机电一体化及电力电子设备中，是最重要的控制元件之一。理想继电特性示意图如图 7 - 4(a)所示。

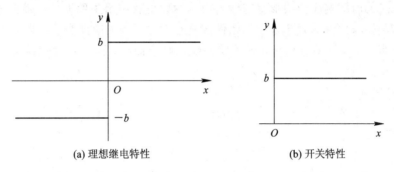

(a) 理想继电特性　　　　　　　　(b) 开关特性

图 7 - 4　继电特性

其数学表达式可用式(7 - 4)来表示：

$$y = \begin{cases} b\,\mathrm{sgn}x, & x \neq 0 \\ 0, & x = 0 \end{cases} \tag{7 - 4}$$

当输入信号为正时，输出为正的常数值 b；当输入信号为负时，输出为负的常数值 $-b$。

开关特性也属于继电特性，它是继电特性只有单边时的特例。图 7 - 4(b)即为开关特性。

从图 7 - 4 可以直观地看出，当输入为零时，曲线不连续，在该点的导数也不存在。因此信号的输入-输出关系不满足叠加原理。

7.1.2　非线性系统的特性

相对于线性系统而言，非线性系统在数学模型、稳定性、平衡状态、频率响应、时间响应等许多方面均存在显著的差别，具有线性系统所没有的许多特性，这些差别主要体现在以下几个方面。

1. 数学模型

线性系统的数学模型一般是因变量及其各阶导数的线性组合，用线性定常微分方程来表示，可以应用叠加原理。而非线性系统的数学模型一般是由非线性微分方程描述的，方程中除有因变量及其导数的线性项外，还有因变量的幂或其导数的幂等其他非线性函数形式的项，有时甚至是不连续的。叠加原理无法应用于非线性微分方程，这是两者的根本区别，也是研究非线性控制的主要困难所在。

2. 稳定性

线性系统的稳定性完全取决于系统的结构和参数，也就是说，稳定性取决于系统的特征值，而与系统的输入信号和初始条件无关。非线性系统的稳定性不仅与系统的结构和参数有关，而且还与输入信号的大小和初始条件有关。非线性系统可能有一个或多个平衡状态。同一个非线性系统，当输入信号不同(输入信号的函数形式不同，或函数形式相同但幅值不同)，或初始条件不同时，该非线性系统稳定性都可能不同。故非线性系统的稳定性问题要更为复杂，而且，当前尚无适用于分析所有非线性系统的通用方法，不能像线性系统那样，简单笼统地回答系统是否稳定。在研究非线性系统的稳定性问题时，必须明确两点：一是指明给定系统的初始状态；二是指明系统相对于哪一个平衡状态来分析稳定性。

3. 时域响应

线性系统的时域响应曲线形状与输入信号的大小及初始条件无关，而非线性系统的响应曲线形状与输入信号的大小及初始条件有直接关系。例如阶跃响应，针对不同幅值的阶跃信号输入来说，线性系统具有相同形状的输出响应曲线，而非线性系统可能具有完全不同形状的响应曲线。

4. 频率响应

线性系统在正弦信号作用下，系统的稳态输出一定是与输入同频率的正弦信号，仅在幅值和相角上与输入不同。输入信号振幅的变化，仅使输出响应的振幅成比例变化，利用这一特性，可以引入频率特性的概念来描述系统的动态特性。非线性系统的正弦响应比较复杂。在某一正弦信号作用下，其稳态输出的波形不仅与系统自身的结构与参数有关，还与输入信号的幅值大小密切相关，而且输出信号中常含有输入信号所没有的频率分量。因此，频域分析法不再适合于非线性系统。

5. 自激振荡或极限环

线性系统在等幅振荡时，系统处于临界稳定状态，只要系统中的参数稍有变化，系统就会由临界稳定状态或者趋于发散，或者变为收敛，等幅振荡将消失。所以线性系统的这种稳定是暂时性的。有些非线性系统，在初始状态的激励下，可以产生固定振幅和固定频率的周期振荡，这种周期振荡称为非线性系统的自激振荡或极限环。如果非线性系统有一个稳定的极限环，则它的振幅和频率不受扰动和初始状态的影响。

由于非线性系统的复杂性和特殊性，以及求解非线性方程的困难，至今尚无一个研究非线性系统的通用方法，工程上常用的分析非线性系统的方法有描述函数法、相平面法以及李雅普诺夫法等。本章主要讲述描述函数法、相平面法。

7.2 描述函数法

线性控制系统理论原则上不能用来分析非线性控制系统。但在一定条件下，经过近似处理后，把线性系统理论中的频率响应法的概念推广到非线性系统中来。非线性特性在输入量作正弦变化时，输出量一般都不是同频率的正弦量，但常常是周期变化的函数，其周期与输入信号的周期相同。这就是工程上常用的描述函数法。主要的分析内容是非线性系统的稳定性和自激振荡问题，一般不能给出确切的时间响应。

7.2.1 描述函数法的定义

非线性特性在进行谐波线性化之后，仿照线性系统幅相频率特性的定义，可建立非线性特性的等效幅相特性，即描述函数。

含有本质非线性环节的控制系统其结构图一般如图 7-5 所示。图中，$G(s)$ 为控制系统的线性环节，N 表示非线性元件。应用描述函数法分析非线性控制系统所作的基本假设是：非线性元件在正弦信号作用下的输出，只有基波分量起作用，而高次谐波分量均认为可以忽略。

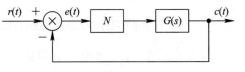

图 7-5　非线性控制系统

若在图中非线性元件 N 的输入端加一幅值为 X，频率为 ω 的正弦信号即 $e(t) = X\sin\omega t$，则其输出一般不是与输入信号 $e(t)$ 具有相同频率的正弦信号，而是一个含有高次谐波的周期性函数，用傅氏级数表示为

$$y_0 = A_0 + A_1\cos\omega t + B_1\sin\omega t + A_2\cos2\omega t + B_2\sin2\omega t + \cdots \tag{7-5}$$

假设非线性元件的特性对坐标原点是奇对称的，则直流分量 $A_0 = 0$。由于描述函数主要用于研究非线性系统的稳定性和自激振荡问题，因而可令 $r(t) = 0$。并设系统的线性部分具有良好的低通滤波器特性，能把输出中的各项高次谐波滤掉，只剩下一次谐波项，即

$$y_1 = A_1\cos\omega t + B_1\sin\omega t = Y_1\sin(\omega t + \phi_1) \tag{7-6}$$

其中

$$Y_1 = \sqrt{A_1^2 + B_1^2}, \ \phi_1 = \arctan\frac{A_1}{B_1} \tag{7-7}$$

$$A_1 = \frac{1}{\pi}\int_0^{2\pi} y\cos\omega t\,\mathrm{d}(\omega t) \tag{7-8}$$

$$B_1 = \frac{1}{\pi}\int_0^{2\pi} y\sin\omega t\,\mathrm{d}(\omega t) \tag{7-9}$$

式中，Y_1 为输出一次谐波分量的振幅；ϕ_1 为输出的一次谐波分量相对于正弦输入信号的相移。

上述的简化过程实质上是对非线性特性线性化的过程。经过上述处理后，非线性元件的输出是一个与其输入信号同频率的正弦函数，仅在幅值和相位上与输入信号有差异。注意，上述的线性化是有条件的，这些条件归纳为下列四点：

（1）系统的输入 $r(t) = 0$，非线性元件的输入信号为正弦函数，即有

$$e(t) = X\sin\omega t \tag{7-10}$$

（2）非线性元件的静特性不是时间 t 的函数；

（3）非线性元件的特性是奇对称的，因而在正弦信号作用下，非线性元件输出的直流分量为零；

（4）系统的线性部分具有良好的低通滤波器性能。对控制系统而言，这个条件一般能得到满足。显然，线性部分的阶次越高，其低通滤波性能也越好。

经过线性化处理后非线性元件的输出与输入的关系，可以用下列的复数比表示：

$$N(X) = \frac{Y_1}{X}\angle\phi_1 = \frac{\sqrt{A_1^2 + B_1^2}}{X}\angle\arctan\frac{A_1}{B_1} \tag{7-11}$$

式中，$N(X)$ 为非线性特性的描述函数；X 为正弦输入信号的振幅。

由式（7-11）可知，非线性环节的描述函数是以幅值的变化与相位的变化来描述的，类似于线性系统分析中的频率特性的定义。进而可以用线性控制理论中的频率法分析非线性

控制系统。

7.2.2 典型非线性特性的描述函数

非线性元件的描述函数计算可按以下步骤进行：

（1）非线性元件的输入为 $r(t) = A\sin\omega t$，根据非线性元件的特性，确定其输出的 $y(t)$ 函数表达式或波形；

（2）由波形分析输出量 $y(t)$ 的对称性，根据式（7-8）、式（7-9）计算 A_1、B_1；

（3）根据式（7-11）求得描述函数。

1. 饱和特性的描述函数

饱和特性的数学表达式为

$$y = \begin{cases} kx, & |x| \leqslant c \\ kc\,\mathrm{sgn}x, & |x| > c \end{cases}$$

设输入信号为正弦信号 $r(t) = A\sin\omega t$，显然，当 $A \leqslant c$ 时，输入与输出完全是线性关系，没有非线性影响。当 $A > c$ 时，才进入非线性区。根据饱和非线性元件的特性，其输出波形如图 7-6 所示。

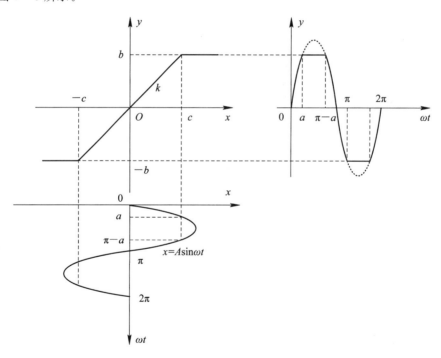

图 7-6 饱和非线性输入-输出波形

其输出的数学表达式为

$$y = \begin{cases} kA\sin\omega t, & 0 \leqslant \omega t < a \\ kc, & a \leqslant \omega t < (\pi - a) \\ kA\sin\omega t, & (\pi - a) \leqslant \omega t \leqslant \pi \end{cases} \tag{7-12}$$

式中，$a = \arcsin\dfrac{c}{A}$。

考虑到饱和非线性特性为单值奇对称，故有 $A_0 = 0$，$A_1 = 0$。

$$B_1 = \frac{1}{\pi}\int_0^{2\pi} y(t)\sin\omega t\, \mathrm{d}(\omega t)$$

$$= \frac{2}{\pi}\Big[\int_0^a y(t)\sin\omega t\, \mathrm{d}(\omega t) + \int_a^{\pi-a} y(t)\sin\omega t\, \mathrm{d}(\omega t) + \int_{\pi-a}^{\pi} y(t)\sin\omega t\, \mathrm{d}(\omega t)\Big]$$

$$= \frac{2}{\pi}\Big[\int_0^a kA\,\sin^2\omega t\, \mathrm{d}(\omega t) + \int_a^{\pi-a} a\sin\omega t\, \mathrm{d}(\omega t) + \int_{\pi-a}^{\pi} kA\,\sin^2\omega t\, \mathrm{d}(\omega t)\Big]$$

$$= \frac{2kA}{\pi}\Big[a + \frac{c}{A}\cos a\Big] = \frac{2kA}{\pi}\Big[\arcsin\frac{c}{A} + \frac{c}{A}\sqrt{1 - \Big(\frac{c}{A}\Big)^2}\Big]$$

由此可得饱和非线性的描述函数为

$$N(A) = \frac{B_1}{A} = \frac{2k}{\pi}\Big[\arcsin\frac{c}{A} + \frac{c}{A}\sqrt{1 - \Big(\frac{c}{A}\Big)^2}\Big] \quad (A > c) \tag{7-13}$$

饱和特性的描述函数是输入量等幅值的实函数，相当于增益可变的放大环节。式中，$A > c$ 时，总有 $N(A) < k$。

2. 死区特性的描述函数

死区非线性环节的输入-输出特性及其输入-输出波形如图 7-7 所示。

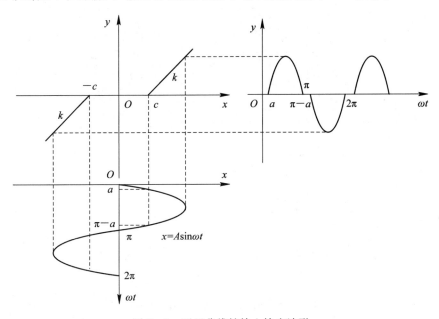

图 7-7　死区非线性输入输出波形

当输入正弦信号的幅值 $A \leqslant c$ 时，输出为 0；当 $A > c$ 时，输出波形为正弦波的上半部分，其数学表达式为

$$y(t) = \begin{cases} 0, & 0 \leqslant \omega t < a \\ k(A\sin\omega t - c), & a \leqslant \omega t < \pi - a \\ 0, & \pi - a \leqslant \omega t \leqslant \pi \end{cases} \tag{7-14}$$

式中，$a = \arcsin\dfrac{c}{A}$。

考虑到死区特性也是单值奇对称，由式(7-8)、式(7-9)可得

$$A_0 = 0, \ A_1 = 0$$

$$B_1 = \frac{1}{\pi}\int_0^{2\pi} y(t)\sin\omega t\,\mathrm{d}(\omega t) = \frac{2}{\pi}\left[\int_0^{\pi} y(t)\sin\omega t\,\mathrm{d}(\omega t)\right]$$

$$= \frac{4}{\pi}\left[\int_0^{\frac{\pi}{2}} kA\,\sin^2\omega t\,\mathrm{d}(\omega t) - \int_0^{\frac{\pi}{2}} c\sin\omega t\,\mathrm{d}(\omega t)\right]$$

$$= \frac{4kA}{\pi}\left[\int_a^{\frac{\pi}{2}} kA\,\sin^2\omega t\,\mathrm{d}(\omega t) - \frac{c}{A}\int_a^{\frac{\pi}{2}} c\sin\omega t\,\mathrm{d}(\omega t)\right]$$

$$= \frac{2kA}{\pi}\left[\frac{\pi}{2} - \arcsin\frac{c}{A} - \frac{c}{A}\sqrt{1-\left(\frac{c}{A}\right)^2}\right]$$

由此可得饱和非线性的描述函数为

$$N(A) = \frac{B_1}{A} = \frac{2k}{\pi}\left[\frac{\pi}{2} - \arcsin\frac{c}{A} - \frac{c}{A}\sqrt{1-\left(\frac{c}{A}\right)^2}\right], \ A > c \qquad (7\text{-}15)$$

3. 间隙特性的描述函数

间隙非线性环节的输入-输出特性及其输入-输出波形如图 7-8 所示。

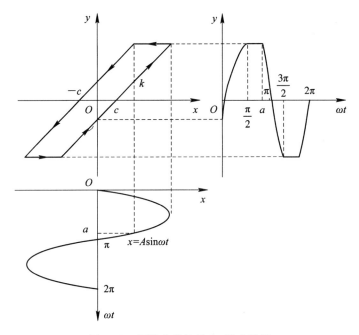

图 7-8　间隙非线性输入-输出波形

由图可见，$y(t)$ 相对于 $x(t)$ 有时间滞后，其数学表达式为

$$y(t) = \begin{cases} k(A\sin\omega t - c), & 0 \leqslant \omega t < \dfrac{\pi}{2} \\[2mm] k(A - c), & \dfrac{\pi}{2} \leqslant \omega t < a \\[2mm] k(A\sin\omega t + c), & a \leqslant \omega t \leqslant \pi \end{cases} \qquad (7\text{-}16)$$

间隙特性为非单值奇对称，它在正弦信号作用下的输出特性 $y(t)$ 为非奇非偶函数，但仍为 $180°$ 镜对称函数，式 $(7\text{-}16)$ 列出了 $0\sim\pi$ 区间的表达式。由式 $(7\text{-}8)$、式 $(7\text{-}9)$ 可得

$$A_0 = 0$$

$$A_1 = \frac{2k}{\pi}\left[\int_0^{\frac{\pi}{2}}(A\sin\omega t - c)\cos\omega t\,\mathrm{d}(\omega t) + \int_{\frac{\pi}{2}}^a (A - c)\cos\omega t\,\mathrm{d}(\omega t) + \right.$$

$$\left.\int_a^\pi (A\sin\omega t + c)\cos\omega t\,\mathrm{d}(\omega t)\right]$$

$$= \frac{4kc}{\pi}\left(\frac{c}{A} - 1\right)$$

$$B_1 = \frac{2k}{\pi}\left[\int_0^{\frac{\pi}{2}}(A\sin\omega t - c)\sin\omega t\,\mathrm{d}(\omega t) + \int_{\frac{\pi}{2}}^a (A - c)\sin\omega t\,\mathrm{d}(\omega t) + \right.$$

$$\left.\int_a^\pi (A\sin\omega t + c)\sin\omega t\,\mathrm{d}\omega t\right]$$

$$= \frac{kA}{\pi}\left[\frac{\pi}{2} + \int_a^{\frac{\pi}{2}}\arcsin\left(1 - \frac{2c}{A}\right) + 2\left(1 - \frac{2c}{A}\right)\sqrt{\frac{c}{A}\left(1 - \frac{c}{A}\right)}\right]$$

间隙特性的描述函数为

$$N(A) = \frac{B_1 + \mathrm{j}A_1}{A} = \frac{k}{\pi}\left[\frac{\pi}{2} + \arcsin\left(1 - \frac{2c}{A}\right) + 2\left(1 - \frac{2c}{A}\right)\sqrt{\frac{c}{A}\left(1 - \left(\frac{c}{A}\right)^2\right)}\right], A > c$$

$$(7 - 17)$$

由上式可知，间隙特性的描述函数是 A 的复函数，因为 $A > c$，所以其虚部为负，这说明间隙特性会造成相位滞后。

4. 理想继电特性的描述函数

理想继电非线性环节的输入-输出特性及其输入-输出波形如图 7-9 所示。

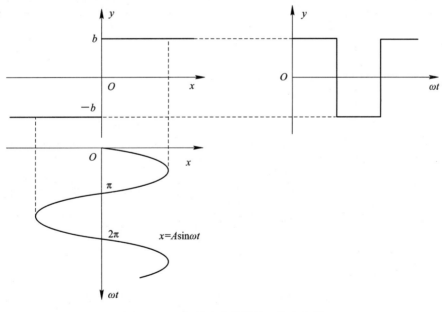

图 7-9 理想继电非线性输入输出波形

由图可知，理想继电非线性环节的特性是斜对称的，所以有

$$A_0 = 0, \ A_1 = 0$$

$$B_1 = \frac{1}{\pi}\int_0^{2\pi}y(t)\sin\omega t\,\mathrm{d}(\omega t) = \frac{2}{\pi}\int_0^\pi b\sin\omega t\,\mathrm{d}(\omega t) = \frac{4b}{\pi}$$

因此，继电非线性特性的描述函数为

$$N(A) = \frac{4b}{\pi A} \tag{7-18}$$

除以上非线性环节的描述函数外，表 7 - 1 列出了一些其他非线性特性及其描述函数。

表 7 - 1　非线性特性及其描述函数

非线性类型	非线性特性图	描述函数
有死区的继电特性	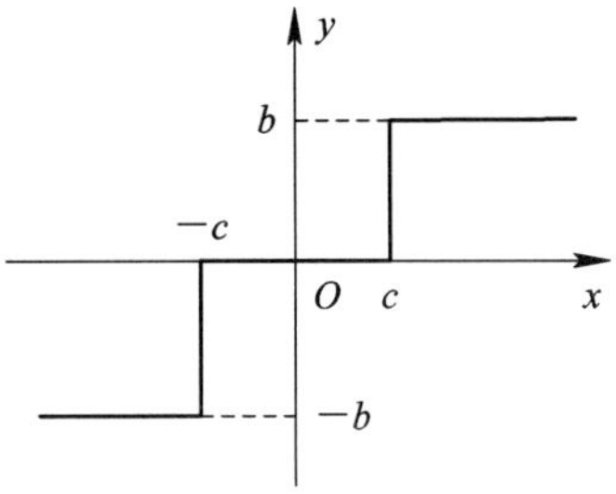	$\dfrac{kb}{\pi A}\sqrt{1-\left(\dfrac{c}{A}\right)^2}\,,\ A>c$
有滞环的继电特性	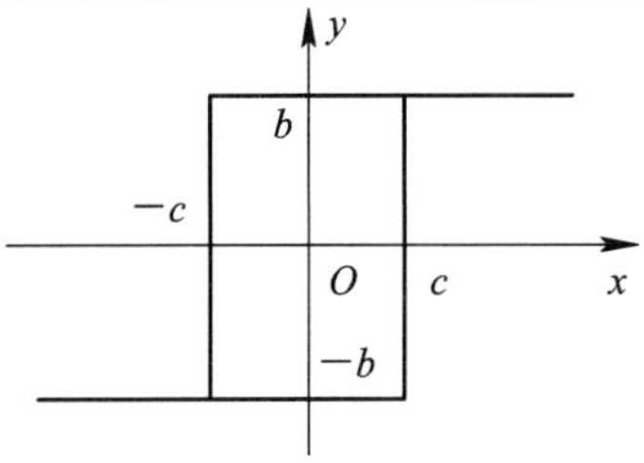	$\dfrac{4b}{\pi A}\sqrt{1-\left(\dfrac{c}{A}\right)^2}-\mathrm{j}\,\dfrac{4bc}{\pi A^2}\,,\ A>c$
有死区与滞环的继电特性	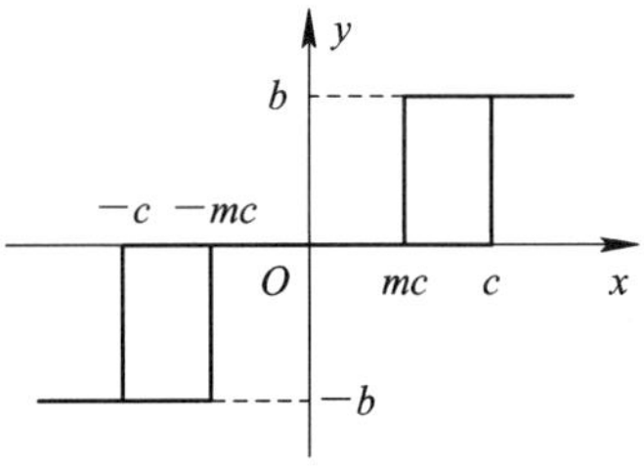	$\dfrac{2b}{\pi A}\sqrt{1-\left(\dfrac{mc}{A}\right)^2}+\sqrt{1-\left(\dfrac{c}{A}\right)^2}+\mathrm{j}\,\dfrac{2bc}{\pi A^2}(m-1)\,,$ $A>c$
有死区的饱和特性	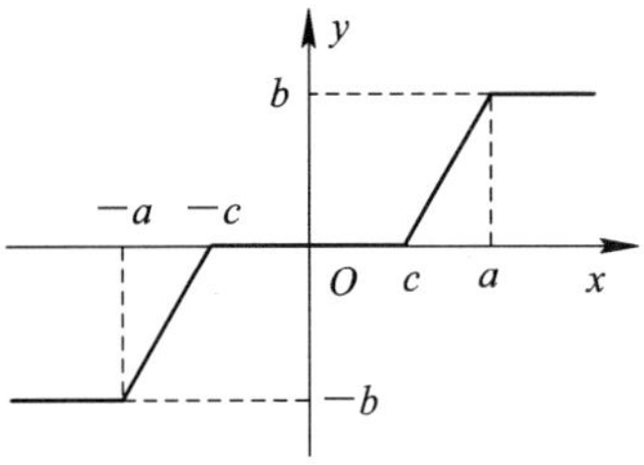	$\dfrac{2b}{\pi}\left[\arcsin\dfrac{a}{A}-\arcsin\dfrac{c}{A}+\dfrac{a}{A}\sqrt{1-\left(\dfrac{a}{A}\right)^2}-\dfrac{c}{A}\sqrt{1-\left(\dfrac{c}{A}\right)^2}\right]\,,\ A>a$
变增益特性	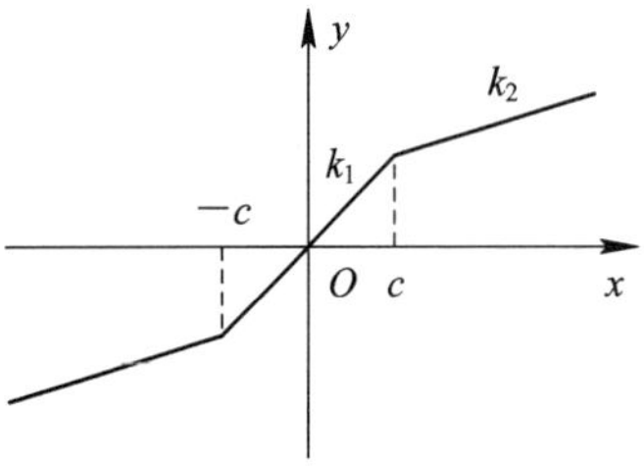	$k_2+\dfrac{2(k_1-k_2)}{\pi}\left[\arcsin\dfrac{c}{A}+\dfrac{c}{A}\sqrt{1-\left(\dfrac{c}{A}\right)^2}\right]\,,$ $A>c$

续表

非线性 类型	非线性特性图	描述函数
有死区的 线性特性	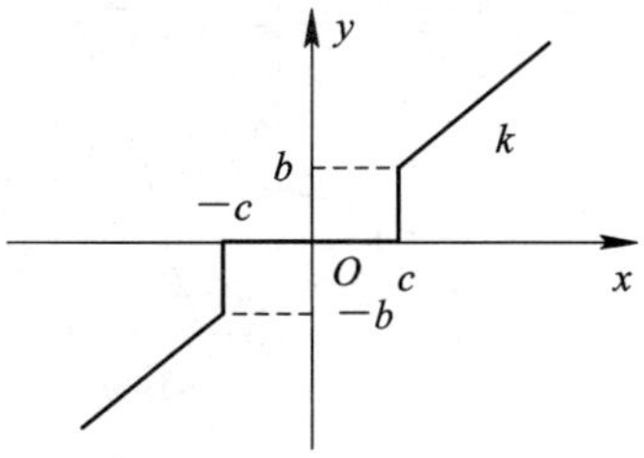 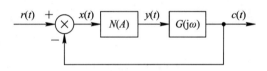	$k - \dfrac{2k}{\pi}\arcsin\dfrac{c}{A} + \dfrac{4b-2kc}{\pi A}\sqrt{1 - \left(\dfrac{c}{A}\right)^2},$ $A > c$

7.2.3　用描述函数法分析非线性系统

描述函数只是表示非线性环节在正弦输入信号下，其输出的一次谐波分量与输入正弦信号之间的关系，故而不可能像线性系统中的频率特性那样全面地表征系统的性能，只能近似地用于分析非线性系统的稳定性和自激振荡。

1. 稳定性分析

非线性系统一般可以转化为由非线性部分和线性部分串联而成的形式。若非线性部分满足应用描述函数法的条件，则可用描述函数 $N(A)$ 表示，线性部分可用频率特性 $G(j\omega)$ 表示，如图 7-10 所示。这时，非线性系统可以看

图 7-10　非线性系统等效为线性系统

成一个等效的线性系统，就可以使用线性系统理论中的频率判据来判断闭环系统的稳定性。

由图 7-10 可得闭环系统的频率特性为

$$G_{\text{B}}(j\omega) = \frac{C(j\omega)}{R(j\omega)} = \frac{N(A)G(j\omega)}{1 + N(A)G(j\omega)} \tag{7-19}$$

由上式可得闭环系统的特征方程为

$$1 + N(A)G(j\omega) = 0 \tag{7-20}$$

假设 $N(A) = 1$，即不存在非线性环节，则闭环特征方程为

$$G(j\omega) = -1 + \text{j}0 \tag{7-21}$$

由奈氏判据可知，若系统开环稳定，则：当 $G(j\omega)$ 曲线不包围$(-1, \text{j}0)$点时，系统是稳定的；当 $G(j\omega)$ 曲线包围$(-1, \text{j}0)$点时，系统是不稳定的；当 $G(j\omega)$ 曲线穿过$(-1, \text{j}0)$点时，系统临界稳定，这时将产生等幅振荡。

当 $N(A) \neq 1$ 时，式(7-20)可以写为

$$G(j\omega) = -\frac{1}{N(A)} \tag{7-22}$$

称 $-1/N(A)$ 为非线性特性的负倒描述函数。非线性系统满足式(7-22)，与线性系统中 $G(j\omega)$ 曲线穿过临界点$(-1, \text{j}0)$相似，故式(7-22)就是非线性系统产生自激振荡的条件，复平面上的 $-1/N(A)$ 曲线即为临界线。在复平面上同时绘出 $G(j\omega)$ 和 $-1/N(A)$ 曲线，如图 7-11 所示。

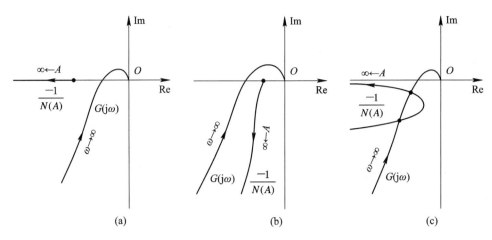

图 7-11   非线性系统的稳定性分析

类似地,就可以根据它们的相对位置来判断非线性系统的稳定性,在非线性系统中,可将奈氏判据推广为

(1) 如果 $G(j\omega)$ 曲线不包围 $-1/N(A)$ 曲线,如图 7-11(a) 所示,则非线性系统稳定;

(2) 如果 $G(j\omega)$ 曲线包围了 $-1/N(A)$ 曲线,如图 7-11(b) 所示,则非线性系统不稳定;

(3) 如果 $G(j\omega)$ 曲线与 $-1/N(A)$ 曲线相交,如图 7-11(c) 所示,则在非线性系统中产生周期性振荡,振荡的振幅由 $-1/N(A)$ 曲线在交点处的 A 值决定,而振荡的频率由 $G(j\omega)$ 曲线在交点处的频率 ω 决定。

2. 自激振荡分析

显然,$G(j\omega)$ 曲线与 $-1/N(A)$ 曲线的交点满足式(7-22),并对应一个等幅振荡运动,稳定的等幅振荡称为非线性系统的自激振荡(自振)。稳定的等幅振荡是指系统受到轻微扰动作用后偏离原来的运动状态,在扰动消失后,系统的运动重新收敛于原来的等幅持续振荡。

确定自振状态需要判断在周期运动解附近,当 A 变化 ΔA 以后系统的稳定性。如图 7-12 所示,$G(j\omega)$ 曲线与 $-1/N(A)$ 曲线有 a,b 两个交点,并对应两个等幅振荡。在 a 点,振幅为 A_a、频率为 ω_a,假设扰动使振荡的振幅略有增大,这时工作点将沿 $-1/N(A)$ 曲线由 a 点移动到 c 点。由于 $G(j\omega)$ 曲线不包围 c 点,系统出现的振荡过程是收敛的,周期振荡的振幅要衰减,逐步恢复到 A_a,并返回到工作点 a;反之,假设扰动使振荡的振幅略有减少,这时工作点将沿 $-1/N(A)$ 曲线由 a 点移动到 d 点。由于 $G(j\omega)$ 曲线包围 d 点,故此时系统不稳定,输出将会发散,结果会

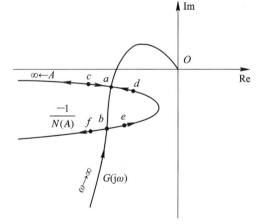

图 7-12   等幅振荡的稳定性分析

使输出振幅变大,工作点又从 d 点返回到 a 点。由此可见,a 点是稳定的工作点,可以形成

自激振荡。

同理，通过对 b 点的工作状态进行分析，可知 b 点不是稳定的工作点，不能形成自激振荡。另外，自振的振幅和频率除了用图解法（即曲线交点处的 A、ω 值）外，也可以使用解析法，即通过求解非线性系统的特征方程式(7 - 20)，或者联立求解下列方程：

$$\begin{cases} |G(\mathrm{j}\omega)N(A)| = 1 \\ \angle G(\mathrm{j}\omega)N(A) = -\pi \end{cases} \tag{7-23}$$

综合上述分析过程，可以归结出判断稳定自振点的简便方法如下：在复平面上，将被 $G(\mathrm{j}\omega)$ 曲线所包围的区域视为不稳定区域，而不被 $G(\mathrm{j}\omega)$ 曲线所包围的区域视为稳定区域。若交点处的 $-1/N(A)$ 曲线沿着振幅 A 增大的方向由不稳定区进入稳定区，则该交点为稳定的等幅振荡。反之，若 $-1/N(A)$ 曲线沿着振幅 A 增大的方向在交点处由稳定区进入不稳定区，则该交点为不稳定的等幅振荡。

例 7 - 1　具有饱和非线性的控制系统如图 7 - 13 所示。

(1) 试求 $K = 15$ 时系统的自由运动状态；

(2) 欲使系统稳定工作，K 的临界稳定值应是多少？

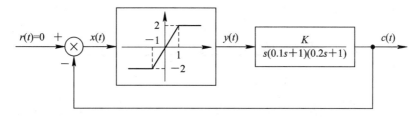

图 7 - 13　例 7 - 1 之非线性控制系统结构图

解：(1) 饱和非线性的描述函数为

$$N(A) = \frac{2k}{\pi}\left[\arcsin\frac{c}{A} + \frac{c}{A}\sqrt{1 - \left(\frac{c}{A}\right)^2}\right],\ A > c$$

由图 7 - 13 可知，$k = 2$，$c = 1$，代入上式，可得

$$-\frac{1}{N(A)} = \frac{\pi}{4\left[\arcsin\dfrac{1}{A} + \dfrac{1}{A}\sqrt{1 - \left(\dfrac{1}{A}\right)^2}\right]}$$

当 $A = 1$ 时，$-1/N(A) = -0.5$；当 $A \to +\infty$ 时，$-1/N(A) \to -\infty$；由上式可知 $-1/N(A)$ 虚部为零，故 $-1/N(A)$ 位于负实轴上的 $-0.5 \sim -\infty$ 范围内。

由线性部分的传递函数可得频率特性为

$$G(\mathrm{j}\omega) = \frac{K}{\mathrm{j}\omega(\mathrm{j}0.1\omega + 1)(\mathrm{j}0.2\omega + 1)} = \frac{K[-0.3\omega - \mathrm{j}(1 - 0.02\omega^2)]}{\omega(0.0004\omega^4 + 0.5\omega^2 + 1)}$$

令 $\mathrm{Im}[G(\mathrm{j}\omega)] = 0$，可求得 $G(\mathrm{j}\omega)$ 曲线与负实轴交点的频率为

$$1 - 0.02\omega_x^2 = 0 \Rightarrow \omega_x = \sqrt{50} = 7.07$$

将 $K = 15$ 及 ω_x 代入频率特性表达式，可得 $G(\mathrm{j}\omega)$ 曲线与负实轴交点的坐标为

$$\left.\frac{K[-0.3\omega_x - \mathrm{j}(1 - 0.02\omega_x^2)]}{\omega_x(0.0004\omega_x^4 + 0.5\omega_x^2 + 1)}\right|_{\omega_x = \sqrt{50}} = -\frac{K}{15} = -1$$

在复平面上绘出 $K = 15$ 时的 $G(\mathrm{j}\omega)$ 曲线以及 $-1/N(A)$ 曲线，如图 7 - 14 所示。由图

可见，$G(j\omega)$ 曲线与 $-1/N(A)$ 曲线交于 $(-1,j0)$ 点。根据负倒描述函数的表达式及交点，可得

$$\frac{\pi}{4\left[\arcsin\dfrac{1}{A}+\dfrac{1}{A}\sqrt{1-\left(\dfrac{1}{A}\right)^2}\right]}=-1\Rightarrow A=2.5$$

根据推广的奈氏判据可知，交点处所对应的等幅振荡 $2.5\sin7.07t$ 是稳定的。故 $K=15$ 时非线性系统工作在自激振荡状态，且自振的振幅和频率分别为 $A=2.5$，$\omega=7.07$。

（2）由于 $G(s)$ 的极点均在 s 左半平面，所以，欲使系统稳定工作而不出现自激振荡，应使 $G(j\omega)$ 曲线不包围 $-1/N(A)$ 曲线，由式（7-22）及负实轴交点的坐标可知，应有

$$-\frac{K}{15}\geqslant-0.5$$

即 $K\leqslant7.5$。若取 $K<7.5$，则两曲线不会相交，此时系统是稳定的，不会产生自激振荡，故 K 的临界稳定值为 $K_{\max}=7.5$。临界稳定时的曲线如图 7-14 所示。

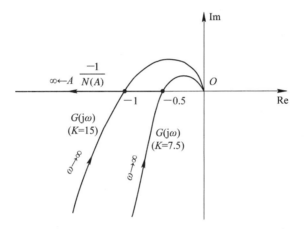

图 7-14　例 7-1 之 $G(j\omega)$ 曲线与负倒描述函数曲线

7.3　相平面法

相平面法是由庞加莱于 1895 年首先提出来的。该方法通过图解法将一阶系统和二阶系统的运动过程转化为位置和速度平面上的相轨迹，从而比较直观、形象、准确地反映系统的稳定性、平衡状态和稳态精度，以及初始条件和参数对系统运动的影响。该方法的特点是相轨迹的绘制方法步骤简单，计算量小，特别适用于分析常见非线性特性和一、二阶线性环节组合而成的非线性系统。

7.3.1　相平面法的基本概念

设二阶系统可用常微分方程描述如下：

$$\ddot{x}=f(x,\dot{x})\tag{7-24}$$

式中：$f(x,\dot{x})$ 是 $x(t)$ 和 $\dot{x}(t)$ 的线性或非线性函数。该方程的解可以用 $x(t)$ 的时间函数曲线表示，也可以用 $\dot{x}(t)$ 和 $x(t)$ 的关系曲线表示，而 t 为参变量。$x(t)$ 和 $\dot{x}(t)$ 称为系统运动

的相变量(状态变量)，以 $x(t)$ 为横坐标，$\dot{x}(t)$ 为纵坐标构成的直角坐标平面称为相平面。相变量从初始时刻 t_0 对应的状态点 $(x_0, \dot{x}_0)$ 起，随着时间 t 的推移，在相平面上运动形成的曲线称为相轨迹。在相轨迹上，用箭头符号表示参变量时间 t 的增加方向。根据微分方程解的存在与唯一性定理，对于任一给定的初始条件，相平面上有一条相轨迹与之对应。多个初始条件下的运动对应多条相轨迹，形成相轨迹簇，而由一簇相轨迹所形成的图形称为相平面图。

　　若已知 $x(t)$ 和 $\dot{x}(t)$ 的时间曲线如图 7 - 15(b)和(c)所示，则可根据任一时间点的 $x(t)$ 和 $\dot{x}(t)$ 的值，得到以 $x(t)$ 为横坐标、$\dot{x}(t)$ 为纵坐标的相平面上对应的点，并由此获得一条相轨迹，如图 7 - 15(a)所示。

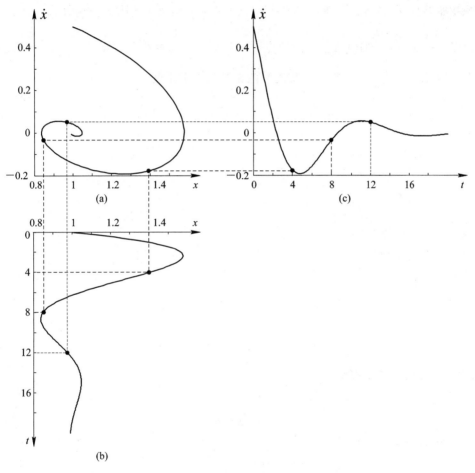

图 7 - 15　相轨迹曲线图

7.3.2　线性系统的相轨迹

　　线性系统是非线性系统的特例，对于许多非线性一阶和二阶系统(系统所含非线性环节可用分段折线表示)，常可以分成多个区间进行研究。而在每个区间内，非线性系统的运动特性可用线性微分方程描述。此外，对于某些非线性微分方程，为研究各平衡状态附近的运动特性，可在平衡点附近作小偏差法近似处理，即对非线性微分方程两端的各非线性函数作泰勒级数展开，并取一次近似项，获得平衡点处的增量线性微分方程。因此，研究线性一阶、二阶系统的相轨迹及其特点是十分必要的。下面讨论线性一阶、二阶系统自由运动的相轨迹，所得结论可作为非线性一、二阶系统相平面分析的基础。

1. 线性一阶系统的相轨迹

描述线性一阶系统自由运动的微分方程为

$$T\dot{x} + x = 0$$

相轨迹方程为

$$\dot{x} = -\frac{1}{T}x \qquad (7-25)$$

设系统初始条件 $x(0) = x_0$，则 $\dot{x}(0) = \dot{x}_0 = -\frac{1}{T}x_0$，相轨迹如图 7-16 所示。

由图 7-16 可知，相轨迹位于过原点、斜率为 $-\frac{1}{T}$ 的直线上。当 $T < 0$ 时，相轨迹沿该直线发散至无穷；当 $T > 0$ 时，相轨迹沿该直线收敛于原点。

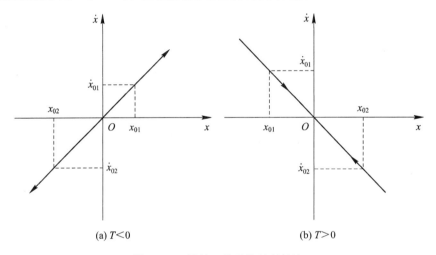

(a) $T < 0$ 　　　　　 (b) $T > 0$

图 7-16　线性一阶系统的相轨迹

2. 线性二阶系统的相轨迹

描述线性二阶系统自由运动的微分方程为

$$\ddot{x} + 2\xi\omega_n\dot{x} + \omega_n^2 x = 0 \qquad (7-26)$$

取相变量为 $x, \dot{x}$，上式化为

$$\begin{cases} \dfrac{\mathrm{d}x}{\mathrm{d}t} = \dot{x} \\ \dfrac{\mathrm{d}\dot{x}}{\mathrm{d}t} = \ddot{x} = -2\xi\omega_n\dot{x} - \omega_n^2 x \end{cases}$$

或

$$\frac{\mathrm{d}\dot{x}}{\mathrm{d}t} = -\frac{2\xi\omega_n\dot{x} + \omega_n^2 x}{\dot{x}} \qquad (7-27)$$

线性二阶系统运动的性质取决于特征根的分布，主要有以下几种情况。

1）无阻尼运动（$\zeta = 0$）

此时特征方程的根为一对共轭虚根，方程（7-27）变为

$$\frac{\mathrm{d}\dot{x}}{\mathrm{d}x} = -\frac{\omega_n^2 x}{\dot{x}} \tag{7-28}$$

对式(7-28)分离变量并积分,得

$$\frac{\dot{x}^2}{\omega_n^2} + x^2 = A^2 \tag{7-29}$$

式中,A 是初始条件决定的积分常数。对于不同的初始条件,式(7-29)表示的运动轨迹是一簇同心的椭圆,每一个椭圆对应一个等幅振荡,如图 7-17 所示。

2) 欠阻尼运动(0<ζ<1)

欠阻尼时,特征方程的根为一对具有负实部的共轭复根,方程的解为

$$x(t) = Ae^{-\zeta\omega_n^2}\sin(\omega_d t + \varphi)$$

式中:A,φ 都是由初始条件决定的常数。

$$\omega_d = \omega_n\sqrt{1-\zeta^2}$$

欠阻尼状态的响应曲线是一振荡衰减曲线,其稳态值为 $x=0$,$\dot{x}=0$。据此可知其相轨迹必然是逐渐卷向原点的一簇曲线,数学推导可以证明此时的相轨迹为一簇对数螺旋线,如图 7-18 所示。

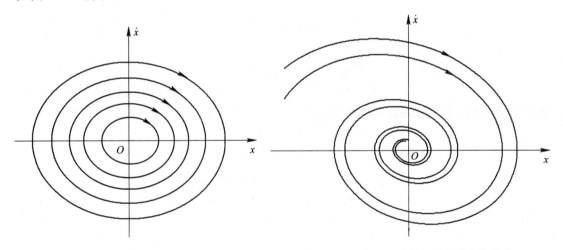

图 7-17　无阻尼线性二阶系统的相轨迹　　　　　图 7-18　欠阻尼线性二阶系统的相轨迹

由图 7-18 可以看出,无论初始条件如何,经过衰减振荡,系统最终趋于平衡点即坐标原点。

3) 过阻尼运动 (ζ>1)

过阻尼时,特征方程的根为两个负实根,由第 3 章的分析可知,系统运动形式为单调衰减,其表达式为

$$x(t) = A_1 e^{s_1 t} + A_2 e^{s_2 t}$$

式中,A_1,A_2 为初始条件决定的常数;s_1,s_2 为特征根。

过阻尼系统在各种初始条件下的响应均单调地衰减到零,其对应的相轨迹单调地趋于平衡点——原点,如图 7-19 所示。可以证明,此种情况下的相轨迹是一簇通过原点的抛物线,系统的暂态分量为非振荡衰减形式,存在两条特殊的等倾线,其斜率分别为

$$k_1 = s_1 = -\zeta\omega_n + \omega_n\sqrt{\zeta^2-1} < 0 \tag{7-30}$$

$$k_2 = s_2 = -\xi\omega_n - \omega_n\sqrt{\zeta^2 - 1} < k_1 \qquad (7-31)$$

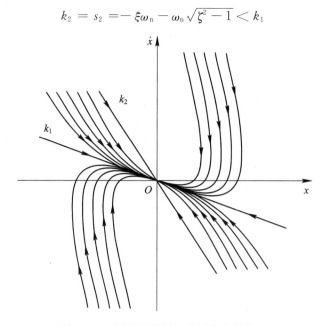

图 7 - 19   过阻尼线性二阶系统的相轨迹

4）负阻尼运动（$\zeta < 0$）

此种情况下系统处于不稳定状态，按照特征根的不同分布，可分为两种情况予以讨论。

（1）当$-1 < \zeta < 0$时，系统的特征根为一对具有正实部的共轭复数根，系统的自由运动为发散振荡形式，此时的相轨迹是一簇从原点向外卷的离心螺旋线，如图 7 - 20 所示。

（2）当$\zeta < -1$时，系统的特征根为两个正实根，即

$$s_{1,2} = |\zeta|\omega_n \pm \omega_n\sqrt{\zeta^2 - 1}$$

系统的自由运动呈非振荡发散形式，此时的相轨迹存在两条特殊的等倾线，其斜率分别为$k_1 = s_1$和$k_2 = s_2$。相轨迹的形式与$\zeta > 1$的情况相同，只是运动方向相反，是一簇从原点出发向外单调发散的抛物线，如图 7 - 21 所示。

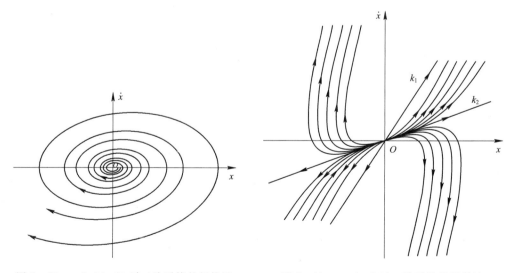

图 7 - 20 $-1 < \zeta < 0$ 时二阶系统的相轨迹   图 7 - 21 $\zeta < -1$ 时二阶系统的相轨迹

7.3.3　相轨迹的性质

1. 相轨迹的斜率

相轨迹在相平面上任意一点 $(x,\dot{x})$ 处的斜率为

$$\frac{\mathrm{d}\dot{x}}{\mathrm{d}x}=\frac{\mathrm{d}\dot{x}/\mathrm{d}t}{\mathrm{d}x/\mathrm{d}t}=\frac{f(x,\dot{x})}{\dot{x}} \tag{7-32}$$

只要在点 $(x,\dot{x})$ 处不同时满足 $\dot{x}=0$ 和 $f(x,\dot{x})=0$，则相轨迹的斜率就是一个确定的值。这样，通过该点的相轨迹不可能多于一条，即相轨迹不会在该点相交。这些点是相平面上的普通点。式(7-32)称为相轨迹方程。

2. 相轨迹的奇点

相平面上同时满足 $\dot{x}=0$ 和 $f(x,\dot{x})=0$ 的点处，相轨迹的斜率为

$$\frac{\mathrm{d}\dot{x}}{\mathrm{d}x}=\frac{f(x,\dot{x})}{\dot{x}}=\frac{0}{0}$$

由上式可知，相轨迹的斜率不确定，通过该点的相轨迹可能是多条，且彼此的斜率也不相同，即相轨迹曲线簇在该点相交。这些点称为奇点。显然，奇点只分布在相平面的 x 轴上。由于在奇点处，$\ddot{x}=\dot{x}=0$，故奇点也称为平衡点。

3. 相轨迹通过 x 轴的斜率

相轨迹总是以垂直方向穿过 x 轴的。因为在 x 轴上的所有的点均满足 $\dot{x}=0$，所以除去 $f(x,\dot{x})=0$ 的奇点外，在其他点上的斜率 $\mathrm{d}\dot{x}/\mathrm{d}x\rightarrow\infty$。这表示相轨迹与相平面的 x 轴是正交的。

4. 相轨迹的运动方向

在相平面的上半平面，当 $\dot{x}>0$，系统状态沿相轨迹曲线运动的方向是 x 增大的方向，即向右运动；在相平面下半平面有 $\dot{x}<0$，系统状态沿相轨迹曲线运动的方向是向左运动。总的来说，相轨迹上的点总是按顺时针方向运动的，即相轨迹上箭头的方向是顺时针方向。

5. 相轨迹的对称性

相平面图的对称性可以从对称点上的相轨迹的斜率来判断。若相轨迹关于 x 轴对称，则在对称点 $(x,\dot{x})$ 和 $(x,-\dot{x})$ 上，相轨迹的斜率大小相等，符号相反，故 $f(x,\dot{x})$ 应是 $\dot{x}$ 的偶函数；若相轨迹关于 $\dot{x}$ 轴对称，则在对称点 $(x,\dot{x})$ 和 $(-x,\dot{x})$ 上，相轨迹的斜率大小相等，符号相反，故 $f(x,\dot{x})$ 应是 x 的奇函数；若相轨迹关于原点对称，则在对称点 $(x,\dot{x})$ 和 $(-x,-\dot{x})$ 上，相轨迹的斜率相同，故有

$$\frac{f(x,\dot{x})}{\dot{x}}=\frac{f(-x,-\dot{x})}{-\dot{x}}\Rightarrow f(x,\dot{x})=-f(-x,-\dot{x})$$

7.4　相轨迹的作图法

应用相平面法分析非线性系统，首要问题就是绘制相平面图。绘制方法主要有两种，即解析法、图解法。当系统模型是简单的或分段线性的微分方程时，可以直接采用解析法对系统进行分析，并在相平面中直接画出系统的相轨迹。但还有很多系统模型的微分方程用解析法求解比较困难，甚至是不可能的，这时应当采用图解法进行分析，图解法可以直接给出相平面上的相轨迹图，避免对系统微分方程直接求解的难题。

7.4.1 解析法

解析法通过求解系统微分方程找出 x 和 $\dot{x}$ 的解析关系，从而在相平面上绘制相轨迹。解析法又可分为参变量法和分离变量积分法两种方法。

1. 参变量法

参变量法直接求解原微分方程，得到 $x(t)$ 和 $\dot{x}(t)$，然后再消去 t 而得到 x 和 $\dot{x}$ 的关系式，或者视 t 为参变量，给定一组 t 值，算出对应的 x 和 $\dot{x}$ 的值，并画出相轨迹曲线。

2. 分离变量积分法

因为有

$$\ddot{x} = \frac{\mathrm{d}\dot{x}}{\mathrm{d}t} = \frac{\mathrm{d}\dot{x}}{\mathrm{d}x} \times \frac{\mathrm{d}x}{\mathrm{d}t} = \dot{x}\frac{\mathrm{d}\dot{x}}{\mathrm{d}x}$$

根据上式，可将式(7-24)写为

$$\dot{x}\frac{\mathrm{d}\dot{x}}{\mathrm{d}x} = f(x, \dot{x})$$

如果上式可以将两个变量分离，则有

$$g(\dot{x})\mathrm{d}\dot{x} = h(x)\mathrm{d}x \tag{7-33}$$

对上式两边直接积分可得

$$\int_{\dot{x}_0}^{\dot{x}} g(\dot{x})\mathrm{d}\dot{x} = \int_{x_0}^{x} h(x)\mathrm{d}x \tag{7-34}$$

显然，由上式也可直接找出 x 和 $\dot{x}$ 的关系，其中 x_0 和 $\dot{x}_0$ 为初始条件。

例 7-2 某弹簧-质量运动系统如图 7-22(a)所示。图中 m 为物体质量，k 为弹簧的弹性系数，设初始条件 $x(0) = x_0$，$\dot{x}(0) = \dot{x}_0$，试绘制系统自由运动的相轨迹。

解： 描述系统自由运动的微分方程式为

$$m\ddot{x} + kx = \dot{x} + x = 0$$

先用参变量法，根据初始条件使用拉氏变换求得上述微分方程的解为

$$\begin{cases} x = x_0\cos t \\ \dot{x} = -x_0\sin t \end{cases}$$

由上式消去参数 t 可得相轨迹方程为

$$\dot{x}^2 + x^2 = x_0^2 \tag{7-35}$$

再用分离变量积分法，将系统的微分方程分离变量后可写为

$$\dot{x}\mathrm{d}\dot{x} = -x\mathrm{d}x$$

对上式进行积分并代入初始条件，也可得出相轨迹方程式(7-35)。显然，由式(7-35)可知系统的相轨迹是以坐标原点为圆心，以 x_0 为半径的一簇同心圆，如图 7-22(b)所示。

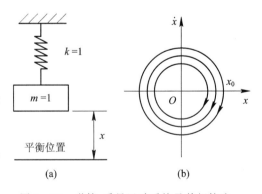

图 7-22 弹簧-质量运动系统及其相轨迹

7.4.2 图解法

图解法通过作图画出系统的相轨迹，它既可以应用于低阶的线性系统中，也可以应用于低阶的非线性系统的分析。工程中常用的图解法有等倾线法和 δ 法。下面就来介绍这两

种方法。

1. 等倾线法

平面上任一光滑曲线都可以由一系列短的折线近似替代,每段短折线都有不同的斜率。等倾线是指相平面上相轨迹斜率相等的各点的连线。在等倾线基础上可以画出折线,近似代替相轨迹,从而完成相轨迹曲线的绘制。等倾线法不需要求解微分方程,对于求解困难的非线性微分方程,该方法显得尤为实用。

等倾线法的基本思路是先确定相轨迹的等倾线,进而绘制出相轨迹的切线方向场,然后从初始条件出发,沿方向场逐步绘制相轨迹。

对于非线性系统 $\ddot{x} = f(x, \dot{x})$,相轨迹方程为

$$\frac{\mathrm{d}\dot{x}}{\mathrm{d}x} = \frac{f(x, \dot{x})}{\dot{x}}$$

令相轨迹的斜率 $\alpha = \dfrac{\mathrm{d}\dot{x}}{\mathrm{d}x}$,对普通点而言,$\alpha$ 为常数,则可得各点连接成的等倾线方程为

$$\alpha\dot{x} - f(x, \dot{x}) = 0 \tag{7-36}$$

根据这一方程可在相平面上作一曲线,称为等倾线。当相轨迹经过该等倾线上任一点时,其切线的斜率都相等,均为 α。在等倾线上各点处作斜率为 α 的短直线,短直线上的箭头表示相轨迹前进的方向,则这些短线段便在相平面上构成了相轨迹切线的"方向场"。取 α 为若干不同的常数,即可在相平面上绘制出若干条等倾线,如图 7-23 所示。所以,根据给定的初始条件,从初始点出发,便可沿各条等倾线所决定的相轨迹的切线方向依次画出系统的相轨迹。

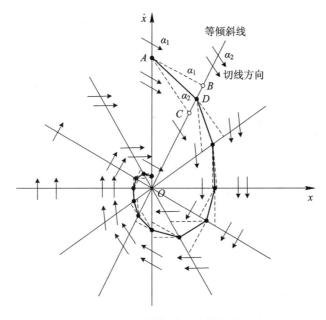

图 7-23　用等倾线法绘制相轨迹

如图 7-23 所示,假设初始点为 A 点,该点所在的等倾线斜率为 α_1,下一条等倾线斜率为 α_2。绘制相轨迹时,由 A 点出发,分别作斜率为 α_1、α_2 的直线与下一条等倾线交于 B 点和 C 点;再由 A 点作角 $\angle BAC$ 的等分线交下一等倾线于 D 点,则线段 AD 即为所求的相轨

迹，这种方法实际上是采用了平均斜率$(\alpha_1+\alpha_2)/2$绘制相轨迹的；以此类推，自 D 点继续绘制，即可得到完整的相轨迹，如图 7-23 所示。

值得指出的是，用这种方法作相轨迹时，在作图过程中将产生累积误差，因此，作出的相轨迹可能不够准确。为了提高作图的精确度，在作图时要多取些等倾线，特别是在相轨迹的斜率变化比较剧烈的地方，等倾线更要取得密些。当等倾线是直线时，采用等倾线法还是比较方便的。如果等倾线不是直线，则可以利用下边将要讨论的 δ 法来绘制相轨迹。

2. δ 法

与等倾线法不同的是，δ 法绘制相轨迹时，实际上是用圆心沿 x 轴滑动的一系列圆弧的连续线来代替相轨迹的。

式(7-24) 两边同时加 $\omega^2 x$，可得

$$\ddot{x}+\omega^2 x = f(\dot{x},\ x)+\omega^2 x \tag{7-37}$$

定义 δ 函数为

$$\delta(\dot{x},\ x) = \frac{f(\dot{x},\ x)+\omega^2 x}{\omega^2} \tag{7-38}$$

选择适当的 ω 值，使 δ 函数值在所讨论的 x 和 $\dot{x}$ 取值范围内，当 x 和 $\dot{x}$ 在点 x_1 和 $\dot{x}_1$ 的附近变化很小时，δ 可以看作是一个常量 δ_1，则式(7-37)可以写为

$$\dot{x}\mathrm{d}\dot{x} = -\omega^2(x-\delta_1)\mathrm{d}x \tag{7-39}$$

对上式积分可得

$$\left(\frac{\dot{x}}{\omega}\right)^2 + (x-\delta_1)^2 = C$$

将点 x_1 和 $\dot{x}_1$ 代入上式可确定 C 值，故有

$$\left(\frac{\dot{x}}{\omega}\right)^2 + (x-\delta_1)^2 = \left(\sqrt{\left(\frac{\dot{x}_1}{\omega}\right)^2 + (x_1-\delta_1)^2}\right)^2 \tag{7-40}$$

如果把纵坐标取为 $\dot{x}/\omega$，横坐标取为 x，则在该相平面内，式(7-40)代表一个圆心在 $Q(\delta_1,\ 0)$，半径为 $R=|P_1 Q|$ 的圆，圆心坐标及半径为

$$\begin{cases} \delta_1 = \dfrac{f(\dot{x}_1,\ x_1)+\omega^2 x_1}{\omega^2} \\[2mm] R = \sqrt{\left(\dfrac{\dot{x}_1}{\omega}\right)^2 + (x_1-\delta_1)^2} \end{cases} \tag{7-41}$$

这说明在工作点附近的相轨迹可以用上述圆弧来近似代替，但该圆弧必须足够的短，以确保变量 δ 的变化很小，如图 7-24 所示。

利用 δ 法绘制相轨迹的一般步骤是：

(1) 根据给定的初始点 $A(x_0,\ \dot{x}_0/\omega)$，由式(7-41)计算出圆心 $Q_0(\delta_0,\ 0)$ 的位置；

(2) 以 Q_0 为圆心，以线段 $Q_0 A$ 为半径作圆弧 $\overset{\frown}{AB}$，确定相轨迹上点 B 的坐标；

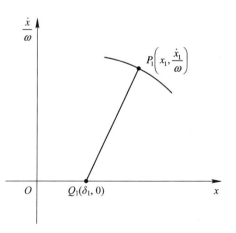

图 7-24　δ 法绘制相轨迹示意图

（3）在 B 点处重复 A 点的绘制过程，如此不断绘制下去，就可得到由一系列短圆弧连接而成的近似的相轨迹。

例 7 - 3　已知系统的微分方程为

$$\ddot{x} + \dot{x} + x^3 = 0$$

给定初始状态为 $x(0) = 1$，$\dot{x}(0) = 0$，试用 δ 法作出由该初始状态出发的相轨迹。

解：取 $\omega = 1$，系统的微分方程可写为

$$\ddot{x} + x = -\dot{x} - x^3 + x$$

由 δ 的定义式（7 - 39）可知有

$$\delta(\dot{x}, x) = -\dot{x} - x^3 + x$$

相轨迹起始于 $A(1, 0)$，由上式可得 $\delta_0 = 0$，故圆心位于原点；第一段圆弧 $\overset{\frown}{AB}$ 的作法为：作圆心在原点，半径为 1 的圆弧，它和 $\dot{x} = -0.1$ 的直线交于 B 点，终点 B 的坐标为 $\dot{x} = -0.1$，$x = \sqrt{1 - 0.1^2} \approx 0.995$。将 B 点坐标代入上式可得 $\delta_1 = 0.11$，故圆心位于 $Q_1(0.11, 0)$；第二段圆弧 $\overset{\frown}{BC}$ 的作法为：作圆心在 Q_1 点、线段 $Q_1 B$ 为半径的圆弧，它和 $\dot{x} = -0.2$ 的直线交于 C 点，将 δ_1 和 B 点坐标代入式（7 - 41）可求得圆弧半径为 $R_1 = 0.89$，则终点 C 的坐标为 $\dot{x} = -0.2$，$x = \delta_1 + \sqrt{R_1^2 - 0.2^2} \approx 0.978$。如此不断计算，可求得圆心的坐标为 $Q_2(0.243, 0)$、$Q_3(0.404, 0)$、$Q_4(0.606, 0)$、$Q_5(0.7, 0)$、$Q_6(0.536, 0)$、$Q_7(0.37, 0)$，相应的圆弧终点坐标为 $(-0.3, 0.943)$、$(-0.4, 0.874)$、$(-0.4, 0.339)$、$(-0.3, 0.252)$、$(-0.2, 0.175)$、$(-0.1, 0.11)$，依次画出这些圆弧，即可得相轨迹如图 7 - 25 所示。

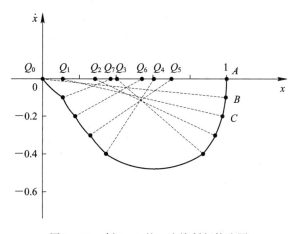

图 7 - 25　例 7 - 3 的 δ 法绘制相轨迹图

7.5　非线性系统的相平面分析

用相平面法分析非线性系统时，奇点和极限环是相轨迹的特殊点、线，一般分别对应系统的平衡状态和等幅振荡状态，因此，有必要先来研究它们。

7.5.1 奇点和极限环

1. 奇点

前已述及，奇点就是同时满足 $\dot{x}=0$ 和 $f(x,\dot{x})=0$ 的点。奇点也叫平衡点，在图形上则表现为通过或逼近该点的相轨迹可能不止一条，且各条相轨迹可以具有不同的斜率。

非线性系统可能存在多个平衡状态，因此可以有多个奇点。首先通过定义确定出各奇点的位置，然后确定每个奇点附近相轨迹的形状。由微分方程

$$\ddot{x}=f(x,\dot{x})$$

描述的非线性系统，若 $f(x,\dot{x})$ 在奇点的附近是 $x,\dot{x}$ 的解析函数，则可在奇点附近展开成泰勒级数

$$f(x,\dot{x})=f(x_0,\dot{x}_0)+\frac{\partial f(x,\dot{x})}{\partial x}\bigg|_{\substack{x=x_0\\ \dot{x}\neq\dot{x}_0}}(x-x_0)+\frac{\partial f(x,\dot{x})}{\partial \dot{x}}\bigg|_{\substack{x=x_0\\ \dot{x}\neq\dot{x}_0}}(\dot{x}-\dot{x}_0)+\cdots$$

式中，$x_0,\dot{x}_0$ 为奇点的位置，如果只取一次近似式，注意到奇点处 $\dot{x}_0=0$，$f(x_0,\dot{x}_0)=0$，则可得奇点附近增量线性化方程为

$$f(x,\dot{x})=\frac{\partial f(x,\dot{x})}{\partial x}\bigg|_{\substack{x=x_0\\ \dot{x}\neq\dot{x}_0}}(x-x_0)+\frac{\partial f(x,\dot{x})}{\partial \dot{x}}\bigg|_{\substack{x=x_0\\ \dot{x}\neq\dot{x}_0}}\dot{x}$$

利用坐标变换 $x'=x-x_0$，可将上式写为

$$f(x,\dot{x})=\frac{\partial f(x,\dot{x})}{\partial x}\bigg|_{\substack{x=x_0\\ \dot{x}\neq\dot{x}_0}}x'+\frac{\partial f(x,\dot{x})}{\partial \dot{x}}\bigg|_{\substack{x=x_0\\ \dot{x}\neq\dot{x}_0}}\dot{x} \tag{7-42}$$

上式即为奇点附近的线性化方程。根据线性化方程的特征根在 s 平面上的不同位置，可将奇点分为六种类型，相应地确定了奇点附近相轨迹的形状，如表 7-2 所示。

表 7-2 奇点的分类

奇点类型	特征根分布	相平面图
稳定焦点		
不稳定焦点		

续表

奇点类型	特征根分布	相平面图
稳定节点	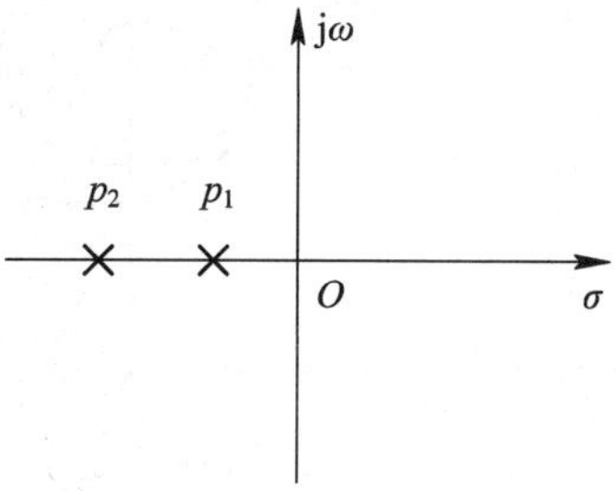	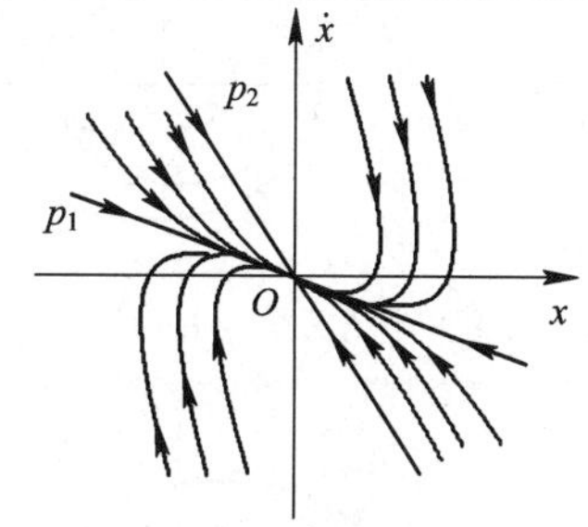
不稳定节点	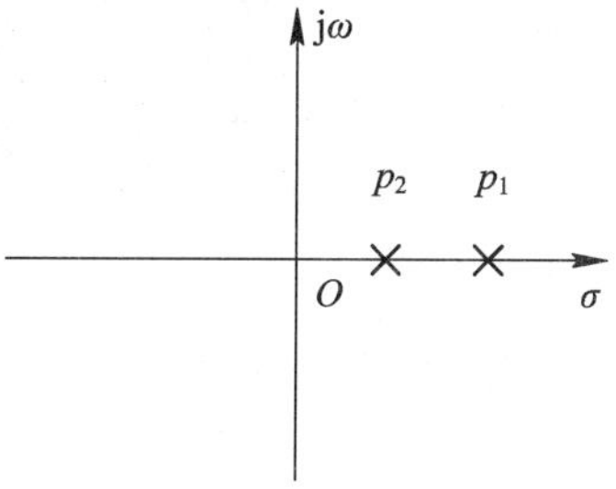	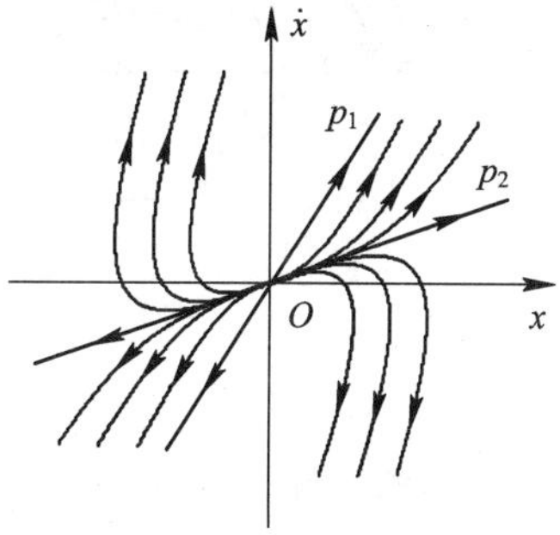
中心点	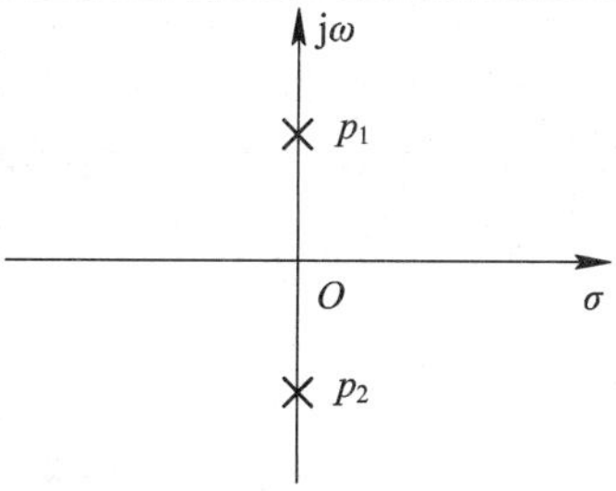	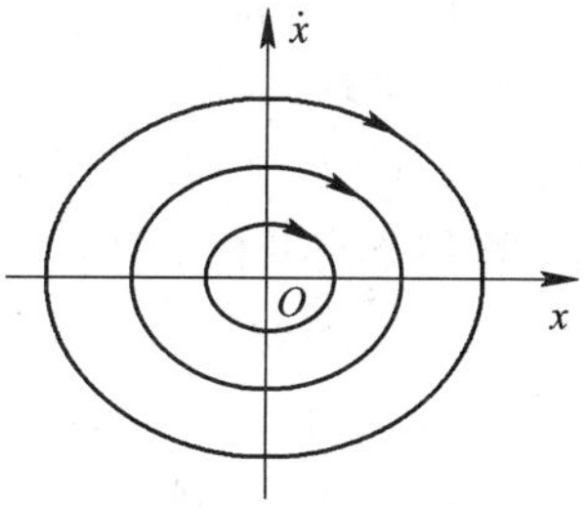
鞍点	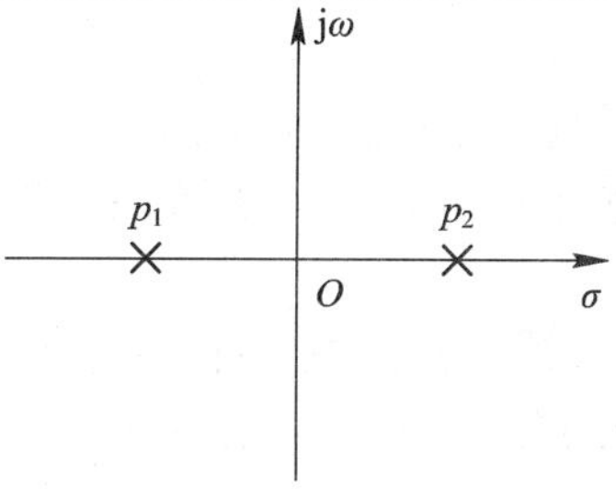	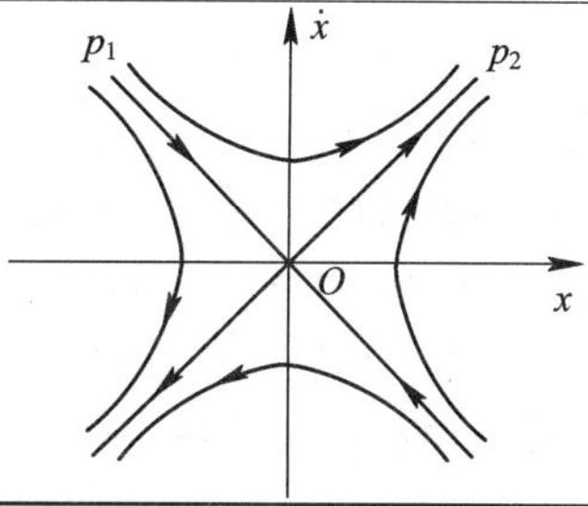

2. 极限环

在相平面图上，如果存在一条孤立的封闭相轨迹，其附近的相轨迹都渐近地趋向或者离开这条封闭的相轨迹，则该相轨迹就称为极限环。极限环既不存在平衡点，也不趋向无穷远处，而是一个封闭的环圈。它把相平面分成内部平面和外部平面两部分。任何一条相轨迹既不能从环内穿越极限环进入环外，也不能从环外穿越极限环进入环内。极限环是互相孤立的，在任何极限环的邻近都没有其他的极限环，极限环是非线性系统中的特有现象。

如图 7 - 26 所示，根据极限环附近相轨迹的运动特点，极限环可分为稳定的、不稳定的和半稳定的三种类型。

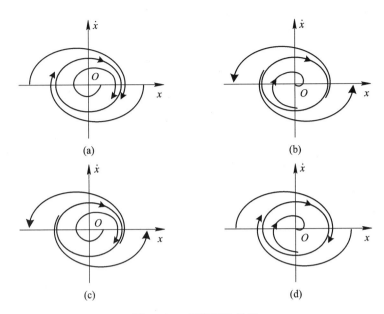

图 7 - 26 极限环的类型

1）稳定的极限环

当 $t \to \infty$ 时，由内部或外部平面任何一点起始的相轨迹都无限地趋向极限环，这种极限环称为稳定极限环，如图 7 - 26(a) 所示。极限环内部的相轨迹发散至极限环，极限环内部是不稳定区域；极限环的外部相轨迹收敛至极限环，极限环的外部是稳定区域。假设系统在扰动的作用下离开极限环，则当 $t \to \infty$ 时，会返回至极限环，所以系统出现自激振荡。

2）不稳定的极限环

当 $t \to \infty$ 时，由极限环内部或外部任何一点起始的相轨迹都离开极限环，这种极限环称为不稳定的极限环，如图 7 - 26(b) 所示。极限环内部相轨迹收敛至环内的奇点，极限环内部是稳定的区域；极限环外部的相轨迹发散至无穷远处，极限环的外部是不稳定区域。极限环所表示的周期运动是不稳定的，任何微小的扰动，要么使系统的运动收敛于环内的奇点，要么使系统的运动发散至无穷，总会离开极限环，故而是不稳定的极限环。

3）半稳定的极限环

当 $t \to \infty$ 时，内、外部只有一部分的相轨迹趋向于极限环，而另一部分的相轨迹离开极限环，这种极限环称为半稳定极限环，如图 7 - 26(c) 和 (d) 所示。图 7 - 26(c) 所示极限环的内部和外部都是不稳定区域，极限环所表示的周期振荡运动是不稳定的，系统的运动最终将发散至无穷处；图 7 - 26(d) 所示的极限环的内部和外部都是稳定区域，极限环所表示的周期振荡运动是稳定的，系统的运动将收敛至环内的奇点。

7.5.2 由相平面图求时间解

在分析非线性系统时，总是希望得到变量 x 关于时间 t 的函数解，因为这样比较直观，易于理解。而相平面上得到的是仅是 $x, \dot{x}$ 的函数关系，所以，需要讨论如何利用相平面来确定 x 和 t 的关系，下面介绍三种根据相轨迹确定时间的方法。

1. 积分法

先分析一下相轨迹上坐标为 x_1 的点移动到坐标为 x_2 的位置所需要的时间，由于

$$\dot{x} = \frac{\mathrm{d}x}{\mathrm{d}t} \Rightarrow \mathrm{d}t = \frac{\mathrm{d}x}{\dot{x}}$$

故该时间可以用下式计算：

$$\Delta t = t_2 - t_1 = \int_{t_1}^{t_2} \mathrm{d}t = \int_{x_1}^{x_2} \frac{\mathrm{d}x}{\dot{x}} \tag{7-43}$$

根据相轨迹图，以 x 为横坐标，$1/\dot{x}$ 为纵坐标，画出 $1/\dot{x}$ 曲线，则由式(7-43)可知，$1/\dot{x}$ 曲线下的面积就代表了对应的时间间隔，如图 7-27 所示相轨迹由 A 到 B 所经历的时间就是图中阴影部分的面积。利用解析法积分可以求出这一面积，该积分也可用近似计算积分的方法求出，这时求得的系统时间解是近似值。

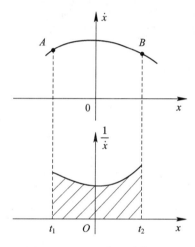

图 7-27　用积分法计算时间

2. 增量法

系统的相轨迹如图 7-28 所示。如果相轨迹上两点 A，B 的位移增量较小，则可以近似地用 A、B 两点的平均速度 $\dot{x}_{AB}$ 代替该区间内的平均值速度，则有

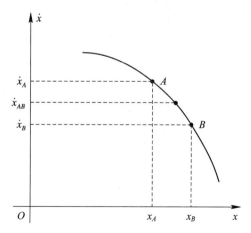

图 7-28　用增量法计算时间

$$\dot{x}_{AB} = \frac{\Delta x}{\Delta t} = \frac{x_B - x_A}{\Delta t_{AB}} = \frac{\dot{x}_A + \dot{x}_B}{2}$$

故可求得 A 点到 B 点所需的时间为

$$\Delta t_{AB} = \frac{x_B - x_A}{\dot{x}_{AB}} \qquad (7-44)$$

为使上述的求解具有较高的精度，位移增量必须选得足够小，以使 $\dot{x}$ 和 t 的增量变化也相当小；如果 A、B 两点的位移较大，也可以将其分割成小的位移区间，然后求其累加和即可；利用上式计算时还要避免出现 $\dot{x}_{AB} = 0$ 的情况。

3. 圆弧法

这种方法应用圆心位于 x 轴上的一系列小圆弧来近似相轨迹，则运动所需时间等于这些小圆弧运动所需时间之和。

如图 7 - 29 所示相轨迹的 AD 段，就是用 x 轴上的 P、Q、R 点为圆心，以 $|PA|$、$|QB|$、$|RC|$ 为半径的小圆弧 $\overset{\frown}{AB}$、$\overset{\frown}{BC}$、$\overset{\frown}{CD}$ 来近似的。相轨迹从 A 点移到 D 点所需时间为

$$t_{AD} = t_{AB} + t_{BC} + t_{CD} \approx t_{\overset{\frown}{AB}} + t_{\overset{\frown}{BC}} + t_{\overset{\frown}{CD}}$$

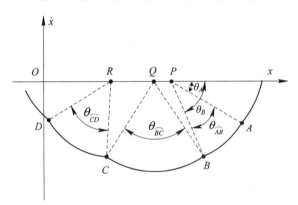

图 7 - 29　用圆弧近似法计算时间

经过每段小圆弧所需时间，可以较为容易地求出来，以 $t_{\overset{\frown}{AB}}$ 为例，因为在 A 点有

$$\dot{x} = |PA|\sin\theta_A, \ x = |OP| + |PA|\cos\theta_A$$

将上式代入到式(7-43)可得

$$t_{\overset{\frown}{AB}} = \int_{\theta_A}^{\theta_B} \frac{-|PA|\sin\theta_A}{|PA|\sin\theta_A} d\theta = \theta_A - \theta_B = \theta_{\overset{\frown}{AB}} \qquad (7-45)$$

由上式可知，$t_{\overset{\frown}{AB}}$ 在数值上等于 $\overset{\frown}{AB}$ 所对应的中心角 $\theta_{\overset{\frown}{AB}}$ 用弧度来度量的值。

7.5.3　相平面分析举例

用相平面法分析本质非线性系统时，一般要根据非线性元件的特性作分段线性化处理，即把整个相平面分成若干个区域，使每一个区域成为一个单独的线性工作状态，有其相应的微分方程和奇点，再应用线性系统的相平面分析方法，求得各个区域内的相轨迹，将它们拼接起来，这些曲线中折线的各转折点，构成了相平面区域的分界线，称为切换线。这样就可得到整个系统的相平面图。

例 7 - 4　非线性系统如图 7 - 30 所示，如果在 $t = 0$ 时加上一个幅值为 6 的阶跃输入，已知系统的初始状态为 $\dot{e}(0) = 0$，$e(0) = 6$，求经过多长时间系统状态可到达原点。

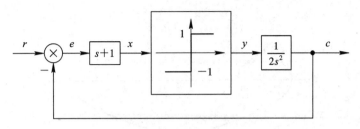

图 7 - 30　例 7 - 4 系统结构图

解：由图中的传递函数及理想继电器非线性关系可得下列运动方程

$$y = 2\ddot{c} = \begin{cases} 1, & \dot{e} + e > 0 \\ -1, & \dot{e} + e < 0 \end{cases}$$

因为 $c = r - e$，故 $\ddot{c} = -\ddot{e}$，则上式可写为

$$\ddot{e} = \begin{cases} -0.5, & \dot{e} + e > 0 \\ 0.5, & \dot{e} + e < 0 \end{cases}$$

根据上式将相平面划分为 Ⅰ 区 $(\dot{e} + e > 0)$ 和 Ⅱ 区 $(\dot{e} + e < 0)$，切换线为 $\dot{e} + e = 0$，如图 7 - 31 所示。在 Ⅰ 区有 $\ddot{e} = -0.5$，积分可得

$$\begin{cases} \dot{e} = -0.5t + C_1 \\ e = -0.25t^2 + C_1 t + C_2 \end{cases} \tag{7 - 46}$$

代入初始条件 $\dot{e}(0) = 0$，$e(0) = 6$，可确定常数 $C_1 = 0$，$C_2 = 6$，于是有

$$\begin{cases} \dot{e} = -0.5t \\ e = -0.25t^2 + 6 \end{cases} \Rightarrow \dot{e}^2 + e - 6 = 0$$

上式表明，在 Ⅰ 区相轨迹是一条抛物线，如图 7 - 31 所示，系统从 $A(6, 0)$ 出发运动到 $B(2, -2)$，B 点坐标可由抛物线与切换线的交点求得。进入 Ⅱ 区后有 $\ddot{e} = 0.5$，积分后可得

$$\begin{cases} \dot{e} = 0.5t + C_3 \\ e = 0.25t^2 + C_3 t + C_4 \end{cases}$$

代入初始条件 $\dot{e}(0) = -2$，$e(0) = 2$，可确定 $C_3 = -2$，$C_4 = 2$，于是有

$$\begin{cases} \dot{e} = 0.5t - 2 \\ e = 0.25t^2 - 2t + 2 \end{cases} \Rightarrow \dot{e}^2 - e - 2 = 0$$

上式表明，在 Ⅱ 区相轨迹仍是一条抛物线，如图 7 - 31 所示，系统从 $B(2, -2)$ 出发运动到 $C(-1, 1)$，又进入 Ⅰ 区，同理，将点 $C(-1, 1)$ 作为初始条件代入式(7 - 46)，可确定常数 $C_1 = 1$，$C_2 = -1$，于是有

$$\begin{cases} \dot{e} = -0.5t + 1 \\ e = -0.25t^2 + t - 1 \end{cases} \Rightarrow \dot{e}^2 + e = 0$$

相轨迹仍是一条抛物线，系统将从 C 点运动到原点。

先求系统沿第一条相轨迹从 A 点运动到 B 点时间 t_{AB}，因为已经积分出 $e = -0.25t^2 + 6$，故将 B 点横坐标 $e = 2$ 代入，即可求得 $t_{AB} = 4$ s；同理可求得 $t_{BC} = 6$ s，$t_{C0} = 2$ s，则系统从 A 点出发运动到原点的时间 t_{A0} 为

$$t_{A0} = t_{AB} + t_{BC} + t_{C0} = 4\text{ s} + 6\text{ s} + 2\text{ s} = 12\text{ s}$$

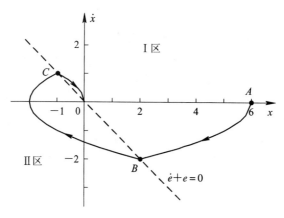

图 7 - 31   例 7 - 4 系统相轨迹图

例 7 - 5   具有饱和非线性特性的系统结构如图 7 - 32 所示。假设开始的时候系统处于静止状态，试求系统在阶跃输入 $r(t) = R_0$ 和斜坡输入 $r(t) = Vt$ $(V > 0)$ 时的相轨迹。图中 $T = 1\text{ s}$，$K = 4$，$b = 0.2$，$e_0 = 0.2$。

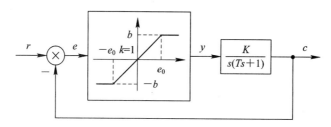

图 7 - 32   例 7 - 5 系统结构图

解：由图可得

$$T\ddot{c} + \dot{c} = Ky$$

又因为 $r - e = c$，故上式可以写为

$$T\ddot{e} + \dot{e} + Ky = T\ddot{r} + \dot{r} \tag{7-47}$$

根据饱和非线性的特点，将相平面划分为 Ⅰ 区 $(-e_0 < e < e_0)$、Ⅱ 区 $(e > e_0)$ 和 Ⅲ 区 $(e < -e_0)$，切换线为 $e = e_0$，$e = -e_0$，如图 7 - 33(a)所示。

根据饱和非线性的输入输出关系可得

$$\begin{cases} y = e, & |e| \leqslant e_0 \\ y = b, & e > e_0 \\ y = -b, & e < -e_0 \end{cases}$$

在三个不同区域，根据式(7 - 47)及 $k = 1$，可以得到相应的方程为

$$T\ddot{e} + \dot{e} + Ke = T\ddot{r} + \dot{r}, \quad |e| \leqslant e_0 \tag{7-48}$$

$$T\ddot{e} + \dot{e} + Kb = T\ddot{r} + \dot{r}, \quad e > e_0 \tag{7-49}$$

$$T\ddot{e} + \dot{e} - Kb = T\ddot{r} + \dot{r}, \quad e < -e_0 \tag{7-50}$$

1. 系统在阶跃输入下的相轨迹

在Ⅰ区，$-e_0 < e < e_0$，当 $t > 0$ 时，对阶跃输入有 $\ddot{r} = \dot{r} = 0$，故式(7-48)可写为

$$T\ddot{e} + \dot{e} + Ke = 0 \tag{7-51}$$

由等倾线方程式(7-36)，可得式(7-51)的等倾线方程为

$$\dot{e} = -\frac{Ke}{T\alpha + 1} \tag{7-52}$$

由式(7-51)可知，Ⅰ区内的奇点就是原点。又因为式(7-51)的各项系数均为正值，故而该奇点只能是稳定焦点或稳定节点。

在Ⅱ区和Ⅲ区，系统的运动方程分别为

$$T\ddot{e} + \dot{e} + Kb = 0$$

$$T\ddot{e} + \dot{e} - Kb = 0$$

相应的等倾线方程分别为

$$\dot{e} = -\frac{Kb}{T\alpha + 1}$$

$$\dot{e} = \frac{Kb}{T\alpha + 1}$$

由系统的运动方程可知，在Ⅱ区和Ⅲ区内没有奇点存在，它们相轨迹的等倾线都为一簇水平线。若令相轨迹的斜率等于等倾线的斜率，即令 $\alpha = 0$，则Ⅱ区和Ⅲ区的相轨迹将分别渐近于用下列方程所表示的直线

$$\dot{e} = -Kb ，\qquad \dot{e} = Kb$$

图 7-33(a)示出了等倾线法绘制的Ⅱ区和Ⅲ区的相轨迹。若令 $r(t) = 2 \times 1(t)$，且假设式(7-51)的奇点是一稳定焦点，则该系统在阶跃信号作用下的完整相轨迹如图 7-33(b)所示。

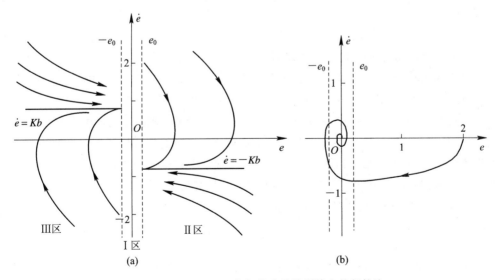

图 7-33　Ⅱ区和Ⅲ区的相轨迹及阶跃输入的相轨迹

2. 系统在斜坡输入下的相轨迹

斜坡输入时 $r(t) = Vt$，V 为常数，此时式(7-47)应为

$$T\ddot{e} + \dot{e} + Ky = V$$

在 I 区，$-e_0 < e < e_0$，该区域的微分方程可写为

$$T\ddot{e} + \dot{e} + Ke = V \tag{7-53}$$

由式(7-53)可知，奇点位于 $(V/K, 0)$，该奇点可能是稳定焦点或稳定节点。由于奇点与 V 和 K、e_0 有关，因而这种奇点有可能落在自己的区域内，称为实奇点，也有可能落在本区域外，而称为虚奇点。

在 II 区和 III 区，系统的运动方程分别为

$$T\ddot{e} + \dot{e} + Kb = V \tag{7-54}$$
$$T\ddot{e} + \dot{e} - Kb = V$$

相应的等倾线方程分别为

$$\dot{e} = \frac{V - Kb}{T\alpha + 1}$$

$$\dot{e} = \frac{V + Kb}{T\alpha + 1}$$

由运动方程可知，两式均没有奇点。在 II 区除了 $V = Kb$ 这一特殊情况外，该区中的相轨迹均渐近于直线

$$\dot{e} = V - Kb$$

在 III 区，相轨迹均渐近于直线

$$\dot{e} = V + Kb$$

由于 II 区的渐近线存在着 $\dot{e} > 0, \dot{e} = 0, \dot{e} < 0$ 三种可能的情况，因而会影响相轨迹的形状，其渐近线也会有相应的变化，所以下面分别来讨论。

(1) 当 $V > Kb$ 时，因为 $k = 1$，故 $b = e_0$ 即 $V/K > e_0$，渐近线 $\dot{e} = V - Kb$ 位于 e 轴的上方。由于 $V/K > e_0$，因而式(7-53)的奇点 $(V/K, 0)$ 不是位于 I 区，而是落在 II 区内，故而此奇点为虚奇点。由等倾线法作出的相轨迹如图 7-34(a) 所示。若令图中的 A 为初始点，则系统运动的相轨迹为 $ABCD$ 曲线。由该图可见，从 B 点向 C 点运动的相轨迹本应该收敛于稳定焦点 $(V/K, 0)$，但是当到达 C 点后，就变为按 II 区的相轨迹运动，最终趋向于渐近线 $\dot{e} = V - Kb$。显然，此时的稳态误差为无穷大。

(2) 当 $V < Kb$ 时，即 $\dot{e} < 0$，渐近线 $\dot{e} = V - Kb$ 位于 e 轴的下方。由于 $V/K < e_0$，因而式(7-53)的奇点 $(V/K, 0)$ 位于 I 区，为实奇点。相应的相轨迹如图 7-34(b) 所示。图中示出了由初始点 A 开始的相轨迹 $ABCD$，并收敛于上述的实奇点。所以，当 $V < Kb$ 时，系统的输出能跟踪斜坡输入，但有稳态误差存在，其值为 V/K。

(3) 当 $V = Kb$ 时，由式(7-54)可得

$$T\ddot{e} + \dot{e} = 0 \Rightarrow \dot{e}\left(T\frac{d\dot{e}}{de} + 1\right) = 0$$

由上式可知，此时 II 区内的相轨迹要么是斜率等于 $-1/T$ 的直线，要么是 $\dot{e} = 0$ 的直线。由于 $e_0 = b = V/K$，故而奇点 $(V/K, 0)$ 恰好位于切换线上的点 $(e_0, 0)$ 处。图 7-34(c) 示出了由初始点 A 开始的相轨迹 $ABCD$。由图可知，系统的稳态误差可由线段 $\overline{OD}$ 来表示，它的大小显然与系统的初始条件有关，这是非线性系统与线性系统明显的不同之处。

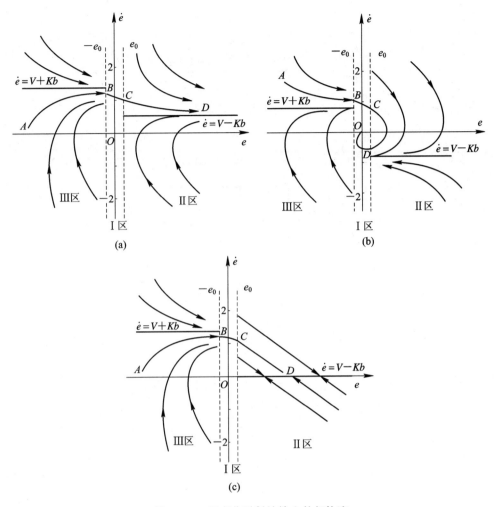

图 7 - 34　V 变化时斜坡输入的相轨迹

以上分析表明，对具有饱和非线性特性的二阶系统，当输入为阶跃信号时，相轨迹收敛于稳定的节点或焦点即坐标原点，且系统的稳态误差为零；当输入为斜坡信号时，随着输入信号变化率 V 的大小不同，系统的相轨迹不完全相同，其稳态误差也有很大的差异。当 $V > Kb$ 时，系统的输出不能跟踪斜坡输入信号。当 $V < Kb$ 时，系统的输出能跟踪斜坡输入信号，但有稳态误差存在，其值为 V/K。当 $V = Kb$ 时，系统虽也能跟踪斜坡输入信号，但其平衡状态不是某一固定的点，而是位于 e 轴上的任意位置，具体的数值由初始条件和时间常数 T 确定。

习　　题

7.1　什么是非线性系统？非线性系统有哪些特性？

7.2　求图 7 - 35 所示的非线性特性的描述函数。

7.3　依据已知非线性特性的描述函数，求图 7 - 36 所示的非线性特性的描述函数。

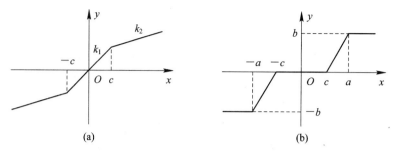

图 7-35　习题 7.2 用图（非线性特性图）

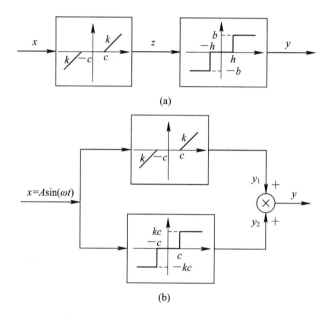

(a)

(b)

图 7-36　习题 7.3 用图（非线性特性图）

7.4　图 7-37 所示为一非线性系统，试用描述函数法分析其稳定性。

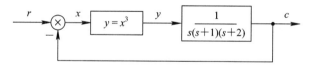

图 7-37　习题 7.4 非线性系统结构图

7.5　一单位反馈系统，其前向通路中有一描述函数为

$$N(A) = \frac{e^{-j\frac{\pi}{4}}}{A}$$

的非线性元件，线性部分的传递函数为

$$G(s) = \frac{15}{s(0.5s+1)}$$

试用描述函数法确定系统是否存在自激振荡？若有，参数是多少？

7.6　求下列方程的奇点，并确定奇点类型。

(1) $\ddot{x} - (1 - x^2)\dot{x} + x = 0$；

(2) $\ddot{x} - (0.5 - 3x^2)\dot{x} + x + x^2 = 0$。

7.7 用等倾线法画出下列方程的相平面图。

(1) $\ddot{x} + |\dot{x}| + x = 0$；

(2) $\ddot{x} + \dot{x} + |x| = 0$。

7.8 系统结构图如图 7-38 所示。试用等倾线法作出系统的 $x - \dot{x}$ 相平面图。系统参数为 $K = T = b = h = 1$。

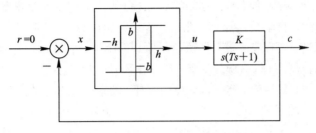

图 7-38 习题 7.8 非线性系统结构图

7.9 非线性反馈增益的二阶系统如图 7-39 所示。K 表示比例控制增益，$1/Js^2$ 是负载的传递函数，非线性元件的特性是饱和特性。试绘制在各种初始条件下的相轨迹图。假定 $K = 5$，$J = 1$，$a = 1$。

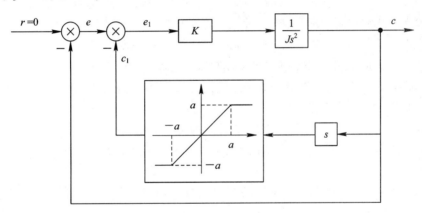

图 7-39 习题 7.9 非线性系统结构图

7.10 具有非线性放大器的非线性系统及非线性放大器特性如图 7-40 所示，设参考输入为阶跃信号即 $r(t) = R \times 1(t)$，其中 R 为常数。

(1) 画出系统的 $e - \dot{e}$ 相平面图；

(2) 分析系统对阶跃信号的响应。

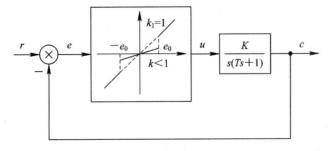

图 7-40 习题 7.10 非线性系统结构图

参 考 文 献

[1] 刘丁. 自动控制原理. 北京：机械工业出版社，2006.

[2] 张爱民，葛思擘，杜行俭，等. 自动控制原理. 北京：清华大学出版社，2006.

[3] 王建辉，顾树生. 自动控制原理. 北京：清华大学出版社，2007.

[4] 常俊林，郭西进，贾存良，等. 自动控制原理. 徐州：中国矿业大学出版社，2010.

[5] 胡寿松. 自动控制原理. 5 版. 北京：科学出版社，2007.

[6] 冯巧玲，范为福，邱道尹，等. 自动控制原理. 北京：北京航空航天大学出版社，2003.

[7] 卢京潮. 自动控制原理. 西安：西北工业大学出版社，2009.

[8] 李益华，孙炜，邓曙光，等. 自动控制原理. 长沙：湖南大学出版社，2004.

[9] 李素玲. 自动控制原理. 西安：西安电子科技大学出版社，2007.

[10] 邹恩，漆海霞，杨秀丽，等. 自动控制原理. 西安：西安电子科技大学出版社，2014.

[11] 谢克明，刘文定，谢刚，等. 自动控制原理. 北京：电子工业出版社，2008.

[12] 田思庆，王鸥，玄子玉. 自动控制原理. 北京：中国水利出版社，2006.

[13] 黄家英. 自动控制原理（上册）. 北京：高等教育出版社，2003.

[14] 杜继宏，王诗宓. 控制工程基础. 北京：清华大学出版社，2008.

[15] 张正方，李玉清，康远林. 新编自动控制原理题解. 武汉：华中科技大学出版社，2003.

[16] 卢京潮，刘慧英. 自动控制原理典型题解析及自测试题. 西安：西北工业大学出版社，2001.

[17] 王建辉. 自动控制原理习题详解. 北京：冶金工业出版社，2005.

[18] 王敏，向农，邓燕妮，等. 自动控制原理试题精选题解. 武汉：华中科技大学出版社，2002.

[19] 程鹏，邱红专，王艳东. 自动控制原理学习辅导与习题解答. 北京：高等教育出版社，2004.